U0692607

浙商院文库

【宋宪章 著】

江南美食养生谭

浙江大学出版社
ZHEJIANG UNIVERSITY PRESS

江山如此多嬌

引無數英雄

競折腰

孙霖画

山外山·青蟹捞粉丝

山外山·干贝冬瓜脯

山外山·杭八仙

山外山·香炸蛇段

刘小英经理畅谈美食
本书作者与红泥花园

红泥花园·蟹黄鱼肚羹

红泥花园·手撕蹄膀

红泥花园·龙井问茶

红泥花园·雪蛤木瓜

红泥花园·广式芥蓝

名人名家·片皮鸭二吃

名人名家·水晶虾仁

写在前面的话

　　我喜欢看饮食类散文，因为从中不仅可以享受文学的美味，而且还可获知那些美食中美的奥秘。我饮食的喜好不少来自美食诗文的诱惑。后来更知道，美食以及美食诗文里还融有祖国、家乡的绵绵情怀。

　　这种感受是到了国外才发现的。前几年有两个秋冬时节，我先后在奥斯陆和布拉格度过。前者是挪威首都，一座瑰丽的花园城市；后者是捷克京城，世界著名的旅游城市。两地的空气、绿化、住房都使人心旷神怡，唯独饮食，像在熬苦刑、受洋罪。中午赐一餐，两片切片面包夹一点生熟菜，老外都喝咖啡，给中国学者则是一包综合味的汤料。两三次后，已经厌食了，但肚子还唱空城计，只能靠回舍自做晚餐弥补。可是能买的中式菜料又很单调，主要是土豆、番茄、黄瓜三大件。于是脑海中经常会想起国内、家乡常吃、爱吃的菜；那些菜总与那些美食诗文融合在一起。我多想吃荠菜豆腐汤、麻油马兰头拌香干粒，就想起周作人的《故乡的野菜》，所记浙东的野菜与上海浦东乡下差不多。好想吃西湖桂花糖藕、西湖莼菜汤，叶圣陶的《藕与莼菜》就跳出来：那"鲜嫩玉色的藕"，"嫩绿的颜色与丰富的诗意，无味之中真足令人心醉"。更馋名闻遐迩的宋嫂鱼羹。过去只知西湖醋鱼，上世纪80年代看了一篇关于宋嫂鱼羹的文章，说此菜八百多年前就名闻杭城，"鱼羹鲜嫩滑润，味如蟹肉"，后来一吃，果然，从此与人小聚，此羹必点。还有……此时，才体会到张翰当秋风起，就有鲈莼之思。而今秋风飒飒，富丽的金色晒满布拉格的古城堡、教堂，可是客居异国、异乡的我，天天在思饼充饥，忆文当食。江南忆，最忆是美食，一点不假。原来忆美食，就是念祖国、恋家乡呵。

现在，我见到了宪章先生寄来他在二十多年中写的美食随笔选集，正是《江南美食养生谭》。其中有些文章我见过，特别是《宋嫂鱼羹》一文，原来让我赏识此菜的第一文的作者，正是宪章先生！今日重读，倍感亲切。集中大都写江浙菜系，特别是杭浙菜肴、点心；也有属于旅游美食、药膳食疗的，两百多篇美文。从题目也可见其内容琳琅满目、五光十色、新鲜多样、别开生面。作者既研索历史文献，又谙熟烹饪艺术，故对每种食品的来源流变、传说掌故、民俗风情、烹调制作、养生保健等，都如数家珍，头头是道；加之文笔生动活泼，语言准确洗练，故引人入胜，使人一翻而不想收。我国饮食文化的烨烨光辉，江浙菜肴点心的特色，尽收眼底。

我与宪章先生算是故交，早在三十多年前他来原杭大中文系听古代汉语课时就相识，觉得他阅历丰富、好学善文。以后各自奔忙，联系不多，但不时在报章杂志中看到他的美食、旅游、科普方面的散文。后来又得知他曾率先考证、研制出几十种南宋名菜，一时成为多家媒体的热点新闻，并侧重在地方菜点的研究；但体弱羸病，几度告急。我一则以喜，有了一位可以讨教的师友；一则以忧，担心病魔吞噬他的美食美文。现在，看到他第三本美食佳品即将面世，不禁欢跃雀喜，挚诚庆贺他终于战胜病魔，再创胜绩。也越加感佩：这二十余万字，真是字字血、句句情，若没有对祖国饮食文化、对家乡的赤诚挚爱，能历尽艰辛、老而弥坚，烹制出如此丰富多彩，色、香、味、形、名五美皆备的精神美食吗？也因而觉得，这些美食不仅形美、质美，而且还有庖丁的心美、情美，必将万人争尝，脍炙人口，我相信。

黄金贵

于浙大西溪校区伏雪斋

2005.10.20

（本文作者为浙江大学教授、博士生导师、古汉语研究专家）

序言

陈辛德

一个人若拥有一份职业外的爱好，并能悉心呵护，缓缓经营，一定会弄出点名堂来的。最后，爱好变成专业，兴趣造就专家，掉头了，原先为饭碗而从事的那一份工作鲜为人知，而凭兴趣业余小搞搞的玩意儿因玩出成果，反而受人瞩目，并成为一个人的终身形象标志。

宋宪章完成了三本专著：一本名唤《名人美食记趣》，2004 年 6 月上架；第二本是《杭州老字号系列丛书·美食篇》；第三本就是本书。三本书的内容，均已超越了宋老师本人原先执鞭从教生涯中语文、旅游等文科专业之外的领域。一个人既有职业饭碗，又有丰草碧湖，鱼跃鸢飞，牛羊成群，蓝天白云，美丽如同布什总统戴维营牧场那样大的精神别业，才会格外的扬眉吐气！宋宪章，三个字，杭城小有名气。冰冻三尺，决非一日之寒。

我听说，66 岁是一个关。

按吾乡海宁习俗，得有女儿奉伺一钵 66 块小块红烧肉。宪章适逢 66，六六大顺，出齐三书，落日溶金，余霞绮天，风卷红旗过大关！真是高兴。

老子曰："治大国如烹小鲜。"

我说，烹小鲜如治大国，学问无边。饮食牵涉农学、土壤学、生物学、气象学、医学、药学、营养学、人类学、民俗学，谁能一网打？烹饪过程中物理、化学反应，哪个讲得清楚？再如，碗筷杯盏、举杯挥箸包含的非物质世界文化遗产，等等，足以让人研究一生。宪章，一个长期患病之人，以精卫之志，尽愚公绵力，每天爬罗剔抉，呕心沥血，数十年如一日，终于成书出版。他的文章，读之娓娓动听，品之津津有味。他是以极端的热枕和极端的负责任，写下每一行文字的。

本人20年前作过一篇名唤《百草之王》的小文,讲到人参升元,使棺木上对着死者嘴巴部位会长出一朵灵芝花,海宁人谓之对口菌。菌字声音不像,我用了一个汉语拼音写法。宪章夜里打电话告诉我,这个字应该是——蕈。20年后,我在另一篇小文中将卵磷脂误写成乳磷脂,也是宪章打电话给我纠正的。世有一字师之说,宋宪章,则是我的两字师。两个字,可管窥宪章真懂饮食文化、名不虚传之一斑吧!我知道,他的治学是十分严谨的。为了使本书内容翔实、牢靠,他翻了很多很多的书,访了很多很多的人。学问二字,学则宽,问则裕,两者缺一不可。美学家王朝闻生前曾在我的笔记簿上题写一句话:"苏南谚语,处处留心皆学问。"美食家宋宪章以二字之师告诫我:"阁下,你未知的事还多着哩!"

《江南美食养生谭》,有两个突出优点。

第一,每一种美食的来龙去脉、历史沿革都能够交代清楚,使我们在文化民俗的层面上,对吃的东西,有一个精神感悟。第二,每种美食的营养成分、制作方法也能够交代清楚,这对于读者有一个实际操作规程的指导作用,而不是望梅止渴,画饼充饥。对专家而言,它是一部弘扬科学、探讨学问的学术文献。对百姓而言,它是一部雅俗共赏、朴素实用的持家宝典。在当今社会,写作著书的人很多,但也存在一些你抄来我抄去的现象,某些巨砖巨石似的煌煌巨著,未必都有很高的学术价值。凡人不可能不食人间烟火。饮食文化,同每一个人,包括仙人,都有瓜葛。书中,适合仙人吃的篇目,并非没有。说来稀奇,每一个人都不会拒绝美味佳肴,但每一个人都不太知道美味佳肴的真情。如果我们借此能够从知之甚少到知之甚多,并且可以居家亲自掌勺,在亲友聚会时露露招数,吹吹腮儿,那恐怕比上酒家翻桌子味儿更好,活得更真实是吗?是的。宪章美食,不仅为中国饮食文库增添了力作,而且为饮食男女、寻常人家、柴米夫妻送去了一位以文字发言的良师益友,谢谢他吧!

作于 2008 年 7 月 10 日

（本文作者为浙江日报记者）

目录

一、精美肴馔　齿舌生香

春来步鱼鲜　/ 3

初春早韭美　/ 4

充满乡情的之江莼鲈羹　/ 5

故乡的"胭脂鹅"　/ 6

"翡翠白玉"诗意浓　/ 7

杭帮菜一绝——咸件儿　/ 8

古老的醋鱼带柄　/ 9

风味独特的西湖莼菜汤　/ 11

清蒸河鳗席上珍　/ 12

好竹连山觉笋香　/ 13

原汁原味的叫化童鸡　/ 14

三月荠菜香　/ 15

情钟马兰头　/ 17

品尝蛇皮佳肴　/ 18

江南古刹的佛门饮食　/ 19

从市井美食到筵席名菜　/ 20

清纯味美的杭州鱼圆　/ 22

甜润味美的蜜汁火方　/ 23

蜜汁火方香飘苏杭　/ 24

会"唱歌"的名菜　/ 25

满汉全席今又现　/ 26

最爱啃鸡爪　/ 28

入夏"仙品"有紫茄　/ 29

香糯紫菜苔　/ 30

难忘蚕蛹香美　/ 31

蘑菇宴的主角——金针菇　/ 32

天目笋干甲天下　/ 33

食雕奇葩　/ 34

别具一格的素"虾爆鳝"　/ 35

杭州"羊菜"三绝　/ 36

巧烹洋蔬菜　/ 37

美味的"活化石"鲎　/ 38

碧玉翠珠豌豆香　/ 39

鸭子吃香　/ 40

闲话盖浇饭　/ 41

鲜嫩润滑话鱼羹　/ 42

九孔碧藕秋日鲜　/ 44

三秋芰菱鲜又嫩　/ 45

黄鳝秋肥风味佳　/ 46

灌肺千年香　/ 47

人间美味话螃蟹　/ 49

味美在皮　/ 50

神秘而味美的葛仙米　/ 52

乌米饭，神仙食　/ 54

千年蟹香飘杭城　/ 55

来自清宫御膳的八宝豆腐　/ 56

江南自古有快餐 / 57

独领风骚的烤鸭 / 58

江南风味的鱼头豆腐 / 60

宋都羊汤千年香 / 61

南宋时期的名酒 / 62

南宋时期的酒肴 / 64

精美的南宋菜肴 / 65

南宋金秋美肴——蟹酿橙 / 67

南宋风味的宋嫂鱼羹 / 68

涮羊肉与南宋名肴拨霞供 / 69

天下烤禽数它美 / 70

两鲜结合的鳖蒸羊 / 71

南宋名菜——螃蟹清羹 / 72

诗人之菜——东坡肉 / 73

将府名菜炒里脊 / 74

精美的鱼肴——翅汤鳜鱼 / 75

筵席精品乾隆虾蟹卷 / 76

金秋好时光　品味福聚楼 / 77

重登福聚楼　更上一层楼 / 78

飞雪迎春到　"福聚"多佳肴 / 79

名不虚传的老鸭煲 / 80

久病思美味　甘露老鸭煲 / 82

最佳模式张生记 / 82

文友喜相聚　品味张生记 / 83

又聚张生记　品味杭帮菜 / 84

美哉，张生记的古法蒸鲥鱼 / 85

吃也是一门学问 / 87

品味长江鮰鱼 / 87

南国风味的荔枝菜 / 89

鸡枞真鲜 / 90

"竹林仙子"——竹荪 / 91

香飘四邻说杂烩 / 92

清汤越鸡与清汤鸡腰 / 94

绍兴的"霉"香风味菜 / 95

浙东名菜"醉鸡" / 96

香醇最是女儿酒 / 97

品一品"新阳光" / 99

太仓肉松 / 100

姑苏珍馐鲃肺汤 / 101

春后银鱼霜下鲈 / 102

苏州"天下第一菜" / 103

陆稿荐的酱汁肉 / 104

百年老汤煮丁蹄 / 105

常熟鸡肴"叫化鸡" / 106

嫣红嫩冻水晶肴 / 107

风味完美的"龙井问茶" / 108

精巧味美的金丝海鲜卷 / 109

初尝"天下第一鲜" / 111

鲜美滑嫩的滑子菇 / 113

奇妙组合的剁椒奇鲜 / 114

金玉辉映的蟹黄豆腐煲 / 115

新风味的手撕咸蹄膀 / 116

清鲜清雅的红泥小炒皇 / 117

别致的野菜千张包 / 119

爽脆的广式芥蓝 / 120

甜润可口的雪蛤木瓜盅 / 121

香酥可口的清炸凤尾鱼 / 122

红泥酱鸭　越嚼越香 / 124

鲜香鱼肚羹　红泥小火炉 / 125

与《红楼梦》佳点媲美的点心 / 126

清鲜荤素菜　浓浓怀旧情　　　　/ 127
粥油煲海鲜　味美又补人　　　　/ 129
白玉烩裙边　清鲜杭帮菜　　　　/ 131
苦瓜炒嫩菱　清凉新风味　　　　/ 132
鲍汁花胶筒　鲜糯且补人　　　　/ 134
奇珍多宝鱼　肉嫩味鲜美　　　　/ 136
清凉小炒　养生佳肴　　　　　　/ 137
萝卜胜肉味　蔬中称圣品　　　　/ 138
香美爆鳝　红泥美肴　　　　　　/ 140
品味名人名家　　　　　　　　　/ 142
龙的故乡有"龙菜"　　　　　　　/ 143
羊年说羊菜　　　　　　　　　　/ 144
猴年说猴与猴菜　　　　　　　　/ 145
鸡年、鸡与鸡菜　　　　　　　　/ 147
狗年、狗与狗肉美肴　　　　　　/ 148
金猪年·猪·金华火腿　　　　　/ 150
鼠年话食鼠　　　　　　　　　　/ 152
俞平伯称赞羊汤饭　　　　　　　/ 154
司徒雷登品味"皇饭儿"　　　　　/ 155
胡雪岩请洋人吃王润兴　　　　　/ 156
济公与无锡肉骨头　　　　　　　/ 157

二、风味小吃　诱人涎下

夏日怀旧忆藕粥　　　　　　　　/ 161
民间刻骨恨　化作葱包桧　　　　/ 162
香甜的桂花鲜栗羹　　　　　　　/ 163
美国贵宾眼中的冰糖莲子　　　　/ 164
杭州第一名点——吴山酥油饼　　/ 165
中秋月圆有月饼　　　　　　　　/ 166
金玉辉映虾爆鳝　　　　　　　　/ 167

饮食奇葩——过桥　　　　　　　/ 168
阿牛哥砂锅面　　　　　　　　　/ 169
天德坊的特色馄饨　　　　　　　/ 171
奇巧味美的"猫耳朵"　　　　　　/ 172
空心面"还乡"　　　　　　　　　/ 173
金玉满堂大碗面　　　　　　　　/ 174
烧卖·烧麦·梢梅　　　　　　　/ 175
骆驼担鸭血汤　　　　　　　　　/ 176
市井美食油墩儿　　　　　　　　/ 177
古都三秋炒栗香　　　　　　　　/ 178
古老的端午节及其食俗　　　　　/ 179
南宋都城重阳节食俗及重阳栗糕
　　　　　　　　　　　　　　　/ 181
历史悠久的葱汤麦饭　　　　　　/ 182
唐代名将创制的金华酥饼　　　　/ 183
天台名食——饺饼筒　　　　　　/ 183
浙南风味的豆腐圆　　　　　　　/ 184
温州"白蛇烧饼"　　　　　　　　/ 185
别具风味的锅巴茶点　　　　　　/ 186
石塘鱼面香　　　　　　　　　　/ 187
嘉兴五芳斋粽子　　　　　　　　/ 188
木渎枣泥麻饼　　　　　　　　　/ 189
蔡廷锴盛赞虾黄鱼面"东南独创"　/ 190
梅兰芳"朵颐大快"(六)乐聚馆　/ 191
陈从周馈赠颐香斋食品单　　　　/ 192

三、旅游美食　各具特色

秋到南湖菱角香　　　　　　　　/ 197
东游明州尝甬菜　　　　　　　　/ 198
佛国胜地有海鲜　　　　　　　　/ 200

张一品酱羊肉 / 201
北斗洞品雁山名茶 / 202
忆温州，最忆是鱼羹 / 203
温州"馄饨王" / 204
水乡绍兴的美味鱼肴 / 205
鲁迅故乡越菜美 / 206
陆游故里土菜香 / 207
咸亨酒店的乡土风味菜 / 208
严州名肴干菜鸭 / 209
桐庐吃"热狗" / 210
千古钓台，江南名鲥 / 211
青山湖畔白果香 / 212
新安江畔虹鳟香 / 214
游杭州话"吃经" / 215
和西湖争妍的美食 / 216
美哉花港菜 / 218
清雅宜人的天鸿宾馆菜 / 218
观夜景　尝美食 / 220
湖景名菜同生辉 / 221
西子湖畔品尝羊汤泡馍 / 222
掌勺迎远客　美食缮故人 / 223
城隍庙吃烤羊肉串 / 224
品味苏州小吃 / 224
康熙初识"吓煞人香" / 226
碧螺春香百里醉 / 227
苏锡名菜云林鹅 / 228
水乡甪直的"甪里鸭羹" / 229
苏州美食轶闻——
　　乾隆大闹松鹤楼 / 230
苏州船菜 / 232

淮扬风味的文思豆腐 / 233
扬州美食"蛋炒饭" / 234
最佳旅游食品 / 235

四、药膳食疗　滋补强身

昆虫食品话蚂蚁 / 239
餐饮五色使君健 / 240
调味养生有良姜 / 241
钟情于"下里巴人" / 242
满山红翠鱼腥草 / 243
滋补美食乌骨鸡 / 245
清热解毒的空心菜 / 246
芦笋——抗癌的"碧玉簪" / 247
这"龙虾"不是那龙虾 / 248
味鲜开胃数鲫鱼 / 248
老鸭煲的养生功效 / 250
滋阴养身银耳美 / 251
营养美蔬玉米笋 / 252
吃出美丽　吃出健康 / 253
"非典"袭来，可用药膳强身 / 254
吃肥肉得法能长寿 / 255
南瓜有多种保健功能 / 256
冬食羊肉　功抵参芪 / 257
消暑清热有"五瓜" / 258
抗病健身的马齿苋 / 259
吃蜂蛹　抗衰老 / 260
解乏清心数苦瓜 / 261
寒山寺毒菇杀群僧 / 262
花菜味美且益人 / 263
田螺救名医 / 264

灵隐毒菇惊帝庭　　　　　　　/ 265
食苑的"黑色龙卷风"　　　　　/ 266
清心润肺话百合　　　　　　　/ 267
食虫趣话　　　　　　　　　　/ 268
香美的蚂蚁蒸蛋　　　　　　　/ 270
莴苣的食疗价值　　　　　　　/ 271
秋菇鲜美赛嫩鸡　　　　　　　/ 271
补脑益智的美食——核桃仁　　/ 272
延年益寿的松子　　　　　　　/ 274
树上苹果不如地下土豆　　　　/ 275
淡水鱼"脑黄金"及其科学吃法　/ 276
科学进餐，补脑增智　　　　　/ 277
清热润肺秋柿美　　　　　　　/ 279
蔬菜中的"鱼肝油"——胡萝卜　/ 280
味美养人数番茄　　　　　　　/ 281
野蔬之珍——马兰头　　　　　/ 282
炊金爨玉伤身体　　　　　　　/ 283
保健佳蔬——黄瓜　　　　　　/ 284
龙茶虎水利养生　　　　　　　/ 285
鸡舌香趣谈　　　　　　　　　/ 286
吃虫小记　　　　　　　　　　/ 287

鱼头味美藏隐患　　　　　　　/ 289
补身精品话淡菜　　　　　　　/ 290
爽脆清鲜裙带菜　　　　　　　/ 291
润肺清痰宜食梨　　　　　　　/ 291
名医巧解野味中毒　　　　　　/ 293
食品美容最时尚　　　　　　　/ 293
旅游食品有利健康　　　　　　/ 294
合理饮食"吃"掉青春痘　　　　/ 295
世上真有人参果　　　　　　　/ 297
"小白菜"吃豆腐得长寿　　　　/ 298
春日养生话饮食　　　　　　　/ 299

五、名特餐饮　多姿多彩

餐饮园地奇葩　湖畔红泥花园　/ 305
楼倚山水间　菜鲜鱼飘香　　　/ 309
古城点心美　要数知味观　　　/ 312
灵峰山庄看馔奇　难忘西迁
　　特色菜　　　　　　　　　/ 316

后　记　　　　　　　　　　　/ 320

精美肴馔　齿舌生香

春来步鱼鲜

"卧沙细肋何由来，出水纤鳞却易求。"这是前人咏土步鱼的一联诗句。

土步鱼，又名沙鳢，属鱼纲塘鳢科，江苏人直称之为塘鳢鱼。此鱼冬日伏于水底，附土而行，一到春天便至水草丛中觅食，此时鱼肥质嫩，肉白如银，较之豆腐，有其嫩而远胜其鲜，为江南水乡独特的鱼鲜。杭州西湖盛产此物。唐代诗人白居易离开杭州时，曾痴迷地写诗道："未能抛得杭州去，一半勾留是此湖。"对西湖的依恋，自然主要是湖光山色、朝晖夕岚、晴好雨奇，但也不能否定包含着西湖味美可口的鱼鲜。清代诗人陈璨曾有一首《西湖竹枝词》来诠释白公勾留的一部分内容："清明土步鱼初美，重九团脐蟹正肥。莫怪白公抛不得，便论食品也忘归。"湖上之蟹因茭白草绝迹而早已消失，唯有土步鱼年年岁岁、岁岁年年依然生长，为杭州人增添了口福。

杭州名菜中有"春笋步鱼"这道脍炙人口的名菜，将山珍之鲜与湖珍之美珠联璧合，堪称春令美食，使人久吃不厌。其他，步鱼还可做成"象牙步鱼"、"韭黄步鱼"、"火腿鲜笋煨步鱼"、"椒盐步鱼"等多款多样的步鱼菜，使人舌底生津，催人涎下。

步鱼菜中之绝品则要数"雪菜豆瓣汤"了。且慢，这"豆瓣"怎么也算到步鱼菜中去了？原来里面还有一段食苑佳话：

当年，国家副主席宋庆龄寓居上海时，要宴请几位来访外宾，便请上海著名厨师何其坤掌勺烹制美食。何熟知苏南佳肴，在一桌菜中专门做了一款姑苏名菜"雪菜豆瓣汤"。这只菜，菜绿、"豆"白、汤清、鲜美异常，其"豆瓣"之嫩，堪称一绝，食者无不惊奇。家宴散后，主宾相问，厨师才告知：这"豆瓣"不是那豆瓣，用的是步鱼双颊上的两块腮帮肉；腮帮是鱼呼吸时活动最频繁的部分，因此最活最鲜，一条步鱼也只有那么两小片半月形的、宛如"豆瓣"的腮帮肉，要制成这碗雪菜"豆瓣"汤，没有几十条步鱼及精巧的制作技巧，是不可能的。

这道姑苏名菜，上世纪70年代叶帅陪柬埔寨西哈努克亲王到苏州访问时，当地东道主也曾进呈，使西哈努克赞叹不已。后，西哈努克陪法国朋友游苏州时，亦特意亲点此菜，使食者无不击节称赞。

春来步鱼鲜，难忘此美味。

初春早韭美

"一畦春雨足，翠发剪还生。"这是宋代诗人吟咏春韭的诗句。诗中的"翠发"，即指早韭。

韭菜是生长在我国的本土蔬菜。早在夏代就有记载，《尚书·夏小正》有文曰："正月囿（即菜园子）有韭。"韭菜是春天最早破土而出的蔬菜，并以翠绿、鲜嫩、清香的特色，名垂千秋。《唐制》中就规定了一条："立春，以白玉盘盛生菜颁群臣。""生菜"就是韭菜，皇帝以白玉之盘装了早春的韭菜赏赐臣子，可见此物之稀罕。杜甫曾有诗记载："春日春盘细生菜，忽忆两京全盛时。盘出高门行白玉，菜传纤手送春丝。"有一种说法是，"春盘"即是春卷，那么，皇帝请臣子吃的就是"韭菜春卷"了。此外，杜甫的"夜雨剪春韭，新炊间黄粱"，更是深情待客的千古佳句。

早韭的鲜嫩、清香，自古以来就为人们所称赞，可说无物可以与之媲美。《南齐书》记载：文惠太子问周围的人"菜食何味最胜"时，名士周颙回答："初春早韭，秋末晚菘。"可见早春韭味之美，只有经霜的晚秋菜心可以相提并论。早韭是这样的质嫩味美，也就显得格外珍贵，特别是在北方，冬天土地冰冻，漫长的冬日人们靠贮存的秋菜度日，忽见翠绿的新鲜早韭问世，自然眼睛为之一亮。早年我在新疆南部生活时，每当长达半年之久的寒冬，吃够了菜窖里贮存的大白菜和马铃薯，当早韭上市时，虽然一元钱只那么细细的一小捆，总共 10 来根，却也喜如雀跃，和同事们一起上"巴扎"（维语"集市"）去采购，下面条吃，和鸡蛋一起炒了包饺子吃，那一份渴望、那一份喜悦、那一份醉心的陶醉，虽然已经过去 30 多年，仿佛还历历在目。

韭菜除了上面的吃法外，杭州人常用以炒开洋、炒河虾、炒蚬肉、炒蛤蜊、炒肉丝，还可以制肉馅做馒头、煎饼等等，自然它最佳的吃法是炒鸡蛋。韭菜炒鸡蛋已经有数千年历史，《诗经》中已有"维春荐韭卵"的记载，可说是一道历史悠久的传统名菜。

韭菜营养丰富,含有丰富的蛋白质、糖类以及钙、磷、铁、胡萝卜素,多种维生素及抗菌物质,具有生香、调味、刺激食欲的作用。祖国医药认为它味甘、辛、性温,能健胃、补肾、温身。它含有的粗纤维,能增加肠胃蠕动,故中医常用它来治疗误服金物者。

江南早春气候多变,多吃韭菜有强身杀菌作用,特别是用它炒鸡蛋、炒肉丝,不但营养丰富,而且口味鲜美,为春日之佳肴。

充满乡情的之江莼鲈羹

乡思是一种美好的情感,故乡的亲友、山水、老宅,故乡的俚曲、乡音乃至美食,都能勾起游子的怀念之情。尤其是故乡的土特产,带着彼处浓厚的地方特色与风味,无论相隔路途多么遥远、时间多么漫长,都能使人缅怀难忘。杭州厨师针对人们的乡思、乡情,依据历史掌故,便创制出之江莼鲈羹这样一款佳肴。

据《晋书·文苑·张翰传》记载:西晋时,文学家张翰(字季鹰),在齐王司马冏执政时,任大司马车曹掾,"因见秋风起,乃思吴中菰(茭白)菜、莼羹、鲈鱼脍,曰:'人生贵得适志,何为羁官数千里,以要名爵乎!'遂命驾而归"。说是张翰见到秋风起,就怀念起江南家乡的茭白菜、莼菜羹、鲈鱼鱼生,并表明自己的心意,人生在世贵要做自己想做的事情,何必为了做官而被羁留在几千里路之外呢?于是,他下了决心,命令家人赶着马车,一起回到了故乡。后人便把"莼羹鲈脍"(亦作秋思莼鲈),作为表达眷念思乡之情的一个典故。

茭白、莼菜、鲈鱼,都是江南的特产。茭白可以做炒菜,也可以制成烩菜;莼菜一般可以做汤菜、羹菜;鲈鱼可煎、可炸、可蒸、可烩,因肉质细嫩鲜美,古人常用它来做脍菜,即生鱼片。杭州郊野,盛产张翰所怀念的这三种蔬菜与鱼类,厨师们根据"秋思莼鲈"这个典故,以西湖莼菜与钱江鲈鱼入羹,做成了这款独具江南特色与风味的羹菜,以飨远在北国及海外的游子,表达故乡亲人的心意。

之江莼鲈羹以鲈鱼肉丝上浆滑锅后,配以沸水焯过的莼菜,加以熟火腿丝、鸡丝、葱丝,勾以薄芡,淋上鸡油,撒上胡椒粉,制成羹后便可上桌。此菜做成后,莼菜清香、鱼肉鲜嫩、色泽悦目、上口滑润,是飨客及自品的珍肴。

因为之江莼鲈羹具有历史文化内涵,又美味可口,据说备受国内外宾客,特别是旅居海外的华裔、华侨的喜爱。但能制此菜的,大多是具有较高文化修养的名厨。

故乡的"胭脂鹅"

绍兴人把鹅称之为"白狗"。白是可以理解的,鹅毛一般都是白的。但鹅就是鹅,它是古人驯养大雁而育成的一种家禽,怎么叫做"狗"呢?我没有问过绍兴人,私下猜想大约鹅与狗都能看门防盗,而一头肥鹅的肉顶得上一条狗,故有此称吧。

最爱吃鹅的是宁波人。夏日里到浙东古城去游览,街头到处可见鹅肉摊子。明亮的玻璃橱里挂着一块块雪也似的鹅肉,给人以清爽可口的感觉。常看到一些宁波人去买鹅肉,或半只,或四分之一只。摊主称好分量后,立即斩成长条块,撒上花椒盐,并用白纸包好,交给顾客。我不大清楚宁波人为何如此钟爱鹅肉?

杭州人是不大喜欢吃鹅肉的,总是嫌它有些草腥气,逢年过节买只鹅回去,大多是红烧或腌了吃。杭州民间认为,鹅肉很发,吃鹅肉容易引发旧病,不知这根据从何而来?后来看了清代医学家王士雄所著的、权威性的《随息居饮食谱》一书,才知鹅肉确有"动风发疮"之弊,故王士雄告诫"凡有微恙者,其可尝试乎"?虽如此说,但这位医学界的美食家又推荐了鹅肉的最佳吃法:"肥嫩者佳,烤食尤美。"还说了它的好处:"解铅毒……补虚益气",并说鹅掌、鹅肫为美食,"性较和平,煨食补虚,宜于病后"。

烧鹅,广东人最爱吃,杭州市场上却罕见。但我吃过故乡老余杭农村腊月腌制的鹅肉,味道却好极了。那是有一年在余杭镇南湖边一家远房亲戚家中吃的。那蒸熟后浇了绍兴酒的腌鹅肉,鹅皮白如凝脂,鹅肉红如胭脂,吃来肥而不腻,浓香溢齿,越嚼香味越浓,以致片刻工夫,我和母亲及两个妹子就把桌上的半只腌鹅,风卷残云似地吃了个底朝天。被称作"南湖里的小外婆"的主人,见我们杭州客人如此欣赏他们农家的腌腊制品,笑得老脸皱得像一个核桃壳,心情舒畅极了。临行前,"南湖里的小外婆"一定要把用箬壳包好的另半只腌鹅塞进我们的包包里,弄得我们挺过意不去,而当时我们带去的礼物,仅仅只是几条凭票供应的洗衣皂而已。

自然,这珍贵的半只"胭脂鹅"带回杭州,虽然每次吃时只斩细细的几条上笼,也没吃多久,就吃光了。

转眼四十多年过去了,每想起那腌鹅,仍然使我口水直淌,再想吃是不大可能了。因为那位能精心制作与《红楼梦》中所记载的"胭脂鹅"相媲美的农村老妪,早已撒手西去了。而她的子女们,未必能得她的腌法真传,再做出如此精美的鹅肴来。

惜乎,"胭脂鹅",我心中思念的再不可求的美食!

"翡翠白玉"诗意浓

杭州闻名于世的佳肴,有脍炙人口的龙井虾仁。龙井虾仁是以绿茶之珍的龙井茶,配以河虾仁精工制成。此菜烹成,"龙井"色如翡翠,虾仁清于白玉,一股茶香从虾仁中飘逸而出,可说一菜之中汇集了西湖的春光与水乡的精灵,使人不忍心将它们挟入口中去品尝。要说这款龙井虾仁的起源,不得不提起杭州灵隐天外天菜馆。九十多年前,祖居灵竺龙井茶产地的名厨吴立昌,受天生灵芽的启发,采青制作佳肴,创制出了"龙井虾仁"这道脍炙人口的名菜。吴立昌小名阿毛,当时阿毛师傅之俗名,曾广为杭州餐饮界所知。

1986年,笔者曾受某报委托,与朋友一起去访问天外天菜馆掌勺烹制正宗龙井虾仁的名厨吴祖寿师傅。他就是当年阿毛师傅的儿子、龙井虾仁的正宗传人。他18岁进天外天,继承父亲衣钵,烧了四五十年的龙井虾仁。我与朋友品尝了他亲手烹制的此菜,果然不同凡响:他采用的茶叶原料是现采的新鲜龙井茶,用现采新叶炒虾仁,在杭城可说是首创一家。照杭州人的俗语说,那鲜茶"连活灵儿都没有透出",格外的绿如翡翠,甘美芬芳,虽然虾仁未能如以前那样活养活挤,那味儿也已是无处可比,吃来只觉得甘美鲜嫩、口润如流,不禁大快朵颐。

说起营养价值,新摘的龙井茶叶,含较多的多酚类、咖啡碱、氨基酸、糖类、果胶芬芳物质以及多种维生素、矿物质,具有益神、生津、解毒、消暑、明目等多种食疗功效,加之河虾仁为高蛋白,有壮阳健身之作用,故此菜可说是名副其实的绿色食品。最近科学家们又发现,龙井茶与乌龙茶一样,具有抗癌作用,因此此菜又可说是高蛋白、高维生素、低脂肪的不可多得的保健佳肴。

之后,我们随经理去厨房参观,只见炉台上洗净的龙井鲜茶,都是张开的两旗一枪的嫩蕊,而浆好的虾仁,格外的白净,颗颗圆润如珠。在吴师傅有节奏的锅勺翻炒之中,茶香阵阵从虾仁中透出,弥漫在空中;端到桌上,绿白两色分明,在青花瓷中,宛若见到一盘翡翠白玉,充满了浓浓的诗意。这是佳肴,也是艺术品,色香味形器五美俱全,自然科学与文化色彩交相辉映,反映出秀甲江南的杭帮菜肴独有的精气与魅力。

时间过去了二十多年,许多名菜的风味渐渐在齿舌间淡薄,但在天外天品尝过的、吴师傅亲手烹制的龙井虾仁,依然随着记忆逸出它那甘美芬芳之味。吴师傅的绝技不知徒弟们学到手了没有? 之后,再没有机会能品尝到如此之美的龙井虾仁,这也算是记忆之闸流出的这位烹饪大师的一次广陵绝响!

满足与想念,是曾经品尝过的天外天龙井虾仁留给我的美好的印象。

杭帮菜一绝——咸件儿

饮食带有浓重的地方特色,老杭州人都喜欢吃本地的杭帮风味。旧时,杭帮饭店独领风骚的是清河坊的"皇饭儿"(王润兴)。上世纪20年代末,延龄路(今延安路)上的德胜馆急起直追,同执杭帮菜之牛耳,之后才有天香楼等菜馆出现。

杭帮菜中,尤以木郎豆腐(鱼头豆腐)与咸件儿最为著名。杭州新闻界元老、老报人黄萍荪曾在《旧时杭帮饭绝招》一文中说:"盐(咸)件儿、木郎砂锅豆腐,为本帮菜中双绝。"1956年,这两道菜曾被浙江省有关部门认定为36只名菜中的2只。53年时间过去,鱼头豆腐依然声名如旧,但咸件儿已不为年轻食客所知。它的消失,并不是因为滋味不佳,而是成本高、经济效益低所致。

咸件儿系采用东阳、浦江等地专门腌制之两头乌猪肉制成，一头猪仅能取肥瘦相间的五花软肋一二十斤；整方洗刮干净后，上笼蒸至酥而不烂；再切以2市两(16两之旧制)重的长方块出售，此菜瘦者如五月桃花，肥者似白玉水晶，肉糯味美，色香兼之。一般，夏日摆柜台上出卖，冬时则置于钵头中盖以棉垫以保温供需。那时，没有塑料袋，欲外买者，店家则备有洁净的新鲜荷叶供包装。咸件儿是否合乎品牌标准，往往关系店誉名声，故旧时饭店老板不敢掉以轻心。

"皇饭儿"当年名声响当当，胡庆余堂老板、红顶商人胡雪岩特别捧场，并且还请英人梅藤更(时任广济医院院长，相当于现在浙江大学附属第二医院院长)、总税务司赫德同去品尝，当木郎砂锅豆腐、咸件儿、皮儿荤素、清炒虾仁、响铃儿(炸响铃)这些地道杭帮菜上桌后，这两位"中国通"的英国人，也禁不住翘其一指，赞为"顶刮刮"。台湾作家、杭人高阳所著《一代巨贾》一书，其上册第90页，还专门写了胡雪岩在"皇饭儿"吃饭之事。咸件儿、木郎砂锅豆腐还曾吸引过洋美食家司徒雷登，当时他是老报人黄萍荪先君的同窗，黄以父执称之。上世纪30年代中期，司徒雷登就读燕京大学，来杭省亲，黄为报人，受邀共赴"皇饭儿"与司徒友人同饮。司徒雷登点杭菜如数家珍，有板有眼，他对跑堂说："烦你关照，木郎豆腐要烧得入味，'马后'点(慢一点)没有关系。响铃儿要'毫烧'(杭语'快'之意)，否则不脆。件儿要瘦，肥了倒胃。"另一次去吃饭，司徒雷登则对"皇饭儿"老板说："醋鱼要带柄，件儿改刀(切成小块小片)烧菜心，木郎豆腐免辣(椒)重胡椒……"要是取扇障其面，谁也难信此为碧眼高鼻之洋人在说杭州方言点杭帮菜。可说咸件儿等菜，不仅为普通杭州市民大众所喜爱，亦为江南药王胡雪岩及洋美食家司徒雷登及英人梅藤更、赫德等所熟知。

但愿随着养殖事业的发展，有一天咸件儿还能重新成为市民大众的佳肴。

古老的醋鱼带柄

清代举人徐珂在民国初期编撰了一部清代野史的百科全书——《清稗类钞》。此书中有关杭州饮食文化内容的篇章不少，最为引人注目的是"饮食类"中关于

"醋鱼带柄"一菜的记载："西湖酒家食品，有所谓醋鱼带柄者。醋鱼脍成进献时，别有一篓之所盛者，随之以上。盖以鲩鱼(即草鱼)切为小片，不加酱油，惟以麻油、酒、盐、姜、葱和之而食，亦曰鱼生。呼之曰柄者，与醋鱼有连带之关系也。"

　　一般人都以为鱼生是日本菜，其实鱼生是从中国传去的。鱼生在我国古代叫"脍"，本意是细切的鱼肉，特指生食的鱼片。《论语·乡党》有"食不厌精，脍不厌细"之语，可见两千多年前的孔夫子是很爱吃生鱼片的。南宋时期，脍菜在杭州很盛行。《梦粱录》记载，当时最有名的有"鲈鱼脍"、"鲫鱼脍"、"鲤鱼脍"、"海鲜脍"、"石首(黄鱼)鳝生"等。直到清末民初，杭州还流行此种菜肴，徐珂之记载即可为证。此菜之断档是在解放初期，原因是卫生部门认为生食鱼肉不卫生。但同为南方的广州卫生部门却对生鱼片大开绿灯：1988年2月1日出版的《南风窗》杂志，刊出一篇《舍命吃鱼生》的文章，极言广州鱼生之美："薄薄的如片片蝉翼，晶莹通透，如脂似膏"，吃来"竟是那么嫩滑鲜美，无论在口感上或者心理上都有一种说不出的滋味"。其实，鱼生问题不在于"生"与"熟"，而在于取料与制作是否卫生。

　　笔者多年之前，曾为此走访过当时还在人世的"龙井虾仁"的正宗传人、天外天菜馆的吴祖寿老师傅，并问他可会做此菜？吴师傅莞尔一笑，便兴致勃勃地讲起"醋鱼带柄"的做法："此菜是一鱼两吃。用两斤重的活鲩(草)鱼，头尾肚裆做成糖醋味；鱼身去皮、骨刺，用快刀批成极薄之片，然后整齐地码在盘中，吃时，用筷夹着，蘸着麻油、黄酒、精盐、嫩姜末、葱花、味精等料混合的鲜汁生吃。我以前曾做过，现在年轻的厨师不但不会做，恐怕连听都没听说过……"吴师傅还说："做此菜的鱼要活蹦乱跳的，刀工要过硬，味汁要调得爽口。一般每半斤鱼片叠成一盘，客人想添，再上一盘。过去'天外天'的鱼生，都是我亲手做的。可惜，要失传了……"

　　醋鱼带柄在社会上虽然断档了，但并没有在人们的记忆中消失：红学家俞平伯在《略谈杭州北京的饮食》的文章中，回忆了他上世纪20年代在楼外楼品尝醋鱼带柄的情况。浙江新闻界元老黄萍荪在一篇名叫《旧时杭帮饭绝活》的文章中，更是绘声绘色地写道："醋鱼带柄是什么玩意儿呢？此味已成广陵散了……阿毛，30年代该楼(指楼外楼)名庖，蒋介石至，非阿毛掌勺不欢。所谓带柄实系一鱼两吃……另碟生拌……风味特殊……四人围食，按彼时(上世纪30年代)物价，不超过四元(大洋)……"

余生也晚，未能赶上品尝此菜。但现在杭州已有了新的鱼生："三文鱼鱼生"与醉虾，也可说无愧于古人。

风味独特的西湖莼菜汤

在中国饮食文化史上，没有一种蔬菜的名气能与莼菜匹敌，也没有一种蔬菜能像莼菜那样获得古今骚人墨客的诸多的赞赏。从历史渊源上来说，早在《诗经》产生的公元前11世纪到公元前6世纪，即在两三千年前，我国人民已开始食用莼菜，并在《诗经·鲁颂·泮水》一诗中，用诗句记载道："思乐泮水，薄采其茆"。茆，即莼菜之古称也。至晋代，出了"千里莼菜，未下盐豉"与"秋思莼鲈"两个莼菜的典故，使莼菜沾上了浓重的文化气息，以至于以后的诗人如杜甫、陆游等人的诗作及《红楼梦》这样的经典作品中，都无不提到莼菜这道名菜。

杭州西湖发现野生莼菜，时间迟于太湖与湘湖。最早发现西湖生长莼菜的，从现在发现的材料上来看，是明代杭州美食家高濂。他在《四时幽赏录》中说："今西湖三塔基旁，莼生既多且美。……余每采莼剥菱，作野人芹荐，此诚金波玉液，青精碧荻之味，岂与世之羔烹兔炙较椒馨哉！"自然，高濂所说的莼菜，是野生的。

历史翻过了一页，现在杭州莼菜已大量采用人工栽培，据不完全统计，产量已达30万斤以上，跃居全国第一。因此，杭州的莼菜菜肴，较其他地为多，计有西湖莼菜汤(荤与素两种)、三江鲈莼羹、虾仁拌莼菜、莼菜猴头汤、竹荪莼菜汤、鲜菇莼菜汤等。另外，南宋时还有一道莼菜笋。新的品种则还有待开发。

莼菜属睡莲科，其叶碧绿，呈卵形或椭圆形，要说它的口味，除了滑爽感觉外，并无味道。那么，它为什么能成千古名菜呢？这可从两方面讲：一是从祖国传统的品味理论来说，历来崇尚"太羹之味"，即大味必淡。二可从现代文学家叶圣陶在《藕与莼菜》一文中的观点来说明。他说：莼菜"本来没有味道，味道全在于好的汤。但这样嫩绿的颜色与丰富的诗意，无味之中真足令人心醉"。叶老的这一番话，可以说是道出了其中的奥秘。

杭州第一名汤——西湖莼菜汤，问世的具体时间，已无从考出。但杭州名厨在制作此汤时的配料配汤观点,可以说与叶圣陶老人的观念完全吻合。它以新鲜莼菜入沸水中稍余后,置于调好味的淡鸡汤或淡火腿汤中,再缀以熟火腿丝、熟鸡肉丝、蛋丝,并滴以鸡油制成。此汤做好后,莼菜片翠绿滑爽,火腿丝红酥透香,鸡肉丝细白鲜嫩,一颗颗淡黄色的鸡油浮现在汤面,而一股诱人的香气又悠悠然飘来,真格色香味形俱全,倘盛在越州青花名瓷汤碗中,确实能"令人心醉"。

自然,做此名汤,需用新鲜莼菜,瓶装之物往往不够滑爽,而无高巧的刀工、火候功夫,又难出精品。笔者虽然有幸尝过荤、素两种各异之味,然而皆泛泛之作,尚不知杭城有哪位名师能制成超人之品,愿待来日,有此口福。

最后要说的是,西湖莼菜汤鲜美可口,清淡宜人,富含蛋白质和多种维生素,且低脂肪,有开胃、助消化、补虚弱的食疗功效(其中新鲜莼菜叶茎部的黏质部,含有抗癌的 L-阿拉伯糖等多糖体),可以毫无愧色地说:此真乃杭州第一汤也!

清蒸河鳗席上珍

旧时杭州人请客,最好的菜莫过于白斩鸡;没有白斩鸡上桌,意味着主人敬客不恭。现在人们的生活水平普通提高,用鸡请客的规格太低了。再说洋鸡鲜味不够,没有吃头;土鸡呢,没有两三个钟头的炉子功夫,不要想炖酥烧烂。拿得出手而且能体现主人敬意的应是鳗。鲜龙活跳的活鳗,农贸市场价格每斤30—50 元左右,一条七八两重的大鳗,杀后斩成 10 段(从背脊上斩,斩断鱼脊而让鱼腹仍然相连,断而不散),上面盖一些筒骨火腿片、嫩姜片,浇一点绍兴老酒,撒一点盐花儿,在旺火上蒸个 20 分钟,香气透出,就可上桌。那鳗肉嫩得像豆腐,用舌头一卷就在嘴里溶化了。鲜呢,超过火腿、超过鸡,比老鳖还入味。一碗清蒸鳗鱼中最好吃的便是那中间三段,最粗壮,肉最肥嫩,吃来最惬意。老杭州人常以鳗的"中间段儿",比喻人生最美好的辰光,是最生动也最贴合实际生活的了。我不知其他地方的读者是否尝过火腿蒸鳗的"中间段儿"的味道?但我只要心中一想到它,仿佛鼻端就闻到了一股流口水的香气,好像已经用筷子来住了它,顷刻便溶化在"红城玉关"之中……

不光是味道可口得无与伦比,鳗的营养价值也达到美食珍品的水平:每100克鲜鳗肉,含蛋白质14.5克、脂肪8克、灰分1.4克、钙166毫克、磷211毫克,还含有B1、B2、尼克酸等维生素,尤其是含维生素A特别丰富,达到3000国际单位。其中肌肉中还含有肌肽、鹅肌肽等生理化学物质;鱼身黏液中含有多糖体。它的肝脏中,维生素A的含量尤其丰富,每100克中,竟达到15000国际单位,犹如高浓度的"固体鱼肝油"。它含有这样丰富的营养物质,怪不得祖国医学说它具有"补虚赢"等多种补益人体的功效。又由于它含维生素A那么丰富,能提高人体的免疫功能,故中医又认为它能"治虚痨骨蒸"(虚痨,即肺结核病——笔者注)。

看来杭州人重视吃鳗,不光是从美食角度出发,还从营养与健康方面着眼。从这点看来,杭州人还是精于吃经,又重视待客之道的。

当然上馆子吃鳗,没有8—10张"大团结",休想点此菜。但家中自绘小搞搞的话,化4张"大团结"便可大快朵颐。如果用之待客,客人见你上了那么珍贵的好菜,也会为你的一片真情所感动,彼此之间的心顷刻就靠拢了,等到三杯老酒入肚,什么知心话都倒出来了。

但我要告诉读者的是:杭州人爱吃鳗,会吃鳗,也会养鳗。他们在钱塘江里捕捞到细得像小蚯蚓似的鳗苗后,养在池子里,经过精心饲养,最后一条条都养得背黑肚白,滚壮滚壮,成为市场上最抢手的鱼鲜。

游览杭州农贸市场,你会听到杭州人带着欢笑声,在鳗盆边说:"哟!好壮的鳗,我买一条回去,给老头子补补身体!"

"喂!你给我挑一条粗一点的,我老婆生孩子了,要增加一点营养!"

"师傅!你帮我杀杀好吧!"

……

祝福你,有口福的杭州人哟!

好竹连山觉笋香

春雨潇潇,又到了一年一度的春笋上市之时。在菜肴之中,春笋以鲜嫩独占素肴之首。它的鲜美，只有蘑菇可以与之匹敌。故"扬州八怪"之一的郑板桥有诗赞春笋道："江南鲜笋趁鲥鱼，烂煮春风三月初。"说是趁着鱼中最美的鲥鱼上市之时，赶快和着春笋一起烹食。言下之意是，过了这个时候，可吃不到这至鲜至美的春笋啊！可见春笋一年仅一次，甚为难得！

因春笋味美，初出之时物稀价贵，故唐代诗人李商隐有诗道："嫩箨香苞初出林，五陵论价重如金。"曾两度出任杭州地方官的北宋诗人苏东坡亦是一位酷爱春笋的美食家，他曾以诗赞美道："长江绕廓知鱼美，好竹连山觉笋香。"这位美食家以鱼美与笋香对应称之，可见人间美味以鱼与笋为上。

杭州人素来爱吃春笋。记得小时，春笋一上市，母亲就兴冲冲买回一些，以咸肉烧笋作为时令佳肴给我们解馋。那脆嫩的笋，一沾上家乡肉的咸香，格外可口，引得我们兄弟姐妹四个，胃口大开，一碗碗米饭都碗底朝天，母亲在一边看得乐滋滋地笑。弹指流光，转眼几十年过去了，老母健在，兄弟姐妹皆已双鬓染霜，但至今咸肉烧笋和油焖春笋仍是我们家中年年吃不厌的早春时令好菜。往往从春笋上市时就吃起，一直要吃到笋完为止。

春笋不光是味道好，营养也十分丰富，它含有维生素 C 与胡萝卜素，还含有磷、铁、钙、镁等 12 种微量元素与 16 种氨基酸，对人体健康非常有益。故清代著名医学家王士雄在《随息居饮食谱》一书中说："笋（竹萌也），甘凉，舒郁，降浊升滑，开膈消痰，味寇素食"，又说"荤素皆宜"。

春笋有多种多样吃法，除咸肉春笋（又称腌笃鲜、南肉春笋）与油焖春笋脍炙人口外，还可与火腿同炖，与雪里蕻菜同烹，也可放入鸡汤炖之，更可以炒肉丝、鸡蛋，做糟笋、笋脯、兰花笋等等，总之，吃法可凭各人爱好，尽情发挥，无不味美可口，可说是大自然恩赐给我们的一种尽善尽美的美食。

原汁原味的叫化童鸡

起源于民间而成为杭州 36 只名菜之一的叫化童鸡，是一款别有风味的佳肴，为天下鸡肴之精品。虽然江苏常熟也有叫化鸡，具有同工异曲之妙，堪称伯仲，但从历史渊源来说，杭州之叫化童鸡可说更得南宋鸡菜之精髓。

据南宋著名学者洪迈所著《夷坚丙志》一书记载，南宋京城临安(今杭州)菜馆升阳楼上，有一个叫李吉的人，专卖爊(音凹)鸡。爊是一种古代的烹饪方法，现已少见，它的做法是将食物原料放在灰火中煨烤。这种烹饪方法与民间叫化子(即乞丐)用泥将鸡裹住放在柴火与炭中煨熟，非常接近。

爊，是烤(即炙)的发展，炙是我国最古老的烹饪方法。《诗经·小雅》中已有"有兔斯首，燔之炙之"的记载。西汉的枚乘在著名的《七发》一文中说："旨酒嘉肴，馔庖脍炙，以御宾客"，赞美脍、炙两法制作的菜肴的美味，从而产生了"脍炙人口"这一成语。爊法起于烤而精于烤，它将肉食草裹泥封而煨，缓慢使之成熟，使香味不走、原汁全在，制成的菜肴更为美味可口。南宋杭州的爊鸡，即是采用这种烹饪方法。但现在的杭州名菜叫化童鸡的制作，又比南宋爊鸡更为讲究。它采用的香料有山奈、八角、绍酒、酱油、白糖、细盐、葱丝、姜丝、川冬菜九种；辅料有猪网油、猪腿肉丝，然后用两层鲜荷叶及一层玻璃纸以麻绳包扎，再裹以加了绍酒沉渣的酒坛泥做成一个小枕头似的形状入电烤箱煨制，先采用220℃高温煨，再调至160℃左右温度连续烘烤，共需耗用3—4小时，才能使这美味的鸡肴烹制成熟。食时，去泥剥开，连荷叶放入盘中便可上桌飨客。

日前，应友人邀请，到杭城百年老店天香楼品尝了该店精制的叫化童鸡，真是大快朵颐。天香楼制作的叫化童鸡，原料采用正宗的土种童子鸡，盈握之躯，色泽淡黄，冒着氤氲的热气平卧在散开的干荷叶之中。闻来鸡香浓郁，又透着淡淡的荷叶清芬，筷子下去，酥烂的翅腿任人挟取，而入口则香醇之至，鲜美异常，真是：此菜本应天宫有，人间难得几回尝。酒醉饭饱之余，朋友嘱言：何不付之笔墨，写出此菜源远流长之发展史，以飨读者诸君，方不负品尝此一美食！于是，以断头之秃笔遵嘱写出，即为是文也！

三月荠菜香

一场潇潇春雨刚过，农贸市场已有农村姑娘挽着一篮篮嫩绿透鲜的荠菜叫卖。杭州人素来珍重这时鲜的野蔬，不管它贵到几元钱一斤，总要买点来尝鲜。说来一点也不奇怪，冬去春来，人们度过漫长的一段寒冷的日子，总感到"火"很重，而且多变的节气又常使人鼻干喉痛、感冒发烧。这鲜美而具有清热解毒食疗功效的珍味，可说来得正是时候，怎么不让人眼睛一亮而心头一喜呢？

杭州人吃荠菜，喜欢用它同肉末、开洋丁、香干丁拌和包大馄饨吃，也喜欢水余后，和着香干斩末，浇上麻油凉拌吃，最简单的吃法是油炒后下年糕。"三月三，荠菜上灶山"，早春季节，荠菜可说是杭州人的席上珍品了。说起荠菜这古老的野蔬，两千年前的《诗经》已赞美它是"其甘如荠"，而古籍《尔雅》则说它"荠味甘，人取其叶作菹及羹亦佳"。它有这样的鲜美之味，故历代诗翁中的美食家，更是对它青眼相看：北宋诗人苏东坡说荠菜"天然之珍，虽小甘于五味，而有味外之美"；南宋诗人陆游以诗赞道："春来荠美忽忘归"，又说："长鱼大肉何由荐，冻荠此际值千金"；清代诗人郑板桥则说："三春荠菜饶有味，九熟樱桃最有名"。这些都是赞美荠菜的美味，其实，从营养价值讲，它含有的营养物质，亦可以名列蔬菜前茅：它含有的维生素 C 高于西红柿；胡萝卜素可与胡萝卜本身匹敌……其他还含有磷、钾、钙、铁、锰等有益人体的多种微量元素，养分比较齐全、平衡，这在蔬菜中是不多见的。祖国医学理论认为它具有清热、解毒、明目、健胃、止血、降压等食疗功能，可说是野菜中的佼佼者。

不仅如此，荠菜作为美味入肴，八大菜系都广泛地将它当作珍品做菜，如淮扬菜中有著名的"荠菜冬笋山鸡片"；上海菜中有"荠菜山鸡片"、"荠菜鸡丝"、"荠菜冬笋"；安徽菜中有"荠菜丸子"；山东菜中有"荠菜鱼卷"；浙江菜中有"荠菜雏鸡片"……特别用它制馅，可以做饺子、包子、烧麦、饼子、馄饨、汤团、春卷、小笼，等等。其中淮扬（南京一带）名点中的"荠菜包子"，堪称点心中之珍品。它用荠菜、精肉、冬笋、虾子、鸡汤、麻油、白糖、黄酒、味精、精盐调拌作馅制成，口味鲜美，甘芬无比，馅嫩卤多，清香爽口。江浙一带的"荠菜春卷"，则以荠菜入沸水烫熟斩碎，加香干末、开洋末、麻油、味精、精盐调好口味，包以春卷皮子油炸而成，吃来外脆内鲜，堪称春令佳点。

另外，荠菜还可用之做家常菜，如炒肉丝、做荠菜豆腐羹等不同配料的鲜羹。

由于荠菜是一种高品位的野蔬，一些外国人在中国品尝过一次后，第二次来华，竟有点名要吃荠菜做的菜肴。1979 年，一位美国威士康星大学农学院的十字花科农业专家，还专门到上海学习种植荠菜的技术，说是要将它引种到大洋彼岸去，以让他的同胞们也尝尝这种鲜美的中国野味！

文末,笔者以诗人陆游的《食荠》一诗,献给诸君:

采采珍蔬不待畦,中原正味压莼丝。

挑根择叶无虚日,直到花开如雪时。

情钟马兰头

在野菜之中,马兰头与荠菜几乎同时进入早春二月。民间有"荠菜马兰头,姐妹嫁在后门头"的俗语,是说它们相约萌生,亲如姐妹,同迎春天。马兰头和荠菜一样,也有清热解毒作用,它的鲜味稍逊于荠菜,但香味则远胜前者。经过漫长的寒冬,人们都有咽干喉痛的感觉,如果在吃饭时,有一盘细细浇了麻油的凉拌马兰头上桌,碧绿的菜末中点缀着碎玉似的香干末,那么一定会使你眼睛突然为之一亮,食欲顿时萌发,箸如雨下,饭如风卷,置鱼肉于一旁而不顾。

长期患着气管炎的我,每到早春,便思食马兰头,把凉拌马兰头当作一味可口的良药吃,在津津有味的品尝之中,起到了菜到病除的作用。

这种早春的野蔬,古人历来很看重。清代著名的医学家王士雄在《随息居饮食谱》专著中对它评价很高,说它"甘、辛、凉,清血热,析醒(醒酒)解毒,疗痔杀虫,糯者可茹,可菹可馅,蔬菜中佳品,诸病可餐"。可以说,蔬菜中很少有像它那样有利于人们健康的美味。难怪它刚亮相时,虽然价格高过其他蔬菜,大妈大嫂们也全然不顾,美滋滋地围着菜摊挑选起来。中国人爱吃这种野蔬,是因为它是一种有利健康的"绿色食品"。同时来我国的不少老外,也非常喜爱它。有一位名叫斯蒂芬的瑞士青年,应邀到上海同事家中去吃饭,在满桌的佳肴中,特别称赞凉拌马兰头,说"这种草特别可口"!

我的老友、上海美食家白忠懋,特别钟情马兰头。他在浦东乡间路边采了一些带根的马兰头,种在一楼院内的一方绿地中,与蒲公英、野枸杞们相傍相依连成一片,不仅赏心悦目,美化了庭院,而且每逢春日有文友来访,便随时摘一些嫩头凉拌,细淋麻油,献给佳客,他真的可引为马兰头的知音了。

品尝蛇皮佳肴

少年时代喜欢拉胡琴,那美妙的声音,是靠弓带动蒙在琴筒上的一层蛇皮发出的。我从小怕蛇,对蛇没有好感,但蛇皮做成胡琴能发出动听的乐声,给我留下了深刻的印象。没想到而立之年后,竟吃了一次蛇皮做的冷菜。

那是一位年轻同事请客,邀我与内人到他学生办的一家私人小餐馆里去小聚。起先上的是鱼、虾、鳝之类的水鲜,后来就上了两款蛇菜:椒盐蛇段与凉拌蛇皮。蛇剥了皮做菜吃,这已不是稀罕事,常见杭城农贸市场有卖蛇者,将蛇剥得赤条条地交给买主拎回家。我国两广一带,吃蛇更是极为普遍的,古籍记载:"深广及溪峒人,不问鸟兽蛇虫,无不食之"(宋·周去非《岭外代答》)。现在两广有名的蛇菜即有"三蛇羹"、"龙虎凤大烩",等等,也有吃蛇皮的。如今南风日渐,杭州人胆子也逐渐大起来,开始吃蛇,买一条剥了皮的蛇,好像拎了一条大黄鳝一样,一点不慌。但吃蛇皮的,恐怕还不大有。

餐桌上先上了椒盐蛇段,虽然经过先腌后炸,又放了解腥生香的花椒盐,但吃起来总还有一点蛇腥气,我吃了一段,只好搁筷了。接着上了凉拌蛇皮。它的颜色深黑而有花斑,非常醒目,和常见的活蛇皮没有什么两样,现在被厨师横切成一片片的,经过烹调处理与碧绿的香菜拌在一起上桌。蛇皮是什么味道呢?不容我猜想,同席的已经嘻笑着挟而入口了,且碟中数量不多,我连忙也挟了一筷入咀,慢慢咀嚼起来。奇怪,这可怕的动物皮一点也不腻腥,而且入口爽脆如海蜇皮,吃来"格达、格达",甚至比海蜇皮还脆嫩可口与细腻,这真是不可思议的事。大概同席的人都与我有同感,几双筷子如鸡啄米般地下去,一碟蛇皮顿时盘底朝天。

世上万事万物,我们不了解的实在太多。正如鲁迅先生所说:如果没有第一个勇敢的人去吃螃蟹,我们至今还不知道螃蟹的美味(大意)。蛇皮也一样,这可怕的爬行动物的皮,经过厨师精心地加工,竟能如此味美可口,也是出人意料的。我想,以后如果还有这样的机会,我决不会轻易放弃,而要更美美地去吃一顿,以大快朵颐。不过,现在不能随随便便吃野生动物了,只能吃那些经过人工培养的产品。

　　蛇能灭鼠，是属于要保护的动物，为了让人们能吃上这别致的蛇皮菜，我以为完全可以像养黄鳝一样人工饲养，以满足人们日益提高的餐饮需求，以丰富我们绚丽的生活。

江南古刹的佛门饮食

　　佛门子弟虽然是跳出"三界"外的出家人，但与常人一样，要食人间烟火，要消费。在黄色的高墙内、青灯古佛前，他们的饮食生活是怎样的？不少人可能会对此产生兴趣。为此，笔者多年前怀着同样好奇的心理，走访了天下禅宗"五山十刹"中第二山的灵隐寺僧众。

　　金秋的灵隐道上，万头攒动，人群如流。走进肃穆、庄严的灵隐寺，只见青烟缭绕。在寺院办公室所在的联灯阁，监院（当家和尚）与工作人员接待了我。

　　法师面容清癯，身材瘦削，但却满面红光、说话爽朗。从他66岁的年龄来看，还是显得相当年轻的。他讲得非常直爽，说是僧众除了吃素外，别无特殊的饮食，但也透露了现代化补品进入佛门的新的信息。寺院办公室的工作人员，则向我介绍了一些具体的饮食内容：

　　僧众们都是拿工资的，他们生活简朴而宽裕。平时，食堂里总有2～3种素菜供应，或青菜、豆腐；或芋艿、茭白；或毛豆、竹笋……不分老小及资格深浅，也不分本寺和尚及外来挂单者（游方和尚在寺中住下），佛法平等，一律以饭菜票购买及挑选，各自食用。一年里只有到了除夕分岁时，全寺才进行大会餐。这时，在灵隐寺工作了几十年的师傅，就会尽情发挥他高巧的手艺，用香菇啊、木耳啊、豆腐皮啊、素鸡啊、笋干啊……做出二三十种色香味形俱全的净素美肴来。

　　不少僧人的钱是用不了的。佛门有规矩，"生在丛林（大寺院），死归塔（坟塔）"，钱积蓄多了也没用处。因此老僧们每逢阴历初一、月半菩萨生日，就要"结缘"，也就是请客。凡到食堂吃饭的人，每人给一碗"罗汉菜"，钱由"结缘"的僧人支付。所谓"罗汉菜"，里面有青菜、黄花菜、油豆腐、豆腐、木耳，等等，其实是"素十景"。每人给一碗"罗汉菜",少说也要花几百元钱一次。

僧众们并不是像人们想象之中的无所事事,他们也很忙碌与辛苦。每天凌晨三点多撞钟时,就要起床,先洗涤,然后各自活动。有的僧人就进行"自修",聚精会神地诵经。等到五点钟时,则全体集合到大雄宝殿做"功课"半小时,之后才能进早餐。早饭落肚后,分别到各自的职守和岗位上去做事。到晚上五点半时,同样还要做一次"晚课",也是半小时。之后,才进晚餐。这样的忙碌与辛苦,所吃的饭菜营养足不足呢?

法师爽朗地告诉我,营养是谈不上的,但现在不少僧人都吃双宝素、蜂皇浆,等等。现代化补品已经进入了佛门。从佛门规矩来说,这些补物都是"素"的,当然僧人们也就可以放心享用。法师与工作人员还说,鸡蛋与牛奶也允许吃的。

佛经中并没有禁止僧侣吃荤,但我国佛门历来主张吃素。目前,除藏传佛教和喇嘛教可以吃荤外,汉族佛教徒均是戒荤的。据说,没有血的,均可以认为是"素"的,因此鸡蛋、牛奶属于"素品"。

综观佛门子弟的饮食,各种新鲜蔬菜含有丰富的各类维生素及纤维素、微量元素;各种豆制品,含有丰富的完全蛋白质;各种食用菌,含有各种氨基酸;各种干鲜果品(腊八粥中之辅料)也提供了各种营养素。再加双宝素、蜂皇浆、鸡蛋、牛奶,一般来说,营养可以过得去。唯不进食荤腥,僧人易缺锌元素,但佛门子弟守身如玉,无此素亦无妨。时代在前进,佛门的饮食生活也随之在发生变化,这是可喜的现象。

从市井美食到筵席名菜

猪头的身份颇为奇特,它既是"下里巴人"的美食,又是"阳春白雪"的名菜。在扬州(杭帮菜在四大菜系中属淮扬菜系),猪头是属于"扬州三头"(蟹粉狮子头、拆烩鲢鱼头、扒烧整猪头)之一的名菜,但在杭州,它更多的是以市井美食的身份出现。记得上世纪50年代末期,杭州市场上有大量去骨腌猪头出现,带舌的每500克0.32元,去舌的只要0.28元。吾家贫寒,与左邻右舍抢着去买,煮熟后肥处晶莹如白玉,精处火红如胭脂,咸而香,鲜而美,食此佳味,破屋板床如同新居席梦思,补丁旧衣仿佛轻裘绸衣裳。当时的喜雨台茶楼(今之太子楼所在之地),在宽阔的、面街的楼梯上曾有一个红火的卤味摊位,问津者大多是劳苦大众。此摊墩头上常放一大方猪头肉,色泽酱红,浓香四溢,引人垂涎不已。那师傅手持利斧,常为短衫族(三轮车、黄包车工人、搬运工人等市民)斩上一二角钱那么一长条肉,切成薄片,浇以原汁,用荷叶包了交给购者,作为人们一天辛劳后的下酒、过饭之菜。而街头巷尾的小菜馆、小酒店,无不备有红卤的猪头肉,以备市民们不时之需。可见,在很长的一段时间内,猪头肉是市井劳苦大众价廉物美的佳肴。

大约从上世纪 90 年代起,猪头肉在杭州开始风光起来,它的一些部件先后开始出现在杭城的火锅城及筵席上。笔者一次与朋友到清泰立交桥畔一家颇有名气的火锅城吃饭,店家上了鸳鸯火锅一只:色红者为麻辣味,色清者为咸香味。忽见生菜盘中有切成长方块之物,色白如和阗羊脂白玉,而其表皮有一棱棱突起之梗,其型见所未见,以筷夹到锅中涮熟,略蘸调料入口,嚼起来"格崩格崩",爽脆味美。便问店家:"此为何物?"店家莞尔一笑,说:"天花卷!"又问:"天花卷为何物?"答曰:"猪口中之上腭天花板也!"听此言后,我与朋友大为惊异,八戒嘴脸何等之丑,四处乱哄,馊饭烂菜大嚼,却生出这等如同白玉般的脆物来,叫庖厨们化腐朽为神奇,奉至火锅宴上,光凭这点,也够叫人耳目一新了。

与此同时,杭城各种筵席的冷菜中,也常出现一种酱色的小圆肉片,作为下酒之物,名曰"顺风"。此物吃来爽脆味美,甚受食家欢迎。说穿了也叫人颇感新奇,那是用猪耳朵加工做成的,而制法也颇为别致。先将净猪耳卷成圆筒,用绳子一道道扎紧,在卤汤中煮熟、凉透,入冰箱作冷处理,待冻结一起,解绳切片,即可作为冷菜上桌。与此同时身价顿升的,还有"门腔"一物。初闻此名,不明为何物,等到见到,方知是猪舌。商家忌"舌"音射"蚀",便称"门腔"。依愚猜度,门里空荡荡,自然指的是猪嘴里面的空腔,嘴中有何物?自然是指舌也!

一只猪头,已有耳朵、舌头、天花板三个重要"零件"上了筵席的台面,这在中国近代饮食文化史上是破天荒的一次"升格",下面可能是猪头拱鼻出风头,那物爽脆之至,卤后吃口也颇佳。

朋友,你说,猪头在杭州的地位是不是在与日俱升?

清纯味美的杭州鱼圆

在古代汉语中，"鲜"字是由鱼与羊两字组成。一般而言，北人以羊为鲜，南人以鱼为鲜，故南人擅长制作鱼菜。一条鱼在南方名厨手中，可以做出千百种鱼菜。杭州鱼菜之多，琳琅满目，以原色本味取胜的，当推鱼圆。一味清汤鱼圆，没有浓酱重油，却清水出芙蓉，以鱼肉自身的鲜美，引人食欲大开。

关于鱼圆的产生，据说与秦始皇有关。他爱吃鱼而怕鱼刺，不少御厨名庖因此而丧身刀下。有位厨师做鱼菜时，眼看厄运降临而将愤恨发泄于案板的鱼上，用刀狠狠击之，谁知鱼刺却从斩击的鱼茸中露了出来。这时，传膳之声传来。他急中生智，拣去鱼刺，将鱼茸捏团入鲜汤，做了一款鱼圆菜。秦始皇吃了觉得又鲜又嫩又没有刺，赞赏不已，便嘉奖了厨师。于是，鱼菜的一种——鱼圆，就这样产生了，而且很快传到了民间，还上了筵席。

杭州的鱼圆菜，有多种花色，如有斩鱼圆、清汤鱼圆、四珍鱼圆等，其中以清汤鱼圆最为世人所熟知，杭州名店像山外山、红泥花园等，清汤鱼圆都做得极为精致入味。鱼圆还可配合其他原料，做成什锦砂锅三鲜汤之类。

旧时，杭州不少市井人家，都能在简陋的厨房条件下自己做出又鲜又嫩的鱼圆。这可以以已故著名作家梁实秋为例。梁实秋是北京人，他的母亲是地道的杭州人，擅长制作鱼圆。梁实秋在《雅舍谈吃·鱼丸》中回忆：母亲做鱼丸(圆)，"鱼必须是活鱼"，"像花鲢(胖头鱼)就很好"，先"剖鱼为两片……用刀徐徐斜着刃刮其肉……成泥状……加少许盐，少许水，挤姜汁于其中，用几根竹筷打，打得越久越好，打成糊状"，然后"用羹匙舀鱼泥，用手一抹"，入沸水成丸，因为"煮鱼丸的汤本身即很鲜美，不需高汤，将做好的鱼丸倾入汤内煮沸，洒上一些葱花或嫩豆苗(豌豆苗)即可盛在大碗内上桌"，"这样做出的鱼丸嫩得像豆腐"，色彩自然是洁白如玉的了。直到现在，杭州菜馆酒楼还是这样制作鱼圆，只不过用料稍为讲究一些，清汤鱼圆做好后，还要放一点熟火腿片、一片水发香菇及葱花，此外再放一点味精或鸡精。

鱼圆在杭州市井的普及与受欢迎，还可以从农贸市场中看到，经常有一些摊贩,以自制的鱼圆应市,从盆中水面浮养着的、细嫩而雪白的鱼圆来看,都是做得很成功的作品。市民买回家后,只要配以鲜汤、熟火腿、香菇、葱花、味精等物,即可成为一碗鲜嫩可口的清汤鱼圆。笔者常见一些上班族,黄昏时提着一只装有鱼圆的食品袋,匆匆地从农贸市场出来。

自然,菜馆酒楼的鱼圆做得更可口一些,只是价格不菲,以自做和买现成的更为实惠。

鱼圆营养丰富,易于消化,最宜老弱妇幼者食用,它可以说是一种精巧、味美但又大众化的美食。

甜润味美的蜜汁火方

蜜汁火方是杭州一道著名的传统甜菜,素以用料讲究、色泽鲜艳、造型优美、甜润酥烂著称。尤其是它含有丰富的营养和独特的食疗功能,受到老弱妇幼吃客的普遍喜爱,凡老杭州人中的美食家无不知此名菜。然而说到烹制此菜的主料金华火腿的来历,这其中却有一个传奇的故事哩!

相传北宋末年,金人大举入侵,进兵中原,俘获了徽、钦两帝,小康王赵构惊慌之余,急忙迁都商丘,号称高宗。这时,祖籍浙江金华的大将宗泽,看到局势紧张,决心收复失地,就在家乡金华招兵买马。所招的士兵们,用钢针在双颊上刺了"赤心报国,誓杀金贼"八个字,故时称"八字军"。宗泽所率领的"八字军",由于顽强作战,终于收复了大片失土。后来宗泽回到家乡,父老兄弟们为慰劳子弟兵,馈送了大批当地所产的"两头乌"猪肉。可是当宗泽命人将这些猪肉装入船舱时,却为难了,心想这么多猪肉运到河南,历时半月余,不是都变质了吗?灵机一动,他终于想出了办法,把硝盐撒在猪肉上,全部腌渍起来。就这样,将一船的猪肉运到了目的地。到时打开船舱一看,啊!雪白的猪肉全变红了,而且还散发出一股扑鼻的奇香。烧熟后一尝,比起鲜肉更加美味可口、鲜香异常。当宗泽向宋高宗赵构献上这些煮熟的鲜红异常的"两头乌"猪肉时,赵构大为喜悦。他一面饮着御酒,一边吃着猪肉,对这美味的、红色的肉赞不绝口,说:"这不是猪腿,这是'火腿',要不,它怎么会这样火红的呢!"于是,"火腿"之名就从此流传于世，而民族英雄宗泽也就被奉为制作"火腿"的祖师爷了。

火腿本味咸鲜，属于上等烹调原料，可制作上百种高级菜肴。"蜜汁火方"即是用火腿雄爿上那块带皮的方肉，配以莲子、蜜饯青梅、樱桃、糖桂花、葡萄酒、冰糖、菱粉等多种辅料，精制而成，吃来味美香甜、汤汁稠浓，是具有江南风味的甜菜。据营养学家分析，此菜主料火腿中含有丰富的蛋白质及磷、钙、铁等多种微量元素。清《随息居饮食谱》说它具有"补脾开胃，滋肾生津，益气血，充精髓，治虚劳怔忡，止虚痢泄泻，健腰脚，愈漏疮（痔漏、痔疮）"的食疗功效。特别是在烹调过程中，以长时间的高温浸制，再经过糖化作用，使营养成分更易为人体吸收，能起到积极的保健作用。因而此菜成为杭州一道传世名菜，特别是杭州百年老店知味观，这几年推出了蜜汁火方的改进型——"雪梨火方"，风味更是诱人。

朋友！当你来杭州游览，不妨尝一尝这道脍炙人口的甜菜，那会增添你浓厚的游兴，丰富你的游览生活！

蜜汁火方香飘苏杭

在琳琅满目的杭州名菜中，"蜜汁火方"是别具特色的一款。但苏州名菜中也有"蜜汁火方"一味。那么，"蜜汁火方"到底来自何处呢？为什么苏杭两州都有这一名菜？

这，在苏州城里，长期有这样一个传说：

清代乾隆年间，杭州著名文学家袁枚去拜访两江总督尹继善。两个人便衣外出，在苏州城里一家普通的菜馆里坐了下来，点菜小饮。所点的菜中，有一道"清汤火方"。负责制作菜肴的是该店掌勺的老厨师。正烹制此菜时，忽感腹痛，前急后重，忙叫徒弟照看锅中之菜，自己去厕所了。徒弟见师傅迟迟不来，而锅中的汤汁将要烧干，便随手用勺在旁边的罐中兜了一些汤，浇了上去。待师傅回到灶间，闻到味道不对，再用铁勺一尝，大叫"糟糕"。原来，弟子浇在锅里的不是高汤，而是两勺蜂蜜。

正在外面喝酒的袁枚和尹继善正催菜不停，师傅没办法，只得硬着头皮把此菜端了上去。袁枚问其是什么菜？师傅将错就错，回答道："此乃'蜜汁火方'也，特地为你俩新创的，请品尝。"大概会吃的人都有一种追求新奇的心理，这两位品味后竟拍手叫好，赞不绝口。袁枚在食后说："其香隔户便至，甘鲜异常，恐此后不能再遇此尤物矣。"于是，"蜜汁火方"也就成为该菜馆的看家菜。

此菜的烧法被袁枚带回杭州，也就成为杭城的名菜。此消息被苏州文人顾禄得知，了解到烹调方法，后来又收录进其《桐桥倚棹录》一书中，并命名为"蜜汁火方"。从此，便广泛流传到苏州各大菜馆，成为苏州的传统名菜。

火方即火腿也，为浙江金华特产。1956 年，浙江省有关部门认定的 36 只杭州名菜中，就有"蜜汁火方"一款。那么，苏杭两地到底是谁先有此菜呢？只有待烹饪专家们去进一步考证了。

会"唱歌"的名菜

一只菜烧得是否成功，一般常用色香味形器五个标准来衡量，虽然器只是盛装菜肴的用具，但在我国自古以来就有"美食美器"之说，故也列入衡量美食的标准之中。但也有的名菜，还具有新颖的第六个特色——"声"，即"会唱歌"。旧有的杭州 36 只名菜之一的"番茄虾仁锅巴"，正是这样一款别有特色的风味佳肴。

番茄虾仁锅巴一菜的主料是锅巴，即大米饭烧好后粘在锅底上的焦饭。我国食用锅巴已有悠久的历史，据古籍《世说新语》一书记载：晋时，江苏吴郡(苏州)人陈遗，在家非常孝顺母亲。他母亲有个爱好，喜食锅巴。他在郡里担任官府主簿职务时，常备有一只布袋，将平时吃饭后铲下的锅巴贮存起来，以回家时带给母亲享用。后来，当地发生战事，他带着一袋锅巴从军，兵败后逃入山泽之中。他人皆因缺干粮而饿死，独陈遗以身带锅巴而得以存活。当时人高度评价了陈遗，以为这是纯孝之报，"铛底焦饭"这个成语典故，即出于此。由此可见，我国江南地区以锅巴为美食，至少已有一千五六百年的历史。

后人便以锅巴为主料，开动脑筋，配以可口的辅料，做出了"番茄虾仁锅巴"这道独具一格的名菜。至今，在苏杭两地菜馆里，都有这么一款又叫"平地一声雷"（又名"天下第一菜"）的佳肴应市。

番茄虾仁锅巴一菜的做法是：先将优质糯米锅巴烘干后用沸油炸脆，由服务员连盘端到餐桌上，再由厨师端着把勺倒上刚烧好的、滚烫的番茄虾仁薄羹即成。此菜做好后，锅巴金黄松脆，虾仁玉白鲜嫩，番茄红艳酸甜，临食浇上羹汁，锅巴遇热发出"哗哗叭叭"的金崩玉裂之声，同时散发出一阵鲜香雾气，为宴席别开生面，创造出一派喜庆的气氛，可称是我国独一无二的"会唱歌"的名菜。

笔者有幸曾品尝过此菜，不过当时薄羹中缺虾仁，是以口蘑（张家口出产的高档蘑菇）代替的，浇羹汁时除了听到糯米锅巴的崩裂声之外，还在鲜香味中"格崩格崩"地尝到油炸锅巴的爽脆之味，真是可口之至。

番茄虾仁锅巴，富含维生素、蛋白质及碳水化合物等，营养丰富，味道鲜美，有消食开胃之功，且别具一格，是一款具有江南人文历史与风味的佳肴，亦是自尝与宴客的美食。

满汉全席今又现

"满汉全席"对杭州人来说，是一个极为生疏的名词。早几年，来自一衣带水东邻日本的美食家们，前来杭州南方大酒家品尝美肴佳馔，杭州名厨胡忠英以"满汉全席"献飨扶桑佳宾。消息在报端刊出后，使古都各界人士对"满汉全席"产生了浓厚的兴趣。一些朋友纷纷函电相询以了解满汉全席的情况：它到底是怎样一种筵席？

"满汉全席"并不是清代的宫庭宴。按清朝礼志，宴集中满席和汉席是分开的。据《大清会典》与《光禄寺则例》等书记载，清代宫庭宴集有由光禄寺分别承办的满席和汉席。满席计分六等：一等，每桌花银八两，一般用于帝后死后的随筵；二等，每桌花银七两二钱三分四厘，一般用于皇贵妃死后的随筵；三等、四等，用于妃嫔丧礼、皇帝大婚、节庆祝贺；五等，用于宴请朝鲜及西藏达赖及班禅的大使等；六等，用于宴请皇帝老师与衍圣公（孔子后裔之官称），以及各国贡使（朝贡海外礼品的大使）。而汉席则分一、二、三等及上、中席五类，主要用于临雍宴，文武会试考官出围宴，实录、会典等书开馆编纂及告成赐宴等用，其规格及品类皆不如满席豪华、丰富。两者相异很大，不可同日而语。到清代乾隆年间，清王朝国强民富，富甲天下的江南地区官场，借用清宫满席与汉席字样，集满汉精华于一席之中，始出现"满汉全席"，其菜点品种与规模，比起清代宫庭的满席与汉席均繁多与宏大，从而成为清代一种最为豪华的筵席。当时，此种豪宴，主要盛行在交通发达、盐粮交汇中心的、商业繁荣的江苏扬州一带。清代烹饪理论专家、诗人袁枚在《随园食单》中载："今官场之菜……有满汉全席之称……用于新亲上门，上司入境"，明明白白说清楚，满汉全席是"官场之菜"。而袁枚著此书时，正居在南京随园家中，又恰逢乾隆临朝之际，可谓是权威之说。

即使是满汉全席，也有高低上下之分。高档的"满汉全席"，据清李斗《扬州画舫录》一书记载，必须有鲍鱼汇珍珠菜、鱼翅螃蟹羹、鲫鱼舌汇熊掌、米糟猩唇、蒸驼峰、梨片伴蒸果子狸、蒸鹿尾、西施乳、糟蒸鲥鱼等奇珍异味，而低档的满汉全席则是一般山珍海味、家畜、家禽、水果、牛奶等。

满汉全席从清乾隆年间出现于江南一带，至今已有两百余年，后世流传各地，又纷纷加以地方色彩，以致各地的满汉全席，除宴席的程序与主菜基本一致（烧猪烧鸭）以外，菜点的品种与品数均不尽相同，多者有182多种，少者只有64种。像粤味的满汉全席，加进了耗油鲜菰（菰即茭白——笔者注）、凤肝螺片（凤肝即鸡肝——笔者注）、鼎湖上素、清汤雪蛤、蚝油扎蹄等广东风味；香港的满汉全席，则加进了鹧鸪、沙律龙虾、闽江银丝（米粉干）、东方之珠等港粤风味；而山西的满汉全席，则加进了当地肉质细嫩的平遥牛肉。

民国初期，满汉全席尚在社会上流行，笔者收藏的一则史料，登载了当时的菜点品种。现摘要介绍如下："四拼碟子"，有虾、海蜇、皮蛋、芹菜、火腿、发菜、板鸭等；"四高庄碟"，有杏仁，瓜子等；"四鲜果碟"，有石榴、橘、梨等；"四蜜饯碟"，有青梅、枇杷等；"四果品碟"，有松仁、桐仁等；"四糖饯碟"，有莲子、百合等；"八个大件"为主菜，有清炖一品燕菜（以燕窝为主菜配以各种山珍海味制成——笔者注）、南腿（金华火腿）炖熊掌、溜七星螃蟹、红烧果子狸、扒荷包鱼翅、清蒸麒麟松子仁、杏仁酪石榴子烩空心鱼肚、清炖凤凰鸡；"十六个小碗"，主要的有炸鹿尾、烩鹿蹄、金银翡翠羹、烧珊瑚鱼耳，等等；其他还有"八样烧烤"，"四红"与"四白"，"红"的有烧小猪（即烤乳猪），"白"的有白片鸡等；"四烧烤点心"，有千层饼、荷叶夹等；"八押桌碗"，有余哈土蟆、红烧天花鲍鱼脯等；"四个随饭碗"，有金豹火腿炒南荠等；"四个随饭碟"，有炝苔干等；"点心"四道，计12样；"四样面饭"，有盘丝饼等；"四生菜碟"，有干酪等；"饭"，有米饭、稀饭，附各种方法烹制而成的"小猪"（即乳猪）8种，总共有菜点、果品、主食计整100种。从采用的材料及筵席的规模来看，可说是一种豪华之极的宴会，其中山珍中用了珍稀动物。

满汉全席是中国古代饮食文化的宝贵遗产，研究满汉全席不仅关系到继承饮食文化，而且对丰富当代宴席的花色品种有参考价值。但也毋庸忌讳的是，满汉全席应用珍稀动物做菜肴原料，在今日是不可取的，且过分讲究排场，亦有暴殄天物，挥霍浪费人力、物力之弊。我们今日继承、制作满汉全席，以发展旅游事业、活跃饮食市场为目的时，应取其精华、舍其糟粕，才是正确的做法。

最爱啃鸡爪

鸡身上最香美的，民间说的是"叫、跳、飞"，"叫"指的是鸡头，"跳"指的是鸡爪，"飞"指的是翅膀。它们吃来特别香，是因为鸡的这三个部位活动得多，所以肉质特别鲜美。鸡头、翅膀先不说，我最爱吃鸡爪。别看鸡爪一层皮，啃来特别香。无论红卤与白卤，都为我所喜爱，因为红卤以浓香胜，白卤以清隽胜。

母亲知道我与弟妹们都爱吃此物，逢年过节，除了准备鱼、虾、黄鳝等好菜外，必定以生姜、茴香、黄酒、白糖、酱油等物卤好一锅鸡爪，等着我们去啃。就这样，我们一边喝着酒，一边啃着鸡爪，一边谈笑风生。酒瓶朝天了，桌上留下一堆堆鸡爪的趾掌小骨，每张脸都露出了开心的笑容。每次大家庭欢乐的聚会，可说总是离不开鸡爪，而鸡爪又总是留给我们无限的回味。说起鸡爪的味美，一在于它的皮，只要不烹制过头，爽脆之味，使人久啃不厌；二是它的筋，只要烹调得法，脆韧之感，越嚼越香。在吃鸡爪的啃与嚼中，使得香美之味阵阵透出，使人回味无穷，欲罢不能。

其实鸡爪好吃，并不是现在的人才发现，早在2000年前的古人，就已垂涎它的美味。《吕氏春秋》中有一段说："……齐王之食鸡也，必食其跖数千而后足。"《文心雕龙》将它概括为"鸡跖必数千而饱矣"一句。吃鸡爪的事竟能写入古代文学理论的经典著作中,可谓是千古之趣闻。自然,"数千"可能是艺术夸张,但齐王很爱吃鸡爪是必定的。

我曾经多次在宴席上看到,当下酒的冷菜上桌时,筷头落下最多的地方是盛鸡爪的盘子,而最早盘底朝天的,也必定是鸡爪。鸡肉有吃厌的时候,而鸡爪却永远啃不厌,这就是它的魅力之所在。

平生爱吃鸡,最爱啃鸡爪。

入夏"仙品"有紫茄

夏令蔬菜五色缤纷,最为迷人的是色泽深紫的茄子。此物原生印度,在西汉时由丝绸之路传入我国,至隋代尚不多见,隋炀帝杨广见其色彩绚丽,又来自"西天佛国",认为是仙品,赐之以"昆仑紫瓜"之美称。宋代诗人张来曾有诗赞曰:"藏鞭雏笋纤玉露,映叶乳茄浓黛抹。"对于茄子,农家出身的老母一直对它含有很深的感情,她爱吃茄子,也擅长烹制茄子。她一字不识,可做的炒茄子与饭焐茄子两种,不仅味美,叫我们兄弟姐妹几十年以来享尽口福,而且奇怪的是她的制法竟与清代杭州大诗人、美食家袁枚的做法如出一辙:"卢八太爷家,切茄作小块,不去皮,油灼微黄,加秋油(好的酱油——笔者注)炮炒,亦佳。……惟蒸烂划开,用麻油米醋拌,则夏间亦颇可食。"(见《随园食单·茄二法》)我不知是袁枚所记的卢八太爷家的家厨吸收了民间的吃法,还是袁枚的《随园食单》广为流布,深入民间以致家喻户晓。如此的不谋而合,常叫我惊叹。

说起茄子的吃法,不得不提到曹雪芹《红楼梦》一书中"茄鲞"的制法,其工艺的精巧与复杂,令人叹为观止。它经过鸡油炸、鸡肉丁和香菇等辅料拌和,再用鸡汤煨、麻油炒……不是大师级的厨师,恐怕还做不好。关于这只"茄鲞"菜,在文化界、美食界已经争论了多年,有的教授认为确有此菜,有的学者则认为纯系曹翁如花之笔所杜撰,至今论说纷纭,虽无定论,不妨故妄听之。不过我认为,从现代营养的观点来说,经过如此复杂的加工,茄子营养成分几乎丧失殆尽,本味亦已消失。至于世上是否曾有"茄鲞"一菜,见仁见智,只好留予后人去考证了。

茄子富含糖分,蛋白质,脂肪,矿物质及维生素 A、B、C,营养十分丰富。但与众多蔬菜不同的是，它还含有极为丰富的维生素P，可以降低毛细血管的脆性和通透性，增加毛细血管壁细胞的粘合、修补能力，能使它们保持正常的弹性，还有一定的降低血中胆固醇与血压的作用，故祖国医学说它"性味甘凉"，有"散血瘀、祛风通络、止血"等食疗功能。特别适宜患有老年性高血压、动脉硬化及有支扩咯血、紫斑及坏血病的人食用。

茄子最宝贵的部分，是其紫色而富集维生素P的表皮，故茄子以色紫者为佳，青者为次，白者为最差。质地则以"细长深紫，而子少者胜"（见清代医学家王士雄所著《随息居饮食谱》），挑选茄子当以此为标准。

一般家庭制作茄子菜，当以保护其营养成分者为上。最好的吃法，即是上面所说的两种。如炒茄子时放入姜粒，以鸡或肉汤当水调入，熟时撒以蒜末，营养与味道则更上一层楼；至于饭焐茄子，放在饭锅里随饭煮熟，吸足米汁而拌食，则有太羹之味，最为补人，是老人与小孩的食补上品。

夏茄味美胜秋茄，食当其时，可不要错过时季啊！

香糯紫菜苔

阳春三月，正是鲜嫩的菜心上市的时候，一般说的"菜心"，其实是青菜、油菜之类中间抽出的一根嫩苔，用火腿片炒之，或者用豆板酱炒、清炒，味道都十分鲜嫩可口。常见的菜苔都是绿色的，但这几年一种紫色的菜苔渐渐进入农贸市场，以它诱人的色彩吸引着人们。

紫菜苔比绿菜苔粗壮肥嫩，吃口更佳，价格自然也要高一些。炒制的时候，只要撕去根部的紫皮，摘成寸段，就可入锅。有火腿、腊肉拌炒自然不错，用少许豆板酱炒，也很好吃。炒熟的紫菜苔，从紫红色转变成墨绿色，很软、很糯，略带一点苦香，别有诱人的风味。

紫菜苔以武昌洪山出产的最为著名，历史上曾经作为贡品进献给帝王享用。据说，慈禧太后很喜欢吃这种菜，曾派专人到洪山去索取，因此洪山紫菜苔名气很大。同一时期的湖广总督李鸿章也爱吃此物，曾将菜种带到他的故乡合肥试种，结果味道大为逊色。后来，他又将洪山的泥土运到合肥去栽种，结果还是不行。看来一方水土养一方物,气候、日光、土壤与水都与作物的生长有关,从而影响到它的口感与风味。

我曾经问过一个卖紫菜苔的老菜农,为何紫的菜苔比绿的菜苔价格要高,老农笑着答道:"难种啊,要好几个月工夫才能卖钱呀!……"

可见,紫菜苔色泽诱人,香糯味美,是因为渗透了菜农的心血与汗水啊!

难忘蚕蛹香美

蚕宝宝结茧后,就变成了蚕蛹;当缫丝工人抽尽蚕茧的丝后,便能见到这种色泽金黄的蛹体。

我父亲从 13 岁起当学徒,就学习烘茧技术,因此我家兄弟姐妹在幼小时,都吃过母亲炒的蚕蛹。那用葱花在油锅中炒熟,放一点盐的蛹子,吃来非常香美可口,特别蛹头有一块稍韧的地方,非常耐嚼,使得香味久久地在齿舌间弥散。

我第二次吃到蚕蛹,已经是十多年后的青年时代。那时正逢三年自然灾害,许多人因营养不良而出现浮肿,但我却因为有蚕蛹吃而度过了那段艰难的日子。那时,我在一家外贸工厂当文书,隔壁单位是一家缫丝厂,缫丝后剩余大量蚕蛹,堆放在车间的空地上。工人们大多来自江浙,都知道蚕蛹可以食用。我也常去挑选一些蛹体较小,但肉质较紧的雄蛹,洗净后用油、葱花及少量辣椒爆炒后,放一点盐,当点心吃。

我将蚕蛹放在饼干盒里,想吃时就从盒盖下抓一小把塞在嘴里嚼食,既饱了饥腹,又解了嘴馋,还留下香美的蛹味,久久地在齿舌间弥漫。北方同事问我吃啥,我抓出一把,摊开在掌心中给他们看,吓得那些黄河边长大的壮汉蛮女们一个劲地摇头:这东西能吃?是的,不能多看,抓着就放进嘴里嚼,那味道便是山珍海味都难以匹敌的,世间恐怕只有水中的螺丝,葱油爆了加点酱油,才能与它媲美。而且,它还是一种高蛋白的美食,含有亚油酸、亚麻酸与维生素 E,《中药大辞典》说它能治疗脂肪肝、糖尿病(中医谓"消渴")、结核病(中医称"痨瘵")等多种疾病,是一种较为理想的虫菜、虫点原料。

又四五十年过去了，再没有机会能吃到油爆蚕蛹，但蚕蛹的香美之味并没有从记忆的味蕾上消失，它好像仍在齿舌间弥散着……

蘑菇宴的主角——金针菇

每年冬春之时，杭城的农贸市场上，都能见到一种奇特的蘑菇：像金针菜（黄花菜）一样色泽金黄，又像绿豆芽一样柔嫩细长，而菌株顶上，长着一个金色纽扣似的菌盖，它就是蘑菇家族古老而又新颖的成员——金针菇。

25年前，金针菇还只出现在国家级的宴会上：1984年4月26日，李先念主席在钓鱼台国宾馆宴请里根总统一行的筵席上，有一道被西方誉之为"增智菇"的金针菇菜肴，此物当时还罕为人知。金针菇，又名金菇，属担子菌纲伞菌目伞菌科金钱菌属；菌体内含有丰富的精氨酸和一般食物中常缺的赖氨酸，对儿童智能发育有促进作用，故西方人称之为"增智菇"或"智菇"。此外，它还含有"火菇菌素"及多糖体，有助于抗癌。

究其历史，金针菇在华夏神州，老早就有它的踪迹，但当时主要是自然界野生的。元时《农桑辑要》一书，就已记载了它的存在。可是后来在历史的长河中，却湮没无闻。直到20世纪80年代初期，闽南有关部门从日本引进新的栽培技术，主要是"黄化"技术，才使其从原先的褐色，变成娇黄柔嫩。神州名菌，从此从形态、色泽、口味上都起了根本的变化，成为中西合璧的绿色食品。

杭州最早制作金针菇菜肴出名的，是西子湖畔华北饭店的名厨罗玉桂。1986年初夏，有关部门在华北饭店举办了一个蘑菇宴，笔者应邀得以赴宴品尝，始知这一名菇已经进入杭城，并以它多姿多态的花色品种，令人十分高兴。这个难能可贵的蘑菇宴，共上冷盘一个，小碟八味，热菜十一道，点心两种，全用猴头、银耳、草菇、香菇等蘑菇作主料做成。其中金针菇菜点就有五只：金丝双脆、金菇里脊、芙蓉金菇、金菇银茸酥糕、小鸡金菇酥，运用了凉拌、滑炒、烩、蒸、点心等五种制作方法。比如凉拌的金丝双脆，以爽脆的海蜇皮丝配以脆嫩的金针菇，浇以麻油、辣油、酱油，香、辣、脆、鲜、嫩，五美兼之，十分清口，食者无不为之倾倒。筵席的主要制作者，即是罗玉桂。罗还与食用菌研究者倪宗跃共著《中国食用菌菜谱》一书(浙江科技出版社出版)。一个蘑菇宴,一本蘑菇菜谱,使得杭州人逐渐熟悉了这种有益人体的绿色食品。

而今,杭城周围的农民已经大量栽培金针菇,每到冬春之时,纷纷上市,市民们都能吃到这种口味爽脆鲜嫩而又营养丰富的名菇。

金针菇,质嫩味美,最宜沸水焯后凉拌,又宜入汤制羹、配肉丝滑炒、做火锅菜……

朋友,寒凝大地金菇生,正是品尝好时光!

天目笋干甲天下

在浙江省西北部,绵延起伏百里的天目群山中,不但名胜古迹众多,更有满山遍坡的葱翠竹林。那里生长着毛竹、淡竹、石竹、紫竹等四十多个品种的竹子,素有“江南竹乡”之称。

每年入春后,各种鲜笋破土而出,大量运往杭嘉湖平原上的市镇和上海,为千家万户增添佳肴。到了春夏之交,天目山的野笋——石竹的嫩笋又开始出土,此刻,便是天下闻名的“天目笋干”上场之时。

天目笋干,主要由石竹的嫩笋制成。石竹嫩笋,粗约 1.5—2 厘米,长约15 厘米,色白或嫩黄、微青,质地脆嫩,且鲜中带甜。由于出笋之时,发得旺、老得快,一般需在发笋后半月内迅速加工就绪。竹农在此季节,纷纷带了行李,在石竹丛生的深山露宿,就地加工笋干。一般加工过程需经拗、削、煮、焙、揉、压等 20 多道工序。

加工好的笋干,一般按形态及质量分为“肥挺”、“秃挺”、“直挺”、“焙熄”等五个品种,其中尤以“焙熄”为名贵,乃全系笋干尖头制成。一般要 1360 斤鲜笋,25 斤盐,才能制成 100 斤笋干,而 100 斤笋干才能摘取 1 斤又嫩又鲜的“焙熄”。

据《杭州府志》记载,“笋出天目者佳”。由于竹笋含有丰富的各种氨基酸,制成笋干后,味道特别鲜美。用来做汤、烧肉、烩菜、炖豆腐、做馅,都能增添鲜味。特别是在炎热的夏天,用来做汤,能使“疰夏”的人,生津开胃恢复食欲。著名的新杭帮菜一绝——张生记的笋干老鸭煲，就是用老鸭、天目山笋干与金华火腿烹制的。

"长江绕郭知鱼美，好竹连山觉笋香。"笋干不但为我国人民增添美味，而且远销港澳和东南亚、日本等地，深受海外同胞和世界各国人民欢迎。

食雕奇葩

炎夏三伏，骄阳如火，走进杭州菜馆，品尝一只用西瓜雕刻而成，内装鸡丁、虾仁、干贝、火腿粒等鲜美配料的西瓜盅，使人回味无穷。看着那装料的西瓜，被雕刻成一个花团簇拥，或者龙飞凤舞的盛器，你就会在品尝美味之余，陶醉于雕刻艺术之中，感到赏心悦目，热浪便开始在身边消退，一种美的意境占据了心灵。

雕塑家们常用木头、水泥、金属、泥土、石膏作为雕刻的材料，而饮食界的艺术大师，却用水果、蔬菜、面团、肉类、鸡蛋进行艺术加工。白瓷盘中的"曲院风荷"，黄瓜拼成"荷叶"，衬着火腿刻成的"荷花"，与实景不仅形似而且神似；青花瓷盘中的"双喜临门"，用食品的自然色彩去塑造喜鹊与梅花的相依形象，同样栩栩如生，可与国画大师笔下的工笔画造型媲美。这种别具生面、独创一格的食品雕刻，其实也是雕塑艺术的一个分支，或者说是其中的一个流派，当然更重在讲究色彩的鲜艳与形态的逼真，比较注重写实的手法。

这种食品雕刻，在我国南宋时期是一个鼎盛的时代。周密的《武林旧事》第九卷记载：南宋绍兴二十一年(1151)农历十月，宋高宗赵构幸临清河郡王张俊府，张俊进奉御菜250种之多，其中就有用蜜饯雕刻的食品12种。这些雕刻食品，用的材料有笋、冬瓜、木瓜、金橘、青梅、姜、橘子等，雕的花样则有鱼、花、荷叶、球儿等。这些雕刻食品能够进奉帝王，技艺一定是十分高超的，花样也定然栩栩如生，可惜没有留下这些南宋食品雕刻的图案与雕塑家们的名字，以便今人研究、学习。

食品雕刻是餐桌艺术的主体之一。今日食品雕刻的内容越来越丰富多彩，技艺亦越来越精湛。追溯其历史渊源，当可在南宋的典籍记载中找到引伸的脉络,这是值得国人引以为傲的。可见华夏雕塑艺术,在历史上曾经广泛地进入各个领域,特别是进入饮食方面,可见其之奇妙精巧,使人叹为观止。

别具一格的素"虾爆鳝"

隔壁巷里住着一位老太太,年轻时上过南京金陵女子大学,现在已 70 多岁了。眼不花耳不聋,每天看报,市面灵得很。每逢路上碰到我,总是唠唠叨叨地说:"你啊! 在《经济生活报》上写虾爆鳝的文章,说得活龙活现,馋得我口水都流出来啦! 唉! 可惜是荤的,我不能开戒……"

今天买菜又碰到她,她还是唠叨,没忘虾爆鳝。我便笑着说:"您想尝虾爆鳝,又不能开戒,杭城有的是全素虾爆鳝呀!"老太太一听,眼珠睁得桂圆大:"真的? 在哪里? 你打听清楚了,我请客!"

几天后的一个中午,我陪她来到延安路闹市的一家素菜馆,一个 30 岁左右的师傅接待了我们。

素虾爆鳝上桌了。一段段金黄色的"鳝背",微带褐色,散发着浓香;一颗颗"虾仁",白中透出玉色。老太太见了,尖声嚷道:"啊呀! 这是荤的呀! 黄鳝、虾仁不是清清楚楚的么?"

我再三对她讲,是素的,她就是不信,筷子一动不动。没有办法,只好把做菜的师傅请来说明。做菜的师傅笑眯眯地对不肯下筷的老太太说:"你放心,'鳝片'是用香菇做的,'虾仁'是用荸荠做的,油用的是菜油、麻油,没有一点荤的东西!"

老太太半信半疑,吃了一块"鳝片"说,里面确实是香菇,但"肉质"像爆过的鳝片一样有韧劲,而鲜味则有过之而无不及;再吃了一颗"虾仁",果然是荸荠做的,而且爽脆带甜,非常可口。她高兴地眉开眼笑,说:"啊呀! 我住在杭州,还不知道这里还有这样的好菜,要不早就来吃了!"

我请师傅介绍全素虾爆鳝的做法。他告诉我们,将大片水发香菇剪成两寸半长宽条,挤干水分,扑上干淀粉,先炸后煸,经过两次油锅,然后调以各种佐料,淋上麻油出锅,形态就完全像鳝背,味道更不用说了;至于虾仁,用去皮荸荠肉，以马蹄花刀刻成虾仁坯样，也是扑上干淀粉，先炸后滚。经两次下锅，配以各种调料制成，其形态逼真而口感爽脆。最后在锅中珠联璧合，就变成了"鳝背"金黄、"虾仁"洁白的全素虾爆鳝了。

杭州"羊菜"三绝

一位研究酒文化的朋友看了我发表在《经济生活报》(《今日早报》之前身)副刊"花市"的《羊年说羊》一文，来寒舍小聊，想尝肥羊美味佳肴。这不由使我想起杭州的"羊菜"三绝。

我约着朋友来到了清河坊，找到一家不大不小的百年老店——羊汤饭店。我说："杭城羊菜三绝，就集于此！"

朋友还有点将信将疑，勉强跟着我走进这家貌不惊人的羊汤饭店。不一会，服务员端上我所点的蒜爆羊肉、羊肉烧卖、大片羊汤，外加朋友嗜之如命的杯中之物。

朋友好像是初次尝羊菜，都要我为其介绍。我说，蒜爆羊肉者，以蒜末生爆纯精之羊肉片；羊肉嫩香，又带蒜味，鲜美之至，且有壮阳强身之食疗功效。南宋时，杭州诸菜以炒、熬、煎、烧等法制作，并无"爆"法，此乃北方烹法南下，以南料北烹制成，且用蒜为之生香，亦是北人之手法，可说是集南北技艺之大成。朋友点头称是。又问肉质为何如此之鲜嫩？

一旁服务员插嘴道："这是选用肥羊腿肉，上浆后以旺火速爆而成，所以鲜嫩！"说时，一笼热气腾腾、香气氤氲的羊肉烧卖送上桌了。服务员介绍："这是被杭州市民选为十佳名点之一的羊肉烧卖！"

朋友尝了一只，直道"好吃"。

我告诉他，这原是山西风味。烧卖原称"梢梅"，因面皮包肉时，顶端面皮捏成一束，高高耸起，犹如花芽交错的树梢白梅花，故名。后流传江南，转音之误，遂称"烧卖"。羊汤饭店之羊肉烧卖，精工重料，趁热品尝，可口之至，故被市民们一致列为"十佳"之一，可谓名不虚传也，且又是杭州独家风味。

吃罢烧卖，嘴中有些干，两碗大片羊汤正中下怀。

朋友这会又调侃了："这汤,该是平平常常的羊汤了吧?"

"非也!"我正言而道,"西亚的阿拉伯人,以羊汤拌饭当作奉客的上品美食,追溯历史可达伊斯兰教建教之前,盖以千年为计。而丝绸之路上的西安,有名点羊汤泡馍,具有汉唐风味。两者之间的新疆,古称西域,维吾尔人有美食'库尔打克'(维语,意即羊骨头汤)。由此看来,巴比伦(在今伊拉克、叙利亚一带)与中国两个世界文明古国,均有羊汤应世,尚不知是中国羊汤传至西亚? 抑或是西亚羊汤传至中国? 总之,羊汤的中外饮食文化历史源远流长,更不必说它浓酽如奶、浓香迷人了!"

巧烹洋蔬菜

改革开放以来,"洋蔬菜"不断进入我国市场,早年有玉米笋,近七八年有荷兰豆、西芹、西兰花、日本南瓜、佛手瓜等,而眼前农贸市场又出现紫甘蓝、樱桃番茄,等等。先说荷兰豆吧,其形如中国豌豆荚,而色如翠玉,其嫩无比。中国的豌豆荚太老不能吃,而荷兰豆主要吃其荚子,豆粒却微乎其微。因其清香柔嫩,做荷兰豆菜,不需放肉及其他辅料,撒点蒜末或放点豆酱即可。西芹,又称美国芹菜,也有说原产意大利,其梗茎形态犹如国产芹菜,粗粗一看,像是老得咬不动的样子,其实比中国的芹菜软嫩得多,香味虽清淡一些,但可食部分却远比中国芹菜多。我试烧两种菜肴,一是以其梗切片与胡萝卜片、冬笋片同炒,命名为"素三片",味美爽口;二是取茎梗与叶共用,切碎与肉末同炒,做成"肉末西芹"一肴,荤素互补,其味亦甚美也。佛手瓜,形如金华佛手,但肥白一些,问卖者怎样做,说是可以炒肉片,买了两只切片炒肉,脆嫩之感,在葫芦与黄瓜之间,也是一种新鲜的味道。

日本南瓜形体比国产南瓜小,常呈椭圆形,一般在 300 克至 1000 克之间,皮色暗绿,肉质较厚为橘黄色,吃口特别酥糯,营养价值也比较高,与中国南瓜中的名种黄狼南瓜相比,糖分含量要高 1.4 倍,铁、钙含量分别高出 40%,而纤维素要高 20%。一般适宜炒食与做汤:炒可以清炒,也可以和咸鸭蛋黄一起炒,后者风味特异;至于做汤,与熟咸肉、虾仁、笋片相烩,软糯清口,别具一格。

西兰花样子像花菜,但比花菜要脆嫩,营养价值也比花菜为高;维C含量高1.5倍,胡萝卜素则要高95倍。炒食时火宜旺,速度要快,以保持清脆口味,否则风味易失;配肉片、黑木耳炒之,味道鲜美。紫甘蓝色泽迷人,与一般常见的黄色卷心菜相比,铁质含量要高75%左右,此菜宜沸水焯后冷拌,炒食不但影响色泽,而且风味全变。樱桃番茄,又名"圣女果",色同番茄,而形若樱桃(有的像马奶子葡萄),是一种变形的番茄,其果汁浓美,营养丰富,特别维C的含量较一般番茄高60%,宜配冷盘生食,亦可当水果食用。

还有一种西葫芦,外形半似青南瓜,杭州人过去从未见过,据说陕西产得较多。而我上世纪六七十年代在新疆南部的阿克苏生活时,却是常吃的,看来来源于新疆。是否是西汉张骞通西域时带回的当时的"洋蔬菜"?已无史载可考。此菜宜于切片清炒,或与肉片同炒,味在青南瓜与葫芦之间,比青南瓜爽口。

美味的"活化石"鲎

杭州自古有"东南形胜,三吴都会"之称,山珍海味,水陆八鲜,莫不集于此地。但有一种海鲜,宋元以来逐渐少见,那就是形态奇特的、古老的鲎。

几年前,在一次偶而逛街时,很难得的在杭州湖墅地区的一家水产店里,见到了它的真容:脸盆大的形体,浑身穿着青灰色的"盔甲",还长着一根剑尾,少说也有八九斤重。脚盆中是一雌一雄两只鲎,相依相靠,看来颇有亲昵之感。

鲎这种海鲜,在内陆城市极为罕见。它属于肢口纲、剑尾目、鲎科,常称"东方鲎"及中国鲎。头胸部背甲如马蹄形,腹甲呈六角形,腹后有一条强直的尾巴,称之为"剑尾"。看它的外形,酷似一只巨型的长尾甲壳虫。最奇特的是,鲎的眼睛长在背上,上下左右共有九只,美国科学家据此发明了电子鲎眼,获得诺贝尔奖。它有三亿五千万年家族史,比恐龙还要古老。

这种古老的海鲜,七八百年前,在宁波、舟山一带产得较多。南宋时的杭州人,将它当作家常海鲜食用,而现在却稀如凤毛麟角。据说闽粤一带还时有捕捉到。我见到的这对大鲎,牌子上写明是从广东空运而来的。

据南宋典籍记载,当时鲎曾以日常肴馔出现在杭州的集市上。《梦粱录》记载了两只鲎菜：一只菜是用新鲜的鲎做的，名叫"赤蟹假炙鲎"；一只是用腌制的鲎做的，名叫"酒鲑鲎"，那是在咸鲑铺里出售的。《武林旧事》则记载了另一只名叫"鲎酱"的菜，据《本草纲目》记载，鲎"腹有子，如黍粟米，可为醯酱"，看来此菜是鲎子加调味品及用盐腌制而成的。鲎子做酱，一定要杀掉许许多多鲎，大概就是像对黄鱼一样滥捕滥杀，才使鲎成为罕见之物。

鲎的味道怎样？

现在的杭州人见都难以见到，品尝过它的人更是极为稀少。据说尚产鲎的广东，当地厨师的烧法是，取它尾腹部的肉炒豉椒；或以鲎的肉、膏、血和卵制成块状，切片蘸调料食用，吃过的人说它肉清甜、卵清香。鲎最味美的部分，是它剑尾两旁的两条嫩肉，像猪脊髓两旁的里脊肉一样，因活动得多，特别鲜嫩软滑。它有海鲜的风味，又不同于寻常海蟹、海虾的味道，吃过鲎尾的美食家聂凤乔教授说："似龙虾肉，又很像鲜干贝拆散的样子，吃口柔嫩而略带些许脆糯感，味道醇鲜淡爽而稍具清甜。"取它炒鸡丝或滑蛋（即制成芙蓉菜），是粤闽菜肴中的上品，可上珍味宴席，价格甚为昂贵。

水产店不惜高价，空运鲎到杭州销售，虽然南宋时的杭州厨师擅做鲎菜，但今日之杭州厨师连此奇物的尊容都未曾见过，你叫他面对这脸盆大的怪东西，如何下手做成菜呢？

碧玉翠珠豌豆香

春夏之交，正是豌豆上市之际。此物鲜嫩清口，人人喜爱。清末民初，慈禧太后八个女官之一的德龄郡主在《御香缥缈录》一书中回忆：慈禧太后生前"常吃的几种蔬菜之中"，"比较喜欢的是豌豆"，而且"总是在极嫩的时候摘下来的，所以不但它的滋味是很清爽的，便是看它的色相，像一颗颗绿珠似的堆在白色的瓷碗里，也很容易引起你的食欲来"。自然，德龄郡主书中说的是豌豆的一个最大的特色，除此以外，味道鲜美可口，也是这种绿色"珍珠"的优点。因此，它常能博得人们的青睐。

豌豆，又称寒豆、毕豆、雪豆，含有碳水化合物，蛋白质以及磷、钙等微量元素及多种维生素,植物凝集素,是一种具有补中下气、有利肠胃调理、解毒通小便,能够消除汗斑、黑色素的美容蔬菜。以江苏地区出产的豌豆为例,每100克鲜品食部中,含蛋白质4.4克、碳水化合物13.2克、钙38毫克、磷79毫克、胡萝卜素0.33毫克、尼克酸0.8毫克、抗坏血酸38毫克……可见它的营养是极为丰富的。

豌豆吃法很多:在最嫩之时,可以连荚清水煮熟抿吃;等豆粒饱满时,可配笋丁、香干丁制作素三丁,与肉丁、笋丁配合制成荤三丁;与火腿末同炒,勾以薄芡,即为时令名菜火蒙豌豆;与虾仁合作,又成翡翠虾仁。

豌豆用之西餐,花色也很丰富,可做豌豆沙粒、奶油烩豌豆、豌豆炒鸡蛋。

等到豌豆成熟之时,最具特色的吃法是用半精半肥的咸肉丁(亦可用火腿丁),配以糯米,做成咸肉(火腿)豌豆糯米饭,其味咸鲜可口,堪称时令美食。它的具体做法是:以一家三口而言,准备糯米500克;夹心咸肉(或火腿)200克,去皮骨,切成一厘米见方的小丁;豌豆500克。先起油锅,下肉丁稍煸后,加豌豆一起翻炒几下,然后下淘好的糯米,上下搅匀,放适量开水与盐,同平时烧米饭一样烧制。饭烧熟后,多焖一会,让肉丁的油香充分渗入糯米、豌豆之中。此饭香美可口,食之令人胃口大开。如能配一碗紫菜开洋汤或榨菜蛋花汤,更是美不可言。

等豌豆老了,则是与糯米或粳米熬制甜粥的时候,此粥最宜妇幼老弱者食用,为消夏佳粥。

鸭 子 吃 香

一般人大多爱吃鸡而不大喜欢吃鸭,原因是鸡肉比较鲜美,而鸭子膻气比较重而毛又难拔。因此,鸡肉走俏,什么烤鸡、卤鸡、麻油鸡、白斩鸡、豉油鸡、醉鸡、虾油鸡……林林总总,不下几十种。现在吃风似乎有所转变,人们开始垂青鸭子,原因是多方面的。从祖国医学的观点看,鸡是温性的,特别雄鸡是"发"物,而鸭子却是凉性的。清代医学家、食疗专家王士雄曾推荐吃鸭的好处:"甘、凉,滋五脏之阴,清虚劳之热,补血行水,养胃生津,止嗽息惊……雄而肥大极老者良,同火腿、海参煨(小火炖——笔者注),补力尤胜。"因此,历来有"老鸭炖酥,功抵参芪"之说。

说起吃鸭,我国至少有两千年以上的历史。早在周代,便规定老百姓的贽币(即见面礼)为鸭。南宋时的杭州盐桥,出现过一个专门卖烤鸭的名厨,名叫王立。大文豪曹雪芹爱食烤鸭,曾对朋友说:"若有人欲快睹我书(指《红楼梦》)不难,惟日以南酒(绍兴酒)烧鸭享我,我即为之作书。"北京全聚德、便宜坊的烤鸭,已成为美国《吉尼斯世界之最》中的一条,享誉全世界。至于国内各地名厨精制的鸭肴,更是举不胜举:南京"板鸭"、安徽"无为熏鸭"、苏州"陆稿荐酱鸭"、湖南"常德卤鸭"、四川"樟茶鸭"、无锡"母油船鸭"、北京"绿豆水晶鸭"、淮扬"三套鸭"、广东"柱候鸭"、山东"冬菜鸭"……连慈禧太后都爱吃清蒸鸭。此鸭烧法亦颇奇:将去毛之净鸭装在一个有盖的瓷罐里,再把瓷罐装入一个一半清水的大锅里,放好烹料,盖紧锅盖,文火蒸三日。此位皇太后专吃鸭皮,这是最精美的部分,而肉却赐给下人享用。不要说清蒸鸭吃皮,连烤鸭之类,精华亦在那层脆香的金黄色皮上。

就说杭州名菜吧,杭州酱鸭、杭州卤鸭都是人所皆知的。上名堂的还有火踵神仙鸭、五香肥鸭、金牛鸭子、葱扒鸭子、盐水鸭条、嫩姜子鸭片、笋干老鸭煲、红泥酱鸭,等等。

至于家庭制作,火腿炖鸭、虫草炖鸭,都是简易而补性大的。进入冬天,买只精多肥少的洋鸭做酱鸭,或者用花椒盐擦后做风鸭,都是上得了台面,可请客可自飨的腌腊妙品,且经济实惠,味道鲜美,叫你吃过一次,年年想做,岁岁想品尝。

鸭要比鸡香。

闲话盖浇饭

在城市里,无论走在大街还是小巷中,你都能见到一家家菜馆与饭店,不论规模大小,都在出售一种名叫快餐的大众化饮食。它从 4 元起价,一直到 10 元一客,为芸芸众生的工薪阶层提供价平物美的果腹之食。看着这些琳琅满目的、各种各样内容的、任凭挑选的快餐盒饭,常使我有一种久违的感觉。

上世纪五六十年代，那时市民吃饭有定粮，成人每月只有25斤粮食，其中1斤还是糕饼券，由于副食品缺乏，居民们常有吃不饱的感觉。我家兄弟姐妹四人，每每由我到离家不远的天香楼去排队吃盖浇饭，以省下粮食给弟妹们吃；吃盖浇饭成了我的"专利"。说起盖浇饭，现在二三十岁的年轻人恐怕是没有见到过的：卖饭的师傅手持一个铁皮勺子，在蓝边瓷碗中，倒扣上一团籼米饭，然后浇上一点蔬菜，放上一两片红烧的肥肉，或者一两块小的咸带鱼鲞，即算成了。这种盖浇饭，当时卖三角钱一碗，曾是我青少年时代的美食，也曾是同代人常吃之饭，更是劳苦大众的家常便饭。比之现在的快餐，那时的盖浇饭实在是太粗陋也太简单了。时至今日，即使是4元一盒的全素快餐，味道也要比那时要好吃得多了，因为那是用比较讲究的烹调方法烧出来的。

说起盖浇饭，不由得使人大发思古之悠情。其实，盖浇饭并不是上世纪五六十年代那个特定时期的产物。早在两三千年前的周代，就已经有了。《礼记·内则》记载，周代"八珍"中，有二珍，一名"淳熬"，是把煎好的肉酱浇盖到早稻米饭上；一名"淳母"，肉酱依然，只是把早稻米饭改成了黍米（黏米）饭。看来这周代二珍亦都是盖浇饭。经过两三千年，到上世纪五六十年代，盖浇饭反而退化成一种粗糙的果腹之食，而随着时代的进步，到了今日，快餐实际上又变成了一种较前更为味美的盖浇饭。君不见，现在的快餐盒饭中已有三荤二素，鸡、肉、鱼及新鲜蔬菜，精心烹制，任君挑选，口味可谓不错也！

我相信，随着经济的发展，有一天社会上会出现山珍海味的快餐盖浇饭，价平而物美，会叫我们那些吃过周代"淳熬"、"淳母"二珍盖浇饭的先民先祖，在九泉之下也望之垂涎不已！而寻常百姓，却会像现在吃家常便饭一样，端着就坐下来吃，并且吃得啧啧称美！

鲜嫩润滑话鱼羹

无论海鲜、河（湖）鲜，无不鲜美可口，而作为烹调古国的国人，素以"食不厌精，脍不厌细"著称，更进一步以鱼肉制成各种色彩缤纷的羹类，献飨世人，以致各大菜系中，鱼羹品目甚为繁多。尤其是物产丰富的江南一带，花色品种尤其繁多。

首屈一指的鱼羹，要数南宋古都杭州的宋嫂鱼羹，此菜相传已有七八百年历史。据南宋典籍《梦粱录》、《武林旧事》记载，此羹为追随小康王赵构南下的汴京平民宋五嫂所制，具有北宋风味。后赵构做了皇帝(号称宋高宗)微服游西湖，在钱塘门外宋五嫂所开的小饭店里，品尝了宋五嫂制作的鱼羹，引起了思乡之情，便赐给宋五嫂许多金银财物，并命她随时入宫做羹，以供他品尝。此事不胫而走，传遍京城，一时成为临安(杭州)风行的名菜，时人皆以一尝为荣，故传下当时一诗云："一碗鱼羹值几钱？旧京遗制动天颜。时人倍价来争市，半买君思半买鲜。"后来，杭州历代厨师在制作过程中，不断改进，以肉质更细嫩的鳜鱼代替黄河鲤鱼，并辅以各种鲜美的配料，如火腿、香菇、蛋黄、鸡汤等，又从烹调上改进，遂成为杭州的一道传统名菜。因其羹味近蟹肉，故又有"赛蟹羹"之称。

　　江南盛产有"果中之荔枝，花中之兰"相喻的莼菜，以东海所产的黄鱼与莼菜组合，再辅以火腿、蛋清、鸡油、猪肉汤等，可制成莼菜黄鱼羹。此羹莼菜清爽，鱼羹鲜滑，具有苏杭一带风味。

　　由于江南东滨舟山渔场，海产品极为丰富，以蛤蜊肉与黄鱼肉组合，再配以火腿、鸡蛋、猪肉汤等，还可制成鲜嫩味美、别具特色的蛤蜊黄鱼羹。此羹带有浓厚的浙东风味。杭州张生记的雪菜黄鱼羹，则带有浙东宁波风味。

　　黄鱼(亦可用鲩鱼)还可以扑以干淀粉敲成鱼片切成丝，与冬菇丝、火腿丝、竹笋丝、鸡汤等做成雪花鱼丝羹；如果鱼片与熟鸡脯片、熟火腿片、熟香菇、鸡汤等组合，则可制成三片敲鱼。此两羹鲜嫩滑爽，制作精巧，皆具有温州风味。

　　形制奇特的，要数赣州的"鱼头鱼尾羹"。此羹色泽淡黄，浅盆的两边露出鱼头与鱼尾。粗粗看来，这浅盆里盛着一条鱼，鱼身淹没在羹中，鱼头鱼尾露在外面，其实是一碗鱼羹，里面并没有鱼身，只是用一个鱼头与一条鱼尾装饰在盆的两边。鱼羹是用鱼肉与鸡蛋合做成的，虽然比不上上面所说的几种鱼羹的精致与鲜美，但味道还是不错的。吃完鱼羹，便可以看到一根连头连尾的鱼骨，其中含有"有头有尾"的意思。著名书画家、作家丰子恺先生生前赴赣州革命根据地参观，在品尝了当地的"有头有尾羹"后，还写下一首赞美的诗："赣州有名菜，鱼头鱼尾羹。我爱此佳肴，教育意味深。有头必有尾，有叶必有根。有始必有终，坚决不变心。革命须到底，有志事竟成。我爱此意义，多吃一瓢羹。"此羹不仅味美，而且内中还含有深意，蕴藏着人文精神与文化色彩，足见我国饮食文化的博大精深与源远流长。

九孔碧藕秋日鲜

　　立秋一过，又到了"冷比霜雪甘比蜜"的秋藕上市之时。藕不仅是一种可口的果品，也是一种精细的蔬菜。它营养丰富，含有淀粉、糖类、维生素 C、无机盐、天门冬酰胺等多种有益人体的营养成分，还有一定的养生健体的作用。历代医家对它评价很高，认为藕生食有生津止渴、消食解酒、除烦开胃、行瘀止血作用，而熟食则能养心补虚、开胃舒郁、止泻充饥，所以它是一种果蔬兼具的秋日佳品。

　　藕生食以选肥白鲜嫩者为主。当水果吃，只需刮去藕皮，切成薄片，用冷开水稍涤即可。当饮料，可洗净，用器具擦成泥状，以纱布包扎挤汁，为绝妙之清凉果汁。如果切成细丝，用盐稍腌沥干，用糖醋拌之，则为糖醋藕丝，为时令冷菜之一，宜于下酒佐粥，吃口爽脆，酸甜宜人。

　　用藕做菜，宜用不锈钢或铝锅，因遇铁会起化学反应，藕色会变黑，影响成菜之色。家庭做藕菜，除上述之凉拌外，一般以炒食为常见。如要做出花色美味，这里教你几招：

　　煎藕夹子，此为清代"扬州八怪"之一的郑板桥先生家乡——江苏兴化的吃法。先取藕一段，刮去皮，每 1 厘米切一刀，第一刀虚切（不到底），第二刀实切，要切断。这样，就形成藕夹。先在冷水中浸泡一下。你如果喜欢吃咸的，请准备肉末，拌以葱花、姜末、黄酒、精盐，在每一个藕夹的虚刀中嵌入一些肉泥，然后在鸡蛋、面粉与水拌成的中等厚度的面糊中沾一下，入油锅炸至金黄色，捞出沥干油后，即可沾花椒盐（用花椒与盐炒后碾碎制成）或番茄沙司，用之佐酒、下饭、过粥。如果你喜欢甜的，可在藕夹中嵌入细沙或果浆，其炸制之吃法完全相同，唯食时要蘸糖吃，亦可充为点心，食之必大快朵颐。

　　另一款是甜菜，属冷菜范畴，名挂霜藕条。其制法是：取嫩藕 500 克，刮去皮，洗净，去节，用开水浸泡片刻后切成长条。另取适量清水将面粉与淀粉调成糊状，然后将藕条挂上面糊，入油锅炸成金黄色取出，沥干待用。另再取一净锅置小火上，加入清水 100 克，放入白糖 200 克，用勺子搅拌，促其溶化，待糖熬至

江南美食养生谭

触物可拉出细白糖丝时，倒入炸好的藕条，迅速连锅端离，用筷均匀地搅拌，待其慢慢冷却，藕条表面便均匀地裹上了一层雪白的糖霜，即为挂霜藕条，是佐酒之品，又是解馋闲食。

且慢，还有一款甜食，不可不介绍，否则虚负了这九孔尤物，那就是糯米酥藕。其制法是：择一节长大的，两边有节的老藕（嫩者不中用），刮皮洗净，在一侧连节切去一厚片，将淘过的糯米灌入藕孔中，至满。然后将藕节盖上，用竹签钉住，放入预备烧藕粥（用糯米）的锅中，一起上炉烧煮。水宜多，粥宜薄，煮时长一些。粥中可放一点红糖，以便上色。倘薄粥煮成，糯米藕用筷还不能轻松地戳入，可取出藕段，再隔水蒸，直至酥烂。吃时，用刀切成薄片，撒以白糖，味甚美之，此为江南名食，尤为老杭州人所喜爱。今特详介，供有兴趣者制之。

藕还可以做净素的"糖醋排骨"及拔丝藕条等菜肴，恕不一一细介了。

秋日来临，千万不要忘掉《红楼梦》一书中所赞扬的"粉脆的鲜藕"。

三秋茭菱鲜又嫩

金风送爽，鱼米之乡的江南地区，又到了一年一度菱角上市的时候。"夜市卖菱藕，春船载绮罗"，前人所描绘的，正是三秋时所见的那种鲜菱嫩藕上市的景象。

菱角，古人称之为芰，常见的品种有元宝菱、和尚菱、白菱、水红菱、乌菱、刺菱等。在这些菱中，尤以嘉兴南湖所产的无角菱最负盛名。这种果、蔬、粮兼而备之的佳品，有很高的食疗价值。祖国医学认为它性平味甘，生食有清暑解热作用，熟食则有益气健脾功效。另外，它还能起到"醒脾、解酒、缓中"的用途。民间单方中还用它治疗癌症。据近代研究资料表明，菱实的醇浸水液有抗癌作用；日本《信使周刊》报道，菱实（带壳）对癌细胞的抑制率为 28.8％。日本东京药科大学的实验表明：菱角含有 AH-B，对小鼠腹水型肝癌有明显的抑制作用。其中，四角菱效果最好。

鲜菱剥壳生食，是一种极其清甜脆嫩的水果；老菱则是旧时农民救荒之粮。用之做菜，则是江南地区拥有的独特原料，具有浓厚的水乡风味。用菱可做多种风味菜肴，在这里介绍几款：

水菱炒里脊：取里脊肉(全精肉也可)100克，切成薄片，用蛋清、湿淀粉拌匀，在油锅中划熟(色转白即可)取出，沥干油。另起小油锅，将剥壳、去菱衣(有涩味)的100克菱肉切成0.5厘米厚的片子，入锅稍炒，加入里脊肉，撒以少许盐及味精即可起锅。此菜肉片鲜嫩、菱片脆嫩，清口宜人，别有风味。

煨鲜菱：这是清代著名诗人、杭州美食家袁枚所欣赏的一款美食。取草鸡鸡汤一碗，加少量水，煮开。另取鲜栗肉50克，切成厚片，入鸡汤炖熟，再放入鲜菱肉(一切为二)100克(如有银杏果，俗称"白果"，取30克剥壳也入汤)一起用文火慢煮，待栗肉酥烂时，放盐调味，稍滚，即可起锅。此菜栗酥、菱脆、白果糯，汤汁鲜美，为秋令特色名肴。

菱仁炖骨头：这是一款具有广东风味的菱角菜。先取老菱500克，用刀割开硬壳，剥出菱肉，刮去菱衣，一切为二，待用。另取排骨500克，切成麻将牌块状，入油锅(同时放些姜粒)炒一下，加入适量酱油、少量黄酒与水同滚片刻，然后与菱肉一起放入砂锅中，加入适量水，先用大火烧开，然后再用小火慢炖，等到肉烂菱酥，即可上桌飨用。广东人认为此菜有驱暑去热、清凉甜心之效。江南人少有此等吃法，可说有别致之感。

最后，向读者诸君要推荐的是，用菱角治癌的吃法。这是日本医学家中山恒明的一个方子：菱角(带壳)、薏米、紫藤、诃子各20克，每日一剂水煎服，治胃癌和食道癌，连服一至两月，有很好效果。编写《食物中药与便方》的我国中医叶桔泉亦有一个相似的方子，治疗直肠癌和膀胱癌各一例，都有显效且预防了复发。其方子是用菱角10只，薏米12克，鲜紫藤(切片)12克，诃子6克，每日一剂水煎服，连续坚持服用。

说到这里，我想，菱角的美味及其食疗作用已经是不言而喻了。趁这鲜菱上市之际，让我们抓紧时际吃罢！不要让秋光与菱角一起消逝了。

黄鳝秋肥风味佳

黄鳝味美，人人爱吃。特别是到"立秋"后，鳝鱼身肥肉厚，最为养人。因其含有高蛋白、核黄素、钙磷铁等多种微量元素，医家认为它性味甘温，具有补气养血、温阳益脾、滋补肝肾、祛风通络等作用，故民间有"秋后黄鳝抵人参"之说。

用黄鳝可做多种多样好菜，一般以生爆鳝片与红烧鳝段最为常见。但家庭制作，要烧出新的口味来，实为不易，不是受条件限制，就是受技术障碍。好得天无绝人之路，有两只美味的黄鳝菜，"三脚猫"也能烧出叫人口水直淌的鲜味来。

一只叫"贾宝玉(肉)游善(鳝)卷洞"，是苏州风味。做法是：取大黄鳝两条，去头尾，抽掉肠腑，洗净，切成两厘米长的小段，将肉末与适量姜末、葱花、胡椒粉、黄酒、精盐拌成肉泥，酿入鳝段空心中，并一一在两端拍上淀粉，入油锅稍炸，捞出后，沥干油；再起一个小油锅，入鳝段，加姜末、黄酒、酱油及少量水滚一下；等熟透，撒以蒜末，浇以麻油，即可起锅。此菜下饭饮酒，无不相宜，管叫吃来舌头舔鼻头，味道超过山珍海味。

第二只叫做汤黄鳝，是清代美食家、杭州诗人袁枚的拿手菜。先取大黄鳝一条，剖腹，去肠杂，切成小段，洗净；另起小油锅一只，将沥干水的鳝段入锅煸炒，然后加适量姜末、黄酒复炒一会，再加入清水600克煮至半熟时，加入冬瓜片、鞭笋嫩片、水发香菇片共炖至快熟时，加入适量精盐，调好口味；起锅时，撒以胡椒粉、味精，就可以上桌。该菜有荤有素，有菜有汤，既有粤菜之煲味(如炖时改成瓦罐)，又有浙菜之炖味，可谓夏日美味，食之令人大快朵颐。

黄鳝虽为美味，但购买亦有学问，一般以没有异相，色泽黄且肥大者为上。因此鱼为深层水鱼，常与沉淀的污染物质相伴，若形态与常有别，当是体内有毒者。我国古代医家曾告诫食者：黄鳝身黑者，有毒；项下有白点，夜以火照之，则通身浮水上者，有毒；过于长大者，有毒。不可不慎。

自然，死鳝亦有毒，不可食也！

最后，要告诉大家的是，姜既能解鱼腥毒，又能生香调味；凡做黄鳝菜，用姜有百益而无一害，不可不知。此外，患热症者，不可食此物也！

灌肺千年香

香肠是人们爱吃的一种肉制品，可以用羊肠灌制，亦可用猪小肠灌制，古时，人们称它为"灌肠"。

其实，可灌之物不仅仅只有肠子，肺亦可灌制成美味的食品。南宋时的杭州人，曾将羊肺做成"灌肺"在市场上出售，很受人们欢迎。《梦粱录》一书记载，当时的"市食"中有"香辣灌肺"；"武林旧事"一书则记载有"香药灌肺"。灌肺如何制作，南宋典籍语焉不详。稍晚，元代的《居家必用事类全集》一书中却说得很清楚："羊肺带心一具，洗干净如玉叶。用生姜六两，取自然汁，如无，以干姜代之；麻泥（芝麻酱）、杏泥（杏仁泥）共一盏；白面三两、豆粉二两、熟油二两，一处拌匀，入盐、肉汁，看肺大小用之，灌满煮熟。"用这么多香料、配料、调味品和着面粉、豆粉灌到洗干净的羊肺里，煮熟后切块取食，味道自然可口之至。

南宋时期的"香辣灌肺"，除增加香料外，还要加入芥末（辣椒要到明代才传入中国）、胡椒一类辣味，使得灌肺又香又有辣味，可以猜想，那滋味一定是非常可口；至于"香药灌肺"，除香料外，还要加一些有香味的中药，如肉桂、豆蔻之类，那灌肺更是浓香扑鼻、催人食欲大开的了。但现时杭州的小吃、点心中，已经没有"灌肺"（有灌糯米的蜜汁酥藕）这种美食了；说起"灌肺"，好像是在"天方夜谭"。

南宋的这种美食，其实并没有消失在历史的长河中。30 年前，我客居新疆南部古镇阿克苏市时，曾有幸在维吾尔族朋友家中吃到过灌肺，制作方法与元代书籍记载的一样，只是没有在羊肺中灌装那么多的香料、调料而已。维吾尔族人把"灌肺"叫做"面肺子"，每当逢年过节家家杀羊时，都将羊肺留下做"面肺子"。"面肺子"的做法是：反复用水灌入羊肺，洗净血污，然后将粉面子（马铃薯做的淀粉，可以做凉粉）加入洋葱末、盐、适量的菜油，调成薄糊，边灌边拍，使之灌满羊肺，然后用绳子扎紧气管口子，与羊肉块同煮，熟时切块，蘸醋、辣椒面或蒜泥之类调味品食之，口味咸香软糯，风味独特。

看来，在杭州消失的南宋"灌肺"，还在新疆维吾尔族人的生活中保留着。可见七八百年前，汉维两大民族之间已经有了饮食文化的交流，正是"墙里桃花墙外红"啊！

人间美味话螃蟹

秋风起，又到菊瘦蟹肥之时。蟹的味道鲜美，自古以来为人们所喜爱。从中秋佳节到立冬的四十多天，正是"持螯赏菊"之时。清代文豪曹雪芹在千古名著《红楼梦》的第三十八回中，借潇湘妃子之手，写出"螯封嫩玉双双满，壳凸红脂块块香"的诗句，尽情地赞美螃蟹之肉嫩、脂香、味美；又借怡红公子之手，写出"持蟹更喜桂荫凉，泼醋擂姜兴欲狂"的诗句，贴切地描写吃蟹所用的调料及其美味而引起的兴奋心情；又借蘅芜君之手，写出"酒未涤腥还用菊，性防积冷定须姜"的诗句，科学地指出吃蟹涤腥及防寒积冷的方法。这三联名诗佳句，可说是曹雪芹著名的吃蟹诗，时间过去了两百多年，至今仍为人们所津津乐道，充分说明曹雪芹精通吃蟹之道，不愧是中国文学史上"百科全书"的杰出作者。也许是名人所见略同吧，古代还有许多著名的骚人墨客，也给我们留下了不少脍炙人口的吃蟹诗，一直相传至今。北宋诗人黄山谷有词写吃蟹云："一腹金相玉质，两螯明月秋红。"蟹肉之美，简直只应九霄天宫有。南宋诗人陆游有诗写吃蟹云："蟹肥暂擘馋涎堕，酒绿初倾老眼明。"说的是刚用手把蟹擘开，就馋得口水直淌下来，等到持蟹品酒时，连昏暗的老眼都突然明亮起来，真是蟹香使人精神振奋，美味引人食欲旺盛。明朝文学家张岱，更是称赞"食品不加盐醋而五味全者，为蚶，为河蟹"；又说蟹"膏腻堆积如玉脂珀屑，团结不散，甘腴虽八珍不及"。文学巨匠鲁迅先生，更是风趣地说："第一个吃蟹的人，当是英雄。因为他不曾为蟹的利螯、长爪、厚甲所吓住，而大胆地吃了它，致使今日人间方知有如此这美味也！"

蟹属节肢动物甲壳类，因其双螯上有绒毛而又原产我国，故名"中华绒螯蟹"。蟹有许多别名：《太玄经》称之为郭索，《广雅》称之为蜅，《陆川本草》称之为蜙钳；而老百姓则因其横行，疑其无肠，戏称其为横行介士、无肠公子。蟹的生活习性也是很有趣的：母蟹繁殖时，常到近海徘徊，所产之卵至翌年 3～5 月孵化，幼体经多次变态，才发育成幼蟹，再溯江河而上，到淡水中生长。人们往往在秋高气爽之时，根据它昼伏夜出的生活习性，在江河、湖泊、沼泽、水田的田岸中捕捉它。民间的吃蟹经，则有"九雌十雄"之说，即到了农历九月，雌蟹体内蟹黄已经膏结成块,香透壳外;而到了农历十月,雄蟹的肉和油已十分丰腴,"多肉更怜卿八足"。雌雄蟹不同时间的食用,风味迥异而脂香满口。我国江南盛产螃蟹,但最为有名的是江苏阳澄湖产的大闸蟹和浙江嘉兴南湖产的大蟹。久为世人所珍爱。

蟹的营养十分丰富。它的可食部分,每 100 克中,含蛋白质 14 克、脂肪 2.6 克、钙 141 毫克、磷 191 毫克、维生素 A 230 国际单位、核黄素 0.51 毫克、尼克酸 2.1 毫克,又含微量激素胆甾醇。它的肌肉中含有 10 多种人体所必需的游离氨基酸,其中谷氨酸、甘氨酸、脯氨酸、细氨酸、精氨酸含量较多,这些氨基酸都是鲜味素,因此蟹肉味道特别鲜美。

蟹不仅美味可口,而且还具有食疗作用。清《随息居饮食谱》说它"补骨髓,滋肝阴,充胃液,养筋活血,治疽愈核"。前人孟诜说它"主散诸热,治胃气,理筋脉,消食。醋食之,利肢节,主五脏中烦闷气"。但蟹性甚寒,脾胃弱者不宜多吃。尤其不能和柿子共食,因蟹肉为高蛋白,柿子含鞣质,两者结合易使蛋白质凝固,造成肠道痉挛,致使疼痛异常,严重者可危及生命。

蟹有多种多样吃法,或制菜肴,或烹汤羹,或裹蟹黄包子,或以糟醉处之,其味各有千秋。但新鲜之蟹,常以蒸吃为佳,其味鲜美宜人。吃法如下:

先将蟹身洗干净,放清水中养半天,以待其吐尽腹中污脏之物,再洗一遍,绳缚后置于盘中,放入蒸笼,在冷水锅上猛火蒸半小时,等蟹身呈现大红色,即可取出。另用芽姜切成米粒大小,与紫醋、鲜酱油、少许白糖一起调和盛碟,手持一蟹,现擘现醮现吃,其味之美,不可言传也。如有高朋二三,共坐中秋桂荫之下,把螯赏菊,谈笑风生,则兴味更浓。至于吃蟹后,手中所沾之腥,不妨采用曹公雪芹在《红楼梦》一书中所介绍的方法,即用菊花叶子擦手后,再用清水洗涤,其腥必除。

味美在皮

中国烹饪文化的奇妙,在许多方面是西方厨师无法想象的。比如动物原料之皮,我国厨师能巧夺天工,做出许多风味不同的珍奇、独特的口感来。有名的如杭州名菜"东坡肉",那是宋代诗人苏东坡所发明的。做法是"慢着火,少着水"(见《食猪肉》诗),而多放酒,做好的菜肴,其皮色泽红润,香味浓厚,吃上一口,只觉得柔糯醇香,在齿舌间软滑如流,而风味就在那层猪皮上。倘用剥皮猪肉做"东坡肉",那就毫无美味可言了。粤菜中的烤乳猪,起源于三千年前的周代,是"周八珍"之一。广东厨师做这道菜时,乳猪皮酥、脆、嫩三味齐全,而肉嫩如豆腐,特色全在那层乳猪皮上。北魏《齐民要术》赞曰:"色同琥珀,又类真金;入口则消,状若凌雪,含浆膏润,特异非常也。"可见其之珍美。北京烤鸭也是如此,出炉之鸭,皮色金黄,口感脆爽,能干的厨师用利刃批鸭肉时,一只烤鸭能批下三百片。每一片都包括三个部分,即酥脆的鸭皮、香肥的皮下脂肪、爽嫩的鸭肉。裹入特制的薄饼中,夹入葱段,涂以甜酱方完成品尝的准备工作。没有那层金黄色的鸭皮,很难想象烤鸭能保持那种独有的魅力。据说连胡志明、基辛格都对北京烤鸭如痴如迷,爱之难忘。而慈禧太后所吃的清炖鸭子,那层皮的风味又不同了。那是将鸭子用各种相应的调料配制好后,放在一口特制的、密封好的陶罐中,隔水蒸三天三夜。食时,慈禧只吃那层柔软如绸片、清淳似豆腐皮的鸭皮,肉与骨却赏赐给下人,可见此鸭菜的精华,全在那层皮上。粤菜中的烤鹅,烤得那层鹅皮不仅色泽金黄,而且要达到酥而起小泡的程度,与肥嫩的鹅肉,组成甘美酥香的美味。皮之口感,又是此菜制作成功与否的要领。现在的市场上,没有肉而只一层皮的鸡爪,却要比鸡腿贵得多,真是匪夷所思。其实啃鸡爪比吃鸡腿味道还好,三千年前的先民就感觉到了,因此鸡爪(古人称之为鸡跖),曾被列入"周八珍"之中。下酒时啃鸡爪那层皮甭说滋味有多美了。鸭蹼是筵席名菜,加料清炖上桌,味美之极,不用多说。鹅掌一层皮,自古便列为珍品,古时美食家就有"但愿鹅生四掌,鳖生双裙"之渴求,可见这层皮叫人想入非非到何等程度。裙边是鳖的精华部分,肥糯厚润,是鳖甲四周长的那圈子胶质厚皮。古人向往鳖生双裙,是感觉到鳖裙之味,实在太美妙,而祈盼一鳖有两裙,虽说可笑,实也可以叫人理解。现在一公斤野生鳖竟达 300 元,而一鳖之裙最多 20—30 克了不起了。高档粤菜中,一只鳖裙菜,可以想象其价之昂贵,非上万元筵席,难见此菜也。石鸡(即石蛙)、牛蛙都是可以带皮烹制的,做成菜后那层皮呈胶性,软糯而可口,无论清爆、红焖、铁板烧,都是皮肉之味相互衬托而成佳肴。蛙肉之味在皮,清代乾隆年间的烹饪理论家袁枚,是最清楚的。有一次,他的家厨(自然是名厨了,否则袁枚那能召之入他的厨房)做蛙肉菜时,是将蛙皮剥掉烧的,袁枚吃时发现不见蛙皮,便大发脾气,骂道:"笨蛋,青蛙剥掉皮做菜,那还有什么吃头?"弄得那位厨师下不了台。至于猪爪、火腿爪,更是以吃皮为主,不仅味美,且营养价值要远远超过猪肉。明李时珍在《本草纲目》中说:"(猪)蹄……煮羹,通乳汁,托痈疽,压丹石;煮清汁,洗痈疽,溃热毒,消毒气,去恶肉,有效。"清医学家王士雄在《随息居饮食谱》中说得更全面:"猪蹄爪(味)甘、咸、(性)平,填肾精而健腰脚,滋胃液以滑皮肤、长肌肉;可愈漏疡,助血脉,能充乳汁,较肉尤补。"之所以有这样的滋补功能是因为猪爪之皮及所连之筋、骨含丰富的大分子胶原蛋白;还含有肌红蛋白、胱氨酸等物质。吃(白切)冷板羊肉,尤其要带皮,带皮羊肉好像包了一层半透明的琼胶,吃来更可口,耐咀嚼,有回味。在广州,有一道用蛇皮胀发后,配以其他高档辅料而制成的菜,据说风味特异价格昂贵。有的地方吃狗肉,褪毛而不去皮红烧,味道更好。驴皮虽不入菜,吃客不知其味(谅不会差),但熬成驴皮胶,却是大补气血的珍品,尤宜妇女食用;最著名的,即是山东阿县用阿泉之水所熬之驴皮胶,人称阿胶,是驴皮胶中的精品。

不起眼而常被人们忽视的动物原料的皮,能在中国烹饪中,变得如此味美诱人,确见中国菜的博大精深,内涵丰富。

神秘而味美的葛仙米

民间相传,世上有一种葛仙米,为神仙之食,史籍屡有记载。清代野史笔记《岭南杂记》记道:"韶州(今广东韶关一带)仁化县丹霞山产仙米,遍地所生,粒如粟而色绿,煮熟大如米,其味清腴。大抵南方深山中皆有之。"又有《宦游笔记》一书记道:"(葛仙米)出粤东葛仙洞外,有流泉喷薄石上,遂生苔菌之类,其状如米粒,青色。笔以为羹,味极鲜美,土人呼为葛仙米。"看来葛仙米为"苔菌"一类。

葛仙米的味道如何?清代医学家赵学敏在《本草纲目拾遗》一书中说:"(葛仙米)以水浸之,与肉同煮,作木耳味。"更进一步说明葛仙米"作木耳味"。

因为民间传说中此物与东晋葛洪及其隐居之地有关,其未长成前的幼体,又细小如米,故有"葛仙米"之称。

其实,褪去历史笼罩的神秘色彩,葛仙米实际上就是地耳,浙江民间叫它地塌皮或地木耳。笔者上世纪70年代后期在新安江畔一家大型有色金属工厂工作时,就曾在雨后的草地上发现过它的踪迹。它色泽淡绿,极薄的一层,隐藏在草间,常常看见人们在草地上拣此物,问及吃法,说是挑去草叶,洗净,可炒肉、炖肉与做汤。

地耳在种属上,与名贵的宁夏发菜是同类,都属于陆地藻菜。但品位、身价却悬殊之至。

地耳并非如《岭南杂记》所言,只产"南方",全国都有它的踪影。老家在河南卢氏县的著名翻译家曹靖华先生,在散文《乡情小札》中说,童年时"最爱到山上拾'地软'(地耳的一种俗称)。拾回来后,用它下面条、包包子或炒菜,最好吃不过了"。美食家聂凤乔教授上世纪60年代在青海,说:"在农场劳动吃不饱,跟老乡到山根扫地耳,晚上煮了加点盐吃了填肚子。"由此可见,北方与西北地区,均产地耳。

地耳吃法多种多样,可炒、可拌、可烩、可炖、可羹、可汤,无不味佳。清代杭州著名美食家袁枚在《随园食单》中介绍的吃法是:"将米细捡淘净、煮半烂,用鸡汤、火腿汤煨。上(席)时,要只见米,不见鸡肉、火腿掺和才佳。"清代另一美食家薛宝辰在《素食说略》中介绍的吃法是:"取细小如米粒者,以水发开,沥去水,以高汤(鲜美之素汤,如笋干汤、豆芽汤等——笔者注)煨之,甚清脥。余每以小豆腐丁加入,以柔配柔,以黑间白,既可口,亦美观也。"溥仪在《我的前半生》中介绍,用地耳与鸭肉丁配合做菜,名曰"鸭丁溜葛仙米"。著名电影明星黄宗英曾吃过用地耳做的咸甜两种羹与炒的菜,认为"味同发菜"。美食家聂凤乔吃过由地耳、猪油、猪肉、白糖所做的"陕西四色包子",其中地耳包子,馅心除地耳外,另配豆腐丁、大葱,外加芝麻油、姜粒、花椒面及盐、味精,"清淡隽雅,别是一般滋味"。

地耳性味甘淡、寒,有清热明目作用,能治目赤红肿、夜盲症、烫伤等。此外,它还以含钙丰富著称,是一种大自然中极为普通的野蔬。

夏秋双休日,到野外去游玩,特别是雨后,在林间草地上,都可以拣到地耳;拣地耳不仅是休闲度假中一种有利调节身心健康的野外活动,而且还能得到一种味美而有营养的美蔬,岂不一举两得,甚乐融融?

乌米饭，神仙食

按照农历划分二十四节气，农历五月五日为传统的立夏节。是日，人们要采南烛叶（乌饭树叶子）捣烂取汁，浸泡糯米，烧乌糯米饭吃。这种乌米饭，色泽紫黑，颗颗闪着光泽，用白糖蘸了吃，香甜清口，别有一番风味。相传，立夏节吃了乌糯米饭，强身健体，连蚊虫也不敢来叮。杭州人历来信此，代代相传，老祖宗遗风一直流传至今。只是到了上世纪50年代后，四郊开垦菜地、兴建住宅，野生的南烛叶越来越少，年轻后生孤闻寡见，更不识此树了。好在有关食品部门，不忘此节物，每年都加工一些乌饭糕上市，使得市民们在进入立夏后，都能吃到此一美食。

南烛叶为杜鹃花科植物，是一种高1—3米的常绿灌木，主要产在我国南方各省。用此种树叶汁水加工做成的乌糯米饭，古时称青精饭，被人誉为"仙家服食"。唐代大诗人杜甫吃后，有诗句赞云："岂无青精饭，令我好颜色"，他的诗句是有科学根据的。明代大药物学家李时珍高度评价它的养生功效："强筋骨，益气力，固精驻颜。""驻颜"，就是杜甫所说的"令我好颜色"，也就是现代所说的"美容"。清代范祖述所著《杭俗遗风》一书所附《江乡节物诗》中说："青精饭，食之延年，本道家者言。杭人呼为乌饭，亦有制以为糕者，于立夏食之。"这是一种有利人们养生的好的食俗。

说起乌米饭的来历，其源远流长的历史可以追溯到两千五百多年以前。当时神州大地正是群雄逐鹿中原的战国时代，齐国出了一个军事家孙膑。此人曾与魏国人庞涓同拜鬼谷子先生为师，学得满腹兵法。庞涓回到故乡任魏国大将，妒忌孙之才能，将他骗到魏国，处以残酷的膑刑（去掉膝盖骨，使人终身不能站立），又将他关入猪圈。但是派去看守孙膑的一位老兵，心地非常善良。为了不让这个有用人才饿死在猪圈之中，便偷偷上山去采集民间流传的、强身健体的中草药南烛叶，与糯米一起制成乌米饭，捏成圆段，给他抓吃充饥。这外表紫黑、又圆又长的乌米饭，色泽与形态都极似猪粪。人见其吃"粪"，以为他已疯了，也就放松了对他的监视。孙膑吃了此饭，精神大振，又不怕猪圈里的乌蚊叮

江南美食养生谭

咬，终于在别人的帮助下逃出了魏国，来到齐国，并在马陵道上出奇制胜，大败庞涓，在中国军事史上写下辉煌的一章。据说，孙膑第一次吃乌米饭是在立夏之时，故民间相沿成习，成为一种食风，一直流传至今。

千年蟹香飘杭城

螃蟹双眼突出，形体似龟，八脚如蛛，本丑陋之甲壳动物，但因其味美可口，因此而成为人们嗜食之物。自然，第一个尝试蟹味的人必是勇士，否则至今，我们尚不知此物是否可食。从历史记载看，我国食用螃蟹已有三千年左右历史，可惜史料中没有记载第一个吃蟹者的姓名。至于说到杭州，令人兴奋的是，在野史中倒能找到最早的吃蟹人。

古时杭州人风俗崇尚吃蛙而鄙视食蟹，直到唐代末年才有人公开品尝。当时武林门外半道红，有个名叫田彦升的农民，非常孝顺母亲，他的母亲就非常喜欢吃蟹。他怕在当地捉蟹会惹人讥笑，常常到苏州、湖州一带买蟹，煮熟后，用布袋装了带回家，供母亲享用。唐昭宗乾宁三年(896)，他买了一袋湖蟹回到杭州，刚好碰到淮南节度使杨行密派军队偷袭杭州，企图吞并吴越国。当时杭州百姓纷纷外逃，田彦升亦带着老母、背着湖蟹逃到外地山谷中去避难。他人皆因缺食而亡，独田彦升母子得以安全而归。一袋湖蟹救了他们母子两条命，此事一经传开，杭州人便开始将蟹视作吉祥之物。到五代十国时期，湖蟹已成为市民招待亲朋好友和王室宴席上的名菜。成语中有一句"一蟹不如一蟹"，这个典故就出在杭州：后周显德五年(958)，周世宗柴荣派大臣陶谷出使吴越国，吴越王钱弘俶设宴款待，宴席上罗列了从青蟹至蟛蜞十多种螃蟹。从蟹体看，先上的青蟹最大，之后上的一只比一只小。陶谷开玩笑说："真所谓一蟹不如一蟹"，以此言说吴越国自钱镠开国后，三代五王，一个不如一个。以蟹喻人，亦是新奇之喻。

到北宋时，欧阳修在《归田录》一书中又记载了另一个爱吃蟹的杭州人的故事：北宋初期，各地都有通判(地位略次于州府长官，但有连署州府公事及监察之权)与知州争权之事。有个名叫钱昆的杭州人，特别爱好吃蟹，在杭州买不到蟹，便托人到外地去采购，有人问他有什么愿望？他说："但得有螃蟹无通判足矣。"螃蟹横行，其味鲜美，而通判横行霸道，却很惹人讨厌，因此，他作如是言。此外，两任杭州地方官的苏东坡也是一个爱吃蟹的老饕，他在《丁公默送螃蟹诗》中，曾风趣地写道："堪笑吴中馋太守，一诗换得两尖团。""尖"指尖脐，"团"指团脐，苏东坡笑说自己用一首诗换了两尖两团四只蟹，洋洋得意之态，使人备觉这位诗人"市长"的可爱。

至清代，杭州又出了个著名的吃蟹专家、家居云居山的李渔。此人吃蟹真格吃出大学问，你听他对蟹的评价："蟹之鲜而肥，甘而腻，白似玉而黄似金，已造色香味三者之至极，更无一物可以上之。"关于吃法，他主张"凡食蟹者，只合全其故体，蒸而熟之，贮以冰盘，听客自取自食"。杭州人吃蟹，正是按此金科玉律照办。

旧时杭州人吃蟹不易，因价格昂贵，一般人难常尝鲜。现在随着人工养殖事业的发展，蟹价大跌，持螯品酒，已成为寻常百姓亦能一快朵颐之乐事。

杭州人真是有口福。

来自清宫御膳的八宝豆腐

以豆腐入馔，在古籍中屡见不鲜，举不胜举。在历代众多的豆腐菜中，最富于传奇色彩的当推杭州名菜八宝豆腐。多少年来它以独特的风味，赢得了海内外美食家们的普遍赞叹。周总理当年在杭州宴请来访的朝鲜贵宾金日成主席时，餐桌上就有一味八宝豆腐。

说起八宝豆腐的来历，还有着一个富有传奇色彩的故事。据宋牧仲《西陂类稿》一书记载：当他77岁在江苏巡抚任上时，康熙南巡路过苏州，宋牧仲专程去离苏州20多公里的吴江县迎接。康熙见如此高龄的老臣，忠心一片，一时高兴便破格恩赐御膳中他最为喜爱的八宝豆腐的制法，并说："宋荦（即宋牧仲）是老臣，……朕有日用豆腐一品，与寻常不同，可令御厨太监传授与巡抚厨子，为后半世受用。"可见此豆腐菜实非凡品。宋牧仲先后在两书中记载了这件皇恩浩荡的美事，亦叹息地说，"惜此法不传于外"，他亦不敢私下将此法传送出去。

　　同时受康熙帝赐豆腐方的，还有尚书、江苏人徐健庵，他奉命去御膳房取配方时，管事太监敲竹杠，要他拿出一千两银子才给配方。徐健庵没办法，只好照付。尽管如此，徐健庵还是比较开明的，他没有独占此一秘方，而将此方传给了他的得意门生王楼村。王楼村又传给子孙，到乾隆年间，八宝豆腐方子已在其孙王太守孟亭手中。当时杭州著名的诗人、美食家袁枚到王孟亭太守家去做客，品尝了这一美味的豆腐菜后，赞不绝口，便询问了配方，将它收进了《随园食单》一书中，称之为"王太守八宝豆腐"。书中是这样记载的："用嫩片（嫩豆腐片）切粉碎，加香荤屑、蘑菇屑、松子仁屑、瓜子仁屑、鸡屑、火腿屑，同入浓鸡汁中炒滚起锅。用腐脑（豆腐脑）亦可。用瓢不用箸。"自此以后，此菜也就在社会上流传开来，成为杭州一道脍炙人口的名菜。

　　然而，今天的八宝豆腐，系杭州历代厨师经再创造而产生，风味更佳。它以海参末、虾米末、水发香菇末、熟火腿末、熟鸡肉末、瓜子仁、松子仁、核桃仁末及鸡汤、蛋清、炼乳、湿淀粉等精烩制成。此菜烧好后，色泽悦目，清鲜滑嫩，风味迥异，营养丰富，特别适宜老年人及病弱妇幼者食用，具有养生健体功效，为豆腐菜中之精品也！

江南自古有快餐

　　在改革开放中，洋快餐大量涌入我国的餐饮市场，肯德基炸鸡、派尼炸鸡、麦当劳汉堡包、意大利匹萨……它们以异邦的风味、周到的服务、醒目的装潢吸引着社会各个阶层的吃客。

　　对于洋快餐，自然，见仁见智，可以任人品说。吃惯了中国地道的豆浆油条、包子馄饨，乃至各式各味的鸡翅、大排盒儿饭及早茶等快餐，去尝尝西方的风味确实有新鲜感。

　　但快餐并非只是碧眼金发的欧美等西方国家才有，早在七八百年前，杭州就有了快餐。据南宋吴自牧《梦粱录》记载，南宋时杭城快餐已经十分普及，其中呼之即出的"旋"字带头的菜点，如"旋炙荷包"、"旋鲊"（略加烹制的、现成的曝腌鱼块）等一大批腌、糟、拌、冻、烧、烤的名吃名点，都是当时的快餐。而且店家服务极为周到："百般呼索取食,或热、或冷,精浇熬烧,呼客随意索唤。"这种服务态度甚至比现在杭城所有的洋快餐店还要热情、还要丰富多彩。又云："随时索唤,应手供应品尝。"快餐做得极快,以致不会影响吃客急着去办其他事,一点肴名,马上做成就上桌。现代快餐业的经营者,应对照一下,是否有古人那种敬业精神?

　　洋快餐进入中国饮食市场,应该说是西方饮食文化在中国的传播,中国的吃客固然一时有新鲜之感,但要长久占领中国饮食市场,还是有一定难度的。饮食的民族性及地区性都是极强的,它在一定的历史文化背景中产生,是一种民族文化的体现。洋快餐进入中国市场,算来已有二十多年历史,但无论在北京、上海、杭州,都没有形成大的气候,占统治地位的还是中国快餐。口味能否长期适应是一个大问题,价格过高亦是它的一个局限性。一种食品要在异邦具有生命力,光"正宗"是不行的,一定要带上销地的口味,适应销地吃客的口感。被称为"丹麦春卷大王"的杭州范岁久先生的"大龙春卷",在欧洲有 300 个左右品种,其中包含了西方人爱吃的卷心菜、蔬菜色拉、冰琪淋等品种,所以它成功了。

　　可以预料,只有洋快餐的中国民族化及中国快餐的西化,互相取长补短,各自研制出一种适应性强的风味快餐,才能有发展前途。

独领风骚的烤鸭

　　以驰名中外的全聚德烤鸭店兴衰史为蓝本而创作的话剧《天下第一楼》,早几年在杭州演出时,曾轰动一时。故事以烤鸭的美味交织着人生的苦甜而展开剧情,从而又一次从艺术角度,再现了博大精深的中国饮食文化的丰富内涵。

　　用烤(即炙)的方法烹制肉食,是我国烹制技术中历史最为悠久的一种。早在六千年前的河姆渡、仰韶文化中,先民已用柴火烤制兽肉及家禽、家畜食用,并在龟甲骨头上刻字随之产生了甲骨文。春秋时期,《诗经·小雅》中已有"有兔斯首,燔之炙之"的记载。到汉代,枚乘在著名的《七发》一文中说:"旨酒嘉肴,馎庖脍炙,以御宾客",称赞脍炙的味美,于是,产生了"脍炙人口"这一常用的成语。要说用烤的方法,制作美味的鸭菜,当要首属吾杭之名厨。据南宋学者洪迈在《夷坚丁志》一书中记载：南宋时，杭州盐桥有卖爊(爊，即是以微火煨熟)鸭的人；中散大夫史忞家中，曾有一烹制爊鸭名厨，叫王立。这是中国烹饪史上，有名有姓记载的最早的烤鸭名手。烤鸭又名烧鸭，清代中期杭州著名诗人、烹饪理论家袁枚在《随园食单》一书中，曾记载了烧鸭的做法："用雏鸭上叉烧之。"但从明代以来，南京的金陵烤鸭因工艺改进颇为出名，当时江苏人宋诩在《宋氏养生部》一书中，详细介绍了"炙鸭"(即烤鸭，烧鸭)的做法："用肥者，全体漉汁中烹熟。将熟，油沃，架而炙之"，烹制手法可说相当精巧。清代大文豪曹雪芹曾在幼时吃过南京的金陵烤鸭，留下了极深的印象，以致晚年落魄居住西山黄叶村时，还对朋友"尝作戏语云：'若有人欲快睹我书(指《红楼梦》——笔者注)，不难，惟日以南酒(绍兴酒)烤鸭享我，我即为之作书'云"，可见金陵烤鸭的风味已是相当味美迷人的。

现在北京烤鸭可以说集南北烤鸭文化之大成。特别是北京人培养出的、特别适宜做烤鸭的北京鸭，容易育肥，60天体重可达2.5公斤，是世界上最优质的鸭种之一。一般制作烤鸭有明炉、焖炉、叉烧三种烤法，北京烤鸭是用明炉(挂炉)和焖炉两法制作的，南方则常用叉烧之法。严格的制法，应是将葱和口蘑(张家口生产的一种名蘑)填入鸭腹，挂炉内烤之，流下之油复涂鸭体，殆皮呈微黄即热，旧时为求增香，常用杏树等果木熏烤，现在则常用电炉。烤好之鸭，表面应油润光亮，呈金黄之色；表皮酥香而肉质鲜嫩，吃时，高明的厨师能用利刃将全鸭削为薄片300张，每片鸭肉均带表皮、皮下脂肪、肌肉三部分，食之美不可言。当然连吃也有学问，必须要配以生大葱段与特制的甜面浆，用荷叶薄饼裹以鸭肉片卷食，并辅以鸭骨浓汤润口，这才完成了吃烤鸭的最后的调味程序。以营养价值而言，可说烤鸭中包含了蛋白质、脂肪、微量元素、水分等各种人体必需营养素。

但烤鸭并不是发展到这个地步，就停止进步了。现在北京及南京都已经有了全鸭菜，即除了烤鸭肉、鸭骨汤外，还有用内脏、鸭蹼、鸭舌等制作的各种精美的鸭菜。宴席则有称之为全鸭席的。例如，久居杭城的周总理表妹王去病在一次采访中告诉我：1986年7月，她应表嫂邓大姐之邀去北京，大姐在人民大会堂宴会厅就是用全鸭席招待她的。

当你在北京、南京或杭州便宜坊烤鸭店品尝"北京烤鸭"或者"金陵烤鸭"时，作为杭州人，你首先应该值得骄傲的是，早在七八百年前的南宋时期，都城杭州的市场上,已经有烤鸭应市;南宋杭州烤鸭名厨王立,已经独辟蹊径,烹制出美味的烤鸭菜。

灿烂的南宋文化,可说又一次在中国烤鸭这一美食中闪耀出历史的奇光异彩,在烹饪领域熠熠生光。

江南风味的鱼头豆腐

杭州名菜鱼头豆腐,旧时称"木郎豆腐",最为出生在杭州的洋美食家司徒雷登所喜爱。旧时,他到清河坊的王润兴饭店请客吃饭,必点此菜。鱼头豆腐是王润兴饭店的拿手菜,后来风靡杭城,成了一款久负盛名的佳肴。关于此菜的来历,杭州有一个传说。

相传,清朝乾隆年间好游山玩水的乾隆皇帝带了个太监,穿了便衣,一路游玩到了杭州。他跟着一些善男信女上了吴山,在山顶远眺钱塘江,俯瞰西子湖。只见钱江如带,西湖似镜,看得他心花怒放,陶然忘返。不知不觉,天气突变,竟然下起雨来。皇帝金身,哪儿经得起风吹雨淋?于是慌慌张张跑到半山坡一家百姓家中躲雨。谁知,那雨"滴滴答答"下个没完,一躲就躲了老半天,此时他俩肚子已是"咕咕"直叫。没办法,只得陪着笑脸,请求主人家弄点充饥的饭菜。这家房主叫王润兴,是某饭馆的小伙计,生活很是清贫。看着这两个外乡游客饿着肚子躲雨的模样,煞是可怜。可家里实在没啥东西可以招待他俩,想来想去,只有从店里讨来的吃剩的半个鱼头和一块嫩豆腐。于是,便将半个鱼头和豆腐放在一起,撒点葱花、姜末、老酒,放点豆瓣酱煮了煮,外加两碗锅巴饭,就端出来给他俩吃。乾隆饥不择食,吃得津津有味,那感觉远胜过宫中的山珍海味。吃到后来,竟顾不得文雅,用勺子把碗底刮得干干净净,啧啧赞道:"好吃!好吃!"饭吃完了,雨也停了。他拿出一把银子谢了主人后,依依别去。

这顿饭给乾隆的印象太深了,以至于回京后便叫御厨也烧只鱼头豆腐给他吃吃。谁知那御厨用尽心思就是烧不出杭州的那种风味,弄得乾隆大为光火。当乾隆第二次下江南来到杭州时,他再次来到王润兴家要吃鱼头豆腐,并赏给他一大笔银子,让他在吴山脚下开爿饭店,专烧鱼头豆腐及杭州名菜,以便他来

江南美食养生谭

杭时用膳。王润兴做梦也没想到那位北方游客是皇帝，更没想到阴错阳差，无意中做出道好菜来。王润兴惊喜之余，斗胆请皇帝题个店名。乾隆欣然命笔，写了"皇饭儿"（也有说是"王饭儿"）三字，意思是皇帝吃饭的地方。这招牌一打出可不得了，一时间慕名来这儿点菜吃饭的人纷至沓来。"皇饭儿"（亦叫王润兴）的菜越做越好，知名度也越来越高，成了当时杭州最有名的饭店，而鱼头豆腐也成了杭州的一道名菜。旧时，说起清河坊王润兴的鱼头豆腐，可说无人不知。

鱼头豆腐的做法并不难：先煎鱼头（最好选带点鱼肉的花鲢的头），然后用大火滚水氽，再放豆腐，滚一会儿后，再放入盐、姜末、酒、葱花等调料，用文火炖，当汤成乳白色时，撒上胡椒粉，味美香浓的鱼头豆腐就做成了。

宋都羊汤千年香

刚入秋，进城办点事，中餐想找个饭店尝鲜，且又希望便宜点。在杭州清河坊五花儿地段几家店里穿进穿出，最后还是走进羊汤饭店。许多桌上都有热气腾腾的羊汤，一股浓香氤氲在空间。前人说："闻香下马，知味上桌。"这么多顾客在尚热的初秋日子里，喝滚烫的羊汤，可想而知羊汤的魅力。于是，决定喝羊汤，另外再配一只什么菜。端到桌上，牛奶一般的、鲜得舌头舔鼻头的羊汤！简直不可思议！

杭州这个地方，人人都知是南宋古都。七八百年过去，在历史古迹方面，留下了凤凰山上众多的泉池石刻；而在饮食文化方面，数典问祖，只有羊汤可说尚留昔日余韵、余香。你看，无论是炎夏还是寒冬，古城唯一的羊汤饭店的羊汤，始终以它的悠久的饮食文化历史、独特的宋元风味吸引着众多的知味者，余即是其中的一个。

翻读南宋古籍，你会发现宋人崇尚羊肉，甚至连皇室御膳亦沿用祖宗之法，以羊肉为主要肉食。以致尊贵之极的皇帝宋孝宗赵昚（古慎字），因母梦羊而怀胎生下，小名竟称"阿羊"；他在宫中宴请大臣胡铨，即是用的两道羊肉菜："胡椒醋羊头真珠粉及炕羊炮饭"。这胡椒粉加醋拌羊头肉一味，笔者认为还有伏笔：在煮羊头时，不是还有一锅浓酽的羊汤吗？这汤正好配下饭，否则再加上烤全羊、炒羊饭，燥得要命，干得要死，宋孝宗和他的大臣受得了吗？只是羊汤不是正菜而未列上而已。

我国食用羊肉的历史，仅见诸文字记载的就有二三千年。《诗经·豳风·七月》中已有"朋酒斯飨，日杀羔羊，跻彼公堂"的名句。殷商时代，祭祀祖先，牛称大牢，羊称小牢，猪的地位尚在羊之后面。试看古人造字之由：美、鲜、善、祥，一切美好的字眼皆从羊傍，非言羊肉其美乎？即使是"美"字，从羊从大，亦说明古人以大羊为美，肥嫩的羊肉为美；羊肉的鲜味，是古汉语中"美"字的起源，由此而引伸到各个方面，如西湖风光美、江南丝绸美、越女天下美……

羊汤饭店的羊汤为何能烧得色如牛奶、浓酽迷人呢？原来制作中大有学问：采用新鲜带骨羊肉，出过水去掉血污后，加姜、葱、黄酒等多种调料以冷水旺火烧沸。随着锅中水温上升，羊肉及骨中的各种营养物质便溶解、游离至汤中，待汤滚后，再改为小火慢慢炖。用这种方法烧成的羊汤，因骨中大量的钙质及无机盐融入汤中，脂肪乳化成微粒状态，再加上已溶解的骨、肉、皮中的胶元蛋白，色泽自然浓酽如牛奶，而且散发出特异的浓香了。

历史翻过了一页又一页，而羊汤的魅力始终不减；人事更新了一代又一代，而羊汤始终有知味者。历史文化色彩加上传统的烹调技艺形成的饮食文化，其生命力之强盛，足以令人赞叹不已、击节歌吟！

南宋时期的名酒

自从宋室南迁，临安便成为宋王朝的政治、经济、文化中心。随着经济的繁荣，临安一时成为"世界上最华贵的城市"（《马可波罗游记》），饮食业也随之飞快地发展起来，海鲜野味、名肴佳馔，天下所无者，皆悉集于此地。在南北风味交汇之中，除产生了中国烹饪史上独具一格的南宋风味菜肴外，各种南宋名酒，也应运而生。

说起酒，在我们这个文明古国，已有悠久历史。四五千年前的仰韶文化遗址中，已有酒具出土。古籍记载的"仪狄作酒"、"尧酒千钟"以及《神农本草》中关于酒的性味及药用价值的记载，都说明我国酒史的源远流长。酒曲，是我国

江南美食养生谭

先民的重要科技发明之一。有了酒曲，便能使粮食中的淀粉发酵糖化、酒化，制成香醇可口的美酒。最初的酒，都是以麦曲用粮食制成。到汉代，开始以葡萄酿酒，故唐诗中有"葡萄美酒夜光杯"之名句流传于世。到唐宋时，果子酒、药酒等先后问世，酒的花色品种又增加了一些。

到南宋时，北方的酿酒技师们随宋室南下，将北国的酿酒技术与江南的酿酒技术相结合，产生了许多独具风味的南宋名酒。据南宋人士周密所著《武林旧事》一书记载，据不完全的估计，当时光江浙两地有据可查的名酒，就有 54 种之多。其中有皇室御制的"流香"、"凤泉"等酒；达官贵人内府精制的"紫金泉"、"蓝桥风月"、"万象皆春"等酒；杨州产的"琼花露"酒；苏州产的"双瑞"酒；湖州产的"六客堂"酒；嘉兴产的"清若空"酒；绍兴产的"蓬莱春"酒；温州产的"蒙泉"酒；兰溪产的"谷溪春"；梅城产的"萧酒泉"，等等。这些名酒的制作，都十分精细考究，颇具特色。一是用麦曲发酵，用糯米制成，酒精含量较低，口味甘和，老少皆宜；二是大多味甜，甘美可口，妇幼喜爱；三是酿酒之水，大多选用当地名泉、佳水，故清冽润喉；四是由于酒度数低，夏季冰镇后还可以当避暑饮料（如椰子酒、雪泡梅花酒等）；五是花酒用自然花汁调制酒味，芬芳扑鼻，且色泽悦目；六是药酒一酒两用，开胃健身，继承了祖国医学的宝贵遗产。因而，南宋名酒，受到当时上至帝王，下到平民，以及远道而来的阿拉伯商人们的喜爱和欢迎。

由于都城名酒品种繁多，林立的酒肆菜馆到处都供应酒类，不但可以零沽，还可坐堂小饮。当时都城除了有官库酒楼外，还有私厨酒店。官库酒楼，规模都很大，装饰华丽，酒器皆用金银、名瓷所制。私厨酒店，根据供应的菜肴、点心、小吃的不同，分为茶酒店、包子酒店、宅子酒店、花园酒店、散酒店等八九种。都城市民，不但爱饮各种风味的南宋名酒，而且根据北宋风味特色，爱用各种名酒当作主料，烹制各种海陆肴馔。如盐酒腰子、酒蒸羊、酒烧香螺、酒烧江瑶、酒炙青虾、生烧酒蛎等几十种，不同于现在，酒仅作为调料而已。

南宋名酒的风味又如何呢？我们可以从遍游南方的南宋大诗人陆游的众多饮酒诗中，找到一些记载。例如绍兴产的名酒"蓬莱春"，可能是一种果子酒，其色绿如翠玉，他有诗写道："蟹黄暂擘馋涎堕，酒绿初倾老眼明"，可见此酒风味是十分甘美迷人的。另外，当时绍兴农家酿的糯米黄酒，虽然制作时在过滤方面稍有不足，正如陆游在《游山西村》诗中所说"莫笑农家腊酒浑，丰年留客足鸡豚"，但用地方风味的菜肴佐之，仍深得人们喜爱，并久饮不厌。陆游在四川眉州(即今眉县)仕宦时,见到当地有一种叫"玻璃春"的名酒,看来是不用焦麦芽上色的,又过滤得较清,且用清泉之水酿制,故透明如玻璃,其有诗可证:"玻璃春满琉璃钟,宦情苦薄酒兴浓"(《凌空醉归作》)。陆游在汉中时,又喝了当地所产的名酒"鹅黄",也可能是一种果子酒或花酒,甘美芬芳,远胜其他名酒,故他有诗赞云:"叹息风流今未泯,两川名酿避鹅黄"。

历经七八百年,南宋名酒大多湮灭不可知,有的后来经当地名师改良,可能不同程度地转化为今之地方名酒。但以杭州、绍兴一带来说,只有黄酒仍然保留着南宋名酒的酿造方法和传统风味,较丰富地体现着南宋酒的一些特色。值得人欣慰的是,今日黄酒已列入全国八大名酒之一。而且仍然具有南宋名酒的一个独特优点,即最宜做菜肴的调料,一经使用,锅中之鱼肉、野味顿时透出一阵鲜香之味。凡名厨高手,无一不知黄酒调味胜过诸酒。

南宋时期的酒肴

我国四大菜系中,酒大多用来做调料,目的是使主菜除腥去膻,增添脂香。好像演戏一样,酒在菜中,数量用得很少,是当配角的,为的是更好地衬托主角的风采。但是,在历史上,特别是在南宋时期,以酒入菜名,用较大量的酒为主料烹制菜肴,却是极为普遍的。仅南宋时杭州人吴自牧所著的《梦粱录》一书记载,酒入菜肴名的,就有下列一些:盐酒腰子、酒蒸鸡、酒烧香螺、酒烧江瑶、酒炙青虾、酒法青虾、酒掇蛎、生烧酒蛎、姜酒决明、酒蒸石首、酒吹鳓鱼、酒法白虾、五味酒酱蟹、酒拨蟹、酒烧蚶子、酒焐鲜蛤、酒香螺,一共 17 种。另有用大量酒腌渍的海产品,在都城"鲞铺"里出售,也是以酒入名的,计有酒江瑶、酒香螺、酒蛎、酒蜓龟脚、酒垅子、酒鲲鲞 6 种。另据南宋时居住在都城临安(杭州)的湖州人周密所著的《武林旧事》一书记载,南宋高宗绍兴二十一年十月(即公元 1151 年农历 10 月),宋高宗赵构临幸清河郡王张俊王府,张俊奉进御膳 250 款之多,其中就有酒醋肉一款酒菜。

笔者于 1984 年 7 月,曾与当时在杭州八卦楼掌勺的名厨叶杭生一起试烹过两只以酒为名的仿南宋菜"酒蒸石首"与"酒蒸鸡"。根据南宋诗人陆游所写

江南美食养生谭

《游山西村》一诗云："莫笑农家腊酒浑,丰年留客足鸡豚",可以确信,陆游所说的南宋"农家腊酒",即是今日尚在绍兴农村流传的自酿自制自饮的土制黄酒。笔者据此,以黄酒为主料,同石首鱼之一种——黄鱼及小母鸡,用蒸的方法烹制,由于绍兴黄酒品目较多,我们起先采用黄酒中的加饭酒制作,结果菜肴烹制出来后,味略发苦。后改用黄酒中的花雕酒,仍有苦味。第三次采用黄酒中的香雪酒,先分别与石首和鸡共蒸,蒸熟后再淋一次上桌,结果酒香扑鼻,鱼肉和鸡肉鲜嫩柔滑,风味特异;不用味精,而纯靠黄酒与蛋白质的微妙的化学反应,产生特有的鲜味。这两种仿南宋酒菜应市后,都受到了前来品尝的海内外的美食家们的赞赏。

以较多量的酒当主料,与其他主料共烹,制作出独具特色的酒肴,这是南宋时厨师的拿手本领,惜乎今日此类菜肴已极鲜见。

精美的南宋菜肴

从中国烹饪史的渊源发展来说,菜肴发展的源泉主要有三个方面:一是历史上的名厨搜集、整理、加工民间菜肴而形成的传统名菜(其中一部分升华后进入宫廷,成为"宫廷菜");二是来自民间的、由群众创造的菜肴;三是由厨师创新的菜肴。从前者去得到新的源泉,比较吃力,需要专门组织班子攻关,搞得成功而有影响的,有北京的"仿膳"、山东曲阜的"孔菜"、西安的"仿唐菜"、南京的"随园菜",北京与南京分别研究的"红菜",杭州八卦楼、梦梁楼的"仿南宋菜",等等。

杭州是南宋古都,人口最多时达百余万,城市繁荣,餐饮业兴旺,曾被意大利旅行家马可波罗称之为"世界上最华贵的城市"。据南宋吴自牧《梦梁录》记载:当时运入杭城的名贵海鲜及淡水鱼鲜各达四十余种;新鲜蔬菜也有四五十种;肉食除家畜家禽外,还有各种野味。当时烹制菜肴的方法,有鲊、脍、炸、酿、炒、炙、爐、煨、蒸、润,等等,多种多样,各种菜则有一二百种之多。光从口味上来区别,就有蜜煎的甜味,如蜜笋花儿等;蜜炙(烤)的咸味,如蜜炙鹌鹑等;姜醋的酸辣味,如姜醋香螺等;咸酸甜三味兼而有之的,如咸酸蜜煎;还有水果味的荔枝白腰子、缠梨肉、香梨时件等;酒糟味的如糟蟹等;芝麻香味的,如麻脯鸡脏等。当时在宴会上出现精镂细雕的工艺菜,光蜜饯雕刻就有雕花梅球儿、红消花儿、雕花笋、蜜冬瓜鱼儿、雕花红团花、木瓜大段儿花、雕花金橘、青梅荷叶儿、雕花姜、蜜笋花儿、雕花柑子、木瓜方花儿,等等。用的原材料,有蜂蜜煎过的笋、冬瓜、金橘、青梅、姜、木瓜、柑子等蔬菜水果。雕刻则有花球、花朵、鱼、荷叶等。南宋杭州的厨师们,还不断创制新菜,扩大菜点的花色品种。在荤菜方面,据南宋《山家清供》记载,当时杭州城里已经出现涮羊肉的方法,还出现了烤鸭、宋嫂鱼羹等独具风味的名菜,一直流传至今。菜肴的花色品种还扩大到南宋以前不登"大雅之堂"的家畜家禽的内脏和头蹄脚掌,而且都能做得异常别致及鲜美可口。如猪肚做成名菜的就有:三色肚丝羹、银丝肚、虾鱼肚儿羹、五色假料头肚尖、萌芽肚胘炸肚山药、炸肚臊子蚶、石肚羹等十多种花色。其他如猪肝、羊舌、鹅肫鸭掌、猪羊血都能做成佳肴美味,还有不少用下脚杂碎做的菜肴,如南宋第二代皇帝宋孝宗赵昚(古慎字)在宫中宴请大臣胡铨,其中有道菜便是"胡椒醋羊头"。在素菜方面,当时杭州已有一百多个品种,其中大部分是蔬菜制品,也有用鲜花、水果、中药、豆制品等制作的。这些素食,除了西湖一带的寺院斋堂向香客们供应外,还有专门的素菜馆。据《武林旧事》载,当时较有名的有薤花冻茄儿、莼菜笋、糟琼枝、脂麻辣菜、茭白鲊、淡盐齑等二十种。当时,还有北宋的汴梁风味菜和川菜供应。

在供应方式上,为满足商贾及市民们进餐求速的要求,我国最早的快餐已在杭州应运而生。据《梦粱录》记载:当时城里各个菜馆、酒楼、饮食店,都有快餐供应:"百端呼索取食,或热、或冷、或温、或绝冷(用窖藏的自然冰制作较冷之食品——笔者注),精浇熬烧,呼客随意索唤"。又云:"随时索唤,应手供造品尝,不致阙典。"这饭菜制作、供应得特别快,连冷热都有几个档次,可见服务周到。在《梦粱录》记载的几百种菜肴中,凡呼之即现的"旋"字带头的菜肴,如"旋炙荷包"、"旋炙肥儿"、"旋鲊"(爆腌的鱼块或鱼片)等,都是当时快餐的一种叫法。

随着烹饪技术的专业化,当时杭城还出现了一些擅长制作某种风味名菜的饮食店铺,如官巷口的光家羹,寿慈宫前熟肉,猫儿桥魏大刀熟肉,钱塘门外宋五嫂鱼羹,涌金门灌肺,中瓦前陈戙家羊饭,中瓦子武林园前煎白肠,狮子巷口煎耍鱼、罐里熬鸡丝等。当时杭州的菜肴之所以脍炙人口,是因为它做工精细,色香味形器都很讲究。在刀工、调料、菜肴色彩、炉子、冷藏技术等方面,都较前有很大改进。

盛菜器皿则有"夺得千峰翠色来"的越瓷和土脉细润、釉色天青的南宋官窑所烧制的盘、盏、大碟、隔碟、碗和合子,等等。厨师们还熟谙食物的去毒、解毒方法,如河豚肉质鲜嫩但鱼体含有毒素,厨师们能解其毒,烹制出美味的"油炸河豚"菜。至于火候运用,据岳飞的孙子岳珂所著的《桯史》记载,当时出现了自动拨风、火力较旺而又可以根据作业需要而随时可以移动的镣炉,这为烹饪工作提供了方便。为了保证四时供应海陆时鲜名肴,不少菜馆、酒楼、饮食店还内设"凌阴"冰室,用窖藏的自然冰冷冻肉类、鱼类,并用之制作冷食、"绝冷"之食与冷饮(如皇宫内食用的冰镇蔗汁等),以保持烹饪原料的新鲜、满足顾客的不同需要。

除上述所介绍的以外,南宋时的杭州还出现了名叫"四司六局"的专门服务机构。所谓"四司六局"就是帐设司、茶酒司、厨司、台盘司及果子局、蜜饯局、菜蔬局、油烛局、香药局和排办局。凡逢喜庆丧事,一般富贵人家或小康人家,都可请"四司六局"来帮你办理筵席或处理有关事宜。

现在风靡大江南北的杭帮菜,就是在南宋菜的基础上借鉴并发展起来的。

南宋金秋美肴——蟹酿橙

蟹酿橙是一款以蟹膏肉为主料制成的金秋时令美肴,至今已有八百多年历史,是南宋时一道以酿法制作的名菜,做工极为精致,即使以今日之眼光视之,亦是上乘之作。此菜见载于南宋美食家林洪之《山家清供》一书,以螃蟹、香橙、菊花、绍酒四味之美相汇,具有浓厚的江南金秋色彩。

1984年秋,笔者与原杭州八卦楼名厨叶杭生合作,反复试制,终于研究成功这一款仿宋名菜。今将制法介绍如下:

取黄熟甜橙三只(勿以橘代替,因其鲜香之味不及,又蒸后易坍),用快刀平着截去圆顶(备用),剜去橙肉,留下少量橙汁。另取大螃蟹一只(或小螃蟹2—3只),煮半熟,剜出蟹膏肉(包括蟹黄、蟹油、蟹肉),分别填入三个橙内,与橙汁拌匀,然后盖上橙顶,插上三根牙签(在橙盖与橙身之间)将顶固定,放入蒸碗中,再在锅中放适量的绍酒、醋、水,扣上盖碗,隔蒸架蒸半小时(亦可视橙变形情况而调整)。出笼后,换装圆盘,橙旁缀以洁净的菊花、菊叶,即可上桌。食时,用筷夹橙中之蟹肉,蘸炒过的盐及醋而进食,香而鲜美。

凡曾食过此菜的海内外食家,都盛赞此菜的别出心裁及充满金秋的诗情画意。此菜纯以自然之美,突出菜肴的色香味形,有太羹之味,保留了中国传统菜肴的烹饪特色,足使"味精专家"(陈从周之语)们退避三舍。

南宋风味的宋嫂鱼羹

杭州菜谱中,记录的鱼菜有五六十种,要说其中历史最为悠久的,要数"宋嫂鱼羹"。此菜起源于北宋,盛行于南宋,在 800 多年前,就已名满杭城,被称之为"钱塘门外宋五嫂鱼羹",载入《梦粱录》、《都城纪胜》等南宋典籍之中。要说这只菜的成名,系与宋高宗赵构的偶然品尝有关。

南宋孝宗淳熙六年(1179)农历三月十五日,正逢艳阳之日,宋孝宗赵眘坐着马车来到望仙桥东之德寿宫,邀请其养父、太上皇赵构与太后游览聚景园(今之柳浪闻莺公园)。一行人先在行宫中饮了寿酒、观赏了牡丹花,然后一起登上御舫龙舟,从外西湖游至里西湖,在断桥一侧登岸,进入附近的真珠园游赏。赵构一时高兴,命人买湖中鱼鳖放生,又召来附近做买卖的商贩,分别赐给财物。这当中便有在钱塘门外开小饭店的宋五嫂。宋五嫂本是东京汴梁(开封)人,金兵入侵时,她随着赵构一行人一起逃难南下,在此开店制作鱼羹谋生。赵构听说来自东京的宋五嫂会做汴梁风味的鱼羹,便至她的小店中品尝。吃了故乡滋味的鱼羹后,赵构不禁勾引起了乡思,同时对年老的宋五嫂动了乡亲之情,当场赐给她金银绸绢无数,并叫她随时听候召唤到后宫制作鱼羹,以供他不时之需。此事一时不胫而走,传遍杭城,宋五嫂的鱼羹顿时出了名,前来品尝者不绝于店。宋五嫂也就成了一方富媪。当时有人写诗称道:"一碗鱼羹值几钱?旧京遗制动天颜。时人倍价来争市,半买君恩半买鲜。"人们争着来品尝的原因,一半是因为皇帝曾经吃过,另一半才是它本身的鲜味。

宋五嫂鱼羹流传了 800 多年,后来杭州的厨师在制作此菜时,不断加以改进,如以肉质细嫩、鲜美的鳜鱼代替黄河鲤鱼作主料,并辅以熟火腿、熟笋、水发香菇、蛋黄及各种调料,使得此菜风味更加可口迷人。由于此羹制成后,鱼羹鲜嫩滑润,味如蟹肉,故又有"赛蟹羹"之美称。

邻近西湖的杭州楼外楼、天外天等菜馆,皆擅长制作此菜。

涮羊肉与南宋名肴拨霞供

北风起,正是品尝冬令名肴"涮羊肉"之时。冬天去京华,不尝东来顺别具风味的涮羊肉,等于没有到过北京。虽说现在各大城市冬令都有涮羊肉供应,但其风味皆不能与东来顺相媲美。

涮羊肉是一种围炉自涮自吃的北京风味菜。所用之羊肉,选料极其精细,一只羊身上,只能选用"上脑"、"大三岔"等部位的肉。每半斤"黄瓜条",在名厨高手刀下,要切四十片到五十片左右;每片羊肉薄如细纸,色若玫瑰,涮熟后再配上芝麻酱、辣椒油、卤虾油、腐乳汁、酱油、腌韭菜花、粉丝、菠菜等佐料、辅料蘸拌着吃,真是别有风味。在雪花纷飞之时,与家人、友人围坐一炉,边涮边吃,热气腾腾,既鲜美可口,又能增添许多生活情趣。

膳食专家们历来认为北京风味的涮羊肉,源于少数民族的生活习惯,是随着蒙古人入主中原传播开来的。作者偶翻古籍却发现它与南宋名肴"拨霞供"有着极其密切的关系。

据南宋林洪《山家清供》记载:有一年冬天,他去福建武夷山游览,到一个名叫六曲的地方,拜访止止师。正好逢雪天,猎户送来一只野兔,可是找不到厨师来烹制。止止师便说,我们武夷山山民是这样吃的:将兔肉用快刀批成薄片,用酒、酱、花椒等调料浸渍一下;另备风炉一只,"用水半铫",等水沸作响声之时,吃的人自己拿着筷子夹着肉片,"入汤摆熟啖之",至于佐料,可以各挑所爱的蘸拌着吃。他依法吃了兔肉,果然鲜嫩异常。过了五六年,林洪来到京城临安(杭州),又在友人杨泳斋家里,吃到这道名菜,看来这种吃法也传到了临安。而且当时临安还有把猪、羊肉涮了吃的菜肴。为此,他回忆起武夷山品尝涮兔肉之往事，不禁浮想联翩，随口吟了一首诗来赞美，其中有一联曰："浪涌晴江雪，风翻晚霞照"。把沸腾的汤水，比作波浪汹涌的"晴江雪"，又将粉红色的肉片，比作晚霞的余晖，在风中闪耀。这样，这道涮兔肉的南宋名肴，便有了"拨霞供"这样一个美名，至于"拨霞供"如何与北京风味的"涮羊肉"一脉相承，挂起钩来，则有待膳食专家们进一步考证了。

天下烤禽数它美

用烤（即炙）的方法烹制肉食，是我国历史上最为久远的一种烹饪方法。早在六千年前的河姆渡、仰韶文化中，先民已用柴火烤制各种肉食，考古学家们从这些古遗址中，发现炭火痕迹的同时，亦发现了各种兽类及畜、禽的骨骼，由此可见，烤（炙）是比较容易又比较易于为人接受的一种熟食方法。以文字而论，二千多年前的《诗经·小雅》中，也已经有了"有兔斯首，燔之炙之"的记载，可见炙法之源远流长。七八百年前，南宋都城临安（今之杭州）市井中，酒楼菜馆林立，供应各类菜肴达数百种之多，其中不少是用炙法烹制的，如五味炙小鸡、旋炙犯儿、炙鳅、炙鳗、炙鱼粉，等等（见南宋杭州人吴自牧之《梦粱录》记载），其中"蜜炙鹌子"（即蜜炙鹌鹑）即为其中之一种。

现在市场上常见有烤（炙）鸡、烤（炙）鸭应世，但稀有烤（炙）鹌鹑露面。鹌鹑是一种体小如雏鸡的雉科动物，原为野生，繁殖于我国东北和西北地区，迁徙及越冬时，遍布我国东部地区，现已驯化为家养之禽，各地农贸市场不难见到。此禽之肉嫩美且有滋补作用，唐代医学家孟洗说它具有"补五脏，益中续气，实筋骨，耐寒暑，消结散"的食疗功效，是一种优质的禽肉。一般常以油炸、红烧、切块炒食的方法食用，但其味道皆不如南宋时的一种做法，即用蜜炙制作。

1984年，在杭州盛行研究南宋的学术风尚中，笔者曾与杭州名厨叶杭生，在当时闻名一时的八卦楼菜馆仿制过这道南宋菜，其味确实别致可口，曾受到食客们的欢迎。其实，这只菜制作并不难，亦可在家庭中制作，凡家有红外线或微波烤箱者，皆可按以下方法烹制：取鲜活、健壮的鹌鹑4只，宰杀放血，拔毛去内脏后，洗净晾干，用花椒盐（花椒与盐以1∶5的比例制成），遍擦鸟身内外，腌制半小时后,擦干再涂以上好黄酒(鲜膜去腥),等晾干后,上涂蜂蜜一层,即可放入烤箱烤制,待熟后即可取出切块装盘。此菜烹成后,色泽黄亮,外脆内嫩,香味浓郁,最宜佐酒吃粥,是一款仿南宋名肴。

有志于烹饪技艺及爱好美食的朋友,不妨一试,这会增添你生活中的乐趣;逢年过节在家中款待亲友,亦会给餐桌增加一道耀眼的亮色。

两鲜结合的鳖蒸羊

鳖蒸羊是南宋时期的名菜,当时的典籍《梦粱录》与《武林旧事》等书,都明确地记载了它。从菜的叫法顾名思义,可以猜得出它是以鳖蒸羊肉制成。但这道历史文化名菜,不仅仅是水陆两种肉类的叠合烹制,而是有着它浓厚的华夏地理特色及文化色彩的。古时,一般地说,北方以畜牧业为主,南方以农业、养殖业为主;北方常以"羊羔美酒"称为至上美味,而南方则以鱼鲜为世间珍味,故在训诂学上,"鲜"字以"鱼"与"羊"两部分组合而成。也可以说,北方以"羊"为鲜,南方以"鱼"为鲜。鳖蒸羊正是这样一款汇聚南北方美味于一菜之中的佳肴。正像和历史上流传的"潘鱼"以羊肉蒸鱼出名一样,鳖蒸羊也以水陆两鲜结合而著称于世。可以说它是宋室南下,北方饮食文化与南方饮食文化结合的产物。

上世纪 80 年代,在开发古都旅游事业的一股热潮中,杭城掀起了一阵研究南宋古为今用的旋风,各界有识之士在杭州市政协文史委员会的组织、安排下,很快便有了一本《南宋京城杭州》的扛鼎之作问世。笔者便是在那时浓厚的历史文化研究气氛之中,于 1984 年冬同名厨叶杭生在八卦楼菜馆首先推出 25 道仿南宋菜,开了南宋菜研究的先河。后来,以鳖蒸羊、蟹酿橙为代表的仿南宋菜制作情况由省电视台拍摄、中央电视台转映,一下子出了名,致使杭州各大菜馆竞相仿效,经过 20 年左右应市,现终于成为新杭州菜中带有历史文化色彩的定型佳肴之一。

鳖蒸羊这道菜,从祖国医药的食疗观点来说,还具有阴阳双向滋补的作用。这是因为鳖具有较强的滋阴功能,而羊肉则有明显的壮阳功效,且两者都由高蛋白组成,养生价值之高,不低于参芪之力。但鳖肉含胶元蛋白较多,肉质纤维较粗,比较难于消化,故体虚胃弱之人宜慎食为好。

鳖蒸羊这道菜制作并不难,可取 250 克左右雄鳖一只,与煮至六成熟的羊肉块排列好,铺以姜片、浇以绍酒、撒上盐花、倒上适量羊肉汤,隔水蒸至筷能截入、鳖肉酥软时,放一些胡椒粉,即可上桌食用,无论下饭还是饮酒皆宜。飨用时吃肉喝汤,不仅享之以口福,而且补益身体,可谓是一款味道鲜美的补食。

南宋名菜——螃蟹清羹

南宋绍兴二十一年农历十月的一天,杭州凤凰山皇宫北大门——和宁门,在钟鸣鼓响声中缓缓打开了。宋高宗赵构端坐在御辇中,由卤薄仪仗及殿步三司统制的将官军士簇拥着,鼓角轰鸣,千乘万骑,来到了清河郡王张俊的王府(在今之杭城清和坊)。张俊受宠若惊,跪伏迎接。

在宏恢的王府大厅上,一个中国历史上空前的宴会,在婉转动听的丝竹声中开始了。华衣锦带的仆人们川流不息,端上了进奉皇上的各种南宋四时干鲜果品、腌腊鱼肉、海陆肴馔达 250 盘(种)之多。满案的金盘玉碟、官窑名瓷,使这些精心制作的名菜、名点及果品更加显得高雅、名贵。在这众多的菜肴之中,有一款秋令美羹显得特别应时,它就是用江南著名的美味湖蟹制作的"螃蟹清羹"。

笔者在 1984 年三夏,应聘担任杭州八卦楼南宋名菜研究顾问时,曾与原八卦楼名厨(现杭州赞成宾馆副总经理)叶杭生合作考证、研制"螃蟹清羹"一味,获得成功,得到海内外食家的称誉,赞为难见之作。

现在正是菊香蟹肥的金秋时节,平民百姓中的工资阶层亦能问津。故笔者特向读者诸君介绍这款上了御筵的金秋美羹制法。其工艺制作并不复杂,原料完全可以取到,稍能掌勺做菜者,观余考证之做法,当即可以仿制。让这道南宋皇帝吃过的名菜,也端到足下餐桌上散散香。

此菜的具体做法是:取肥壮的活湖蟹 250 克(约二三只),在沸水中余熟,剔出蟹肉、蟹黄、蟹膏,撕成碎片。另用活土鸡一只(最好是三黄鸡。洋鸡无鲜味,

江南美食养生谭

不能代替;冻鸡更不行)熬取淡鸡汤,取其中一汤碗煮沸,放入水发香菇丝、嫩笋丝各 25 克,姜末、香醋、精盐少许,稍滚,再放入蟹肉等,然后用湿淀粉(最好是绿豆粉或马蹄粉)勾以流汁薄芡,即可用汤盘装之上桌。

此菜汇螃蟹、鸡汤、笋丝、香菇之鲜于一羹之中,制作精美、讲究,不放味精而鲜味迥异、营养丰富,含有高蛋白及多种氨基酸、微量元素、维生素,易于消化吸收,又具开胃健脾作用,是老人、妇女、儿童秋令养身健体之美羹。

其味一经品尝,即知当年之身价,果不虚负盛名,愿君莫失时令飨之。

诗人之菜——东坡肉

东坡肉是杭州一道脍炙人口的名菜,系采用猪的五花条肉,以绍酒代水,加酱油、白糖、姜块、葱结用砂锅密封焖成。此菜烹成后,味醇汁浓,香糯酥烂,为可饭可酒之佳肴。相传,此一名菜之形成,与北宋著名诗人苏轼有关。苏轼,字子瞻,号东坡居士,四川眉山人。他曾先后两次在山清水秀、风光旖旎的杭州任地方官,为人民做了不少好事,也曾写了不少赞美西湖景色的好诗,有趣的是,他还在杭州留下了一道色香味形俱全的名菜。

北宋元祐四年(1089),苏东坡第二次出任杭州太守时,看到历任地方官只知犬马声色,不问民事:西湖淤泥日积,葑草(茭白草)蔓生,严重影响了杭州的农业、酿酒业、运输业及交通、饮水等,忧心如焚,便向朝廷进呈《乞开杭州西湖状》,要求疏浚西湖。苏轼所进奏章,因为牵连到北宋王朝的赋税等利益,所以很快被采纳了。他先后用工二十万,终于将淤塞西湖的葑草和淤泥打捞干净,并用其堆积了一条贯通南北、横跨西湖的 2.8 公里的长堤,又写了一首诗记载道:"……我在来钱塘拓湖渌,大堤士女争昌丰。六桥横绝天汉上,北山始与南屏通。……"还沿堤种桃栽柳,美化环境,使这条长堤成为西湖十景之一的"苏堤春晓"。

苏轼发动群众疏浚西湖,美化西湖,无疑是符合杭州人民利益的,老百姓们都非常感激这位太守。人们私下相议:送点什么礼物给太守,表一表大家的心意呢? 后来有人向太守手下的人打听,说是太守最爱吃红烧肉。他还写过一首怎样做红烧肉的诗呢! 于是,一传十,十传百,人们不约而同向太守衙门赠送上好的猪肉。不几天,老百姓送来的猪肉堆满了公堂,苏轼和衙吏、杂役们根本吃不了。于是,苏轼吩咐家人,将猪肉烧熟,送给疏浚西湖的民工们吃,同庆疏浚之功。在嘱咐烧肉方法后,苏轼还对管事人说"连酒一起送"。管事人匆忙之中,误听为"连酒一起烧",结果,烧出来的红烧肉与众不同,油润红酥,肉香扑鼻,特别可口。人们吃了后食欲大开,久而久之,便成为杭州一道传统的名菜。

人们为纪念这位诗人的丰功伟绩和创造的新菜,便将这种独具风味的红烧肉称之为"东坡肉"。后来,杭州历代名厨在原有基础上,不断改进制作工艺,使得这一名菜色泽红亮、糯而味醇,成为本地的特色风味菜之一。朋友,你如果来杭州旅游,不妨去西子湖畔菜馆品尝一下这"诗人之菜"。

将府名菜炒里脊

杭州市井名菜炒里脊是一只肉质鲜嫩的炒菜。它起源于清代,相传来源于名将年羹尧的将军府,是一款历史悠久的佳肴。关于它的出处,有这样一个有趣的故事:

清代雍正年间,粤人年羹尧由于征西屡建奇功,晋官加爵至川陕总督、抚远大将军,封一等公,一时权倾朝野。后因被清世宗胤禛猜忌,于雍正三年下狱赐死。

年羹尧任大将军时,酷爱美食。府中姬妾们为投年之所好,纷纷随入府的名厨学艺,因而都擅长一手烹饪技艺。年羹尧平时点菜,数量不求多,而口味务求百菜百味,鲜美可口。杭州父老旧传,年羹尧调任杭州将军后,一夜官降十八级,直到贬为艮山门(亦有说是涌金门)城门官。树倒猢狲散,平时受宠爱的姬妾们,一时尽作流星散。据清代《归田琐记》一书记载:有一杭州郊区穷秀才,有幸娶得年之一妾为妻。问妻擅制何菜?回答说是专烧"小炒肉"(即炒里脊):"凡将军每饭必于前一日呈进食单,若点小炒肉,则我须忙半日,但数月不过一二次。他手所不能办,他事亦不相关也。"这穷秀才从未尝过将军府名菜,听说后馋得不得了,想叫妻子为他烹制一盘,尝尝味道。妻子说:一只猪身上,只能割取所需的一块肉,谈何容易。后来,刚好村中举办赛神会,备用三牲,由秀才负责祭祀一事,正好偷偷一试。但其妻又嫌猪非现杀,鲜味恐要大减,被秀才纠缠不过,只得勉强割取所需之肉,炒了一盘,让秀才品尝。哪知秀才吃了生炒里脊后,顿时气绝倒地。原来是菜的味道太鲜美了,甚至连舌头也一起吞下,以至气道阻塞,几乎窒息。其妻见状急救,才得苏醒过来。杭州人有句俗话叫"鲜得舌头吊鼻头",意思是说吃太鲜的东西时,要把舌头吊在鼻头上,以免连舌一起吞下,大概此典盖出于此处。此事虽属夸张,但也可见将军府名菜的鲜美程度。

此菜味道特别鲜美,说来也是有道理的:一是讲究用料的精致,采用的是猪身上最为鲜嫩的里脊肉;二是讲究原料的活杀现取;三是以高超的手艺制作。盖世间之所无,故味美亦异常。后来,烹制小炒肉的方法传入饭馆酒楼,便逐渐成为杭州一道名菜。

现在杭州的炒里脊,除讲究用料、调料外,烹制时以油滑锅,特别重视上浆入锅的火候,并根据时令或配以青椒丝,称之为青椒里脊;或配以金针菇,称之为金菇里脊;或配以甜酱、麻油,称之为酱爆里脊。上述菜肴烧成后,都以鲜美脆嫩、风味迥异著称于世。

精美的鱼肴——翅汤鳜鱼

正是"夏至杨梅满山红"时节,朋友来电约我至张生记大酒店一聚。数月未见,道不尽思念之情。一位英俊的服务生含笑问我们吃点什么,我说,请你帮我们点几只创新菜。一会儿,上桌佳肴四五只,其中一只翅汤鳜鱼味极鲜美,且吃法亦十分奇特。先是端来一只火锅,煤气打开后,锅中鲜汤开始沸腾;这时,另一位服务生又端来一大盘切成片状的鳜鱼肉与番茄、金针菇等辅料,将鱼片与蔬菜一起放入火锅之中。不一会,火锅复沸,服务生将鱼片与辅料及鲜汤每人盛上一碗递至诸人面前,让来客品尝。

我还是第一次吃这种荤素合一的翅汤鳜鱼,先喝了一口汤,鲜美无比,是纯正的火腿高汤之味,又吃了鱼片,鲜嫩之至,再吃番茄、金针菇,感到荤素有机配合,味极清口。因为实在太鲜美了,我这个老饕也顾不得文绉绉,一连盛了两小碗品尝。同桌的三位朋友,也连说好吃,席间充满了活跃的气氛。

我这个人碰到美食,历来有打破砂锅问到底的毛病,应我的请求,朋友打电话请来了总店的厨师长陆师傅;陆师傅告诉我们,翅汤是用最好的高汤,鱼片与番茄、金针菇等辅料相配,一是去腻,荤素结合,相得益彰;二是调味,番茄的微酸与金针菇的鲜气,都能使鱼片更加可口。加之,鱼片用的是鱼中之上品——鳜鱼。"桃花流水鳜鱼肥",这是古人吟咏鳜鱼的名句,由此可见,鳜鱼自古有名。鳜鱼又名桂花鱼、鲑花鱼,肉质丰满、肥厚、细嫩,味道鲜美,骨刺很少,因此用它做这翅汤鳜鱼的鱼片火锅再合适也没有了。

听罢陆师傅的一席话,我们胃口大开,一锅鲜汤与鱼片吃得锅底朝天。在齿舌沾香、余味未尽之时,我们相约,下次有机会再聚,还要吃这一只张生记的顶级精品菜。

临别之时,朋友见我特别欣赏这只火锅鱼菜,笑曰:老兄,你何不写写这只翅汤鳜鱼,将它介绍给爱好美食的朋友呢?

奉命涂鸦,不成敬意,即撰成此文,以飨同好之食友。

筵席精品乾隆虾蟹卷

正是蟹肥菊残之时,朋友来电邀我一聚。半年未见,隔不断彼此的想念。记得杨梅熟时,曾相聚过,那时品过一只名叫翅汤鳜鱼的精品菜,其味之美,使我久久不能忘怀。此次闻讯食指大动,恐怕还会有奇味引人涎下吧?

果然此次相聚,朋友又请来陆师傅献艺。陆师傅是浙江烹饪大师,擅长菜肴创新,张生记杭州总店的不少新菜,都是他和他的伙伴们精心搭配,匠心独运做出来的。现在的食客嘴巴"刁蛮",不变花样,难以吸引住人。陆师傅们极会动脑筋,这次让我们品尝的这只菜,名叫"乾隆虾蟹卷",刚一端上来,就惊呆了我们,哇! 真漂亮! 一个个菜卷外裹着金黄色的细丝,光那造型就让人感到此菜不同凡响。这哪里是菜? 简直是一件件工艺品!

朋友们抬举我,叫我这个老馋先吃,真不好意思。我挟了一只送进红城玉关之中,咬了一口,只觉得外脆内嫩,鲜爽适口,非常过瘾。朋友们吃后,也连赞好吃。听到我们一片赞美之声,陆师傅脸上也露出了笑容。吃客的满意,便是对厨师的最高嘉奖。

　　我们想了解这只精品菜的做法,陆师傅对端菜出来的青年厨师姜师傅说:"你介绍一下!"原来这只菜,卷里面包的是河虾仁、蟹粉(蟹肉、蟹黄、蟹膏)、甜豆,卷外裹的是切得细细的土豆丝,然后经油炸而制成。从刀工、调味、配制、装盘来看无一不恰到好处,而从色泽、造型、口味来说,处处堪称上乘作品。一只菜能烧到这种程度,冰冻三尺非一日寒也!

　　原来,烹制出这只精品菜肴的姜师傅,是陆师傅的高足。名师出高徒,此言不虚也!如果没有 10 多年的炉台功夫,哪里能做出这样精巧绝伦的菜来呢?且不说其他,光是这切得均匀又极细的土豆丝,就不是一般厨师能切得出来的,再说还要适当配料与调味。料作要选最佳搭档,味道要调得咸淡适口,而且制作此菜成功与否的最后一着,是以合理的油温来炸制,稍一不慎,则前功尽弃。

　　两位新老厨师的互相配台,使张生记餐桌生辉,也使我们一饱眼福和口福。

金秋好时光　品味福聚楼

　　正是"橙黄橘绿时",一位久未谋面的朋友,约我到杭州张生记和平店福聚楼一聚。是日,文朋笔友齐集一堂,欢声笑语,此起彼落。在谈笑之间,服务小姐开始给我们上菜。先是冷盘,继而热菜,后来又上了张生记的扛鼎之作笋干老鸭煲。一年未到福聚楼,旧时品尝的菜点,早已淡忘,而眼前盘碟,花色纷呈,令人目不暇接。赤色的是铁板牛仔骨;绿白相间是青椒墨鱼丝;金黄亮眼的是栗子炒子鸡;橘红成团的是元宝虾;红黄相映的是咸肉蒸湖蟹……我吃了一块铁板牛仔骨,肉嫩味鲜。平时牛肉吃得并不少,什么"大不同"牛肉、"文虎"牛肉,还有采荷农贸市场有名的"富阳佬"牛肉,都没有这来得滑嫩、鲜爽,可能厨师采用了进口的澳大利亚牛肉,但制作精良、烹饪得法,是决定这牛仔骨(牛排)好吃的决定因素。大概到席的诸位与鄙人的味觉相似,只见筷下如雨,肉飞似风,一盘铁板牛仔骨一下子吃得只剩下二三片,寂寞地躺在银色的铝箔上。同样,青椒墨鱼丝、栗子炒子鸡、元宝虾,也分别以它们鲜嫩、时令、香脆的各自特色,博得了朋友们的青睐。有趣的是,咸肉蒸湖蟹一菜,起先被冷落了,后来一位从事文化艺术策划的年轻友人尝了一下,惊喜地说:"这也很好吃嘛!"说着大吃起来。我原先怕吃蟹麻烦，又厌咸肉太肥，没有动筷。听到这赞美之词，便挟了半只蟹啃起来，真的，沾了咸肉味，这蟹更可口、更爽；我又吃了咸肉片，大概油气已被"横行居士"夺去，竟然肥而不腻。想不到这农家菜的烧法，也大有风味。笋干老鸭煲，更不负盛名，肉酥汤鲜，浓酽如奶，令人倾倒。除一只清蒸鲈鱼，略欠特色外，一席佳肴为所有食者称好。

记得去年也曾应朋友所邀，到福聚楼吃过一次，大概是开张不久，菜点似较平常。不到一年时间，店方锐意革新，加强制作力度，致使菜点大有起色，盘盘碟碟，精工细作，兰桂齐芳，橙橘共香。

齿舌留鲜，感触良多：厨师烧菜，亦如我辈写文章，没有匠心构思与巧手掌勺，万万不可能使盘中佳肴生香透鲜。我想，福聚楼能烧出如此好菜，除了领导重视外，一定有掌勺高手，全神贯注，智慧与巧手结合，才使之色香味形一应俱全。

花甲老馋，在此向您致谢了，谢谢您烧得这样入味！这样好吃！

愿福聚楼，再上一层楼！

重登福聚楼　更上一层楼

正是"五月果初熟，枝头鹤顶丹"的杨梅上市季节，侄女的小囡出生百日，亲友们聚集在杭州张生记福聚楼，为这胖妞祈福庆贺。

我已经是第三次光临福聚楼了。前两次是应友人之邀，前来品味。记得初次来时，菜肴特色不明显，曾提过一些建议。第二次来福聚楼时，是去年"橙红橘绿"之时，菜肴风味大为改观，令人兴奋不已，曾以《金秋好时光　品味福聚楼》为题，写过一篇文章，盛赞福聚楼"锐意革新，加强制作力度，致使菜点大有起色，盘盘碟碟，精工细作，兰桂齐芳，橙橘共香"。这次是第三次光临，系侄女夫妻自己订桌，事先也没有与店里打过招呼，可到上菜品尝时发觉，时隔半年多，福聚楼菜肴的总体水平，除个别品种外，已全面提升。

这天，侄女夫妻共订四桌，菜点亦是他们自己点的。华灯初上时，亲友们都已纷纷到场，服务小姐开始上菜，先是冷盘，继而热菜，到最后才是点心、水果。

上冷菜时，我发现一盘咸鳗肉，是去了皮的，菜色雪白、口感清爽，这比其他菜馆要做得考究，给我留下较好的印象。后来上的红烧蹄膀，红亮酥香，一会儿便被抢着吃光。又有香辣跳蛙一味，麻辣可口，很为喜爱时鲜口味的亲友们欣赏。最为可口的是一只大蒜籽鱼头，外甥说这叫"广式鱼头"，是粤菜的烧法，其鱼肉色泽金黄偏褐色，香嫩味美，食之令人胃纳大开。只见筷如雨下，一会儿只剩下锅底的一片大蒜籽了。另有红焖鹅（鸭）掌，香糯酥烂，可口之至。余曾多次品尝过吾杭各大菜馆之鹅鸭掌肴，从未吃到过有此香糯味美之味，可谓叹为食至。此外，清汤鱼元、芦笋百合、蟹黄豆腐等，滋味都不错。不足的只有铁板牛仔骨（牛排）一味，调味尚可，但肉与骨很难分离，看来是火候等方面制作的技巧问题。另外，酒酿圆子，汤汁较多而圆子偏少，亦有待改进。

总体来讲，菜点比之以前已全面提升，特别是广式蒜籽鱼头与红焖鹅（鸭）掌两款，制作精细，色香味形均属上乘，可称佳肴美馔，堪与张生记的扛鼎之作笋干老鸭煲媲美。这是福聚楼的一大进步。

张生记福聚楼的店址位置，虽不能与身处闹市的双菱路总店相比，但店领导重视，狠抓菜肴质量，而大厨们又能精工细作，努力钻研烹调技术，致使福聚楼肴馔至今日能更上一层楼，这是值得庆幸的。"酒香不怕巷子深"，福聚楼的美味，一定会吸引更多的美食爱好者，到此一享口福。

飞雪迎春到 "福聚"多佳肴

时间已经是腊月将尽、春节日近的数九寒冬，朋友相约，欣然前往张生记和平店福聚楼一聚。是日高朋满座，有诗人杨达寿教授、南宋研究专家林正秋教授、文学科普两栖作家卢曙火、社会著名人士崔盐生及餐饮业行家吴乃彰先生等九人。饭店厨艺总监胡正林烹饪大师亲自为大家安排了菜点，计有冷菜八道、热菜十二款。在欢洽的气氛中，朋友们互道问候，举杯祝贺新春来临。因为彼此早就相熟，席间气氛分外热烈。

不知不觉之中，热情勤快的服务小姐武娟已经将冷菜一一摆开。这里面有鸭脯、咸枪蟹、素烧鹅、盐焗墨鱼、糯米藕、熏鱼、香油蚕豆、凉拌莴笋，风味各异，鲜香各具。其中盐焗墨鱼一味上桌时，宛若一朵朵百合花盛开在餐桌上，大家都不明此为何菜，等挟"花瓣"蘸了蒜蓉后品尝，始知此乃墨鱼大片，足见大厨刀工之精妙；又有香油蚕豆一味，蚕豆特大，绵软酥烂。此外，凉拌莴笋，色绿丝细，爽脆可口；薄片抢蟹，红膏如火，肉色晶莹……吃罢冷菜，喝着红葡萄酒、鲜榨玉米汁，武小姐开始给我们上热菜：其中有百果虾仁、元宝虾、石锅蹄筋、响油脆三丝、片儿川千张包、蒜蓉粉丝蒸扇贝、红烧脚圈、碎蒸桂鱼、火丁甜豆、粉丝青蟹煲、丝瓜虾仁炒鸡蛋等，其中尤以百果虾仁、石锅蹄筋、红烧脚圈三菜最受欢迎。百果虾仁，百果酥糯，虾仁味美，给人以鲜爽之感，堪为佳肴。石锅蹄筋，无火自沸，蹄筋酥烂，乃为美味之菜。红烧脚圈，肉色红艳，进口酥香，可谓可口之肴。碎蒸桂鱼，鱼肉鲜嫩，木耳爽脆，亦是上品菜。其他几菜，亦各有各之长处。特别要一提的是，张生记扛鼎之作笋干老鸭煲，汤浓肉酥，料足味鲜，依然保持以往的顶级美味特色，令人不能忘怀。

小宴即将结束时，朋友们一致交口称赞，菜肴丰盛而清爽适口。自然不足之处也不是没有，元宝虾与点心韭菜饺子均显过咸；粉丝青蟹煲，也欠特色。自然这是白璧微瑕，想必日后定能改进。

飞雪迎春到，"福聚"多佳肴，愿君坐席上，细品滋味好。诸公齐祝张生记新年更上一层楼，永远兴旺发达。

名不虚传的老鸭煲

家居古城杭州，早闻张生记总店老鸭煲之盛名，但一直没有能够亲临该酒楼一快朵颐。近日城东亲家来邀，说张生记总店搬迁之处，正在他家的附近，盼能与家人一起前去一聚，尝尝这家名店的名菜。

典雅雄伟的张生记大酒楼坐落在杭城东面的南肖埠，一楼是接待厅兼张生记(餐具)收藏馆。步入厅中，可见小桥流水，对对鸳鸯戏波于小溪之中；陈列柜中的古瓷，以它们各自的精微造型与高雅的色彩，吸引着在此休憩的宾客们。当我们步上二楼，古朴、宏恢的大厅顿时展现在我们的面前，星罗棋布的近百张餐桌，使我们惊叹这"餐饮航母"的规模之巨，要满足这么多顾客的同时需求，该要有多少名厨高手与服务小姐献技、周旋其中？

正当我们怀疑这"餐饮航母"的上菜速度时，服务小姐们已手端菜盘，翩翩而至。于是，冷盘与热菜纷呈而至，当一只老鸭煲端上圆桌时，整个便宴便进入了品味的高潮。

老鸭煲是张生记的拳头产品，张生记就是靠着老鸭煲进入杭州餐饮名店行列，而且扩展到上海、南京等地开了分店。而现在，不光是老鸭煲进入杭州新名菜食谱，而且还被杭州市人民政府授以"万里飘香老鸭煲"七个银光闪闪大字的"杭州商贸特色企业品牌"。笔者曾经在多次聚会中品尝过一些菜馆酒楼仿制的老鸭煲，其风味口感其实与家制的并无多大差别。而现在，放在我们面前的已是正宗的张生记老鸭煲了，它的滋味怎样呢？

当服务小姐掀开大砂锅盖子，一股热气顿时氤氲而上，弥漫空中，只见一只白净的老鸭横卧在火腿块、笋干条簇拥的奶汤之中，白红黄三色辉映，引人馋涎欲滴。服务小姐用筷轻轻拨弄，酥烂的老鸭立刻骨肉分离。大家都很利索地夹取了热气腾腾的、连皮带骨的鸭肉，送入红城玉关之中，细细品尝起来，果然酥烂鲜香，十分可口，而且丝毫没有膻气。就在这你一筷我一筷之中，大砂锅中的鸭子、火腿块、笋干条顿时都被挟尽，大家便开始喝汤；乳白色的鸭汤浓醇鲜美，鸭的香气、火腿与笋干的鲜气，都已分别不出而交融在一起，只感到咸淡适中、可口酣畅，从感官上得到了极大的满足。

从这只老鸭煲可知，配料、调味、火功，都已达到完美的统一：老鸭约1000余克，全身白净而丰腴；火腿数量较多，鲜香之味纯正；笋干肥嫩无渣，味道鲜美。最令人称道的是，此菜口味适中、汤浓如奶，没有几个小时文火的炖焖，决达不到这种酥烂入味、鲜香融会的境界！

张生记老鸭煲果然名不虚传，它的一举成名告诉我们：一只菜能够成功，来不得半点虚假，只有靠用料精良、调味得当、火功到家，才能博得顾客的青睐。而一家店能够走向成功，除了周到的服务、合理的价格外，还得靠众多的菜肴都达到或接近这个标准才行，这才是餐饮企业立基之根本啊！

久病思美味　甘露老鸭煲

久卧病榻，咀中无味，想起平素喜食张生记老鸭煲，不禁舌上生津，分外思念。承蒙张生记总店张国伟先生、李经理和王祺先生、陆厨师长惠飨佳肴，特以小诗咏之：

久病咀无味，百珍难开胃。杭城多佳肴，最思老鸭煲。金腿红似火，笋干鲜且嫩。香酥有老鸭，汤浓回味醇。山珍出天目，火腿来金华。浙东水乡地，自古产老鸭。日月凝精华，天地生正气。三物来相聚，珠联又璧合。先说此老鸭，滋阴又开胃。最宜病弱食，且又易消化。再话金华腿，创自北宋年。自古补虚物，第一数火腿。红花绿叶扶，腿肉易腻味。笋干来帮衬，鲜香成一体。江南多美肴，成名非易事。君看多少菜，转眼烟云消。重料加精工，还要有心人。保质又保量，方能永葆春。名店张生记，重贤聚人心。能人加高手，南北播声名。病卧摩天楼，终日药味熏。一只老鸭煲，香气满室闻。和粥又下面，全进五脏庙。来日如健步，登堂再品尝。情义重如山，欲罢不能忘。阳春悄然来，暖气溢心房。

最佳模式张生记

据《杭州日报》报道，西湖区要将杭州市井小吃葱包桧申报非物质文化遗产。其理由是，一、葱包桧包含历史文化信息，是杭州人民热爱民族英雄岳飞、憎恨民族败类秦桧的文化载体；二、葱包桧的制作历史悠久，富有特色且味美可口。但葱包桧最早并非产生在西湖区，亦非西湖区一区的文化遗产，它是整个杭州人民的历史文化遗产，隶属杭州人民所有。

民间传说，望仙桥（也有说是众安桥）有一家点心店的伙计，听说岳元帅被奸相秦桧害死在风波亭，气愤之极，把秦桧夫妇做成两根面条扭在一起丢入滚油锅油炸,周围的市民见了纷纷鼓掌叫好,并高声大叫:"油炸(秦)桧!"从此,杭州此一小吃人皆称之为"油炸桧"。葱包桧是用春卷皮子包住"油炸桧",用铲子压在热锅上,又包又压又烫,使之永远不得翻身,可见葱包桧包含的历史文化信息及杭州人民的爱憎之情,是多么深厚。自南宋以来,无论世事沧桑如何变化,葱包桧始终在杭州民间流行,并成为杭州一款经久不衰的市井小吃。但葱包桧始终只是一款民间小吃,只有张生记大酒家的大厨,独具慧眼,将它引入烹饪殿堂,并精心加工,使之成为一味杭城独有的特色风味小吃,并以它的色香味形被评为"中华名小吃"。

张生记的葱包桧小巧玲珑、色泽金黄、脆香可口、久食不厌,它比之市井常见之物要精细得多,堪称杭城葱包桧之精品。如果杭州市要将葱包桧申报市级非物质文化遗产,笔者认为,一定要以张生记制作的葱包桧作为模式和样品,只有这样,方显此一名物的特色。

文友喜相聚　品味张生记

时间尚是早春季节,然而温暖异常。一位同龄挚友,几次来电约聚。恰逢元宵节前,身体勉可外出,于是,应邀前往杭州南肖埠张生记总店与朋友们会合。

在笑逐颜开的谈说之间,冷盘热菜纷沓而至。冷盘中有一味"翡翠银条",系创新菜肴。据该店大厨陆师傅介绍,绿色的是蒌蒿,白色的是银条;蒌蒿,我是知道的,是属于菊科。它碧绿清香,脆嫩爽口,苏东坡有诗云:"蒌蒿满地芦芽短,正是河豚欲上时",说的就是这种初春出的野蔬。而银条,我则孤陋寡闻,不知为何种蔬菜?陆师傅告知,系河南出产,雅号唐僧肉,吃客点击率很高。闻此介绍,大家纷纷下筷品尝,果然脆嫩清口,别具一格。吃罢冷盘,热菜点心接踵而上。有我们熟悉的,如酱肉蒸春笋豆腐干、暴腌黄鱼煎豆板、湖蟹蒸咸肉、笋干老鸭煲等,也有令我们眼目一新的花篮元宝虾、雪媚娘等菜点。酱肉蒸春笋豆腐干,属于杭帮家常菜,许多杭州人家是常吃的,大都较咸,而张生记做的,清鲜入味,口味不凡,且装菜之盘色泽与酱肉一致,美食美器,可供雅赏。暴腌黄鱼煎豆板,黄鱼金黄,豆板碧绿,色泽诱人,且鱼肉鲜香、豆板酥软,亦是一款杭帮家常菜。由于色香味形俱全,去年曾入选"杭帮菜108将"名单,为张生记招牌菜之一。至于笋干老鸭煲,更是张生记的扛鼎之作,服务小姐一端上桌,鲜香之气便氤氲满室。一揭开盖,一只酥烂而完整的老鸭,便呈现在大家面前。陆大师侃侃而言:"别家的老鸭煲炖好后,皮肉都裂开了,只有我们张生记,能做到这种寸皮不破,这全靠火功、火候的掌握……要炖五个小时呢!"我们一面听着陆师傅介绍,一面吃着这美食陶醉。我问陆师傅,还有什么创新菜可让我们一开眼界?陆师傅指着刚上的一盘"花篮元宝虾"说:"这是在元宝虾基础上创新的!"我们一人一只,筷夹手拿,开始品尝。顾名思义,此菜是用春卷皮子做成一只只小花篮,每只花篮内放三只烹调好的元宝虾,另用一根劈开的芦笋插在"花篮"之中,作为装饰。此菜造型别致,美观,而虾则鲜爽回甜,脆香可口,据说是用一种广东新出的高档鸡汁调料之故,所以吃口才如此之佳。吃了张生记的中华名小吃葱包桧后,我们又品尝了佳点雪媚娘,它色泽粉白,奶香满口,给人留下了较深的印象。

这新春的一桌佳肴美点,精致与粗放结合,工艺菜与家常菜兼备,于平凡中做到返璞归真,在精巧加工中透出大厨的独特匠心。

又聚张生记 品味杭帮菜

时间已是中秋,本应天晴气爽,不料一场晚到的台风,使得杭城雨急风狂。因为已答应朋友,便穿了雨披骑车来到张生记总店。虽然天不作美,但朋友们已大多到席,并且没有点菜,说是要等我这老馋来决定菜单。到张生记吃饭,老鸭煲是必不可少的。想起有一期《张生记报》上,登过一张"炒三白"的照片,"三白"引起了我的浓厚兴趣。因为早在九百多年前,我们杭州的"老市长"苏东坡,便爱吃一种"三白饭",那"三白"是萝卜、川盐、白米。不知陆厨师长的"三白"为何物,便点了它。又想起前年除夕,我那离休的亲家在张生记摆席招待我们一家,其中一只"广式多宝鱼",别有风味,仿佛齿舌间至今还浮动着它那滑嫩鲜美之感。

漂亮而热情的丁主管协助点菜之后,在朋友们的谈笑之中,服务员便开始上菜。按照程序,先上冷菜,花色有凉拌万年青、海蜇片、酱萝卜等,其中酱萝卜酱味浓郁,脆嫩可口,难得的是味道清淡,坐在身左的于总和我口味相投,也很爱吃这家常腌品。吃着冷盘,喝着我为大家推荐的鲜榨玉米汁,席间笑语频起,热菜亦接踵而至:时蔬炒藕,红椒艳丽,木耳鲜爽,藕片脆嫩。百合芦笋,百合甜糯,芦笋脆嫩、青白相间。笋干老鸭煲,肉酥汤鲜,浓酽如奶,当是一桌之压轴菜,不需絮言。值得为读者诸君推荐的是"广式多宝鱼"一菜,此鱼学名大菱鲆,原产欧洲大西洋海域,属比目鱼之一种。由于游动时体态十分优美,宛若水中蝴蝶,故又有"蝴蝶鱼"之称。又由于它的英文名称谓"tuybot",所以国人以音译称之为"多宝鱼"。1992年,中国工程院院士、水产研究专家雷霁霖从欧洲引进,使国人得以品尝到这一西洋奇珍。多宝鱼口感独特,肉质细嫩,特别是鳍边含有丰富的胶质,滑爽滋润,有近似甲鱼裙边与海参的风味,营养价值很高,是理想的保健和美容食品。据有关材料介绍,多宝鱼富含多种有利于人体健康的物质,有助于降低血脂,缓解大动脉和其他血管的压力,还能有效降低心脏发病率。张生记总店的广式多宝鱼,以清蒸方法烹之,然后浇以粤式调料,鲜嫩滑爽,真乃鱼菜之上品。

综观是日佳肴,时蔬炒藕、百合芦笋、笋干老鸭、酱萝卜皆是材料精良、制作精巧,可称成功之作。广式多宝鱼一味,材料上乘,但因其个体较大,蒸制时稍欠火候,底面有鱼肉难取之不足,但口味纯正,调制亦尚得当,愿他日能尝到尽善尽美之味。炒三白,系用鸡片、鱼片、山药片烹制而成,口味鲜美,唯鸡片稍老,如略加改进,则可为一特色佳肴。此皆在期待之中。

张生记乃杭帮饭店之龙头,菜肴水平在全市来说实属上乘。金无足赤,人无完人,完全可以理解。今日聚会,菜鲜味美,且有李经理、陆大厨热情关照,到席朋友无不欢欣,只愿能够日新又新,精益求精,则幸甚之至矣。

美哉,张生记的古法蒸鲥鱼

近代著名文学家郁达夫有一联名诗曰:"冷雨埋春四月初(指农历),归来饱食故乡鱼。"他说的故乡鱼,即是富春江名产鲥鱼。

鲥鱼形秀而扁,色白如银,年年初夏时出,余时不复有,故古人称之为鲥鱼。

鲥鱼在世界各国大江中均有出产,但以我国富春江中所产的最为驰名。东汉名士严子陵曾在此垂钓,留下名人名鱼的千古佳话。

鲥鱼历来是名贵之物,肉质细嫩、味极腴美,自古被朝廷列为帝王贡品。然而该鱼出水即死,较难保存,古时地方官为了保持鱼的鲜度,采用了"冰镇"、"箸护"、"飞骑",马不停蹄,日夜传送,才能顺利送到北京。

五月下旬,杭州名店张生记请杭州一些文化、出版界的知名人士到总店品尝佳肴,席间曾上古法蒸鲥鱼一味,令众多知味者赞叹不绝。有关鲥鱼的吃法,古今争论较多:北宋诗人、美食家苏东坡认为烤了吃味道好,有诗云:"芽姜紫醋炙银鱼,雪碗擎来两尺余。尚有桃花春气在,此中风味胜鲈鱼";清代大书画家郑板桥认为用春笋煮了吃味道更好,有诗云:"江南鲜笋趁鲥鱼,烂煮春风三月初(农历)";《红楼梦》作者曹雪芹祖父、清康熙年间江南织造曹寅,则认为"乍传野市和鳞法,未敌豪醒酒方",还是做汤好吃;《日用本草》一书则认为"凡食(鲥鱼)不可煎熬,宜以五味同竹笋、荻芽带鳞蒸食为佳"……笔者不才,自幼家贫,说来也惭愧,研究饮食文化二十余年,至今已年近古稀,只吃过三次鲥鱼:第一次在杭州闹市一家大酒店吃到,是用酒酿蒸制的,因鱼不甚新鲜、近似干枯,无美味可言;第二次在杭州百年老店知味观品尝,菜名"蜜汁鲥鱼",感到鲜美、丰腴,还有一股独特的脂香;在张生记总店这天,是第三次吃到,鲥鱼是用甜酒酿、火腿片、香菇清蒸的,在三种辅料的衬托下,鱼肉鲜嫩、鲜爽,微甜而不感甜,只感到鲜美无比香美开胃,吃了还想吃,顿时一盘鱼底朝天。再看盘边,一大片被服务生揭开的鱼鳞凝结成一张薄膜闪烁着银光,鱼脂已全部融入鱼肉之中,故格外可口。可见店中大厨懂得鲥鱼味美在鳞,脂香在鳞的道理,才能烹制出如此美味可口的鲥鱼菜。

张生记是杭州一家餐饮名店,它素以老鸭煲闻名于世,不料一款清蒸鲥鱼也做得如此不同凡响。能做好鲥鱼菜是一种水平的体现,同样,能欣赏珍肴的特色,也要有文化的修养才行。当日同席有一位杭州文广出版局的朋友,也对此菜赞叹不绝,亦可引为知味知音者也!

美哉,张生记的古法蒸鲥鱼菜!

吃也是一门学问

一次,我走过杭州国货路,听到一个收购鸭毛甲鱼壳的小商贩正与一家海鲜馆的服务员争吵,走近一听,原来是这家海鲜馆出售的甲鱼壳,都带着裙边。收购甲鱼壳的,嫌这些壳周的胶状软肉分量太重,要服务员撕掉,而服务员不肯撕,于是争吵起来。

甲鱼价格高,盖因有滋阴抗癌作用。而甲鱼最味美的部分,便是壳周那一圈名叫"裙边"的肥厚的软肉:甲鱼隔水炖熟,裙边吃来糯而肥嫩,美不可言,广州那边,几千元一桌的筵席,才有一只裙边菜,可见裙边菜之身价。说起裙边的味美,我们的老祖宗早已察觉到。五代十国时,有一个谦光和尚留下一句美食的名言:"但愿鹅生四掌,鳖留双裙。"这句名言告诉我们,鹅掌与裙边都是美食精品。

这家海鲜馆出售的、成筐的甲鱼壳都带着宝贵的裙边,至少说明两个问题:一是在此大吃甲鱼的款爷们没有美食知识,花高价吃甲鱼,却将最味美的裙边舍弃了;二是服务员缺乏饮食文化知识和商品意识,本应该指导他们消费,却因知识贫乏而任这些珍品原封不动倒入废物箩筐之中。

吃也是一门学问。学会吃、懂得吃,也要有知识。顾客不懂享受美食尚可原谅,但作为商业工作者的菜馆的服务员,是应该学一点饮食文化知识的;在为顾客服务时候,应该引导消费,引导顾客如何享受美食,并能说得出一些道理来。如果能做到这点的话,顾客不仅会增长知识,食之不弃,而且会感到你们这家馆子是达到星级的高级服务水平的,以后便会再次或者多次光临,而店里生意,便会如日方升,财源兴旺,这岂不是好事?

品味长江鮰鱼

曾经见到上海美食家白忠懋先生介绍长江鮰鱼的文章,说这种鱼是如何肉细、味鲜、嫩如脂、入口即化且无刺,虽然为之垂涎不已,却无缘一尝美味。

近日逛杭州城东某菜场,走到水产摊位附近,突然听到一位大嫂高声招客:"长江鮰鱼! 长江鮰鱼!"过去一看,只见盆中有几条鲜龙活跳的深灰色的(也有粉红色的)鱼,前部平扁,后部侧扁,嘴有须而背有肉鬐,形如鲇鱼,果然是有"水底羊"之称的鮰鱼,便兴奋异常地买了一条携回家中。

鮰鱼亦称"江团"、"白吉",是一种洄游鱼类,主产长江流域,岷江的乐山、湖北的石首、上海的吴淞以及重庆,均有出产。每到春天,鮰鱼便膘肥肉厚,以肉质细嫩而著称于世。北宋时,诗人苏东坡喜食此鱼,曾有诗赞曰:"粉红石首仍无骨,雪白河豚不药人。寄语天公与河伯,何妨乞与水精灵。"说是粉红色的鮰鱼有黄鱼的味美却无刺,有河豚的鲜嫩却无毒,因此称它为"水精灵"。明代的杨慎则称它为"水底羊",说它似羊肉的肥美。而李时珍在《本草纲目》中则说它"气味甘、平、无毒",有"开胃、下膀胱水(即利尿)"的作用。

鮰鱼有多种吃法,清蒸、粉蒸、红烧、配上咖喱粉烹制,都鲜嫩肥糯、味美可口。川菜中的清蒸"江团"制法特别考究,与杭州名菜"火夹鳜鱼"的做法很相近,即是在鱼身上均匀地斜剞数刀,每个刀口中都插一片火腿与香菇(杭州的火夹鳜鱼不插香菇),加葱、姜等同蒸,待鱼熟后,倒出鱼汁,加入胡椒粉、鸡精调好味道后再浇在鱼身上。此菜做好后,鱼肉又鲜又嫩,清口异常,最能突出鮰鱼的本色。据说,武汉名厨擅制鮰鱼菜,还能做专门的鮰鱼席,即整个筵席上的菜都是用鮰鱼制作,堪称华夏烹饪一绝。

我买的这条鮰鱼不大,不过500克左右。烧时,我将它切成大块,先在放了姜粒的油锅中煎过,之后放黄酒、酱油及少量猪肉豆豉辣酱调味,然后放适量水,用文火炖焖。出锅前,再撒以葱花、鸡精。吃时,只感到鱼肉细嫩,鲜香。鮰鱼肉质比鲈鱼紧密,而细嫩又超过鲈鱼。鲈鱼已经是鱼中的上品了,想不到鮰鱼的吃口比鲈鱼还要好。最奇的是,买鱼时,卖鱼大嫂已给我剖去了内脏及鳃,可一路上它在塑料袋中还活蹦乱跳,可见生命力之旺盛。还有,它的肉那么细嫩,油煎时不断翻动却不碎,可见肉质的紧凑。第一回吃鮰鱼,就吃得盘底朝天,博得家人的喝彩,不知今后还能否买得到? 从价钿来看,500克10余元的售价,且老远运来,可见还不是野生的。

如果能吃到野生鮰鱼,那味道一定还要好得多。我想此生恐怕难以有此口福了吧!

南国风味的荔枝菜

五月(农历)蝉鸣荔枝熟，又到岭南名果上市时。

荔枝古称离支，又名丹荔，为我国特产名果，其肉晶莹，香甜多汁。宋代诗人苏东坡有诗云："日啖荔枝三百颗，不辞长作岭南人"，可见它风味的迷人。

荔枝性喜温暖，只在广东、福建、川南一带生长，故自唐以来，它一直成为帝王的贡品。因为较难保鲜，旧时一般百姓罕能尝到鲜品。荔枝有这样的色香味形与传奇历史，自然而然引起了良庖名厨们的注目。

荔枝可以酿酒、做果汁甜酱、加工成糖水罐头、入药、与茶叶配制荔枝茶，亦可以水果拼盘的方式进入筵席。至于入肴，除了作围边外，闽菜中的荔枝肉，可说是这方面的佼佼者。荔枝肉的做法是：取适量猪精肉，剔去筋膜，斩成茸状，加葱姜汁、盐少许，拌匀，抓成荔枝果形，糊以蛋浆，滚上面包屑，炸至外脆内嫩，沥干入盘；另以绍酒、番茄酱、红曲米水，熬成红卤，浇在荔枝肉上即成。如逢产荔季节，可剥鲜荔枝作围边(亦可缀以糖水荔枝)。此菜造型逼真、甜酸香鲜，为南国有名的佳肴。

1984年下半年，笔者曾与杭州名厨叶杭生在八卦楼菜馆仿制过南宋时的一只荔枝菜——"荔枝白腰子"。此菜可说与闽菜荔枝肉各有千秋，风味则更胜一筹。荔枝白腰子的做法是：取去臊筋的大猪腰两只，先切成荔枝大椭圆形块状，剞以荔枝花纹；另以适量鸡汁、姜丝、绍酒、味精、精盐，制成鲜汤大半碗。然后将荔枝形腰花，在放了绍酒、姜片、葱结的沸汤中，焯至花纹张开后，迅速捞出沥干，浸入准备好的鲜汤中，立即上桌。如逢荔枝上市之时，可剥鲜荔枝装点围边(亦可缀以糖水荔枝)。此菜制作的关键是：花纹要剞得深浅适中，便于焯后适度张开；焯水的时间要掌握得合适，不足及过之，都影响腰花造型之美。此一仿南宋菜制成后，荔型宛然，鲜嫩脆爽，别具风味，曾为杭州八卦楼仿南宋名菜之一。

鸡㙡真鲜

不久前,去拜访一位朋友。他既是一位资深编辑,又是一位诗人。促膝长谈后,他挽留我共进午餐,说是请吃面条。我想普通家庭中午吃的无非是肉丝面之类,便一笑坐下。当朋友夫人将面条端上来时,我一看,面条细细的,中间夹着茭白丝和肉丝,色香俱佳,其他还有一些黑色的细条,不知为何物? 当一口面吃下,又喝了一口汤后,顿感此面非同寻常,鲜得不得了;比鸡肉鲜、比火腿鲜、比香菇鲜、比春笋鲜……总之,它的鲜美程度,是我活了大半辈子所没有尝到过的,这黑色的细条是啥呢? 它是?

朋友哑然一笑说:"这面是用鸡㙡烧的!"说着拿出一大瓶用胡椒、花椒、辣椒调味的"油鸡㙡"给我看。这时,我才想起,我的朋友是云南人,而云南正是出产这种真菌之王——鸡㙡的,鸡㙡的鲜美程度,在蘑菇家族中位占第一。此物他处俱无,唯云南得天独厚出产。奇特的是它由热带及亚热带地区的白蚁栽培的,为此,生物分类学家们还专门设立了一个"蚁菌科",鸡㙡即是其中最珍贵、鲜美的一种名菌。

早在明代,鸡㙡就已出现在各种典籍之中,有称"鸡宗"的,蚁们培养的因鲜美如鸡,无论怎样叫它,都有"鸡"之名,可见其味之美。称之为"鸡㙡"则见于明代潘之恒的《广菌谱》。《七修类稿》的作者、明代杭州人郎瑛,曾到过云南。他已观察到此菌与白蚁有关,故文中说:"问之土人,云生处蚁聚丛之,盖以味香甜也,予意当作蚁从,非鸡宗明矣。"直到清代,学者们才搞清菌与蚁的关系。清人李宗坊在《黔记》一书中,解释得比较科学:"鸡㙡所生,下有白蚁聚如蜂房,又名'蚁夺'。"

现在,人们对鸡㙡与白蚁的关系比较清楚:原来,栽培鸡㙡的是一种黑翅土白蚁。它们在地下筑建巨大的"超级城堡",居住着上百万只白蚁,由一位蚁后统治着众多的子民,而白蚁又与鸡㙡的菌丝共生着。蚁巢边,白蚁用排泄物筑建了一种海绵状的菌圃,因为适宜真菌生长,便长满了一种小白球菌,小白球菌是蚁后和幼蚁的营养品。小白球菌是鸡㙡的初级阶段,生长成熟后穿过地层,长出地表,便成为成丛的鸡枞菌。白蚁的排泄物,供鸡枞生长;初级阶段的鸡枞,又是白蚁的营养品。最后,蚁巢中终于长出了令人叹为奇味的鸡枞,而其下则是庞大而罕见的巨型蚁宫,可谓奇迹。

云南独特的自然环境,孕育出世间这一美味,而正因为其生态奇异,所以至今不能人工栽培,其价格昂贵可想而知。

鸡枞一般用烩、炒等方法烹制做菜,著名的菜有"油鸡枞",外地不易品尝到。在云南,还可以吃到鲜鸡枞,能使人大快朵颐。

犹如猴头,鸡枞的人工栽培,当可寄望于科学的发展与时代的昌明。

告别朋友时,我兴奋地说:"谢谢你,你让我第一次尝到了从来没有吃过的鸡枞的味道,我以后还要来吃呢!"

朋友笑道:"你吃上瘾了?"

"竹林仙子"——竹荪

在千姿百态的蘑菇族中,有一种珍品名叫竹荪。它每年夏秋之间,生长在南方深山竹林之中,形态特别奇异:它的菌盖有白色的、绿色的,也有黄色的,菌托呈粉红色或褐色,菌柄嫩白如玉;菌盖从上而下挂着一圈细白、透明、形若窗纱的网状菌裙,宛若一个穿着白纱裙、婀娜多姿的窈窕少女,亭亭玉立地站立在竹林湿地之中。

这种稀见的蘑菇在全世界独有我国食用,故中国人可以称得上是竹荪的知音。早在春秋战国时,大诗人屈原就已将它列入"香草",写入《楚辞·九歌·湘君》之中,诗云:"荪桡兮兰旌。"唐代《酉阳杂俎》一书,还详尽记载了它的形态:"梁简文延香园,大同十年(544),竹林吐一芝,长八寸,头盖似鸡头实(即芡实)……其柄似�柄……皮质皆绝白……鸡头实处似竹节……自节处别生一重如结网,四面周可五六寸,圆绕周匝以罩柄上……其似结网,众目轻巧可爱……"1400多年前古人所说的这种长着一个小圆顶、罩着一层轻薄细网的纯白色蘑菇,就是人称"竹林仙子"、"蘑菇皇后"、"真菌之花"的竹荪。

竹荪用之于制作菜肴,最早见诸于我国晚清的《素食说略》一书。它鲜美异常,营养丰富,含有人体所需的 26 种氨基酸。令人惊奇的是,用它做菜,有防腐作用,炎夏时即使多放几天,也不会变质,其奥秘至今尚不清楚。

竹荪现已进入寻常百姓的餐桌,可烩、可扒、可酿、可蒸、可焖、可烧,但最宜做汤。一席菜肴中倘有一味竹荪,便可称之为"竹荪席"。20 世纪 70 年代,基辛格博士受尼克松总统之托访问北京,周总理设宴款待,席间便有一道竹荪芙蓉汤。基辛格不愧为西洋美食家,品尝之余,赞不绝口,以致使那些无资格品尝此汤的美国记者们妒火顿生:"1973 年 11 月,当他(指基辛格)从出访中东、中国等十国旅行二万五千里归来时,真好像是被周恩来用三丝鱼翅和竹荪芙蓉汤喂胖了"(见[美]马文·卡布尔和伯纳德·卡布尔合写的《基辛格》一书)。

20 世纪 80 年代,香港市场上 500 克干竹荪曾价值 50 克黄金。但现在浙江的临安、丽水、台州等地都已人工栽培竹荪成功。我曾有幸多次参加各种宴会,很少能见到这种珍品的踪迹。不料,一次偶然机会,却使我得到十几枚竹荪的干品。那是我去杭州城东探望耄耋之年的老母亲时,偶然踏进某食品市场,在一家摊位前突然眼睛一亮,见到了此物,情不自禁赞叹起来。老板见我熟悉竹荪,听我谈古论今,竟使他大为吃惊,说是见过许多询问此物的顾客,从来没见到像我这样了解竹荪的,连他都听得发呆了。他大喜过望,引我为竹荪知音,立即赠我十几枚品尝,说日后倘写成文章发表,希望能赠他复印件一份,以供他作商品宣传之用。我当即爽快地答允。

回家后我以火腿、香菇、冬笋与之相配做汤,果然口感软脆,鲜美异常。

香飘四邻说杂烩

北风一起,寒意顿生,一般人都想吃点热乎乎的东西暖身。商家投合吃客的胃口,便推出冬令砂锅菜。所谓"砂锅菜",其实就是杂烩,把许多荤素的生、熟材料放在一只砂锅里炖煮。自然,不是所有菜的料作同时放进去的。有的材料用生料,如青菜、冬笋片、火腿片、胡萝卜片等。有的材料用熟料,如肉圆、鸡块、肚条、大虾等。还要准备一点好汤打底,如鸡汤、火腿汤、骨头汤都可以。先将汤烧好,放入生料稍煮然后放入熟料,一俟炖成,浓香四溢。青菜粉丝吸足荤料鲜味,可口无比,肉圆、鸡块去除油水,吃来更加爽口宜人。鲜在嘴里,舒服在心里,而全身上下更是暖如三春。

说起杂烩,在我们这个古老的国家里是相当受欢迎的。清末,李鸿章出使美国,想吃中菜,唐人街的华人饭店便送去荤素兼备的杂烩菜,后此菜闻名海外,被称之为"李鸿章杂烩"。

现有国内的许多砂锅名菜,其实都是杂烩,其差异不过是材料的不同或材料的多寡而已。最有名的是福建的"佛跳墙",那是用一只黄酒酒坛代替砂锅炖煮菜肴,以取其有酒香之特色。那坛中放满了一层层的山珍海味及各种鲜美之物,如鱼翅、鲍鱼、海参、鱼肚、猪肚、火腿、干贝、鸡块、冬笋、香菇、鸽蛋、蹄筋,等等,并以高汤灌入,佐以香料、调料,然后封好坛口,以文火炖焖。此菜成后,奇鲜无比,闽人以诗赞此菜之味美曰:"坛启荤香飘四邻,佛闻弃禅跳墙来",故名"佛跳墙"。

安徽的一品锅也是杂烩。那是取大锅一只,一层层放着各种菜肴,如笋干、油豆腐、猪肉、野味、鸡肉、白菜、肉圆等,炖好后,一层层往下吃,有荤有素,滋味鲜美,为徽州人喜爱的民间佳肴。

杭州的全家福,又名十景砂锅,也是杂烩菜。那是用火腿,鸡块、肉圆、鱼圆、肚片、大虾、发皮(干肉皮油发制成)、笋片、粉丝、青菜等 10 种材料,以高汤炖煮而成,最为杭人所喜爱。在制作此菜时,材料还可据需调整,如,档次要提高一些,可以放一些水发海参、水发鱿鱼、鲍鱼、干贝、鱼翅等珍贵海味,也可放些香菇、蘑菇、竹荪、金针菇等山珍。

上海的"十大砂锅"菜中,有不少也是杂烩,如"三鲜砂锅"、"什锦砂锅"等,都是用多种荤素材料炖煮制成。国内的其他地区,也都有各具特色的杂烩砂锅菜。

杂烩为什么好吃呢?那要从菜肴的味道说起,一菜只有一味,单纯的菜只有单纯的味道。而杂烩采用山珍海味、家禽家畜、河鲜蔬菜等多种材料,在一锅之中制成,多种味道融会掺合,产生复合的鲜味,自然吃来味美无比,爽口宜人。

杂烩,可说是体现了中华饮食文化丰富多彩的特色。

冬天吃杂烩,开胃、养人、暖身,三美兼之,何乐不为?

清汤越鸡与清汤鸡腰

各个地方都有鸡菜,大多以红卤、红烧、腌腊、切块炒制,唯有绍兴这个春秋越国的古都,却以清汤炖制见长。红卤、红烧、炒制,对鸡本身的要求不高,因为是加多种调料烹制的,只要精工细作,味道自然会好,但清炖就不同了,虽放火腿、笋片等辅料,但无浓油、浓酱点缀,清水出芙蓉,全靠鸡肉本身的鲜味来取胜。翻开中国财政经济出版社出的《中国名菜谱·浙江风味》,绍兴特色菜清汤越鸡就赫然在目,并说此菜"肉白嫩、骨松脆、汤清鲜"。

绍兴人制作清汤越鸡,指明要用越鸡,即用绍兴土鸡。绍兴土鸡为什么鲜嫩可口,当地自古以来有口碑相传,说是在绍兴古老的府山越王台一带,住着一些乡民,他们除了种地种菜外,家家养了一些鸡。这些鸡除了喂以少量稻谷外,大都放养在府山越王台一带的树林、草丛中,一天到晚在山地里互相追逐、捉食虫子,故而长得特别鲜活而肥健。这些靠放养吃虫长大的越鸡,自然被绍兴城中那些有名的菜馆如沈永和酒家、荣禄春菜馆、咸亨酒家看中了,并用之制作清汤越鸡。在名厨的烹制之下,这道以清汤炖制见长的名菜便出名了,并得到了社会公认。当年,鲁迅、郁达夫、丰子恺都曾数度登临品尝,赞不绝口,因此,声名鹊起,成为古越名城的压轴菜。

绍兴还有一款外地少见的名菜,即是清汤鸡腰。鸡腰即是雄鸡的睾丸,又称鸡肾。绍兴一带农家有一个习惯,雄鸡在打鸣前,必请专业的阉鸡人,将鸡的睾丸去掉,以使鸡在无性的状态下长得肥壮。而取下的睾丸,必归阉鸡人所有。一天下来,便有不少鸡腰聚积下来,并进入了绍兴城大菜馆厨房中。当地名厨以鸡汤配制,便成一味名菜。吃鸡腰并非只有绍兴才有,我国自古以来就有之。袁枚的《随园食单》便记载:"取鸡肾30个,煮微熟,去皮,用鸡汤加作料煨之,鲜嫩绝伦。"《调鼎集》记载数种吃法,其中一种是:"鸡肾数十枚,火腿片、笋片脍。"又可"入陈糟坛,一日即香"。其他地方也偶见鸡腰菜肴,如川菜有"番茄烩鸡腰"、鲁菜中有"烩奶汤鸡腰"等。鸡腰富含雄性激素与锌元素,对男性甚为有益,常食有保护性功能作用,而中医认为鸡腰可治肾亏遗精等症。自然,鸡腰受季节、产量的限制，要吃到这只菜并非容易。旧时，此菜专为达官贵人准备，平民百姓难以品尝。浙江新闻界元老、绍兴人章达庵曾在一文中说：1946年，当时的省主席沈鸿烈去绍兴视察，绍兴商会会长陈留荪设宴接风，首先上的名菜就是清汤鸡腰，可见此菜的知名度。现在绍兴市上能否品尝到此一名菜，笔者因多年未去古城，不能告之读者诸君。但愚以为绍兴是文化名城，山川秀丽，名胜众多，名人辈出，游客如鲫，旅游、餐饮部门，不会不想到宏扬、发掘此一高档名菜的！

绍兴的"霉"香风味菜

在浙东古城绍兴游览，当地朋友请我到咸亨酒店品尝绍兴的"霉"香风味菜。吃惯了西湖醋鱼、龙井虾仁、叫化童鸡这些地道的杭州风味菜，乍一尝绍兴的"霉"香风味菜，顿时感到口味一新、别具一格。无论称之为"翡翠白玉煲"的霉苋菜梗炖嫩豆腐或者霉千张蒸肉饼、油氽臭豆腐……都使我们大快朵颐，食欲大振。这些产自绍兴民间、素为劳动人民所喜爱的普通家常菜，今日已登堂入室，进入绍兴名贵的高档筵席之中。

"霉"香风味菜始自何时，已难考证，但可以推定，已有悠久的历史。它是古时绍兴劳动人民无意之中发现的。也许开始时是由于遗忘造成，一些苋菜梗、千张、豆腐等因为主人忘记及时处理，发了"霉"，有的甚至长了白色的霉毛，想扔掉又舍不得，而无意之中闻闻发现有一股奇特的香气。于是，拿来蒸了吃，又发现有特殊的风味，以后便变成了有意制作。年长月久，便以一种创新菜的名目出现在民间。起先只是劳苦人民享用，后来则为厨师们所重视，引入菜馆酒楼。而时至今日，连绍兴闻名中外的咸亨酒店都将"霉"香风味菜作为店里的压轴菜，献飨慕名而来的中外食客，可说是已经成为绍兴菜肴之一绝也。

近有绍兴一考古界挚友，赠我一本久已轶失的绍兴饮食古籍《越乡中馈录》。此书系民国5年(1916)绍兴冲斋居士所作。冲斋居士为何人？已无从查考。但这本湮没90多年的轶书，集越中烹饪技法之大成，为我们提供了不少90多年前的绍兴民间菜肴的制作方法。其中就有"霉"香风味菜6种，即霉菜头、霉豆腐(即腐乳)、霉苋菜梗、霉毛豆、霉笋、霉千张。其中霉千张的制法是："法甚简,只取千张用开水一泡,若燥硬,可略用碱水,阴晾一刻,对切,直筒之,闷置器内,慎防蝇蚋。天暖二三日,冷则十日八日,俟面起白花,即可吃矣。先以水略洗,置碗内,用花椒、老酒、酱油(近已不用——笔者注)在饭镬上蒸之。……食时……浇真麻油,则味香……越俗下户未有不嗜此者,且谓此类可醒胃(开胃也——笔者注)煞饭云。"这吃法,自然是比较简单的。绍兴饭店里的吃法是:用肉饼(肉馅子)蒸霉千张;肉饼放在下面,上面覆以霉千张,上笼略加酒与盐花蒸之,吃时再浇以麻油,以增香。

　　杭州市场,很少见到霉千张。偶见之,亦霉得不透,蒸熟吃时如碎布片一块块,有的已霉,有的还没霉透,口感欠佳。最好的霉千张产在绍兴市所属的上虞县松厦镇,自古以来脍炙人口,为浙东之名产,连普陀山各大寺院的僧人,都来此采购此物。近日游绍,听说,现在松厦的霉千张也是好坏参差不齐,不可同日而语。

　　霉豆腐、霉苋菜梗在杭州也能见到,只是霉苋菜梗露面较少。霉毛豆、霉笋、霉菜头则从未见到过,更不要说品尝其味了。而臭豆腐(有的是浸在霉苋菜梗汤中制成),则极受杭州人欢迎,油炸了沾辣酱吃,与葱花炒了吃或者浇上酱油、素油蒸了吃,都是常见的。

　　作为绍兴的乡土风味,"霉"香风味当然是独具一格的,值得向食家诸君介绍一番。然而,要想品尝"正宗"的,还得作浙东古城绍兴之行才能如愿。

浙东名菜"醉鸡"

　　奶奶是绍兴人,制作"醉鸡"是她的绝活。逢年过节制作"醉鸡"时,奶奶总是兴致勃勃地给我们讲述"醉鸡"的故事:

　　传说浙江绍兴地区,一个靠近曹娥江的村庄里,住着一户农民,父母早亡,剩下三个儿子。老大、老二都成了家,而且都娶的是富家女,带来了满屋的嫁妆。过了几年后,老三也成了亲,娶的是农家女子,只带了一双能干的手。

　　大媳妇和二媳妇都凭着自己嫁妆多,争着要当家理财。日子一长,两妯娌之间常发生口角。三媳妇贤慧、能干，只因娘家贫穷，常被两个嫂子瞧不起。因妯娌之间时常吵架，使三兄弟外出打工有后顾之忧。后来三兄弟商量决定，从三妯娌中选出一个好当家来，并想出一条妙计：这一天，三兄弟各自给自己的妻子一只鸡，声明谁烹制得味道最好，这个家就由谁来当。但烹制鸡时，一不准用油，二不准用辅料(指火腿、香菇、笋干之类)。

第二天，老大的媳妇烹制了一锅清汤鸡，众兄弟吃后，觉得淡而无味，也没说什么；第三天，老二的媳妇烧了一只白斩鸡，众兄弟吃后，觉得味道平常，也没说什么；第四天，老三媳妇端上一只大盖碗，碗盖一打开，顿觉酒香浓郁，一股诱人的鸡香飘满整个屋子，三兄弟抢着吃，鸡肉又鲜又嫩，满口生香，不禁齐声喝彩："好吃!"两个嫂子嘴馋，也跟着丈夫尝了尝，确是味道鲜美，忙问三媳妇："这鸡是怎样烹制的?"

三媳妇如实相告：选用绍兴越鸡，因越鸡体白肉嫩，身壮骨脆，最宜制作"醉鸡"。做的方法是：先将鸡宰杀去毛、去内脏，洗净，然后烧半锅开水，放入葱和拍碎的姜块，将整只鸡放入，用中火煮至酥烂脱骨时取出，趁热将鸡身内外撒上一层薄薄的细盐，待鸡晾凉后，斩成块，放入干净的碗盆中，再倒入绍兴黄酒，以浸没为度，盖上碗盖，浸上两天，就成了酒香扑鼻的佳肴。因为是用黄酒腌渍出来的，故取名为"醉鸡"。

兄弟三人和两个嫂子听罢，心里不由得暗暗钦佩，于是，公推三媳妇为当家人。"醉鸡"这款绍兴农家菜也就随同故事一起，传遍了整个浙江省。

现在，绍兴醉鸡的做法，已经有了很大的改进，其风味更加诱人，并已成为浙东一道经久不衰的名菜。但从这个故事可以看出，但凡名菜，许多都是来自民间的。

香醇最是女儿酒

绍兴是我国黄酒的发源地，绍兴黄酒有多种品类，其中充满地方风情而又最为香醇的，当数女儿酒。

在酒乡绍兴，不仅许多酒厂生产女儿酒，四郊的农民也爱自己酿酒。旧时,姑娘家长到十七八岁便要出阁,嫁妆中必有女儿酒。这女儿酒就是姑娘出生时,父母特为女儿将来出嫁时备用的一种糯米黄酒,少则几甏,多则几十甏,酒一酿好后,就埋入地下,等到女儿长大成人,才从地下挖出来,随同其他嫁妆一起送往夫家。有的人家为图吉祥,还要在出土的酒甏上涂上厚泥及石膏,雕以各种吉祥的图案,并描之以彩漆或颜料,由于在酒甏外雕塑各种人物、龙凤和花鸟,故女儿酒又常称"花雕酒"。如果新娘家富有,陪嫁的女儿酒多,婚宴上吃不了,又继续埋入地下,等到新娘的女儿长大成人后出嫁,再取出来做嫁妆,这酒便成了有三四十年历史的陈酒,口味格外香醇,自然成了绍兴酒中的极品。

绍兴农民代代酿酒,也就代代埋酒,因此,也就代代吃不尽埋在地下的陈醪佳酿。有时遇到兵燹、水灾、火灾或举家迁移,往往未能挖尽地下的酒甏,就离开了,这些被人遗忘在地下的女儿酒,也许一埋就是上百年,一旦出土,便成了稀世珍品。

1946年夏天,古城绍兴就发生了这样一件事。当时的浙江省主席沈鸿烈去绍兴视察,绍兴县商会会长陈笛荪听说爱喝酒的沈主席来绍,便派人四处寻找陈酒佳酿。消息传到阮社章东明酒坊的老板章寿昌耳中,觉得这正是结交商会会长的机会,便命手下人到处寻找。正好这个时候,有一个女佣来告知,说是在厨房楼梯下面,地上刚才搬了积物,有一个泥坛形的圆物露出来,不知是否是甏老酒?章老板当即叫人挖开,果然是一甏女儿酒,但分量已经很轻,即派人送到城里商会。

陈笛荪叫人敲去酒甏盖泥,在覆盖甏口的陶碗里发现一张酒单,从记载的年份算起,这甏老酒已有百余年历史,众人见此莫不称奇。但揭开陶碗,发现里面的酒,已经在漫长的岁月中蒸发掉了三分之二,而且其色深赭。挖了一点出来,粘稠得像胶;尝一尝,带着苦涩之味,毫无酒的香气。素识酒性的陈笛荪见了,却连称是"好酒"。他叫人取来新做的加饭酒,灌满酒甏,搁在一旁。到了第二天,酒香氤氲而出,浓馥盈室,使人垂涎不已。沈鸿烈饮了此百年陈酒所化的佳酿,叹为"饮止"。

江南美食养生谭

品一品"新阳光"

　　在阳光灿烂的 5 月天,去"新阳光"吃饭,心里便有了一份明朗、舒坦的感觉,但不知"新阳光"的餐桌上是否也一如这美好的阳光般迷人、令人陶醉?

　　先上的冷菜凉拌海蜇皮、茼蒿拌香干,平凡得如同家中做的一般;烩腰花,切成梳子片,嫩倒还嫩,但泡在一大盘酱油、蒜片中,便有点儿乏味:可说厨师没有动一点脑筋,如果以加了绍酒、白糖、味精的红腐乳卤来调味,那么,这烩腰花完全可以做得口感一新。当裹着铝纸的铁板鲈鱼上来时,大家才吁了一口气,总算吃到一点可口的东西:这鲈鱼看来先用油炸过,鱼皮有点硬,但里面的鱼肉却十分鲜嫩,夹一筷蘸了汤汁吃,还挺可口的,只不过稍辣了一点。杭州人的舌头常爱搭清鲜的味道,小麻小辣尚可,过之便讨不了好,这辣味倘再减轻一点,以我这个老饕的标准,可以给它打 90 分,而现在只能打85 分了。后来上了一款清灼的水芹菜,水芹菜的关键是要脆嫩,而它实在已经过了红颜青春——太老了,是这篇餐桌文章中的"败笔"。紧接着是阳光虾仁,其实是一款清炒虾仁,料作的关键是新鲜,这点做得还不错,不过价格不菲,大手大脚的女婿说不贵。叫我最欣赏的是美味茄丁,这款用豌豆、虾仁、松仁、茄丁、鳖丁做成的菜,五色斑斓,滋味不错,特别是加了松仁,吃来挺香美,且用鳖与茄子结合做菜,这也有点新意。我想做这菜的厨师会不会看过《红楼梦》?刘姥姥三进大观园,曾经吃过贾府一只"茄鲞",虽然做法与之大相径庭,但菜名是由茄与鳖两字组成,是不是受到这启发?本来这只菜可以打满分,但厨师在咸淡的布局上有点失控:鳖丁在整只菜的使用中比例过高,以致释放的盐分使吃者感到有点偏咸,故只能给 90 分。最后上来一只阳光排骨!实际上是烤子排,筷子长的排骨,叫你人手一根抓着啃,味道倒还香酥,且透出椒香的风味:但我啃的这根实在太肥,不利健康,除了原料欠缺一点外,味道尚可,如果能像仿南宋菜中的"炙骨头"一样,上面涂一层蜂蜜来烤,还要好吃一点。

太仓肉松

清代同治年间,江苏太仓有一个名叫倪德的厨师,在常熟县衙当差。光绪二年(1876)的一天,巧逢常熟县令 60 寿辰,特从衙门将倪德叫到府上操办寿宴。

倪德提前一天就到府上,忙这忙那,为了操办好这次寿宴,忙至深夜。翌日清晨,倪师傅赶紧烧寿面的浇头,于是,将肉切成大块,加足了水,以及葱段、姜块、酱油和料酒,用木柴生火焖煮。由于忙前顾后,忘了照看锅中的焖肉。待闻到一股焦香味时,揭开锅盖一看,大叫"糟糕",原来已把一锅焖肉的汤汁都烧干了。锅中之肉,肥瘦分离;肥肉已溶化成油了。倪德见状不妙,想重烧已经来不及,急得满头大汗。在惊慌失措之际,倪师傅凭着多年的烹饪经验,急中生智,干脆把猪油沥干,捞出瘦肉。将锅洗净后,倒入瘦肉再用打筷搅拌成松。然后,自己尝了一尝,觉得香甜可口,滋味甚佳。于是,就将此肉松端上桌去,并自我介绍说:"今日特为县令寿辰献上新菜——肉松,请大家品尝。"众宾品尝,频频称赞,齐声道好。从此,倪德焖肉失误而制成肉松,在常熟远近闻名。

10 年后,即清光绪十二年(1886),倪德辞别县衙回到太仓老家,在南大街昭忠祠旁,自己开了爿店,店名叫"倪鸿顺",专售肉松及肉骨头(红烧排骨)。由于太仓水陆交通方便,来往客商较多,选料讲究、制作精细的肉松便被商贾们运往全国各地,太仓肉松遂闻名于世。

1919 年,太仓肉松参加巴拿马国际博览会,荣获甲级奖。从此,太仓肉松名扬海外。建国后,太仓政府十分重视此种著名特产的生产,建立了专业工厂,在继承传统工艺的基础上,进一步制定了严格的操作规程,使产品色泽金黄,纤维疏松,柔软如絮,滋味鲜美。1984 年,太仓肉松又被商业部评为优质产品,随之远销世界各地,驰誉海外市场。

姑苏珍馐鲃肺汤

曾有"江南第一汤"美称的苏州"鲃肺汤",是江南名镇木渎石家饭店的一款名菜。多少年来,它以独特的风味,赢得了历代美食家的赞叹。故而,每年桂花盛开,凡游览灵岩山、天平山的中外游客,都爱乘便去品尝石家饭店的名菜"鲃肺汤"。

石家饭店历史悠久,始称叙顺楼,开业于清代乾隆五十五年(1790),老板名叫石汉。到上世纪20年代,此店由石汉的重孙石仁安(又名石和尚)经营时,已初具规模。1926年,民国时期名人、朱德的老师李根源,看到军阀混战,政局日乱,便退出北洋政府,奉母赴苏,隐居在姑苏西郊的小王山,常去叙顺楼品尝石家菜。当品味到"鲃肺汤"时,顿觉风味独特,兴来握笔,立题"鲃肺汤馆"四字,石仁安便将题字置于镜框内,悬于雅座门楣上。

1929年,于右任先生偕友人自苏州去光福游太湖赏桂花,返回途中来到石家饭店就餐。当他品味到"鲃肺汤"后,大加赞赏,即席赋诗一首:"老桂花开天下香,看花走遍太湖旁。归舟木渎尤堪记,多谢石家鲃肺汤。"并且亲书"名满江南"四字的横幅,赠给石家饭店。由此,"鲃肺汤"的名声更响了。加上此汤味美汤清,入口即化,食之开人脾胃,便成为蜚声中外的佳肴了,后又被编入《中国名菜谱》中。

鲃鱼或作鱽鱼,是苏州湖区和近湖港汊特产的一种小型鱼。每年秋季上市,桂花盛开之时为最佳。鲃鱼是两种性腺尚未成熟的小河豚,学名叫"弓斑东方豚"和"暗色东方豚"。鲃鱼又叫"鲅鱼",此鱼状比一般河豚小,长约10厘米许,故有"小河豚"之称。鱼背上有点点花斑,故又称"斑鱼"。斑鱼腹部色白,其皮粗糙如锉,会鼓气胀大,但其肉则细嫩鲜美,富有营养,味似刀鱼但少刺,鲜如河豚则无毒,向为人们所推崇。

"秋时享福吃鲃肝"。鱼是靠鳃呼吸的,没有肺,石家饭店的名菜"鲃肺汤"实际用的是鲃肝,其大如肺,故称"鲃肺"也。此"鲃肺"配以鲜美的辅料做汤便成了脍炙人口的一道名菜。

四海的朋友们，欢迎你们在金秋时令到苏州木渎的石家饭店去品尝名满江南的鲃肺汤。它能使你鲜香留齿舌、美味醉游心……

春后银鱼霜下鲈

八百里太湖，碧波浩瀚，是我国五大淡水湖之一。其鱼类资源十分丰富，共有 107 种鱼类，历史悠久的太湖银鱼，就是其中之一的著名特产。早在春秋战国时期，太湖就盛产银鱼。清代康熙年间，银鱼被列为贡品。它与梅鲚鱼、白虾并称为"太湖三宝"，驰名中外，现在是我国主要的出口水产品。

银鱼又称"脍残鱼"，俗称"面条鱼"或"面杖鱼"。大者身长为 6 至 7 厘米，小者不到 3 厘米，略圆，形如玉簪，通体细嫩透明，柔若无骨、无肠，洁白无鳞，色泽似银，故称银鱼。传说是当年吴王阖闾船行江上，举行宴饮，将吃剩的残余脍鱼，倾入江中，化成今日银鱼。

银鱼为定居性鱼类，《姑苏志》载："银鱼形纤细，明莹如银，出太湖。"春季在湖中芦苇和水草茎叶上产卵，生长快，两个多月就可捕捞。每年的 5 月中旬至 6 月下旬，是捕捞银鱼的汛期，捕捞后，大部分冰冻出口。"太湖牌"冰鲜银鱼远销世界各地，在国际市场上久负盛名。它还可以暴晒制成银鱼干，色、香、味、形经久不变。太湖银鱼共有四个品种：即"大银鱼"、"雷氏银鱼"、"太湖短吻银鱼"和"寡齿短吻银鱼"。

银鱼营养丰富，具有高蛋白、低脂肪之特点。每 100 克鲜银鱼中，含蛋白质 8.2 克、脂肪 0.3 克、碳水化合物 1.4 克、钙 258 毫克、磷 102 毫克、热量 41 千卡，还含有维生素 B1、B2，尼克酸等多种营养成分。每 100 克银鱼干中，含蛋白质 72 克、脂肪 13 克、碳水化合物质 0.5 克、钙 761 毫克，可食率达 100%，日本人称之为"鱼参"。有资料称：食用银鱼能有效地预防大肠癌的发生。明代医学泰斗李时珍在《本草纲目》中，说银鱼："食之甚美味，甘无毒，可作'羹食'，宽中健胃，补肺清金，滋阴火，补虚劳。"《食疗本草》也载有"银鱼利水，润肺止咳"的作用。

"春后银鱼霜下鲈"。古人把银鱼与鲈鱼并举。可见银鱼实为鱼中珍品。银鱼肉质细嫩鲜美，适用于炒、烧、拌、炸、糟、熘等，可用来制作种种上等佳肴。

江南美食养生谭

"银鱼炒蛋"，香美鲜嫩，颇似黄金中裹着条条玉簪；"香炸银鱼球"，外脆里嫩，色泽金黄，香酥可口。以银鱼作馅，制成"银鱼春卷"，香松脆酥。最佳的是银鱼作羹，滋味鲜美无比，使人闻之生津，食而不厌。"银鱼丸子"、"芙蓉银鱼"、"碧螺银鱼"等也都是别有风味的太湖名菜。

苏州"天下第一菜"

苏州琳琅满目的菜谱中，"天下第一菜"——番茄虾仁锅巴是颇具特色的一款菜肴，它以独特的风味和神奇的传说，一直誉满江南。

关于"天下第一菜"的传说，众说纷纭。传说一：苏州百年老店松鹤楼菜馆开张营业的第一天，风流、好游的乾隆皇帝，御驾光临该店，点了"番茄虾仁锅巴"一菜。上桌时，乾隆被此菜的响声吓了一跳，故称"春雷惊龙"，又因皇帝首尝，故称"天下第一菜"。传说二：明代礼部尚书兼文渊阁大学士顾鼎臣察访昆山，路途饥渴，道遇名士林子文之妻陆娘娘，即向其乞食，陆娘娘无可招待，只得端上碗锅巴汤待客，顾鼎臣问其菜名，陆娘娘戏言为"天下第一菜"，锅巴汤因此而得名。传说三：当年乾隆皇帝初下江南，来到江南名镇木渎，带了两名贴身随从，不料走散。时值下午，身无分文的乾隆觉得饥饿难熬，乔装成客商走到了一家"石叙顺楼"夫妻店门前（即今日之"石家饭店"），在石条上坐下，巧遇店妇出来倒泔水，不禁问道："这位客官，有甚为难之事？"乾隆只得老着脸皮说："因我丢了银袋，到现在未曾用饭。"这位店妇一听是位外地人，又丢了钱没吃饭，当即请到店中。因菜基本卖完了，便随便烧了个"红嘴绿鹦哥"（炒菠菜）和"金镶白玉板"（豆瓣烧豆腐），又将吃剩的锅巴刮薄油炸，再把烧好的汤倒进盛装油炸锅巴的汤碗里，只听"吱吱作响"，饶有妙趣，加上一阵香味扑鼻，饿了快一天的乾隆食欲大开，将饭菜汤吃得精光。乾隆问其汤名，店妇笑着说："您是第一个尝这种汤菜的人，就叫'天下第一菜'吧！"

奇异的传说再多，毕竟是传说，是否真有此事，今已无法考证。其实，说起锅巴的成名，并非始于那位好游的乾隆皇帝和礼部尚书顾鼎臣。据南朝刘义庆《世说新语·德行篇》一书记载：晋时，江苏省吴郡（今苏州）有个名叫陈遗的年轻人,在吴郡衙门里当差。陈遗是个孝子,因其母亲爱吃"铛底焦饭"(即锅巴),就在衙门里常备一只布袋,将平时吃饭时铲下的锅巴贮存起来,以便日后回家时孝敬母亲。不料发生了战争,陈遗其他东西都没有带,只背了这袋孝母的锅巴随军活动。兵败后,逃入山泽,其他人都饿死了,唯独陈遗随身带了锅巴,得以活命。时局平定以后,陈遗平安返家,老母自忖儿子也一定死在外面了,伤心痛楚,已哭得耳聋眼瞎,殊不料母子还能相会,两人抱头痛哭,泪水一冲,陈母的眼睛竟奇迹般地复明了。时人认为:这是纯孝之报。此时,正巧史家在编撰《南史》,就把故事收录在《孝子传》中。"铛底焦饭"这个成语典故就出于此。

由此可见,我国江南地区以锅巴作为美食,至少有一千六七百年的历史。后人便以锅巴发挥,大做文章,烧出了风味独特的"番茄虾仁锅巴"一菜,美其名曰"天下第一菜"!

陆稿荐的酱汁肉

按照吴人的旧俗,清明节祭祖扫墓,多以"酱汁肉"为贡品。故每年清明节前四五天至立夏前后一个月的时间,苏州大大小小的卤菜店都竞相供应"色泽酱红、肥而不腻、入口即化、咸中品甜、香气扑鼻、冷热可食、让人食欲大开"的时令名菜酱汁肉。多少年来,一直名誉江南,蜚声南洋,历久不衰,加上苏州人对此菜的神奇传说,更增加了其诱人的魅力。

酱汁肉又名"酒焖汁肉",为苏州的传统卤菜。它选用肥瘦兼之的带皮太湖猪肋条,切成5~6厘米的方块,入沸水锅中汆去血污,捞出洗净,再置锅内加足水烧沸,撇去浮沫,辅以我国特有的天然色素红曲米粉及冰糖、料酒、食盐、桂皮、大茴香、葱姜等调料,用小火焖烧至酥烂而成。其中尤以苏州陆稿荐熟肉店所制的酱汁肉最为著名。

陆稿荐熟肉店创始于清康熙二年(1663),迄今已有三百多年的历史,是苏州饮食行业中最老的老字号,名闻大江南北。据地方志记载:相传该店前身是一陆姓开设于苏州东中市崇真宫桥南,规模甚小、初无牌号的生熟兼营肉铺。店主陆蓉塘是屠夫,其妻弥姐最擅长煮肉。由于该店离闹市较远,生意不佳,难

江南美食养生谭

以维持。其时,肉店附近神仙庙的老道士常到肉铺购肉,老板向老道士诉苦。道士为他策谋,结合农历四月十四吕纯阳生日,铁拐李来神仙庙祝寿的谎言,编造了陆家肉铺遇仙的故事。店主陆蓉塘还弄来一块石碑,请文人书写碑文,记述自己遇仙一事。碑文的大意即与现在的传说大致相似:清康熙二年四月初的一个傍晚,吕纯阳扮作一乞丐,问肉铺老板讨钱、求宿,主人均满足了这位乞丐的要求。翌日清晨,吕纯阳行别时,留下了一条破稿荐(草垫),店主妻子弥姐正忙着煮肉,看到乞丐留下的破稿荐,就当柴火塞进灶中,不料锅中之肉顿时香气四溢,殷红诱人。人们循着香味纷纷前来购买品尝,于是,生意日隆。店主陆蓉塘靠破稿荐烧肉出了名,为了不忘恩人所赐,更好地招徕顾客,就将店名改为"陆稿荐"。

这块无中生有的神话石碑立出以后,果然起到了预期的宣传效果,加上弥姐所煮之肉,香酥腴美,一经品尝,众口交誉。自此,陆稿荐酱汁肉,便驰誉全国,扬名海外。

光绪二十六年(1900),枫桥人倪松坡出资,从陆姓后裔陆炜等手中租下"陆稿荐"(即今址),后称"大房陆稿荐"。

民国19年(1930),苏州市区以陆稿荐为店名或近似陆稿荐的肉店多达32家。1981年,大房陆稿荐所制的"大房牌"苏州酱肉、苏州酱鸭、苏州酱猪头肉、苏式拆烧,均被评为名牌商品,并先后获得商业部优质产品称号。1986年陆稿荐扩建后,改称"陆稿荐苏式卤菜厂"。目前,常见供应的苏式卤菜有100多个品种,在东南亚地区,尤其在我国的香港和台湾享有声誉。

百年老汤煮丁蹄

枫泾,位于上海市郊区的金山县,是沪杭线上的一个古镇。历史悠久的枫泾镇,绿水环绕,形似荷花,被人们称之为"芙蓉镇"。古镇特产甚多,其最为著名、最具诱惑力的,乃是"枫泾丁蹄"。

枫泾丁蹄,创造于清代咸丰二年(1852),距今已有157年历史。当时有丁氏兄弟在枫泾镇上开设了一家小酒店,取名"丁义兴",专门经营酒菜和熟食,开始由于小本经营,菜肴无特色,总是门庭冷落。丁老板的妻子也整日为此愁眉不展。丁老板为了安慰妻子,就烧了一只红烧蹄膀给妻子吃。当丁老板看到这只蹄膀色泽暗红发亮,尝后觉得味鲜带甜,酥而不腻,心中顿时豁然开朗,由此想出一绝招:专门经营红烧蹄膀。于是全家人潜心钻研,创出独具特色的加工工艺。他们选料严格,一律选用 60 公斤左右的、枫泾当地的黑皮"土种猪",取其后蹄。这种猪骨头细薄,肥瘦适中,后腿大小均匀,一般都在 750 克以下。烹调时十分讲究工艺,先抽掉筒骨、修整好外形,然后佐以嘉善姚福顺酱油、绍兴老窖花雕酒、苏州桂圆、冰糖及适量的丁香、桂皮、生姜等。火功严守三文三旺,以旺火为主的原则。最令人惊奇的就是成品连汤结冻不变形,即使是炎炎夏日也一样冻结,这完全得力于煮蹄膀的老汤。据说从丁义兴煮第一锅蹄膀起,就注重保留老汤,延续使用至今,百年来,边煮边添,从不间断,终于首创名牌成功,由于独家经营,故人称"丁蹄"。

常熟鸡肴"叫化鸡"

一日,同几位相好的文友,在苏州太监弄"美食街"的王四酒家小叙,当大家品味到"叫花鸡"时,无不对那肉质鲜嫩、鸡味香浓的鸡肴赞不绝口,不禁使我想起了一个有趣的民间传说。

说是在明末崇祯年间的鱼米之乡常熟,有一个叫化子弄到一只鸡,想吃,苦无锅勺炉灶和调料,可肚子又饿得"呱呱"直叫,于是,急中生智,把鸡开了膛,挖去五脏,外面裹一层黄泥,生了火煨烤,煨了好久好久,把包泥一打开,不仅鸡毛连泥一起脱落得清清爽爽,而且香味特浓,馋得叫化子捧住热气腾腾的鸡,一下子啃了个精光。后来,常熟名厨听取了这种民间的烧法,加以改进,便形成了一整套用黄泥煨制叫化鸡的经验。

1882 年冬季,常熟虞山镇"山景园菜馆"正式推出叫化鸡,在大厨们的不断改进下,叫化鸡终于成为常熟的名菜。从四面八方赶来的美食家们品尝后,无不啧啧称赞。

现在的叫化鸡,当然已不再是连毛煨烤了。通常是选用常熟的三黄鸡,宰

江南美食养生谭

杀后去毛,取出内脏,然后漂洗干净,在鸡腹内填塞各种辅料,如鲜肉、虾仁、火腿、蕈、香肠、鸡杂、干贝、八角、丁香等,同时配以适量的葱、料酒、白糖、精盐等佐料拌匀,并用猪网油包住,再裹以鲜荷叶、透明玻璃纸、箬壳共四层保护物后用麻绳扎牢,然后用酒坛黄泥裹住,放入炭火上煨烤四五小时,亦可用电烤箱煨烤三四小时。此时,趁热食之,口味最佳。

现在叫化鸡除了常熟以外,四川、浙江亦有之,但以常熟叫化鸡最为有特色。

嫣红嫩冻水晶肴

"风光无限数金焦,更爱京口肉食饶。不腻微酥香味溢,嫣红嫩冻水晶肴。"这是 300 多年前,镇江诗人赞美家乡肴肉的美丽诗篇。

肴肉,是镇江的美食,是猪蹄肉的代称。因其肉色红白分明,卤冻透明,质地酥嫩,状如水晶,故又有"水晶肴蹄"之美誉。肴肉是以猪前蹄膀为原料,去爪剔骨,浸入精盐和千分之三的硝石水中腌制后加工制成,具有香、酥、鲜、嫩四大特点,其瘦肉香酥、肥肉不腻,食时佐以姜丝和镇江香醋,更是另具风味。因而早已成为驰名中外的美食佳肴。

传说明朝末年,镇江酒海街上有一爿"京口酒家"。丈夫既是厨师又是跑堂,妻子既是老板,又是账房先生。一日夏天,丈夫上街,见猪蹄便宜,便买了四只猪前蹄回来,准备过几天食用。因为天气热,容易变质,就将猪蹄膀用盐腌了起来。但他误把妻子为他岳父买来做鞭炮用的硝当作盐腌了蹄膀,第二天发现,连忙揭开腌缸一看,不但肉质未变,反而腌得色泽红润,蹄皮颜色更白。但怕有毒,又舍不得丢掉,于是夫妻商量,便把它用水泡洗几次后,再用小火多煮一会,准备留给自己吃。哪知配上一些五香调料焖煮后,锅内却冒出一股异常的香味,连街上都能闻得到,使得八仙之一的、赶王母娘娘蟠桃会的、云中的张果老馋得连忙下驴,变成一老翁,来"京口酒店"吃硝肉。他手拿蹄膀,沾着姜丝和香醋,边吃边赞不绝口,竟忘了赶蟠桃会,可见其味之美。

"张果老吃硝肉"的故事很快被传开,自此硝肉在镇江的名声大振,百姓也纷纷慕名前来品尝,"京口酒店"的生意便格外兴隆。于是,硝肉也就远近闻名。后来,因嫌"硝肉"之名不雅,方改为"肴肉",成为镇江有名的美食,一直沿传至今。

风味完美的"龙井问茶"

——点评红泥花园佳肴(点)之一

杭州闻名于世的佳肴中,有脍炙人口的龙井虾仁。龙井虾仁是以绿茶珍品的龙井茶,配以鲜活的河虾仁精工制成。此菜烹成,"龙井"色如翡翠,虾仁洁如白玉,一股清幽的菜香从虾仁中飘逸而出,可说一菜之中汇集了西湖的春光与江南水乡的精灵。品尝龙井虾仁,无疑是一种感官上的享受,使人深深地沉浸在古城浓厚的饮食文化色彩之中。

关于龙井虾仁的来历,比较可靠的说法是:它最早由灵隐天外天菜馆创制,制作人是该馆老厨师吴祖寿的父亲吴立昌。大约一个世纪前,祖居灵竺龙井茶产地的吴立昌,受遍地的龙井灵芽启发,采青制作佳肴,一举创制出了"龙井虾仁"这道脍炙人口的名菜。吴立昌小名阿毛,据说当时阿毛师傅在餐饮行业很有一点名气。

龙井虾仁问世后,杭州各家酒楼饭店竞相烹制,时间久远,美名传为口碑,遂成杭州名菜,并于1956年,被浙江省有关部门认定为36只杭州名菜之一。游客慕名游西湖进餐,龙井虾仁与西湖醋鱼一样,是必定要点的传统名菜。

从创制到现在,龙井虾仁这道菜已历时100年左右。在时代的洪波中,潮起潮落,有多少名菜至今已无声无息,但龙井虾仁至今仍广为人知,并享有盛名,这实在是不简单的一件事,可见它具有独特的魅力。

但再好的菜也会吃厌,再美的滋味也会叫人感到重复而生倦意。杭帮菜要输入新的做法,要开拓新的领域,龙井虾仁同样也要推陈出新,烹出新的口味或吃法。在这方面,红泥花园的名厨迈出了可喜的一步,创制出有新意的"龙井虾仁"——龙井问茶。首先,虾仁不是与茶烹在一起;其次,以鸡汤打底;第三,吃时才将这三者结合(一起盛在小碗里);第四,盛器别致,一只紫泥做的小瓮装着鸡汤，显示出它是"红泥"产品。在口感上，虾仁的鲜嫩与龙井茶的香气、鸡汤的鲜美三者结合在一起，比原先的做法，更可口；在造型上，有了新的形态。在这里，你可以看到旧的影子，更多的是看到新的创意。无疑这是对龙井虾仁作了一次改进与提高，使得它以全新的面貌出现在消费者面前。

曾有一位杭菜研究会的先生来电问起，杭帮菜怎样发展？愚以为，红泥花园革新龙井虾仁，创制出龙井问茶，这就是杭帮菜发展的一种形式，即先从传统名菜着手，推陈出新，创制出新的风貌、更完美的风味。

龙井问茶，这只是一个好的开端，我们期待红泥花园有更多的新型的成功的杭帮菜问世，献飨市民及四海游客，为这个休闲之都作出新的贡献！

精巧味美的金丝海鲜卷

——点评红泥花园佳肴点（点）之二

中国人吃菜讲究味道，其实这"味道"不光是鲜、咸、淡、甜、辣、酸、麻，等等，还有另外一些感觉也属于"味道"的，比如吃的食物与牙齿摩擦的感觉。现代文学大师林语堂在《饮食》一文中说："我们吃东西是吃它的组织肌理，它给我们牙齿松脆或富有弹性的感觉……"又说："竹笋之所以深受人们青睐，是因为嫩竹（即笋——笔者注）能给我们牙齿以一种细微的抵抗。"另外，食物中所含的空气与口腔的摩擦，也产生味道的感觉。著名女作家张爱玲在《说吃与画饼充饥》一文中说："有人把油条塞在烧饼里吃，但是油条压扁了就又稍差，因为它里面的空气是不可少的成分之一。"笔者之所以提到上述两位名人的观点，是因为我在红泥花园第一次吃到金丝海鲜卷的感觉，就是牙齿与它发生摩擦并随之咬入而产生之"脆"之味觉，之后才是感到内质的反差，产生第二个感觉——"嫩"。这样，这道工艺菜就给了我外脆内嫩的感觉。

这时，我才注意到它的外观，发现它是圆柱形的外面裹着一层"金丝"，而里面是雪白的泥状的物事。以前没吃过这样的东西，连它的名字及制作的材料都不清楚。

这一天是省市新闻界的一些朋友在小聚，他们关注都市的各个方面，可能对美食的追本求源，会比我差一点（容我本人一点不谦虚地说）。而坐在我身旁的骆宝根老先生就不一样，他在餐饮管理部门工作，可谓"吃多识广"。我便请教骆老先生，骆先生告诉我：它叫金丝海鲜卷，外面裹着的细丝是洋芋丝，里面是海鲜剁碎的肉泥。这会我算是恍然大悟了，并深深感到这道菜做得太好了，从它的色泽、造型与口感三方面来说，都是不可多得的。这是第一次吃，时间是2004年的9月28日。

隔了半年，我带了家里人再次登临红泥花园。在点菜时，我点了金丝海鲜卷，因为我的老母亲及弟妹、亲朋们都不了解也没有品尝过这种挺有特色的美肴。虽然这第二次的金丝海鲜卷在制作方面较前次稍逊色些，可能与聚会的性质有些关系，但我的亲朋们还是称赞它有特色。

又隔了近三个月，即到了2005年6月19日那天。我与我的亲属们再次来到红泥花园小聚，这是颇具规模的一次大家庭聚会。因为这一天，我们的"老祖宗"——我的母亲，在87年前来到这个世界上。她是农民的女儿，18岁嫁到杭州，70年来，她含辛茹苦将我们四个儿女养大，然后又带孙女外甥。至今银发苍苍，百病染身。给她过一个愉快的生日，是我久来的愿望。承蒙刘小英总经理关心，前厅经理季燕小姐热情安排，我们在宽畅而明亮的416号包厢，团团坐下相聚，举杯祝"老祖宗"健康长寿。

自然，点菜时，我再次点了金丝海鲜卷，因为在大家庭14个成员中，至少有一半多人还没吃过这道菜。当菜上来的时候，我将第一只金丝海鲜卷夹给了坐在我身旁的母亲。有点饿的老母亲（她曾经因病切掉了半个多胃）便咬了一口，我问："好吃吗？"她说："好吃。"到席的没有吃过的亲属，特别是两个外甥，吃着金丝海鲜卷时，也都露出了感到新奇而发生兴趣的神情。只是一共只叫了一客半，每人只能吃一只，有点不过瘾。

这一次的金丝海鲜，造型美观、匀称，色泽嫩黄、迷人，无疑是我吃到的三次中最精致的一次。但是，可惜的是，惜此佳肴，罕为市井食客所知也！

今日，向八方来客推荐红泥花园这道美肴（红泥砂锅另有"红泥一口鲜"一菜，与此亦有同工异曲之妙），相信它不会辜负美食家们爱尝鲜的愿望。

宝剑赠英雄，明镜献美人，佳肴亦待知味人！

愿红泥花园创制出更多精巧、味美、迷人的佳肴！

初尝"天下第一鲜"

——点评红泥花园佳肴（点）之三

河鲜海鲜中的贝类，我曾经吃过河蚌、黄蚬、蚶子、蛏子、泥螺等几种，以鲜美程度而论，蛏子与蚶子在其中可称姣姣者。但从来没有吃过文蛤与牡蛎：文蛤没有吃过，是因为不知那种蛤科动物是文蛤；牡蛎没有吃过，是因为杭州见不到这种名食。

曾经在介绍美食的书籍中，看到过有关文蛤的记载，但与现实生活总是结合不起来，以致虚度光阴 60 余载，至今还不知文蛤的模样。2006 年 6 月 19 日，恰逢老母亲 87 岁生日，天气晴朗，病体尚健，于是四处打电话，邀请弟妹们携家眷到红泥花园一聚。说来也不容易，兄弟姐妹分居杭城各处，就是坐车来人也不是一下子能到齐。到了中午 11 时半，居住在德胜东村的母亲与小妹一家迟迟未到，坐在红泥花园一楼大厅里干等，心里焦急又感到枯燥，于是便走到旁边展示海鲜的小厅里参观。一路走一路看，突然在一玻璃柜上看到"文蛤"两字，心里一喜便扭头去看玻璃柜里养着的蛤。啊！这不是蛤蜊吗？因为蛤蜊我是认识的，上世纪五六十年代，母亲冬天常买一种蛤蜊油，蛤蜊就是文蛤，真是老朋友相遇而不相识。今天难得有此好机会，咱们得好好尝尝这"天下第一鲜"，是不是名副其实。

等到点菜时，我一下点了一斤半文蛤（原先点两斤，服务小姐怕我们吃不了，浪费，建议我们点一斤半），问到吃法时，我想，鲜物应以清淡为好，这才能衬托出它的鲜嫩，便对服务小姐说："葱油！"

一道道菜上来，先是冷盘，然后是热菜，葱油文蛤终于上桌了。我给身旁坐的老母亲夹了一只后，也给自己夹了一只，烧好的文蛤，两片壳分开着，可见壳内安"躺"着一片比蚕豆大一点的雪白的蛤肉，上面浇着带着小粒红椒的葱酱。它的味道怎么样？我用筷将这壳中的一片肉，送进了红城玉关之中。哦！蛤肉又鲜又嫩，比过去吃过的蚌肉、蚬肉、蛏肉等都要好吃，而且调味得当。难能可贵的是，小粒红椒的微辣，让我这个老气管炎还能接受。现在杭城流行吃辣，特别是年轻人,但中老年人愚以为还是以小辣小麻的好,刺激性小一点。葱油文蛤,带点微辣,吃起来感觉还真好,蛮开胃口的!

在谈笑之中,坐在圆席对面的弟媳大概吃了葱油文蛤感到味道好,想在家里自己烧一下,突然向我发难:"这个葱油蛤蜊夹格套(杭州话'怎样'的意思)烧的。"说老实话,我在家里烧过葱油鲈鱼,从来没有烧过葱油蛤蜊,一时被问,便计上心头,来一个移花接木,便说道:"锅中放水、姜片、葱结、黄酒烧开,下蛤蜊,煮至壳一开,统统捞起,沥干放大盘中,蛤蜊肉朝上摆;另起油锅,放生姜末、葱花、红椒粒、酱油、黄酒、鸡精少许,一沸,即将锅汁烧在蛤蜊上即成。"烧法对不对,还有待红泥花园的大厨们斧正。

活到花甲之余,才第一次吃到文蛤,真是相见恨晚,贻笑大方。人说"活到老,学到老",吃美食也是如此道理。活到一百岁,也不见得什么东西都吃过了尝过了。

说起文蛤,看似平常的一种贝类动物,可是它的名气却很大。古时北方内地,价格达到惊人的昂贵,以致皇帝都不敢吃它。《后山类丛》一书记载,北宋时,一年秋初,蛤蜊刚到开封,有臣献给宋仁宗享用,仁宗问价,答曰每枚千钱,一献二十八枚。仁宗不高兴了,说:"我常警告你们,不要奢侈浪费,今我一下筷子就要花钱二十八千,我受不了!"于是,就罢食,可见当时蛤蜊之贵重。自然,随着时间的推移,时至今日,交通发达,文蛤又能人工养殖,寻常百姓如笔者,亦能一快朵颐了。你看,我一点就是一斤半,气派超过北宋皇帝宋仁宗……

文蛤这种海鲜,不仅鲜嫩味美,而且祖国传统医学对它评价也很高。说它性寒,味咸,具有滋阴、化疾、软坚之功效,适宜肺结核咯血、盗汗和体虚、营养不良者食用,亦适宜淋巴结肿大、甲状腺肿大、癌症化疗、心血管疾病及糖尿病、黄疸、尿路感染患者食用。总之,它的食疗价值很高。现在科学验证,文蛤除含有丰富的蛋白质、钙磷铁外,还含有丰富的维生素 A 及多种其他维生素,故才有这样的滋补健身作用。

食家诸君上馆子及居家,不妨常吃吃这"天下第一鲜"——文蛤。如果假日里想调剂生活,你不妨到红泥花园去尝尝葱油文蛤,那不会让你失望的。

鲜美滑嫩的滑子菇

——点评红泥花园佳肴(点)之四

随着百姓生活的改善,人们对饮食的要求也不断提高,除了追求美味外,还渴望它们是强身健体的保健美食。食用菌即是这种理想的食品。

今年3月25日,家庭聚会,在红泥花园大酒店进餐,服务小姐向我推荐了一款新颖的食用菌菜,菜名曰"鲜溜滑子菇"。盘子端上来一看,是一盘黄褐色的长菌柄的小蘑菇。一尝,鲜美滑嫩,口感极佳。以前从未见到过这种蘑菇,也从未吃过,家人与我一样感到新鲜。自然,不多时,它便盘底朝天。之后,在6月初夏的日子里,又吃了一次。6月底,旧病复发,罐子"裂口",不得不躺倒在市区的一家医院里。承蒙红泥花园刘小英总经理与前厅部季燕小姐关心与照顾,不时派小孙与小林两位热情的青年馈赠佳肴,使我再次品尝了滑子菇的美味。吃是吃了,它到底是什么蘑菇? 产在何处? 有些什么营养价值? 还是茫茫然而不知。古人曰:活到老,学到老。美食亦如此。一辈子做人,一辈子吃不尽世上的美食。

于是,我在病床上不安生,向红泥花园季燕小姐发出求助信息,一纸答案从季小姐的电脑上下载下来,从龙翔桥飘到平海桥侧。我只能在这里当"二传手":"滑子菇,是担子菌纲某某菌目丝膜菌科鳞菌属的一个品种,原产日本,1976年由日本引进,多丛生球盖菇。其子实体色泽艳丽、清香柔滑、脆嫩爽口,富含有益人体健康的蛋白质及糖类、矿物元素、维生素等营养保健物质。据分析,其子实体含有17种氨基酸,除色氨酸未测(到)外,具备人体所必需的其他各种氨基酸。据有关专家试验,其提取物对小白鼠S—180和艾氏腹水癌抑制率均为70%。它是国际菇类交易市场上的十大菇类之一,也是联合国粮农组织向发展中国家推荐栽培的食用菌之一。"好啦,清楚了,它原来是这样一种有益人体健康的绿色食品!

鲜溜滑子菇这道菜,吃来鲜美滑嫩。它的鲜美来自多种氨基酸,而它的滑嫩则是因为菇帽上有一层黏液(据电脑资料上介绍)及菌丝细嫩,吃时与牙齿磨擦产生一种奇妙的感觉。此外,火功、油温、调味都恰到好处。另外,加配的玉白的虾仁、翠绿的甜豆,不但使色泽丰富多彩,又增添了滋味的层次。所以,风味特佳。

鸡鸭鱼肉吃多了，会腻。这时，你点上一只鲜溜滑子菇，就会感到爽口，胃口为之一开。民间有一种说法：四只脚的（猪牛羊）不如两只脚的（鸡鸭鹅），两只脚的不如没有脚的（鱼类）。我在这里补充一句：一只脚的（蘑菇有一柄）可能胜过没有脚的，因为有的鱼（如带鱼等）含有胆固醇，而菇类是完全不含胆固醇的，而过多的胆固醇摄入，会导致动脉硬化及心血管、脑血管疾病。

几次品尝红泥花园的鲜溜滑子菇，给我留下了美好的印象。朋友，你如果与朋友、家人去红泥花园进餐，不妨加点一道鲜溜滑子菇。不过患有过敏性气管炎的食客要慎食，因为菇类蛋白质普遍具有易过敏的特点，民间称之为"发物"，即是这个道理，也一并加以说明。

最后要说的，期待日后能在红泥花园吃到更多的"色、香、味、形、滋、养"六美俱全的佳肴，亦希望红泥花园推出更多的创新菜肴！

奇妙组合的剁椒奇鲜

——点评红泥花园佳肴（点）之五

生猛海鲜入肴容易比家常菜做得好吃，而家常菜要做出新意却不是一件容易的事。学贯中西的画坛泰斗徐悲鸿先生曾说："一个厨师能够把山珍海味做得好吃并不是太难的；要是能够把青菜、萝卜之类的小菜做得好吃，那才是具有真本领的好厨师。"近日笔者在红泥花园举行的一次春节团拜会上，就吃到了一款鲜美而富有乡土气息的家常佳肴，叫人久久难忘其味。

这款名叫"剁椒奇鲜"的，可以归入徐悲鸿所说的"小菜"的佳肴其主料为臭豆腐，配料则有小黄鳝一条、香螺几粒、剁椒若干。说起臭豆腐，可说是"臭名远扬"，人们常说闻闻是臭的，吃吃是香的，其实经过酵母菌发酵后的臭豆腐，蛋白质转化为多种鲜味的氨基酸，不但味道变鲜而且营养亦较前者丰富。加之，配上小黄鳝、香螺的鱼鲜螺香，用剁椒的辣味一衬托，竟鲜美得叫人舌头舔鼻头。

我们单位开的这次春节团拜会，一共到了一百多个离退休教职员工，团团圆圆地坐了十几桌。因为来得迟了一些，便和一些女同事坐在一起。菜上来的时候，别看女的多，蛾眉不让须眉，筷落如啄，好吃的菜稍慢一些就盘底朝天。

正在这时,上来一盘清蒸臭豆腐,臭豆腐四周围着一条不起眼的骨断肉连的小黄鳝,可怕的是一片火红的剁椒,把臭豆腐盖得严严实实,而金黄色的素油又给这红、白、黑三色相映的主、辅料铺填了明亮的底色。一看就知道,鲜与辣是这款菜肴的主调。但女士们情有独钟,筷如雨下,如不下手,就坐失美味了,我忙夹了块入口,哇,嫩嫩的、鲜鲜的、辣辣的,嘴里感到好吃,喉咙里却火辣辣的,额头上还冒出了汗珠……

桌上的菜,大多盘底朝天,虽然水陆肴馔多款,但留给我印象最深的却是这小黄鳝蒸臭豆腐,看似不登大雅大堂,但也合乎吃野、吃土、吃家常菜的时尚食风。

后来打电话请教厨师长王师傅,才知道这菜有"剁椒奇鲜"这样一个美名。我问这菜如何这样鲜嫩?他告诉我:臭豆腐出自富阳农家,地道的黄豆加上纯洁的山泉水,做成营养丰富而可口的臭豆腐,加之配料得当,制作合理,使小黄鳝、香螺、剁椒像众星捧月一样,熏陶得闻闻臭、吃吃香的臭豆腐,味美赛鲍翅,菜鲜盖鸡鸭,这确实有道理!

如果说大闸蟹好吃,甲鱼好吃,土鸡好吃……不要鄙人在这里唠唠叨叨说得唾沫星子乱飞的,我在此向读者诸君介绍的是一款臭豆腐菜,是不是我吹得天花乱坠,食客朋友们品尝后自然可见分晓!

金玉辉映的蟹黄豆腐煲

——点评红泥花园佳肴(点)之六

春暖花开,在西子湖畔游览后,不觉到了中午,准备进餐,便来到给我们留下美好印象的红泥花园大酒店。作为好吃之徒,最想的是能吃上几道新的口味的好菜。半年未来,不知红泥花园又有了那些创新菜肴?当我们一行五人坐定包厢,热情而又满面笑容的刘小英总经理便向我们推荐他们的新品。其中有一只蟹黄豆腐煲,未上菜之前,我们想象不出它的风味及形态。等到上桌时,叫我们大开眼界:一只黑色古鼎似的石锅,坐落在一个古朴的木架上,锅内缀金堆玉似的嫩豆腐,在这无火的锅中沸腾着,冒着雾状的热气。金色的是蟹黄,棕色而半透明的是海参丁,还有碧绿的葱段……挖了一小碗尝了尝,哇!又鲜又香又滑又嫩,想多吃几口,它又烫得你边吹边吃,边吃又边吹。菜的美味就是这样,趁热吃才格外鲜格外香。到席的五个人,鄙人年龄最长,而外孙女最小,她还是个10岁的小姑娘。别看她年纪最小,家里最好吃的东西,都让她先吃,因而把她的嘴吃刁了。在家里,豆腐菜她碰都不碰,可今日却胃口大开,蟹黄豆腐吃了一小碗,又吃一小碗……一锅热火火的豆腐就这样被我们五个人吃得锅底朝天。

古籍中记载,康熙皇帝御厨中有一款名贵的八宝豆腐,后来传入民间,经过清代美食大师袁枚整理,成为苏杭名菜。虽然在下是土生土长的杭州人,可是活过花甲,还没有机会品尝到这只八宝豆腐,倒是今天这装在古鼎也似的锅里的蟹黄豆腐煲,叫我真格吃到了它的美味。古贤说:"豆腐得味赛燕窝",是比喻价贱的豆腐做得好吃,要赛过名贵的燕窝,今日我们吃的蟹黄豆腐煲,确实味道胜过山珍海味,吃了后留下很深的印象。

从营养价值上说,豆腐是植物性食物中含蛋白质最高的;蛋白质含量大大超过牛奶,而且其蛋白质很容易被人体所吸收,它是年老人、牙齿脱落及肠胃消化机能下降的人的理想食物,而且含有丰富的钙和镁盐,对心肌有保护作用。此外,它含碳水化合物极少,故很适宜糖尿病患者和希望减肥的人食用。蟹黄含蛋白质及鲜香物质。海参含胶元蛋白及微量元素,有滋补作用,故有"参"之称。此三物组合成一味蟹黄豆腐煲,无疑从口味及营养价值上来说,都可以说是一款精品佳肴。从它的特色来说,它最宜老人和妇幼飨用。如果你要孝敬年迈的双亲,买这买那,还不如请二老品尝鲜美滑嫩、营养丰富的红泥花园大酒家的蟹黄豆腐煲。

新风味的手撕咸蹄膀

—— 点评红泥花园佳肴(点)之七

咸蹄膀皮糯肉精,咸鲜下饭,是平民百姓爱吃的家常菜。一般常用它与竹笋或千张结搭配烧之,也有同新鲜蹄膀一起炖的,美其名曰"金银蹄",以致《红楼梦》一书中也有记载:凤姐叫平儿将一碗"火腿炖肘子"(即金银蹄)送给贾琏的奶娘赵嬷嬷吃,可见金银蹄的吃法是自古有之的,不过有时选择火腿腫儿与鲜蹄膀合炖,有时则选择咸蹄膀与鲜蹄膀合炖。光是蹄膀或火腿腫儿入肴,比较少见。两年前,女婿请我到外婆家菜馆吃饭,就上了一道光咸蹄膀的菜,说这是这家菜馆的特色菜,可见咸蹄膀这家常的咸肉菜,亦开始为菜馆及食客们所注目。但近日我在红泥花园大酒店吃的手撕咸蹄膀,已比较精致的了:咸蹄膀酥糯入味,已切成片状,另配烙好面皮子与黄瓜丝、大葱丝、甜面酱,吃时,取面皮子一张,夹入咸蹄膀肉、黄瓜丝、大葱丝,卷成小筒,蘸着甜面酱吃(或先将甜面酱涂在面皮子上),别有一番情趣与风味。显然,这种吃法是借鉴了北京烤鸭的吃法,使得这道菜平添了新的风韵。我第一次吃这道菜,是在春节时,那时感到新鲜,但印象不深,这次与家人聚餐,再次作了品尝,有了深一层的认识。10岁的外孙女听我介绍吃法后,兴趣很浓,当场表示:由她包干手撕咸蹄膀这只菜的复杂吃法。她一手拿面皮子,一手持筷夹菜一一裹入,然后再蘸以甜面酱,递给每个人。自然,她自己吃得最多,据她说,她吃了半盘子。平时在家中,她是不吃猪皮与肥肉的,这次却"姜太公在此,百无禁忌",照吃不误。她说,夹在面皮子里面看不到。显然,咸蹄膀走了油后,皮及肥肉都没有了油腻的感觉,酥糯可口,也是一个原因。此外,吃这道手撕咸蹄膀,好像是在做游戏,而且是做一场好吃的游戏,因此,她兴致很浓,吃得很开心。

手撕咸蹄膀这道菜之所以成功,在于它的创意。这移花接木做得好。许多菜肴,按常规做法吃厌了,都可以变通。不变,就死了;一变,柳暗花明又一村,前途光明。

不过,这道菜还可以完善一点:咸蹄膀可再拔淡一点、减少一点盐分;黄瓜丝还可以多配一些,以调节口味,使之更加爽口及增加养分。我相信,只要多用心,手撕咸蹄膀这道菜一定能成为红泥花园大酒店的一道名菜的。

清鲜清雅的红泥小炒皇

——点评红泥花园佳肴(点)之八

聚众就餐有一个好处,就是可以多点几只菜,可以有冷的、有热的、有荤的、有素的、有鲜的、有腌的、有讲究原料的、有讲究工艺的、有浓酱赤油的、有清淡清鲜的,每个人的口味不同,选择也可以不同,即使同一个人,口味也可以在不断调整之中;吃多了肥浓的,还可以吃一点清淡的。

浓酱赤油、麻辣酸甜的菜肴容易做得好吃,因为调料放得多,有刺激舌头味蕾和胃口的作用;清淡的菜因为刺激性小,显得平淡,要吊起吃客的胃口不容易。日前,我和家人在红泥花园聚餐了一次,五个人叫了四只冷菜,六只热菜,肥浓香辣的占少数,清淡清鲜的占多数,原因是老、妇、幼占了多数,喜欢传统杭帮风味的占了多数,讲究饮食要有益于健康、健美的占了多数。在点了这样一个菜单后,肥浓香辣的只有一只手撕咸蹄膀叫好,另一只香辣的菜虽然同服务员打了招呼少放些剁椒,但仍嫌太辣被冷落了。清淡清鲜的菜中,除蟹黄豆腐煲受到欢迎外,红泥小炒皇后来也得到占绝对优势的女吃客们的青睐。

红泥小炒皇我已经吃过两次,因为味较清淡,过去有些好感但印象不深,这次吃了两只肥浓香辣口味的菜后,再吃此菜,感觉完全不同,那就是前文所说的八个字:清鲜、清雅、清爽、清口,自然这是从对比中感觉出来的,这也是聚众就餐才能感受得到的。如果人少,只点二三只菜,就不可能产生这种只有在对比中才能产生的美感。

红泥小炒皇的材料都是居于清淡清鲜方面的,如虾仁、白果、莲子、西芹、墨鱼、百合,只有几片红椒属于香辣方面的,但那只不过是作为菜肴色彩的点缀而已。这只菜的组合丰富多彩,但除了虾仁有鲜味,百果、莲子、百合有一点清香外,西芹、墨鱼几乎是没有什么味道的。那么,这样一只菜为什么会使人产生美感呢?那要从饮食的传统理论上去寻找。古人认为,大味必淡,故讲究"太羹之味"。太羹是古人祭祀祖先的,不放调料的肉羹。古人崇尚自然,故用不放调料的肉羹祭祀祖先。故老子在经典的《道德经》中说:"五味使人口爽(伤)",便是这个道理。

红泥小炒皇以菜肴的本色取胜,清鲜、清雅、清爽、清口,正符合国人的传统饮食标准,是一道返璞归真、营养丰富的佳肴,故特别适宜讲究健康、健美又喜欢清淡清鲜的朋友们享用。

鄙人特在此向爱好美食的朋友们推荐此菜。

别致的野菜千张包

——点评红泥花园佳肴（点）之九

菜肴的生命力，在于求变。许多名菜，年年吃，月月吃，常常吃，千篇一律，要说爱它也不容易。嘴巴吃麻木了，舌头的味觉变迟钝了，好的感觉便会悄然而退。但如果稍微变化一下，就会峰回路转，柳暗花明。家常菜也一样，这个道理也通用，比如说千张包子，菜馆与家庭都制作，菜馆供应顾客，家庭做来自享。有用咸肉的，也有用鲜肉的，一般配点葱花，加点调料，考究的可以放些虾米、甚至干贝。闻名于世的湖州丁莲芳千张包子，就是放干贝的，特别鲜爽。我在家里做"马大嫂"（买汰烧），为了省事，每次做千张包子，总要做几十只，五只一小捆，捆上一二十捆，分袋冷冻。要吃时取四五捆，配点粉丝、菜心就是一只好菜。开头吃千张包子，极受欢迎，外甥女欢若雀跃，一大碗当即碗底朝天。如果吃上两天，就少人问津，到第三次吃，家人便会埋怨："又是千张包子！"可见是吃厌了，吃倒胃了。吃与穿、玩一样，都是喜新厌旧的。

去年秋天，破罐子漏水，我住在市一"修补"，红泥花园刘小英总经理很客气，每天叫小孙和小林送一只菜过来。恭敬不如从命，使我有缘尝遍红泥花园各种菜肴。这一天点的是"野菜千张包"。千张包总离不开肉，菜肉、虾肉、干贝这几种，但这千张包是野菜做的，有点创意，有点新奇感，就点了它。吃时一咬，原来是马兰头做的馅心，一股清凉的幽香，直透咽喉，顿感爽口。料作并非稀罕，做法亦同寻常，只因变化了一下，这千张包就有了新味与新意，吃来亦有了柳暗花明又一顿的感觉。

不足的是，千张包得太厚，其实不必包如此多层，影响口感，也可以用豆腐皮包包看，效果是不是会好一些。此外，汤中亦可放些粉丝、金针菇，增加口味的层次。

作厨如写文章，亦要精心构思。野菜千张包，是成功的求变。我愿红泥花园有更多创新菜，也愿诸多原有的菜肴，常做常新，常变花样，常出新意，常留吃客，常年兴旺。

这是一点祝愿！

爽脆的广式芥蓝

——点评红泥花园佳肴（点）之十

有一次在红泥花园吃饭，服务小姐为我点了一款芥蓝菜，绿色的扁长条块，带着调味酱汁，吃来"嚓嚓"有声，爽脆之至。芥蓝像萝卜一样，本身没有味道，全靠调味汁。但我欣赏的是，它的爽脆，即芥蓝块与牙齿磨擦所产生的那种感觉。

新近我买了一本书，名曰《津津有味淡》，就是买了两句苏东坡的诗："芥蓝如菌蕈，味美牙颊响。"这是一千年前苏东坡被皇帝贬官谪居岭南时所写，也是我国古籍中对芥蓝的最早也是最形象的记载。芥蓝本无味，苏东坡却说他像蘑菇一样鲜，"味美"在哪里呀？苏老前辈答复是"牙颊响"，即鄙人在文前所说的吃时"嚓嚓"有声，可见吃菜时产生的爽脆感觉，也是属于"味"的范围。

我吃了红泥花园制作的"广式芥蓝"一菜，印象很深，后来又吃过一次。6月份，我陪两位好友来红泥花园调研，刘小英总经理请我们品尝店里佳肴，我即点了此菜。好友吃了后，说："好吃！好吃！"并问我这是什么菜？我说，这是芥蓝！

近日，有事到红泥花园，我当面向厨师长请教菜名，答曰："广式芥蓝。"我又问做法，说是很简单：芥蓝削皮后，切成厚片块，在沸水中焯熟，淋以调味酱汁即可。如此佳肴，制作又如此简单，真可谓是天生丽质，任是粗衣旧衫，亦是倾国倾城，是蔬菜中的"美人"。

芥蓝，产于广东一带，香港有大量出产，其味辛甘发芥，色蓝，故名芥蓝。现种植于我国南部各省，如广东、广西、福建、台湾。种此菜时，每在秋季下种，过两个月后，便能采摘。每年10月间，是芥蓝最幼嫩的时期，可以采到次年4月。

芥蓝营养丰富，含有维生素 A、C 及蛋白质，脂肪及糖分。广东民间有单方，牙龈出血，可将芥蓝切片，煲成清汤，待凉后当茶饮，可止齿血；也可与藕片、西洋菜同煲，颇有良效。

我在红泥花园吃的广式芥蓝，是氽熟后浇以调味汁成菜的。《津津有味谈》一书介绍，还可以切成片块炒牛肉，或炒鱿鱼，说是"极为可口"。又说，芥蓝切片,炒回锅肉,是四川名菜。还可在吃腊味煲饭时,另炒一盘,以中和油腻。

菜是可以千变万化的,盼望有一天能在红泥花园吃到新品种的芥蓝菜肴,并能让我这个老馋吃得津津有味。

这是期待。

甜润可口的雪蛤木瓜盅

——点评红泥花园佳肴(点)之十一

虽然在这世界上已经活了半个多世纪,也算尝尽人间甘苦炎凉,见过世面,且研究饮食文化亦已 30 个年头,但由于家境贫寒,平时结交的朋友都是舞文弄墨之辈,名贵筵席吃得不多,许多高档菜点问津较少。比如,有滋补功效的蛤士蟆油,曾在中药铺中见到过,一块块粘在一起,像松香也像皮胶,我是把它当补药的,多少年来不问不闻,因为无缘品尝。

近日因为受某杂志社委托,去采访红泥花园刘小英总经理,不知不觉到了中午时间,刘总热情地邀我一起进餐,同席的还有厨师长王国祥师傅、前厅经理胡炳琴小姐。刘总知道我患有严重的气管炎毛病,为此专门上了一道雪蛤木瓜盅。木瓜我是认识的,因植株属木本,果实如小瓜而得名木瓜;雪蛤我就不大灵清,一个"蛤"字,给人以海产品的感觉,因为海中有文蛤、花蛤之类。我细看摆在面前的这一道甜点,一个腰型的花式白瓷盘中,横卧着一枚橘黄色的、成熟的木瓜。木瓜平切成一大一小两个部分,上部为盖,下部挖空为盅状,里面盛着半透明的胶汁状的浆汁,浆汁中漂浮及半漂浮着白色的云片一样的物事。我兜了一勺,细细品尝,感到浆汁甜润滑口,透着淡淡的果酸之味,而"云片"轻柔之至,顺汁便进入喉中。与冰糖白木耳相比,它要空灵得多。刘总与厨师长告诉我,这是用蛤士蟆油做的,这才使我心中顿时一亮,原来是"她"呀!"梦里寻她千百度,蓦然回首,那人却在灯火阑珊处。"原来丑陋的蛤士蟆油经过加工,竟脱胎换骨,变得如此白净、轻柔,宛若天上飘逸的白云。真像人们调侃的那样,"我很丑,但我很温柔",但它不但变得温柔,而且也变得美丽得多了。世界上的万事万物,我们不知道的,实在是太多了。真是活到老要学到老才是。

从口味上讲，雪蛤与木瓜的味道，经过白糖的调和，两者融为一体，甜润中微带果香，美妙之至；从色彩上讲，金黄色的木瓜与雪白的雪蛤，给人以和谐的视觉美；从美食美器上说，雪蛤装在木瓜做的盅中，能盛能盖，可说烹制者独具匠心。

这只甜点，不仅口感极好，而且非常养人。《中药大辞典》记载：蛤士蟆油，为蛙科动物中的中国林蛙或黑龙江林蛙雌性的干燥输卵管，大部分成分为蛋白质，脂肪仅占4％左右，糖类10％，其他尚含少量磷及灰分等，又含维生素A、B、C及多种激素。蛤士蟆油有补肾养精、润肺养阴之功效，对病、产后虚弱，肺结核咳嗽吐血有一定的食疗食补作用。木瓜为蔷薇科植物贴梗海棠的果实，嫩时为青黄色，成熟后转橘黄色，有平肝和胃、去湿舒筋之功效，除宜于观赏、闻香外，因其含有一种酵素，能消化蛋白质，有助消化、利吸收的作用，故食之对消化不良和胃病患者有益。产妇服用则有催奶作用；干燥后切片浸酒更有祛风湿、活筋络的功效。此外，鲜木瓜还可制成美味的蜜饯。

用雪蛤炖羹，以木瓜为容器，两者滋味融合，不但增加补性，而且美食美器，珠联璧合，相得益彰。这款雪蛤木瓜盅，确为红泥花园不可多得之佳点。凡欲借美食养生者，特别是有气管炎及患有消化不良与胃病的患者，不妨多进此一美食，以益健康！

香酥可口的清炸凤尾鱼

——点评红泥花园佳肴（点）之十二

在菊黄蟹肥之际，小赵与小徐两位小友作东，在红泥花园与几位文化界的长辈朋友小聚，共度周末。百忙之中的刘小英总经理，亲自到包厢，为大家盛菜，共话家常，一起留影，一时气氛温馨而活跃。

顷刻，水陆佳肴，陆续而上。红泥美味得到了到席者的赞赏，特别是一款"清炸凤尾鱼"，以其香酥适口，博得浙江大学人文学院教授、民俗学家吕洪年先生连声称赞。说这凤尾鱼不仅酥脆可口，而且咸淡宜人，甚为落胃。鄙人坐在吕教授之旁，食后亦有同感。以前曾经吃过罐头装凤尾鱼及盒装太湖凤尾鱼，味道都不如红泥花园制作的清炸凤尾鱼来得味美。谈笑之间，装在工艺竹编里的淡黄色的凤尾鱼，纷纷进入诸人的红城玉关之中。

凤尾鱼，体侧扁，银白色，因其尾部修长，宛若凤凰尾上长羽，故美其名作如是称。它属鱼纲，鳀科，是一种海里长大、河里产卵的小型鱼类。我国产有凤鲚（亦称"烤子鱼"、"凤尾鱼"）、刀鲚（亦称"刀鱼"、"毛鲚"）、七丝鲚和短颌鲚等。每年春夏之交，刀鲚和凤鲚都分别集群溯河，到河口或河流上游产卵，形成渔汛；产卵后又返归海中。我省瓯江与太湖，都是出产凤尾鱼的区域，且名气都很大。在温州还有个凤尾鱼的美丽传说：说是南宋时，乐清人王十朋（后来中状元）年轻时，在温州江心屿上的江心寺苦读诗书，每当书声琅琅之时，从海上群游而上的凤尾鱼，便围屿侧耳细听，使得瓯江江心屿地段成为盛产凤尾鱼的区域。每当夜幕降临，江上渔火点点，这便是瓯江十景之一的"沙汀渔火"。

凤尾鱼，又称鲚鱼，含有丰富的蛋白质及钙、磷等微量元素及 B 族维生素。传统医学认为，此鱼性味甘温，有补气作用。李时珍在《本草纲目》中说：鲚"煎炙或作鲊鲥食皆美，烹煮不如"，意思是凤尾鱼煎了吃、炸了吃或腌了吃，味道都很好，这是蒸了吃、煮了吃所比不上的。清代医学家王士雄在食疗名著《随息居饮食谱》中说："鲚鱼肥大者佳，味美而腴，亦可作鲊。以温州所产有子者佳。"红泥花园的清炸凤尾鱼，整条鱼香酥可口，全可以吃。因为鱼骨含有丰富的钙质，吃此菜，等于大补钙质。而且，吃清炸凤尾鱼，是全鱼吃进，吃进一条条完整的生命之躯，这里面必定有有利于人体的各种微妙物质。因为，人体也是生命之躯，同为生命之躯，亦必定有共同之处。传统医学有"以形补形，以脏补脏"之说，就是以相同形状的植物与相同脏器的动物器官来进补，以达到治病健身作用。现在市场上有用牛的眼珠做的眼药水、用猪和牛的消化器官分泌物做的多酶片，等等，都是应用这一观点且具有科学依据的做法。

红泥花园的清炸凤尾鱼，是佳肴，是可口的美食，也是有益身体健康的补钙佳品。在津津有味地品尝之中，进行食补，亦是人生一大幸事。

红泥酱鸭　越嚼越香

——点评红泥花园佳肴（点）之十三

　　杭州老百姓逢年过节，喜欢做酱鸭吃，因为制作方便，味道又好，成为过年前必定准备的佳肴。现在人们的条件好了，除了有些老年朋友还喜欢自己做外，一般人都是买来吃的，且不分时节，想买就买，想吃就吃。

　　去年我家里酱鸭吃得特别多，这要感谢政府对苕溪的整治。大概是去年六七月份吧，艮山门外的和平会展中心举办农产品展览会，大量抛售酱鸭，我女婿买了五只回来，吃吃还好，便甩出一张伟人像，叫他再买十只回来。于是，每天吃一只，全家大嚼而特嚼。原来苕溪整治，不让鸭子污染溪水，一下子宰杀了几十万只鸭子，活鸭难处理，只好统统做成了酱鸭。这批鸭子味道还好，只是太咸了，下饭还好，作为品味，怕是难上品位。8月份参加杭州日报社组织的"寻访老字号"活动，在参观万隆在康桥的工厂时，厂方向我们这些"市民记者"赠送了礼包，其中就有酱鸭两只。这万隆酱鸭是名牌，吃来确实是酱香浓一些。8月下旬，我随《中华老字号》杂志的编辑朋友，采访红泥花园刘小英总经理，刘总设便宴招待我们，冷菜中便有"红泥酱鸭"一款，刚好这只菜又放在我的面前，我便夹了一点吃起来；这切得整齐红亮的酱鸭肉，肉质紧实而香嫩，越嚼越有味道，越嚼越感到鲜醇爽口，我一下子吃了半盘多。

　　以前曾到红泥花园吃过多次，始终没有感到红泥酱鸭有什么特别之处，这是因为：一是酱鸭太普通，席上佳肴遍桌，不太吸引人；二是我不喝酒，而酱鸭较宜下酒，特别是有骨头处，要细细啃，才能吃出味道来，而我怕麻烦。这次聚会，边聊边食，又逢酱鸭放在我的面前，故吃得特别细心。凡事要有比较，有比较才能有鉴别。这一年多来，吃苕溪酱鸭、吃万隆酱鸭、吃超市买的酱鸭，吃了很多酱鸭，总算吃出了酱鸭的子丑寅卯。红泥酱鸭咸味要淡一点，肉要嫩一点，而香味越嚼则越浓，越啃则越香。以前没有发现，隔了几年，才发现"新大陆"，正是"不识庐山真面目，只缘身在此山中"。

　　红泥酱鸭有此美味，那是因为取料、制作都精细异常：鸭子采用本地老鸭，

江南美食养生谭

冶净后开膛,用花椒盐擦透,再在 12 种调料、香料的腌料酱中浸渍 12 小时。出缸后,还要在太阳光中晒制,直至肉紧、皮亮、味香、触碰无沾手感才行,就连上桌前的蒸制、切配,都有一番讲究(我自己也蒸过酱鸭,就是掌握不好火候与时间,不是鸭油流失显得肉老,就是熟度不够有鸭腥味),可见美味是靠精工精料创造出来的。

市面上有数不清的酱鸭品种,要说越吃越香的,则要数红泥酱鸭,要不,它怎能在 2001 年第二届中国美食节上获得"中国名菜名点大赛金奖"呢?而且每每在节日黄金周期间,卖出 2500 只以上;有的上海游客吃了饭后,指明要打包一只熟的红泥酱鸭,以便带回去与家人共享,可见此鸭之味具有诱人之香。

鸭子具有补性,清代医学家王士雄在其食疗名著《随息居饮食谱》一书中说:"鸭(本名鹜,一名舒凫),甘、凉、滋五脏之阴,清虚劳之热,补血行水,养胃生津,止嗽息惊。雄而肥大极老者良,同火腿、海参煨食,补力尤胜。"酱鸭虽为独味,仍有鸭的上述各种补益之处,多食红泥酱鸭,一能补人,二能尝到美味,增添生活情趣,可谓一举两得也!

鲜香鱼肚羹　红泥小火炉

——点评红泥花园佳肴(点)之十四

几次去红泥花园采访及聚会,当菜单是由酒店决定的话,刘小英总经理与王厨师长总会让我们品尝一道名叫"蟹粉鱼肚羹"的红泥佳馔。它装在一只紫红色的紫砂小火炉中,下面点着火,汤羹微微沸腾着。当服务小姐用紫砂小盅盛着汤羹放在我的面前时,我发现盅中还冒着热气,鲜香之气氤氲在空气之中。

蟹粉鱼肚羹,是由蟹粉与鱼肚两种主料组成,配以鸡、火腿与其他材料熬成的高汤,是一款精细佳肴。蟹粉即是蟹黄、蟹膏与蟹肉的总称,它通常以湖蟹煮熟后拆肉制成,蟹黄似金屑,蟹膏如琼粒,蟹肉若玉丝,鲜香味美,为湖珍之最,富含多种氨基酸组成的蛋白质及矿物质;而鱼肚为海、河、湖中鱼之鱼泡,经精细加工而制成,绵软适口,富含胶元蛋白等,具有一定的补虚之力。以此两物配以鲜美的高汤制成的此羹,不仅味美绝伦,而且营养丰富。

大概是接触美味太多，味觉神经已经有些麻木，几次吃蟹粉鱼肚羹，只对容器较为欣赏，而对佳馔印象不深。最近去杭州酒家采访中华名厨吴忠英大师，吴总请我及同伴品尝蟹粉鱼翅羹，那也是用一只特殊的瓷罐装着，也是上面放汤羹，下面点小火微微沸腾着。吃着鲜美微烫的蟹粉鱼翅羹这只杭州酒家的招牌菜，不禁想起红泥花园的蟹粉鱼肚羹，大约是物以类聚、触类旁通。两种蟹粉美羹各以自己的特色，显示自己的风味，又以不同的配料（一为鱼肚，一为鱼翅），显示不同的口感：蟹粉鱼肚羹的特色为鲜香绵软，蟹粉鱼翅羹为鲜美滑软。一"绵"、一"滑"，各呈千秋，真是不比不知道，一比才觉到。

　　红泥花园的蟹粉鱼肚羹，在它的姐妹羹比照下，在我的舌蕾上苏醒了它的风味，也就是"鲜香绵软"四个字。此外，"红泥小火炉"不仅美食美器美味，而且显示了白居易美诗的文化气息及企业的文化色彩，内外渗露，底蕴丰厚。这是我品尝了杭州酒家的蟹粉鱼翅羹后才有的认识。

　　请朋友和亲人到红泥花园品尝佳肴，不可不点蟹粉鱼肚羹。它不仅盛器高雅、风味诱人，而且有观赏性，可说是红泥佳肴中的精品。

　　但唯一要告知食友们的是，蟹粉中的蟹黄虽鲜香诱人，但胆固醇含量较高，而鱼肚多为胶元蛋白，较难消化。因此患有高血压、高血脂及消化不良症的朋友，品味时要适可而止，不可贪食。仅以此小告诸位美食爱好者。

与《红楼梦》佳点媲美的点心

——点评红泥花园佳肴（点）之十五

　　家里有一部清代文豪曹雪芹著的《红楼梦》，闲时常翻翻。每当看到枣泥馅山药糕、松瓤鹅油卷、冰糖燕窝粥、螃蟹馅炸饺子、奶油松瓤卷酥等等贾母、宝玉、黛玉等人常吃的佳点，就馋涎欲滴，令人神往不已。虽然时间过去了两百多年，这些精美的点心依然对今日之爱好美食的人有吸引力。

　　有幸的是，我在西子湖畔的红泥花园大酒店里，吃到了三种味美的佳点：老母88岁生日筵，我吃到了第一种，是三丝面疙瘩。说起面疙瘩，会叫人哑然失笑，这种家常粗食，几乎杭州人家家户户都会做，放点雪里蕻菜，煮一大锅汤，然后用筷子将面糊糊顺着碗边,用筷子刮下去,烧好后,面疙瘩一块块,汤像浆糊,很快就塞饱肚皮,谈不上有美味。而红泥花园的三丝面疙瘩,是一条条的,细细的,且半透明,汤是清的,里面还有肉丝、雪菜丝、青南瓜丝,味道鲜美,吃来可口,与传统的面疙瘩,截然不同。精工细作,加上科学搭配,且用鸡汤打底,使得这三丝面疙瘩不同凡响。高档材料烧出美味并不稀奇,稀奇的是用一般材料做出了可口之感,这才叫人刮目相看。

第二种是榴莲酥。去年 4 月初,家里人在红泥花园小聚,刘小英总经理向我们推荐店里一种新的点心——榴莲酥。它外表"长着"小刺,宛若小型的榴莲,一尝,外酥内甜;馅子软糯,表层酥香,叫人吃了还想吃。也是同一个月,《中华老字号》杂志两位主编去酒店调研,我再次点了榴莲酥,他们一致称赞好吃,特别是年轻的那位,称赞不已,以致过了四五个月,碰到我还提起榴莲酥,说是"很好吃!很好吃"!问了做点心的潘师傅,说那点心,表层是用油酥面做的,里面是榴莲肉拌和一种高档玉米粉加糖做成。自然,成功在于用料高档,更在于手艺的高超。

第三种叫绿玉凉果,是近日才吃到的。它用苦瓜打浆掺和糯米粉,以碎花生和糖为馅做成。一眼看来,淡绿的颜色,在三伏暑日令人眼目一清,而吃起来,清口、爽口,非常可口。苦瓜味苦性凉,爽口不腻,有祛暑化湿的效果,是一种营养丰富的蔬菜。此外,它又有凉瓜之称。用苦瓜做甜点,是一大创新,一是其色悦目;二是夏日食之,有清热解乏、清心明目的食疗作用。点心原名凉瓜汤元,愚以为其名不扬,称之"汤元"亦嫌不妥,故建议刘总易名为"绿玉凉果"。

以上三种点心,细巧、精美、可口,食之令人大快朵颐,完全可以同《红楼梦》书中记载的美点相媲美。智慧、匠心、巧手,红泥花园的点心师做出的点心,让我们杭州人脸上增添光彩。

清鲜荤素菜　浓浓怀旧情

——点评红泥花园佳肴(点)之十六

2006 年 12 月中旬,天气阴冷,风雨交加,我又一次旧病发作,住进了市一医院。红泥花园的刘小英总经理闻讯与王国祥厨师长一起来到呼吸科看望我,叫我非常过意不去。刘总说:你想吃什么,就点什么! 说着交给我一本厚厚的菜谱,并关怀备至地交代:自己喜欢吃的,也可以点,叫厨师长安排给你做。恭敬不如从命。我打开了脑海中的记忆之闸,一切吃过的菜点像涌泉一样,呈现在眼前,有老母从小烧的、有亲戚朋友家吃过的、有边疆异乡风味的、有菜馆精心烹制的……说到"喜吃"的,确实不少,特别是过去吃过而近几十年没有再尝的,也不少。虽说,人对美食有喜新厌旧之心,但对消逝了的、留下深刻印象的美味,依然有一股怀念之情,这就是"怀旧"。鲁迅先生在《社戏》一文中,用如花之笔,追述了他童年时代听社戏、与小朋友们摘蚕豆(文中称"罗汉豆")吃的往事,并说:再没有吃过那样好吃的罗汉豆(大意)。蚕豆总是蚕豆味道,为什么鲁迅先生要说"再没有吃过那样好吃的罗汉豆呢"? 那是因为是在儿时特定的环境中,与故乡的小朋友们玩着时吃的,带着乡情、带着童趣、带着无邪的纯真,故味道就大不一样。2005 年 11 月,杭州酒家总经理、中华名厨胡忠英在全市餐饮界首先推出 100 种"经典怀旧菜",当时曾名噪杭城,新闻媒体曾给予热情报道,许多老杭州人为此而慕名去杭州酒家品尝"怀旧菜",重温旧梦,追寻逝去的岁月。由此,我想起了上世纪 50 年代曾经吃过的一只价廉味美的菜肴:荤素菜。

荤素菜,顾名思义,菜中有荤有素。上世纪 50 年代,老百姓生活还比较贫寒,菜馆中的好菜,也无非是东坡肉、全家福、叫化鸡等,一般荤菜就是鸡、肉、鱼,鲍燕海参鱼翅、龙虾象鼻蚌还较稀见。我所说的荤素菜,就是用鸡块、肉圆、鱼圆、发皮、菜心、河虾烩制的。此菜有荤有素,荤素夹杂,虽则鸡块两三小块、肉圆鱼圆四五颗,小河虾五六只,发皮六七片,菜心有一半,但打个薄羹,清清爽爽,味道还很可口,是典型的杭帮菜风格。那时,我和家里人上馆子,经常吃这只荤素兼备的菜肴,那时的价格是 0.35 元一盘,到五六十年代之际涨到 0.45 元一盘,到 60 年代三年自然灾害时,这只菜便消失了。只有比它高档的全家福还存在着,但到 80 年代后,许多菜馆连全家福也没有了。但清鲜味美的荤素菜一直留在我的记忆之中。

看了一下红泥花园的菜谱,这里面大多数菜都是我吃过或熟悉的,于是,我点了荤素菜,并在一张纸条上告诉厨师长,是用那些材料做的。点菜后的第二天,一位传菜员将菜送到病房,揭开盒子一看:雪白的是鱼圆、淡褐色的是肉圆、火红的是河虾、淡黄色的是鸡块、姜黄色的是肉皮、翠绿色的是菜心,五色斑斓,诱人食欲。的确，这里没有香辣之味，没有时尚时鲜，但平平淡淡总是真，它是怀旧的回归，它是朴实的家乡风味，满足了一个老杭州人几十年的思念之愿。有时，最有魅力及有新鲜感的，就是螺旋式的回归。我吃着这只久不知味的菜，好像碰到一位久逢的朋友，亲切、面熟、适口，不觉胃纳大开。

听说厨师长王国祥师傅是胡忠英大师的同事与下属，难怪这只怀旧菜做得那么好吃。我翻开红泥花园菜谱，菜谱中有全家福，但没有荤素菜。我想，如果这只菜上桌，老杭州的顾客及喜欢菜式变化的朋友，一定会乐意品尝的。想到这里，我给刘总发了一条短信，建议向广大顾客供应此菜。刘总复电云：谢谢！

菜馆的菜，应该常做常新，创新是一种新，回归也是一种新。孔老夫子说：温故而知新。读书是这样，做菜吃菜何尝不是如此？逝去的岁月、往时的风味，会勾引起我们浓浓的怀旧情感。承前启后，是杭帮菜发扬传统、继续创新的必经之路！在开发创新菜的同时，挖掘传统菜，也是办好菜馆的一种正确思路。

粥油煲海鲜 味美又补人

——点评红泥花园佳肴（点）之十七

正是"七月流火"的日子，红泥花园"创新菜"劳动竞赛也正搞得红红火火，一大批色香味形滋养俱全的佳肴脱颖而出。我有幸作为嘉宾，参加了这场别开生面的竞赛评比，得以品尝了许多难见的创新菜。

在这众多的佳肴中，粥油煲海鲜是最令人关注并引起到会者注目的。在饮食中，人们往往将粥饭之类列入主食，而此菜将粥饭与广东人视之为生猛海鲜的鲍鱼、蛤蜊、扇贝煲在一起，烹制出一道别具风味的好菜。此菜汤汁浑厚、鲜美，海鲜脆嫩可口，食之给人留下深刻的印象。

前些日子，社会上常看到有"伊家米汤"的广告宣传，浑然不知此为何物？品尝了红泥花园的粥油煲海鲜后，方知这是将粥饭引入菜肴的一种粤菜的吃法。对杭州人来说，颇有新鲜之感。据厨师长王师傅告知，早在"伊家米汤"宣传之前,红泥花园已经开发了粥油菜肴,只是未在外界张扬而已。粥油煲海鲜成功地在劳动竞赛中露面,即是最好的见证。

喝着这稠稠的粥油,感到味道是格外的可口,问了厨师长,才知道这粥油不是那粥油,是同肉骨头一起熬成的,故有此与众不同的滋味。

何谓粥油?清代医学家王士雄在权威的食疗名著《随息居饮食谱》一书中云:"若人众之家,大锅煮粥时,俟粥锅滚起沫团,浓滑如膏者,名曰:米油,亦曰粥油。"对于粥油的食疗功能,王士雄说,"大能补液填精,有裨羸老",有很强的滋补作用,特别有益瘦弱的老人;又说:"粥饭为世间第一补人之物。……故贫人患虚症,以浓米饮代参汤,每收奇绩。"而《本草纲目拾遗》则云:"米油滋阴长力,肥五脏百窍",说能补阴长力气,又能助内脏生长发育。另有《紫桂单方》说粥油能"治精清不孕(精液中精子较少,多为清液——笔者注):煮米粥滚锅中面上米沫浮面者,取起加炼过食盐少许,空心服下,其精自浓"。据营养学家分析,用粳米熬取的粥油,含有粳米的主要营养成分,如淀粉、蛋白质、脂肪和多种有机酸,如乙酸、苹果酸、柠檬酸、琥珀酸、甘醇酸、延胡索酸等,还含有糖类,如葡萄糖、果糖、麦芽糖等,此外,还含磷,只有钙质的含量较少。至于鲍鱼,王士雄说它具有"开胃养营、益精明目、补肝肾"等功效,对妇科病、结核病有辅助治疗作用。至于蛤蜊、扇贝,皆属贝壳类海鲜,王士雄说它们具有"清热解酒、止消渴(抑制糖尿病)"的作用。粥油煲海鲜的材料,有这么多补养人体的作用,可说是一种精制的营养炖品。遵照以上传统医学的说法,这只创新菜或称创新营养炖品,比较适合身体虚弱的妇女、男子及瘦弱的老人享用,自然常人品尝亦不失是一种滋补的营养品。

我喝着这可口的粥油,品尝着粥油中的海鲜,深深感到这是一款别具新意的佳品。于是,就在品评中投了它一票。我盼望着它能早日列入红泥花园的菜谱中,为广大食客点品。

要说此一炖品的不足之处,就是扇贝还不够酥烂,再说它与蛤蜊同属一类,有了蛤蜊就不必再放扇贝,不如另放瑶柱(干贝),更显魅力,且又能增添鲜味!

这是我的一点品味之感,愿与美食同好者一起切磋。

白玉烩裙边　清鲜杭帮菜

——点评红泥花园佳肴（点）之十八

　　7 月中旬，红泥花园大酒店举办了今年首场"创新菜"烹饪技术劳动竞赛，作为受邀的评委，我有幸作为顾客的代表，目睹了 30 只新菜的问世，并品尝了它们的风味。在琳琅满目的佳肴中，一只名叫"白玉烩裙边"的新菜吸引了我，它不仅在传统的"色香味形"上取胜，而且在时尚的"滋"、"养"两个方面也各有千秋。

　　白玉烩裙边的主料有裙边、冬瓜，配料则有火腿等。裙边这个名称，不是吃客，不一定知道。它是什么呢？它就是甲鱼壳四周的一圈软肉，因为它像女士穿的裙子的花边，故云"裙边"。用裙边入肴，在我国已经有悠久的历史，因为它软糯肥美，古人就很爱吃它；如果以口感为标准的话，它在甲鱼身上是最好吃的。离现在 1000 年前的五代时，有一个爱吃的和尚，法号叫谦光。他留下一句美食的千古名言："但愿鹅生四掌，鳖留双裙。"意思是说希望鹅生四双脚掌、甲鱼有两道裙边。鹅掌是自古以来筵席名菜，裙边与鹅掌相提并论，可见在古人的眼中，世上只有鹅掌与裙边好吃，其他都不值一提。另一位艺术家兼美食家的清代学者李渔，在他的名著《闲情偶寄》一书中说："'新粟米炊鱼子饭，嫩芦笋煮鳖裙羹。'林居之人述此以鸣得意，其味之鲜美可知矣。"他是将主食与菜肴分开赞美，说主食最好吃的是新出的粟米与鱼子一起做饭；菜肴最可口的是用嫩芦笋与裙边做羹，这是山野之名士最得意的美食。李渔与谦光和尚都赞美了裙边的美味，可谓"英雄所见略同"，美味是有共性的。裙边有鲜有干，干者多为海水产品，鲜者多为淡水产品。海鳖及鼋之裙边大而厚，质味则逊于淡水之鳖，而淡水之鳖裙，雄者比雌者肥厚宽大。一席菜肴之中，如有裙边菜肴作压轴菜，常可称之为裙边席，可与鱼翅席、鲍鱼席、燕窝席……相提并论，可见其身价之不凡。

　　白玉烩裙边的另一主料为冬瓜；冬瓜口味清爽，最宜与荤腥配合，可以解腻生鲜。此菜中的冬瓜块上，每块插有一片火腿，围成一圈，煞是好看，使得围在中间的用高汤红烧的裙边,成为盘中的亮点。从整体来说,此菜造型优美,荤素结合,口味清鲜酥脆,不失为一只成功的创新杭帮菜。

从营养角度来看,裙边是胶原蛋白,属高蛋白物质,传统医学认为它性平味甘,具有滋阴、补虚、凉血、软坚等功效,适宜肺结核、慢性肝炎、糖尿病、肾炎水肿、癌症化疗等体弱多病的患者食用;冬瓜性凉味甘淡,有清热、消痰、利尿、解毒、减肥等功效,而火腿则有健脾开胃、生津养血、滋肾填精功效。此三料合烹,其益人补人之处是不言而喻的。

据红泥花园大酒店厨师长王国祥师傅介绍,此菜做时,都经高汤配合调味,故不论裙边、冬瓜、火腿,都鲜美异常,食之令人大快朵颐。

这样的佳肴,期望能早日列入新的菜单之中,以供新老顾客品尝。

我亦希望,有机会能再次品尝到白玉烩裙边这一创新红泥佳肴!

愿红泥花园有更多的创新佳肴问世,以满足杭城美食族们酷爱新风味的需求,为品质之城奉献美味!

苦瓜炒嫩菱　清凉新风味

——点评红泥花园佳肴(点)之十九

正是菊瘦蟹肥的中秋季节,浙江大学吕洪年教授致电于我,邀我一起品尝红泥美食。在吕先生的陪同下,浙大灵峰山庄楼可程总经理一行人前来红泥花园大酒店取经。楼总我是熟悉的,去年也是在这个季节,大约稍晚一些,吕先生约我到灵峰山庄去品尝浙大西迁特色菜,我们曾有过一番交往。大概缘于我对美食的探索,对于双方的餐饮都有一定的认识,故吕洪年先生要我到场共叙。

刘小英总经理对此作了精心安排,所上的红泥花园的菜点,精美而大气,充分体现了红泥的特色。在欢颜与笑语中,龙井问茶一菜,博得了客人们的热烈赞许,它的造型、它的风味、它的别致吃法,无不吸引着到席的嘉宾。其他如绝品海蜇、红泥酱鸭、冷吃海螺、咸肉蒸湖蟹、雪蛤木瓜盅,等等,都给人留下较好的印象。

这天的菜点中,不少我都点评过,都是比较熟悉的,只有一只苦瓜炒嫩菱,给

江南美食养生谭

我全新的感觉。过去吃过红泥花园的苦瓜点心——绿玉凉果,给我留下很好的印象,曾经多次吃过,也点评过,而这次所吃的苦瓜炒嫩菱,更给我一新的感觉。

苦瓜这一佳蔬,给人印象最深的是它的苦味。因为味苦,有人喜欢吃它,也有人不喜欢吃它,甚至碰都不碰它一下。其实苦也是一种饮食的风味,咖啡是苦的,茶是苦的,百合也是苦的,人们不是也很喜爱吗?而且苦味是凉性的,热体的人宜食,大热暑天人皆宜之。

苦瓜,俗称"锦荔枝"、"癞葡萄",果实呈纺锤或长圆形,表面有瘤状突起,为葫芦科一年生的草本植物。苦瓜由于含有以苦而著名的奎宁,奎宁可以抑制过度兴奋的体温中枢而解热。在夏秋酷热之时,当人们的食欲不佳时,食用苦瓜既可去火清心、清热祛暑,而且它还能刺激人体唾液、胃酸分泌,增进食欲。苦瓜还含有胰岛素样的物质,能降低血糖,是糖尿病病人理想的保健食品。据营养学家分析,除了以上两种物质外,苦瓜还含有蛋白质、脂肪、糖类、钙、磷、铁、维生素 C 与 B、苦瓜苷及多种氨基酸。现代医学研究证明,苦瓜中还含有一种或多种刺激人体巨噬细胞的蛋白质,能加强其吞噬能力,从而提高人体的免疫能力,故医学家认为苦瓜有抗癌防癌作用(用小鼠做实验证明)。不谋而合的是,传统医学也高度评价了苦瓜,明代药物学家李时珍在《本草纲目》中曾记载:"苦瓜性寒、味苦祛邪热、解劳乏、清心明目。"评价可谓甚高。

苦瓜有这样的优点,故如毛泽东这样的伟人、梅兰芳这样的艺术家,都十分喜爱它。毛泽东喜欢吃肉片炒苦瓜、素炒苦瓜、鸭肉炒苦瓜,晚年时还说起苦瓜的好处:"苦瓜这种菜……我不但吃得惯,还一生都吃,从小就爱吃,就图它这个苦味。……我这个人也爱上火,所以命中注定要吃苦啰,不如主动去吃,免得火气太大……"而梅兰芳,一生从事京剧表演艺术,为了保护嗓子,他这也不吃、那也不吃,但苦瓜却照吃不误,原因是它是凉性的,有护嗓作用。可见,苦味自有它的长处,以致名人们慧眼相识,钟情于它。

而嫩菱,则是一种水果与蔬菜相兼的名食,江南地区的人早在四五千年前就已食用,在嘉兴南湖的马家浜文化遗址中,已出土炭化的菱角,唐诗中更有"夜市卖菱藕,春船载绮罗"的记载。菱角,古人常称之为芰,有多种品种,尤以嘉兴南湖所产的无角菱最负盛名。这种果、蔬、粮兼而有之的佳品,有很高的食疗作用。据《中药大辞典》记载,它含有丰富的淀粉、葡萄糖、蛋白质及抗腹水肝癌 AH-13 的作用,性平味甘,生食有清暑解热作用,熟食则有益气健脾功效。

另外,它还能起到"醒脾、解酒、缓中"的作用。民间单方中还用它治疗癌症。据近代研究资料表明,菱肉的醇浸水液有抗癌作用。日本《信使周刊》报道,菱实(带壳)对癌细胞的抑制率为28.8%;日本东京药科大学的实验表明:菱肉略有抑制小鼠腹水肝癌的作用。从口味上说,鲜菱剥壳生食,是一种极其清甜脆嫩的水果;老菱则可当救荒之粮。用之做菜,则是江南地区独特的原料,具有浓厚的水乡风味,可做水菱炒里脊、菱肉烧豆腐、菱仁炖排骨等菜。清代著名美食家、杭州人袁枚在《随园食单》中介绍了一只"煨鲜菱"的佳肴,那是用菱肉、粟肉、银杏果肉入鸡汤煨制而成,为秋令特色名肴。

红泥花园的苦瓜炒嫩菱,色泽美观,苦瓜碧绿,菱肉脆嫩,是一只具有清凉解热作用的好菜。在夏秋酷热期间食之,通体清爽,解热解燥;在吃了甘肥之物后进食,则解腻生津,别有惬意。

吕洪年老先生食后,赞叹不已,推为"好菜"。

要说有什么不足的地方,那菱如果再嫩一些,口感会更好一些。

苦瓜炒嫩菱,清凉又清爽;吃点苦味菜,养生又健体!

愿喜爱肥甘之物的美食朋友,也能爱上苦瓜!

鲍汁花胶筒 鲜糯且补人

——点评红泥花园佳肴(点)之二十

7月中旬,在红泥花园举办的厨艺劳动竞赛中,我吃到一只名叫"鲍汁花胶筒"的佳肴,只觉得口感鲜、糯、爽,印象很深,但不知花胶筒为何物,后来请教了厨师长王国祥师傅,才知是鱼肚。过去在红泥花园吃过"蟹粉鱼肚羹",因为鱼肚切得细碎,吃不出它的本味,直到吃了"鲍汁花胶筒",才领略了它独有的风味。鱼肚本身只有柔糯的特点,用鲍汁配制则鲜、糯、爽突现。

说起鱼肚,一般人会理解成鱼胃,其实鱼肚不是鱼胃,是鱼鳔,即鱼泡泡,鱼的沉浮器官。我们日常吃鱼时,常将鱼鳔弃之,因为鱼鳔要硒干发后才能做菜,新鲜的鱼鳔滑腻腻的,无法入肴。普通鱼的鱼鳔又太小太单薄,较难利用,饭店制作的鱼肚菜,用的则大多是海鱼的鳔,如黄鱼、鮸鱼、鲨鱼、毛鲿、海鳗等的鳔,淡水鱼中,只有鲟鱼、鳇鱼、鮰鱼、青鱼等鱼的鳔才适宜做鱼肚菜。中国人吃鱼肚,可以上溯到汉晋时代甚至更早。古籍中单独记载鱼肚的,大概最早是五代末陶谷撰著的《清异录》中的"十远羹",其中有"海鳔白"一味,即为鱼肚。宋代的记述则多一些,称其为玉腴、佩羹或名鱼脬。在开封和杭州两都的食品中,多次提到过它。其中的鲟鳇肚并列称为"海八珍"之一(鲟鱼和鳇鱼都是回游鱼类,在淡水里产卵、长大,然后回到海里;个体成熟后,再上溯到江河里产卵)。目前市场上供应的鱼肚主要有黄唇肚、鮸鱼肚、黄鱼肚等品种;黄唇肚最为名贵,黄鱼肚又称黄花胶,质量较好,仅次于黄唇肚,大宗的为鮸鱼肚。

鱼肚不能直接入肴,要发开后才能做菜或作补品。鱼肚的胀发,有三种办法,即水发、油发与盐发,前两法宜作菜,后一种方法发成的鱼肚可做补品。

鱼肚含有丰富的胶质、蛋白质、黏多糖、氨基酸、消化酶、灰分以及钙、磷、铁、锌、硒等多种营养成分。其中蛋白质含量高达 84.2%,脂肪含量仅为 0.2%,为高级补益佳品。鱼肚除用作餐桌与筵席佳肴外,还具有很高的药用与食疗价值。《本草纲目》曰:"鳔,止折伤血不止,治妇女难产,产后中风抽搐";《本草新编》说,可"补精益血";《中国食疗学》指出黄鱼鳔可以添精种子。1989 年新闻报道,山西运城市新民中医院医师邵新民研制出"鱼鳔生精丸",对精子异常不育症有满意疗效。内蒙古中草药应用报道,鱼鳔用香油炸酥压碎服,可用作治食道癌、胃癌。以上足可以说明,鱼肚大有益于人体。

鱼肚用鲍鱼汁作辅料做成佳肴,则增鲜增味。鲍鱼汁系用海味珍品鲍鱼水发后,与鸡、火腿等共烹熬成,是高级增鲜调味作料。鲍鱼作为"海味之冠",不仅滋味鲜美,而且具有滋养强壮之效,其汁自然亦补益人体。

红泥花园的鲍汁花胶筒,口感鲜美,柔润绵软,极为适口宜人。因为鱼肚含胶质丰富,常又称之为"花胶",又因所用鱼肚为整个的材料,形成筒形,故又称之为"花胶筒"。如此可口的花胶筒,余年过花甲,尚是第一次品尝到。常人谓吃海鲜,皆是吃鲍鱼、鱼翅、龙虾,孰不知花胶筒的味美,决不在上述三物之下,其食补食疗价值,亦胜一筹。

此菜在红泥花园菜肴中,可称珍品,如果能再配一些生菜、金针菇等类蔬菜作铺垫,一起享用,则更清口解腻。

没有品尝过花胶筒的、爱好美食的朋友,不妨去红泥花园品尝一下鲍汁花胶筒的美味!

奇珍多宝鱼　肉嫩味鲜美

——点评红泥花园佳肴之二十一

初冬之时，小姨从美国归来探亲，在上海参加了老母90大寿酒会后，又到杭城探望她的姐姐。作为东道主姐夫，我陪她们游览了灵隐古刹，在如来大佛前为家人祈福，又在红泥花园设宴为她们接风。红泥花园刘小英总经理听说我们已在四楼包厢落座，于百忙之中前来看望我们。我告诉刘总，此来一是向久居太平洋彼岸的小姨介绍红泥花园的杭帮风味菜，借此将红泥菜肴的信息带到上海与美国，二来想品尝红泥花园创新菜肴，将"点评"进行到底。刘总满面笑容介绍了多款佳肴美点，她的热情与亲切，使我们这一家庭晚宴充满了温馨与欢笑。

傍晚，包厢灯火辉煌，我们围桌而坐，笑谈与亲人分别后的思念情景，这时，微带笑容的服务小姐开始给我们上菜。记得几年前，我们在天鸿饭店款待过小姨，她对该饭店制作的"罗汉果"，即糯米心红枣很感兴趣，我便为她点了"心太软"，虽然名称各异，其实是相同一物。甜甜的煮熟红枣，去核后装入糯米粉团，做成外甜内糯的甜味冷盘，实在是非常可口。我又点了时尚的鲜榨玉米汁，这用煮熟的嫩玉米榨汁后加入糖的饮料，不但口味香甜，而且富含多种维生素与不饱和脂肪酸及谷固醇、卵磷脂等抗癌保健物质，能降低血清胆固醇，防止高血压、冠心病、心肌梗塞的发生，还能延缓细胞衰老和脑功能退化，实在是一种绿色饮料。

在上了冷盘和饮料后，服务小姐又开始给我们上热菜。这些菜都是刘总亲自为我们点的，大多清淡味鲜，具有杭帮菜的风味特色，如广式多宝鱼、虾仁小炒、闽式三宝、肉末臭豆腐等，点心则要了荞麦窝窝头（另带菜馅）。

在众多的菜点中，大家都看好"广式多宝鱼"一菜，多宝鱼，学名"大菱鲆"，原产欧洲大西洋海域，是比目鱼的一种，系深海鱼类。此鱼游动时，体态十分优美，宛若蝴蝶在水中翩翩起飞，故有"蝴蝶鱼"之美称。又由于它的英文名称叫"tuybot"，所以以音译称之为"多宝鱼"。1992年，中国工程院院士、水产研究专家雷霁霖先生,将它从欧洲引进,进行人工饲养,终于在山东日照培养成功,并进行批量生产,使国人得以品尝到这一西洋奇珍。多宝鱼口感独特,肉质极其细嫩,特别是鱼背、鱼肚之鳍边,含有丰富的胶元物质,滑爽滋润,有近似甲鱼与海参的风味,营养价值很高。据有关资料介绍,多宝鱼富含多种有益人体健康的物质,食用此鱼,有助于降低血脂,缓解大动脉和其他血管的压力,还能有效降低心脏发病率。品用多宝鱼,在滋滋美味之中,犹若进食美国阿拉斯加深海鱼油,真是一举两得。红泥花园的"广式多宝鱼",用杭帮菜常用的清蒸方式烹饪,然后浇之以粤式调味料,鱼肉鲜嫩味美,鳍边滑爽滋润,真乃鱼肴之上品。

清凉小炒 养生佳肴

——点评红泥花园佳肴(点)之二十二

气候与人的胃口有密切的关系,炎热的天气常使人们胃口不开、食欲不振,因此名厨良庖往往在炎夏之时,采用清鲜、清爽、清凉的材料,烹制消暑佳肴以解人们苦夏之困。消暑的材料很多,凡凉性、清爽的,都可以入肴,但要真正做出一款色香味形俱全不落俗套的养生佳肴,却不是一件容易的事。

7月中旬,正是宋人诗中所言"天地一大窑,阳炭烹六月(农历)"的炎热时节。太阳似火盆,连风也是热的,我因一本久欲出版的书,需要一些美食照片,冒着盛暑去拜访红泥花园刘小英总经理。走进装修一新的大楼,耳目为之一清,仿佛身心感到一种清凉之感。谈毕来意,刘总向我介绍新楼的有关情况。小谈一时,转眼到了中午,刘总留我吃饭,我说和大家一起吃个工作餐吧,刘总一笑说:"我们新创了几个小菜想请您尝尝,提提意见!"恭敬不如从命,我就在三楼的一个小包厢里坐下了。

刘总为我安排的创新菜,一共有两只,一只叫豉汁青椒,一只叫清凉小炒。豉汁青椒,以去籽圆椒为主料,浇以豉汁,咸鲜脆嫩。清凉小炒,用料比较丰富,有山药、苦瓜、百合、莲子,白色的、绿色的、嫩黄色的,三色分明,吃口爽脆,最叫人赞赏的是,此菜清凉滋阴,有清补养生之功效。

食补食疗,药食同源,是我国传统医学的一大特色。也就是说,在远古时代药食是不分的,有的药本身就是食物,而每一种食物都具有药性,这种观念经过几千年实践的考验,已被事实所证明。比如清凉小炒这道佳肴中,山药这一材料,干者入药,鲜者做菜,既是良药,又是名食,传统医学认为它"健脾胃,补肺气,益肾精,滋养强壮";而《本草正》一书说得更具体:"山药能健脾补虚,滋精固肾,治诸虚百损,疗五劳七伤。"著名的中成药、补肾阴祖方六味地黄丸中,就有山药一味。民国9年(1920),著名学者胡适,在北大执教时,曾患严重的糖尿病和肾炎,在协和医院经西医治疗数月,反而加重,全身浮肿,小便带血,后由蔡元培校长示意马幼渔教授,介绍北京名中医陆仲安替他诊治,陆氏重用黄芪和山药,经三个月治疗,使胡适病势豁然若失,一时震惊京华。清凉小炒中的百合,有补中益气、润肺止咳作用,有名的中成药百合固金口服液,就是以野百合为主制成的。清凉小炒中的莲子,有益心、补肾、健脾、止泻、固精、安神作用,现代医学研究发现,每100克莲子干品中,含蛋白质16.6克、碳水化合物62克、磷285毫克,其他还含有脂肪、钙、铁等营养物质;莲子所含的氧化黄心树宁碱有抑制鼻咽癌的作用;莲子心还有清心火、降血压、止汗、养神作用。清凉小炒中的苦瓜,有祛暑解热、明目清心功效,富含维生素B、C,钙,磷,铁及果胶,苦瓜甙和多种氨基酸,具有降血糖和抗癌作用。由此可见,清凉小炒一菜采用的材料都是清补、健脾、益气、滋阴一类有利身体健康的植物性原料,它不仅适宜炎夏食用,也适合秋天品尝。

红泥花园制作的清凉小炒,山药爽脆,苦瓜鲜嫩,百合清口,莲子酥烂,而且黄、绿、白三色相映,给人以清爽之感,真是一款老小皆宜、妇幼皆益的养生佳肴,特别适宜患有肾炎、气管炎、食欲不振等病症的中老年人食用。

萝卜胜肉味　蔬中称圣品

——点评红泥花园佳肴(点)之二十三

在"五月江南樱笋残,流花散尽绿漫漫"的仲夏之时,杭州市贸易局、杭州饮食旅店行业协会、杭菜研究会准备摄制一部宣传杭州品质生活的片子,其中"餐饮篇"中包含红泥花园大酒店。为此,刘小英总经理邀请笔者及浙江大学的吕洪年教授到场品尝红泥美食、点评红泥佳肴,到场的还有杭菜研究会副秘书长叶驰先生及浙大"非遗"中心学术秘书倪小姐。

说来也叫人难以相信,满桌海陆肴馔、名菜名品均获得佳誉,但令人食指大动的却是一款红烧萝卜。此菜色呈琥珀,口感香糯,酥软味美,不是肉味却胜肉味。萝卜谁没有吃过?萝卜之味谁又不知道?为何这一盘萝卜菜,叫人青眼相看呢?从外形来看,红烧的萝卜块并无奇特之处,也没有什么名贵的辅料相衬呀!惊讶之余,我当即摸出手机,向厨师长、杭州烹饪大师王国祥师傅请教,王师傅当即在厨房现场复电告之:此菜用萝卜与某某共烹,制时放入各种调料,历时数小时文火焖之,待出锅时捡出某某,装盘即成。原来,平平常常的萝卜菜,却要用几个小时时间去烹制,难怪某某鲜香之味尽入萝卜之中,盘中不见肉,却胜似吃肉。原来这是一款功夫菜。

说起此菜,不得不老生常谈地再说一下萝卜。萝卜虽说平常、平凡,却是一味古老的蔬菜,两千五百年前编成于春秋时代的《诗经》中的《国风·邶风·谷风》一章中,就已记载了萝卜,诗云:"采葑采菲,无以下体。"其中"葑"为蔓菁,即大头菜,而"菲"一般认为就是萝卜。另,古籍《信南山》中有"中田有庐,是剥是菹";郭沫若老先生在《奴隶制时代·蜥蜴的残梦》中说:我觉得解"庐"为芦菔(亦称莱菔,萝卜之古称),恐怕还是要妥当一些。倘是如此,则早在周代,萝卜已经作为先民的腌菜食用。

萝卜可以生吃,也可熟食。生食以一种青皮红心的为佳,人称"心里美",前人曰"咬春萝卜同梨脆",赞其汁多而甜,脆美如梨;熟食用途极多,切片可与虾米煮汤,切丝可炒肉丝、炒香干丝,与鲫鱼合制鲫鱼萝卜丝汤,还可炖肉,做包子,烙饼子,还可做腌菜、酱菜,特别叫人惊奇的是,西安的"燕菜",即女皇武则天吃过的这道名菜,竟以萝卜丝代替燕窝丝,经调味后竟可乱真。

萝卜虽然平凡、平常,对人类却十分有利,俗语云"肉生火鱼生痰,萝卜青菜保平安"。萝卜生者有清凉味甘之性味,熟者则有性温味甘之特点。祖国传统医学历来认为萝卜有"健胃、消食、化痰、止咳、顺气、利尿、清热、生津、解酒"等功效。清代医学家王士雄在食疗名著《随息居饮食谱》中说:"熟者甘温补脾运食,生津液,肥健人,泽胎养血,百病皆宜,蔬中圣品。"现代医学认为,萝卜富含蛋白质、脂肪、糖类、维生素 B 和大量的维生素 C,以及钙、磷、铁和多种酶与纤维,具有抗癌作用。1979 年,在日本京都召开的第五次国际食品科学会议上,曾宣布：它所含的木质素、维生素C和钼元素具有抗癌作用，应列入抗癌食谱。

我国已故的近代佛学名流印光法师，是一代高僧，著有《印光文集》，禅理深湛。他曾倡导蔬食养生，并劝世人要摒除万虑，减少欲念，切忌多食油腻，应当常吃萝卜，可以散气化腻，说其功同人参。另有佛学名流太虚法师在《海潮音》中也说："萝卜、青菜、豆腐是人生三宝。"

红泥花园的红烧萝卜，味美益人，可说是当今杭城市井最具魅力的萝卜菜。常食海鲜荤味的朋友，为了你的健康，你不妨吃吃这味道不寻常的"红烧萝卜"菜！古人说"豆腐的味胜燕窝"，余却认为"萝卜得味胜蹄膀"！

香美爆鳝　红泥美肴

——点评红泥花园佳肴（点）之二十四

正是苏东坡所说的"杨柳长齐低户暗，樱桃烂熟滴阶红"的人间四月天，西子湖畔的红泥花园大酒店积极参加"2009杭州生活品质市民体验日"活动，迎来了一批市民代表。我作为美食文化研究者，有幸受邀到大酒店参加民间佳肴的点评工作，真切地感受到杭州作为一个生活品质之城的意义。在民间美食的评比会上，杭州市民代表各献身手，当场烹制出了八款色香味形俱全的杭帮风味菜，获得了诸位评委的好评。评比会后，红泥花园大酒店总经理、国家级服务大师刘小英总经理设宴款待市民代表及诸位评委，到场的还有红泥餐饮公司董事长助理姚晓冬先生与办公室主任严瑛女士，席间欢声笑语四起，气氛极为活跃。

一款款冷热佳肴不断上桌，这些由专业大厨精心制作的菜点，引起擅制杭帮家常风味的民间高手的极大兴趣，有些大妈、大嫂舍不得吃那些用小花篮装的香芋甜果，竟用餐巾纸包着，要带回家去；还有一些市民代表说，下次要与家人来红泥花园吃这里的美味菜肴。总之，这些由刘小英总经理亲点的菜点，引起生活品质体验日的的市民代表们的热情赞赏与高度评价。

这天的便宴中，有多道佳肴是酒店新开发的，我对其中的一味爆鳝极感兴趣。黄鳝是杭州市民喜爱的一种美食，最有代表性的黄鳝的吃法，就是虾

江南美食养生评

爆鳝,有的饭店用它烧面,有的酒楼则用它当菜,由于设备与技术条件的限制,一般市民家常做的黄鳝菜是红烧鳝段,只要将弄清爽的黄鳝切成小段,就可烹制,而爆鳝与虾爆鳝都要有较旺的油锅及经验,才能烹出美味。红泥花园的爆鳝,色泽深褐,吃来香美酥脆,带有蒜味,叫人齿舌生香,欲罢不能。我曾经吃过其他饭店酒楼制作的虾爆鳝、宁式鳝丝、红烧鳝段,都没有红泥花园的香美可口。

　　说起爆鳝的美味,不得不提起黄鳝这种原料。黄鳝在我国各地均有出产,尤以水乡泽国的南方出产较多。它有多个名字,如《山海经·北海经》云:"(诸毗之水)其中多滑鱼,其状如鳝,赤背",郭璞注:"鳝,鱼,似蛇。"后人认为鳝是黄鳝的古称。黄鳝又称鮰,亦记载于《山海经》之中,段玉裁《说文解字注》:"鳝,今人所食之黄鳝也,黄质,黑纹,似蛇……其字亦作鮰,俗作鳝。"黄鳝因其身长,故又有"长鱼"之称。此外,文人们对它还有一些戏称,如微鳞公子、粽熬将军、油蒸校尉、矐州刺史……黄鳝味美,每百克含蛋白质 18.8 克、脂肪 0.9 克,并有多种维生素,古籍《名医别录》列其为上品;清代食疗专家王士雄在其专著《随息居饮食谱》中,说它性味"甘,热",有"补虚助力,善去风寒、湿痹、通血脉、利筋骨"的作用,能"治产后虚羸,愈臁疮(下肢慢性溃疡)、痔瘘"。说明它有强壮身体、治疗风湿性关节炎、活血健筋骨的食疗食补功效,有利产妇补虚及治疗下肢溃疡与痔疮等。但"时病前后(即流行性疾病)、疟(疟疾)、疸(肝炎)、胀满(消化不良、胃肠疾病)诸病,均大忌(都不适宜而要避免食用以免发生意外)"。此外,王士雄根据历史记载及自身积累的经验,告诫食家:"黑者(鳝身为黑色者)……项下(头颈下面)有白点,夜以火照之,则通体浮水上,或过大者皆有毒,不可不慎也。"这里说的是那些身体变异、活动异常、鳝龄过长积蓄毒素的黄鳝,绝对不可以贪食而吃。有关鳝过大者有毒,清人笔记中曾记载过这样一个故事:说是清代乾隆年间,江苏兴化县有家人雇工放鸭百只,每日从门前一石桥下经过,清晨过去,傍晚归来,过桥之前鸭子一只不差,但是每夕归来一过石桥,鸭子便少一只,起初怀疑是雇工偷吃,后来主人亲自撑船赶鸭过石桥,只见桥下水花一泛,一只鸭便下沉不见,连续多少天,天天如此,主人认定水底必有怪物。冬天枯水时节,主人同村民一起动手,将桥上下游用泥与石块填实,抽干桥下之水,结果在一个斗大的洞穴中发现一条 3 米多长,比碗口还粗的一条大黄鳝,全村人都斩割巨鳝之肉食用。当晚,吃鱼头肉的人全部死掉了,而吃鳝身肉的人则无恙，证实李时珍《本草纲目》中所说黄鳝"大者有毒杀人"的观点是正确的。

烹制黄鳝菜，宜用大蒜。一缸鳝鱼沉卧不动，如投入一团蒜泥，则群鳝跳掷不已。无论红烧、爆炒、烂炖、油炸，均宜用蒜来解腥去腻，蒜瓣、蒜苗、蒜苔均有增鲜提味作用。烧制黄鳝菜的用蒜量，应较烹制其他菜多一些，方能衬托出鳝肉的香美。

红泥花园的爆鳝一味，正是遵循了这一原则。在品用鳝片时，食客常能发现一瓣瓣香糯的大蒜夹杂其间；大蒜以自身香味为黄鳝增香，黄鳝也用自己的鲜汁为蒜瓣增鲜，可谓珠联璧合，相得益彰。

享受品质生活，当应品尝红泥美食。

品味名人名家

乍暖还寒，刚过了火树银花不夜天的元宵节，我和朋友们应多年前相识的餐饮职业总经理辛雪光先生地盛情邀请，先后来到杭州文二路名人名家大酒楼相聚。是日，高朋满座，欢语溢席，前来赴宴的朋友中，有不少是省市的"名人名家"，如诗人杨达寿教授，文学科普双栖作家卢曙火，餐饮文化专家祝宝钧，《张生记报》主编、科普作家王祺，餐饮文化行家吴乃彰，杭州市烹饪协会副秘书长周世椿等；临安市著名的经济学者戎康民老先生，也路远迢迢前来赴席，真是群贤毕至，欢聚一堂。名人名家餐饮集团的总经理李红卫先生到场与大家见了面，席间气氛显得分外热烈、温馨。

在大家坐定之后，漂亮的服务小组开始给大家上菜，先上了冷盘与饮料，之后又端上了热菜。淡黄的玉米汁、琥珀色的黄酒、雪白的酸奶……都是可口的健康饮料，而花色纷呈的佳肴美食中，既有杭式风味的家常菜，又有杭式及粤式风味的特色菜。因为小可家居城东从来没有惠顾过名人名家大酒楼，对酒楼的风味特色知之甚少，今日面对诸多美食，使人食指大动，馋涎欲滴。

尤其垂青其中的水晶虾仁、片皮鸭二吃、雪蛤炒芙蓉、隔水蒸鸡、菌菇烧面筋、土烧冬瓜、名家肉夹馍七款。说起炒虾仁，杭城各大菜馆都有供应，可是很难吃到有如名人名家那样独具一格的：虾仁新鲜饱满、颗壮不说，吃来鲜嫩、筋道、味正，满口虾仁的鲜香之味氤氲在齿舌之间，欲罢不能，这是我几十年来吃到的最好的清炒虾仁，甚至比杭州名店新阳光的看家菜——水晶虾仁，更胜一筹。名人名家的片皮鸭二吃，也是杭城一绝：鸭皮金黄、外脆内香，裹以面饼、黄瓜丝、大葱丝，醮以甜酱食之，可口之至，是一种极致的美食享受。至于椒盐鸭骨、酥松香脆，其味之美也令人大快朵颐。此外，雪蛤芙蓉，搭配精巧，清雅清口；隔水蒸鸡，鸡味浓郁，鲜嫩可口；菌菇烧面筋，色泽金黄，绵糯适口；土烧冬瓜，酥糯可人，素肴佳品；名家肉夹馍，干菜肉香糯酥烂，夹馍入嘴肉香满口，为四时美点。

以上美肴佳馔，足以看出名人名家大酒楼的大厨具有高超的烹调技巧，自然不足之处也有一些，如有些菜显得过咸，不能适应社会上追求休闲品尝的潮流需要；有的菜用料及造型上稍差，如海鲜拼盘，材料比较一般，造型欠美观，只是普通的家常罗列，有待改进。但总体上讲，大多数菜肴水准较高，具有名人名家大酒楼的独特风味，如水晶虾仁、片鸭二吃两菜，可称酒楼两绝，足可与杭城第一流的名菜相媲美。

杭州忆，最忆是美食；品美食，最爱登上名人名家大酒楼。

但愿日后有机会，再与诸位"名人名家"重聚名人名家大酒楼，把酒话美食，重话相聚情。

龙的故乡有"龙菜"

"龙"是中华民族原始的图腾形象，龙的起源同我国历史文化的形成和文明时代的开创紧密相关。

我国源远流长的饮食文化，对"龙"也极重视，各大菜系中都有"龙"菜。例如鲜美可口的杭州名菜"龙井虾仁"、"龙井问茶"，就是以脍炙人口的龙井茶叶和江南水乡的河虾仁精工烹制而成；龙井茶以生长在龙井地区而闻名，而龙井之泉也因大旱不涸、人疑通海有神龙盘踞而出名。又如广东名菜"龙虎斗"，以蛇为"龙"，以猫为"虎"，以鸡为"凤"，经过精心烹制而烧成，其形状如龙腾、虎跃、凤舞,造型美观而营养丰富,是南国美肴佳馔中的珍品。再如楚乡古城荆州的传统名菜"龙凤配",相传出自三国时"刘备东吴招亲"的民间佳话,此菜以当地特产大黄鳝和凤头黄母鸡,通过精致的刀工,以煮、卤、炸、溜等多种烹调方法,制成滋味各异的美肴,并在盘中摆成龙和凤的图案,故名曰"龙凤配"。最具有传奇色彩的"龙"菜,当首推湖北钟祥的名肴"蟠龙菜",它的产生相传与明代宫廷兄弟争夺帝位有关:传说明武宗弥留之际,他怕两个亲王世子争夺帝位而乱了朝政,便立下传位遗诏:"先到京者为君,后到京者为臣。"住在湖北钟祥的兴王知道后忽出奇想,准备装成钦犯遮人耳目进京,但途中虽然"奔丧",但仍要进食荤腥,不过要遮盖一下,"吃肉不见肉",满城的厨师想不出妙计,只有一个姓詹的老厨师见妻煮红薯受到启发,把鱼和肉剔骨去血后剁碎,配以调料,外用鸡蛋皮包起来染上酱色,做成红薯形状,供兴王手抓而食,此一方法受到了兴王的赞扬和奖励。当另一位住在离京城较近的亲王世子自以为帝位是十拿九稳、慢慢品尝沿途地方官招待的"丧筵"时,兴王已装成钦犯日夜兼程到京,抢得了皇帝的宝座,并自号嘉靖皇帝。由于途中"红薯"味美,嘉靖吃上了瘾,便把它列为御菜,可是皇帝是不能吃"红薯"的,便将此菜改名为"蟠龙菜",还要薄薄地切成片状,如龙形盘放在碟中,自此钟祥的"蟠龙菜"就出了名。此外,山东的厨师还发明了"龙衣凤蛋":那是用蛇皮与鸡蛋摊成饼子做成的一道菜;还有"翡翠龙衣",那是用蛇皮与莴笋加调料做成的一盘别致的冷菜……

"龙"的故乡,处处有"龙"菜。

羊 年 说 羊 菜

羊在中国这块辽阔土地上,历来为人们所看重。汉语中许多美好的字眼,如"美"、"祥"、"羲"、"善"、"鲜"、"羹"都从羊,而且吉利,体现了人们对羊的赞赏褒扬。北宋文学家王安石解释"美"字为"从羊从大",以大羊为美,肥羊为美;羊是汉语中"美"字的起源。

宋代帝王达官贵人素以羊肉为时尚美食。宋孝宗赵昚请大臣胡铨入宫赴宴,有两道羊肉菜:"胡椒醋羊头真珠粉及炕羊炮饭",被当今人视作下里巴人的羊头肉也上了御宴。宋代宰相、唐宋八大家之一的王安石也爱吃羊头肉，可见羊头肉亦曾时髦过一段时间。宋哲宗时的宰相范纯仁因故被贬到永州做地方官，因当地有羊肉可吃，亦感安适。他写信给人说："此间羊面无异北方，每日闭门餐馎饦(羊肉面片)，不知身之在远也。"美味的羊肉下面片，竟减轻了政治上的失意，得到了精神上的安慰。南宋时，杭州市井崇尚苏东坡一家的文章(即苏东坡及其父、其弟之文)，研讨精熟，学会苏家笔法、文风，便可中进士做官。当时有"苏文熟，吃羊肉；苏文生，吃菜羹"的俗话。此项记载出自南宋诗人陆游所写的《老学庵笔记》，由此看来，陆游熟悉苏文，羊肉也吃得大快朵颐。可见当时吃羊肉被认为是一种富贵与时尚的体现。

在宋人意识中，羊还是吉祥的化身。据《宋人轶事汇编》记载，孝宗皇帝母亲张氏，曾"梦崔府君拥一羊，丁未，生孝宗于秀州(嘉兴)，小名羊"。皇帝取小名谓"阿羊"，可见羊在当时地位很高，以致可以做皇帝的小名。

古人对羊崇敬，不光是因为羊肉味美，还与认为羊是义畜有关。《春秋繁露》一书介绍人们对羊有好感的原因时说："羔饮(奶)其母必跪，类知礼者，故羊之为言犹祥。"的确，羊羔在吃奶时，都是双膝跪下匐伏在母腹下的，无疑给人留下了孝顺的印象。

羊还有一个与众不同的优点是，集体主义精神很强，头羊带路，群羊相从。汉语中的"群"字，即从羊之此一习性象形而来，故"群"字从羊；从字面上看，主人的手一招、嘴一叫，羊即结群而来。北宋徐铉曾以训诂学的角度对"群"字作解释："羊性好群，故从羊。"

羊肉性热，大补，古人有"人参补气、羊肉补形"之说，可见其对人之益处。羊肉可做多种名菜名点，更有以整羊分别入肴的，称之为"全羊席"。冬日吃羊肉，大补元气而又味道鲜美，岂不是两全其美？读者诸君，冬令进补不可错过时节。

猴年说猴与猴菜

说起猴子，人们就会想到《西游记》中的孙猴子，凭一根金箍棒，保唐僧去西天取经。在民间，猴子是讨人喜爱的。旧时街上有耍猴戏的，常常吸引过往行人。直至今之节庆佳日，人们还爱带着孩子去动物园观赏猴子。猴子的活泼与灵巧，素得人们赞赏，人们常称那些机灵、敏捷的人像"猴精"一样。

在自然界，猴子是一种比较高级的动物。我国共有18种品类的猴子，其中6种是我国的特产，而在这6种之中，有3种是名贵的金丝猴。它们全身的毛呈灿烂的金黄色，非常美观。在珍稀动物的级别上，金丝猴的地位与大熊猫相当，只是知名度稍低一点。直到现在，世界各地动物园中还没有饲养金丝猴的。我国的金丝猴主要产在西南山区，其中尤以云南的黑色金丝猴最为珍贵。

自古至今，文人墨客笔下写出过不少"猴诗"。如李白的《下江陵》："朝辞白帝彩云间，千里江陵一日还。两岸猿声啼不住，轻舟已过万重山。"抗金名将岳飞在马上吟咏的"猴诗"："登岩越险涉丛荒，喜遇群猴俯首降。中有白猿能练武，前来向我索刀枪。"至于清代，杭州"钱塘十八景"中还有"冷泉猿啸"一景，点明当时灵隐飞来峰一带有猿居住；诗人许承祖还写下《呼猿洞》一诗："岩花涧草一丛丛，古洞深寒翠霭中。善幻恍疑猿父出，倚云坐啸起长风。"

猴子的脑子，旧时被列为"山珍'之一。过去广东的达官贵人兴吃猴脑。吃法是：将猴头顶毛刮净，另用一只中间有两扇门且留有一洞的桌子，将猴子捆住，并将猴头夹在桌中洞内，用热水冲洗干净，即用锤子敲破猴头，掀起天灵盖，然后任吃客用勺子兜了猴脑在火锅中烫熟缮用，据说吃了补脑子。自然，吃脑时，猴在桌下拼命挣扎，凄惨之至，现已被禁止，国家不允许这样随便杀害猴类。

猴子不能入菜，但真菌类的猴头菇却已成为大众化的美肴。猴头菇本是野生食用菌，因其菇体茸毛呈金黄色，体积及形态又极类似猴子的头颅，故名"猴头"。鲁迅先生在1936年，品尝了曹靖华先生寄赠的太行山猴头后，曾说："味确很好，但与一般菇类颇不同。南边人简直不知道这名字。"由于当时很难吃到野生猴头，故鲁迅先生寄希望于科学家们："如经植物学家及农学家研究，也许有法培养。"1979年，浙江常山微生物厂大胆开拓创新，用人工栽培的方式，正式生产山珍猴头。1980年，常山猴头作为商品正式进入市场。现在，无论到哪一个大城市的大饭店，我们都能品尝到被鲁迅先生曾经称之为"珍品"的猴头。

鸡年、鸡与鸡菜

2005 年农历为己酉年,即传统所说之鸡年。"鸡者吉也","鸡"音谐"吉"音,民间认为属鸡的吉利,会一生平安,无病无灾。这自然是一种讨吉利的说法。但古人对鸡评价一直很高。说它是"五德之禽":"头戴冠者,文也;足博距者,武也;敌在前敢斗者,勇也;见食相告者,仁也;守夜不失时者,信也。"这评价不可谓不高。

据考证,家鸡是由古时原鸡训养、进化而来的,世界上训化鸡最早的文字记载资料,发现于我国:在公元前 16 世纪到公元前 11 世纪(即距今 3600 年前到 3100 年前)的甲骨文里,已有鸡的象形文字出现,而 4500 年前的三门峡庙底沟龙山文化遗址中,已发掘出鸡的骨包括前臂骨;更奇的是六七千年前的河姆渡遗址中,竟还有用禽骨做的骨笛出土。到春秋战国时期,国人已经开设鸡场养鸡,《吴地记》记载吴王夫差曾筑城以养鸡:"吴县……东二里有豆园、吴王养马处,又有鸡坡";《越绝节》也载:越国"鸡山,勾践以畜鸡"。到汉代,地方官已号召居民养鸡;到魏晋时,居民养鸡不仅供吃而且作为商品交易;到唐代,一个鸡坊往往养各类鸡达一千多只,可见规模已很大。时至今日,现代化的养鸡业,更使鸡成为人们日常生活中不可缺少的一种大众化的优质肉食品。

鸡在古时,不仅仅用之于食用及报时,而且还是祭祀天地、祖先时用的"牺牲"之一。以鸡祭祀祖宗,至今仍在民间的丧俗中流行,供品中的"三牲",即是鸡、鱼、猪。鸡还用之于占卜及斗鸡游戏,我国最早的斗鸡文字的记录见诸于西周宣王时(见《尔雅·翼鸡》)。鸡还用之于盟誓,杀鸡喝鸡血酒是一种古老的结盟方式……

古往今来,人们养鸡,以鸡鸣报时,以鸡肉供馔,鸡与人类的日常生活密切相关。与鸡有关的典故轶闻亦纷沓而至,如《孔丛子·居卫篇》记述苟变食鸡卵,子思谏卫君的典故;《后汉书》记述乐羊妻不食邻里鸡的轶闻;其他古籍还记述了杀鸡焉用牛刀、鸡口牛后、鸡鸣狗盗、鸡犬升天、鹤立鸡群、闻鸡起舞等典故。

自然，说起鸡，最实际的是要说说吃鸡，广东民间有句口头语叫"无鸡不成席"。古往今来，数不清有多少美味的鸡肴。先秦时，名厨易牙有五味鸡；大诗人屈原《楚辞》中有露鸡；《齐民要术》中有鸡羹；《新唐书》里有鸡球；《武林旧事》记载宋高宗吃润鸡；清代大美食家袁枚在《随园食单》中记载了30种鸡菜；《智取威虎山》中土匪更摆了一个百鸡宴。鸡有多种多样吃法，炖、卤、烧、炒、烤、煨、炸……无不味美可口。以鸡制作成的名菜，更是遍及华夏神州，如苏州有西瓜鸡、神仙鸡、早红桔络鸡；杭州有叫化童鸡、吴山烤鸡；绍兴有清汤越鸡；上海有小绍兴白斩鸡；山东有德州扒鸡；安徽有符离集烧鸡；河南有道口烧鸡；浙江桐乡有三珍斋酱鸡；广东有东江盐焗鸡；陕西西安有葫芦鸡；湖南长沙有麻辣鸡；四川重庆有宫保鸡丁；江苏常熟有油鸡、熬鸡及与杭州同名的叫化鸡……总之，有名的鸡肴，举不胜举。

　　鸡全身都是可口之物，无论鸡脑、鸡翅、鸡爪、鸡腿、鸡胸、鸡筋、鸡肠、鸡心、鸡尾尖……都可以做出林林总总的佳肴。尤其是有"叫、跳、飞"之称的鸡头、鸡翅、鸡爪，以其鲜活之肉称绝，以致后两种价钿比鸡肉还贵呢！

　　鸡还是补品，清代医学家王士雄在著名的食疗名作《随息居饮食谱》中说："鸡甘、温、补虚，暖胃，强筋骨，续绝伤，活血调经；拓痈疽，止崩带、节小便频数，主娩后虚羸。以骟过细皮肥大而媆者胜，肥大雌鸡亦良。若老雌鸡熬汁最佳，乌骨鸡滋补功优。……"将鸡的食疗食补功效介绍得十分详细，尤其推荐老母鸡熬汤及吃乌骨鸡，认为补性"最佳"、"滋补功优"。

　　让我们在鸡年，"闻鸡起舞"练好身体，并在日常生活中注意调节饮食，合理地吃一些低脂肪、高蛋白、易消化的鸡菜，使自己有一个健康的身体，生活、工作得快快乐乐而又充满人生情趣。

狗年、狗与狗肉美肴

　　在岁月交替的舞台上，鸡鸣之声渐远而狗吠之声响起，从2006年春节起，鸡年转入狗年，年来年去又一年。

　　说起狗，中国人对它再也熟悉不过了，大部分狗性情温和，通人性且极易驯化,因此深受人们的喜爱。人们常用"看门狗"、"走狗"等语说狗,可见狗对人们生活起到的作用及忠诚于主人的秉性。人们爱狗以致常常用"犬子"来专指自己的儿子,这并不是谦逊之词,而是爱称。《史记·司马相如列传》说司马相如少年时候"就好读书,学击剑,故母名犬子"。《太子御览》更谓之"其亲名之曰犬子"。

狗起源于狼的驯化,我国是世界上最早将狗驯化为家畜的国家之一,并将狗列为六畜之一。早在周代,人们就把狗分为田犬、吠犬、食犬三种。明代李时珍解释得最为清楚:"田犬,长喙善猎;吠犬,智喙善守;食犬,体肥供馔。"狗的用途很广,如北极的爱斯摩人用它拖雪橇;军事人员用它侦察敌情、搜捕逃犯、传送情报等;科学家用它作为科学实验,使之遨游太空;牧民用它来管理羊群;农家用它来看守门户,保护住宅安全;而宠物犬,则成为人们长日厮守的爱物。

狗除了为人类服务外,本身也有很多用途:狗皮可以做褥子,有去湿利身作用,还可用之做膏药,曰"狗皮膏",有散结、化瘀、止痛功能;狗身上所长之结石称之为"狗宝",是治疗噎食及痈疽疮疡的良药;狗肉是肉类中最为香美的一种肉,因此,广州人称其为"香肉"。民谚说:"狗肉滚三滚,神仙也咽馋。"说起吃狗肉的风俗,我国上古时候就有,七千年前的余姚河姆渡遗址中,就发现不少狗骨,说明那时养狗,也吃狗肉;商周时,狗肉是宫廷祭祀大典及宴饮中的重要肉食,殷虚出土的甲骨文上有"犬"字即可为证;燕国太子丹在易水河畔为刺秦王的勇士荆轲送行时,饯别的就是狗肉宴;先秦时,学生交学费叫"束修",大多是10条风干的狗肉,孔子常收到学生缴来的这样的"学费"。《礼记》言"食犬";《本草纲目》说吃狗肉的好处,都是正儿八经的食事。孟子说:"鸡豚狗彘,无失其时,70岁可以食肉矣。"说的是要到七十岁才能吃到狗肉,且把狗与鸡、猪相提并论,可见其时狗肉亦十分珍贵。先秦时,狗用来祭祀祖先,故称之为"献";一个古老的"然"字,乃是由狗肉与火相构成。汉时,盛行吃狗肉,刘邦手下的大将樊哙未发迹前就是以屠狗为生的,至今安徽沛县还有名菜"鼋汁狗肉"传世。据说是当年樊哙杀了帮助刘备渡河的大鼋,与狗肉共烹而制成。明代施耐庵爱吃狗肉而写出了可爱的鲁智深;清代"扬州八怪"之一的郑板桥爱吃狗肉而被盐商设计骗走了书画精品;现代还有"狗肉将军"张宗昌。在少数民族中,东北的朝鲜族最爱吃狗肉,有句歇后语叫做"朝鲜族过年——要狗的命"。延边朝鲜族自治州敦化,还有用狗皮做的佳肴。当地人认为,狗皮的营养价值超过狗肉,狗汤、狗血,有补胃气、暖腰膝、益气力、美容的功效。狗肉之美在于皮,广西人吃狗肉讲究带皮吃,说是那才会感到越嚼越有味。

狗肉之味美,乃是源于它所含的丰富的含氮代谢物,烹煮之时,浓香四溢,诱人馋涎欲滴,不过,更值得令人重视的乃是它的食补、食疗功能。李时珍在《本草纲目》一书中一口气就列出了吃狗肉的十大好处:"益气、宜肾、补胃、健腰、暖膝、轻身、壮气力、安五脏、补血脉、治五劳七伤。"因此,人在寒冬之日食用狗肉,有全身暖融融如沐春风之感。

狗肉可做多种菜肴:广东菜中有"开煲狗肉";深圳有"沙井炖乳狗";杭州有"济公狗肉串";安徽沛县有"鼋汁狗肉";朝鲜族有蒜辣味的"凉拌狗肉";河南有"试量集狗肉";江苏有"香酥狗肉";湘西有"橘汁狗肉";桂林有"沙锅狗肉"……潮州还有狗肉宴。

狗肉虽香美,但疯犬、病犬不可食。因狗肉带有寄生的旋毛虫,有碍身体健康,故吃狗肉,一定要烧透炖烂才安全。一般的吃法以制作浓口重味的火功菜为准,如红烧、黄焖、卤、酱,等等。

金猪年·猪·金华火腿

按照中国人传统的金木水火土五行学说,2007 年属"金",加上十二生肖中的"猪",成为 60 年一遇的"金猪年"。在这吉祥的时光,许多年轻妈妈把生一个活泼可爱的猪宝宝,当作一个心愿。有专家预测,2007 年将出现最近 20 年来最大规模的结婚人群与生育高峰。在历史上,丁属火,丁亥年是一直被称为火猪年的。直到唐太宗贞观元年,因参照西汉五铢标准改革货币,由于财富之盛而被誉为"金铢年","猪"与"铢"同音,自此丁亥火猪年被改称为丁亥"金猪年"。

我国是世界上最早饲养猪的国家,六七千年前的余姚河姆渡遗址中,出土了陶猪和陶碗上猪的刻画;五六千年前的半坡遗址中,猪的骨骼和牙齿是兽骨中最多的,半坡刻符中已出现酷似"彖"(古猪名)的字样。三千年前的甲骨文、金文中,出现与"彖"相似的字,均像猪形,上为头,下为尾,腹部朝左。"家"字的含意,甲骨文解释是"屋内有豕(猪)"为"家"。上古还有用豚(猪)作为礼品的。

江南美食养生谭

《论语·阳货》："阳货欲见孔子，孔子不见，归(馈)孔子豚(猪)。"权势显赫的阳货送给当时学者孔子一只猪，以求见面，可见一只猪已不是很轻的礼物了。古代祭祖祖先，如用五牲，为牛、羊、猪、犬、鸡；倘用三牲，则为牛、羊、猪，可见猪是不可缺少的。

从驯养野猪开始，六七千年来国人养猪、研究猪，边吃边总结，积累了如今的经验，不但善于用五味烹调猪肉，而且认识到猪身某一部分对人的健康所起的作用。这是十分宝贵的，且为今日之现代医学所证实，尤属难得。

猪全身都是宝：猪皮可制革，亦能制作美食(如南宋市井名食"水晶脍")；猪鬃、猪毛可制刷；猪骨富含钙、磷、铁质及胶元蛋白等，可炖制高汤，也可作为工业原料制胶；猪血营养丰富，可入肴亦可制漆；猪的内脏，可烹制多种味美的肴馔，且有多种食疗食补作用；猪肉更是人人不可或缺的肉食，可煮、可烧、可炖、可炒、可蒸、可爆、可烩、可扒……更可制作多种美味的腌腊食品，如酱肉、咸肉、腊肉、熏肉、香肠、香肚、香枣等，其中用猪的后腿加工制作的火腿，可说是猪肉腌腊制品中的翘楚者。

火腿世界各国都有，德国的火腿很有名，英国的火腿有香气，美国的若干听装火腿，算是名贵之品。但就滋味而论，外国火腿多数是淡而无味，少数是咸而不鲜。只有中国火腿，鲜美之至，至于肉色之美、肉质之细，更是外国火腿远所不能及的。

中国火腿，有名的有金华火腿与云南火腿(俗称云腿)两种。金华火腿的皮呈金黄色，厚而腴美；云南火腿的皮色白而薄，其味较差。金华火腿的肉，瘦多肥少，味咸而鲜，鲜且甘美；云南火腿与此相反，肥多瘦少，其味较淡，鲜而甜醇。此外，金华火腿小的每只只有三四斤，大的十斤左右；云南火腿，小的有十余斤，大的重至四五十斤，大部分是肥肉，因此，云南火腿外销比较少见。

全国各地菜馆中，无论冷盘切片、配菜、炖汤，大都采用金华火腿，像老杭州名菜蜜汁火方、金银蹄；新杭州名菜笋干老鸭煲，都以金华火腿做主料或主要配料。如无金华火腿鲜香之味衬托，张生记就烧不出美味的笋干老鸭煲；而无金华火腿，红泥花园就做不出菜谱上所列的甜菜蜜汁火方。

火腿可做上百种佳肴，除了前面所说的蜜汁火方、金银蹄、笋干老鸭煲外，还可与干贝配合做"干贝蒸火腿"；与冬瓜配合做"火腿冬瓜汤"；与冬笋配合做"笋煨火腿"；切成丝后还可与虾仁或鸡丝同炒。总之，大多数菜肴中，只要添加些火腿，都会增鲜生香。

火腿生产在我国至少已有 800 年历史,其名之来历,有这样一个传说:据金华地区父老口碑相传,南宋名将宗泽欲率家乡子弟兵北上抗金,乡民闻讯,纷纷宰猪相慰。因猪肉太多,难以保鲜,宗泽便命人在猪肉上遍撒硝盐腌之。三个月后,当肉到达开封大营时,雪白的猪肉全变成火红火红的了,而且散发出一种扑鼻的奇香。将士们吃了这家乡肉就想起家乡父老姐妹对自己的希望,杀敌更加奋勇。捷报不断"飞"到宋高宗的龙案上,宋高宗以犒尝将士为名,御驾亲临开封,以一尝奇味。宗泽便命厨师用那鲜红异常的猪肉,制成各种金华名菜宴请圣驾。垂涎已久的宋高宗吃了后,赞不绝口说:"这是'火腿',要不,它怎么会这样火红火红的呢!"古时,皇帝的话是金口玉言,从此人们就把这种经过加工的猪腿叫做"火腿",而宗泽也被金华百姓奉为"火腿"业的祖师爷。

鼠年话食鼠

2008 年按传统农历的说法,是子鼠年。十二生肖中,鼠的形象不及龙虎之威武,不及牛马之益人,不及鸡犬之亲切,甚至不及猴与兔之活泼可爱……造成这种印象的原因固然是由于它们常常给人带来麻烦,但另一方面也由于人们对鼠的大家族缺乏了解。奇怪的是,鼠给人的印象不是很好,但十二生肖中却以它为首位,这是什么原因呢?原来汉时分一昼夜为十二时,分别称为夜半、鸡鸣、平旦、日出、食时、隅中、日中、日昳、哺时、日入、黄昏、人定,以干支为纪,并以十二种动物习性用于纪时,各守一个时辰:老鼠半夜出来啃箱咬柜,黄牛后半夜起来吃草,老虎天未明出来觅食,野兔日出开始活动,龙在清晨兴动云雾,蛇在近午时爬出洞穴……老鼠在古人眼中是第一个出来活动的,时间又在子夜,故称鼠为子鼠。

作为一种文化符号,鼠在人们思想中,既像魔鬼又像吉祥物:鼠曾被某些部族与地方作为图腾崇拜;鼠的危害并无根治之法;鼠的繁殖能力使渴望"多子多福"的人羡慕不已。古籍《山海经》中有许多奇鼠怪鼠的描写,都有可能是古人的图腾;贵州有一部分苗族人至今还用鼠肉祭祖,并在祭祖的晚上全家共享鼠肉宴。青海田鼠为害,以前的青海农民便用馒头作供,烧香奉茶,并唱《田鼠歌》："汝为生肖首,乃为人之友。民以食为天,歉收饿老幼。今日田头祭,体谅农家愁。远去食草木,禾稼莫动口。"农民们相信,祭祀老鼠,便可消除鼠害而获得丰收。又由于鼠既是"子时"的符号,又与地支合称为"子鼠","子"与"多福多子"同用一个"子"字,而且鼠有惊人的生育能力,故鼠又成为生育的象征,北方民间的剪纸,常以鼠作为这方面的题材。

鼠的家族十分庞大,分松鼠科、鼯鼠科、仓鼠科、竹鼠科、跳鼠科、豚鼠科、河狸鼠科等,一共有十多种,其中一部分鼠,如松鼠、土拨鼠、黄鼠、飞鼠、麝鼠、鼢鼠、海狸鼠的皮可制衣、帽、手套;豚鼠可作医疗和生理学的实验;麝鼠、竹鼠、海狸鼠等可食用;松鼠、花鼠、豚鼠还可当作宠物饲养;有的鼠的肉还是美食。可见,鼠不是全部有害,有相当一部分对人类还是有益的。

说起吃鼠肉,在我国有源远流长的历史。北京周口店"北京人"遗址中,已发现有竹鼠的化石。宋代周去非在《岭南代答》中有这样一段:"深广及溪峒(即两广——笔者注)人,不问鸟兽蛇虫。其间异味,有好有丑。……竹有鼠名鼺……此其珍也。"现在广西桂林还有竹鼠系列菜:"双冬扒竹狸"、"茅台醉竹狸"、"红烧香竹鼠"。浙江南部也产并食用竹鼠,清末明初的杭州人徐珂在《清稗类钞》中的"平阳人食竹豚"一则中说:"竹豚,略似鼠,产浙江之平阳,南雁(荡)山有之。山多竹,居竹林中,以笋为食,不食他叶。得之者沃以沸水,毛尽脱,煮之、炒之均可,清腴爽口,润肺清痰。徐印香舍人在平阳时,尝以为常餐。"云南的傣族、基诺族以竹鼠制作烤鼠肉及竹鼠稀饭,被视为当地的珍馐佳肴,并供应旅客。广东的名菜曰"蜜唧",即是以出胎之鼠喂以蜂蜜制成。福建宁化的鼠干,光亮透红,味美可口,是当地的一种名产。武夷山的香菇鼠,更被山中的菇农视为调剂口味的一道好菜。杭州新闻界元老、已仙逝的章达庵老先生曾在一篇文章中写道:他吃过老鼠肉,味道胜过黄麂(一种鹿类动物,在江南山区能够见到——笔者注)。

40年前,笔者在新疆南部重镇阿克苏谋事时,曾经吃过沼泽地中的麝鼠。它的肉质又细又嫩,胜过兔肉、鸡肉,而鲜香之气又带着野味的特色,没有一点膻气,没有一点怪味,没有一点肥肉,全是纯精的嫩肉,而它的骨头又脆又细,一咬就碎,好像吃鹌鹑鸟,真是难得的好肉。

不过,自从"非典"出现后,对野味还是要谨慎,它们很可能带有我们所不知道的细菌和病毒,故最好不要食用它们;能食用的鼠类也一样,以不吃为上策。

俞平伯称赞羊汤饭

　　羊汤饭店是杭州餐饮界独具特色的百年老店之一，素以供应羊汤、羊肉菜肴、羊肉烧卖等闻名于世。上世纪20年代时，羊汤饭店还设在羊坝头凤凰寺对面，因为风味独特、肴点制作讲究卫生，吃客盈门，生意十分兴旺。

　　红学家俞平伯的祖居俞楼在西泠桥堍。20年代初时，俞平伯住在杭州，常和几位女眷到繁华的商业街中山中路去游览。俞平伯爱吃清河坊的油酥饺，也爱吃羊坝头的羊汤饭。他曾主动要求朋友带他到羊汤饭店去尝鲜；吃过一次后，留下了很深的印象。直到82岁的耄耋之年，还回忆起年轻时的羊坝头之行："记得是个夏天，起个大清早，到了那里一看，果然顾客如云，高朋满座。""食品总是出在羊身上的，白煮为多，甚清洁。"

　　俞老说的没错，羊汤饭店的羊菜羊点确实以白煮为多，因为白煮最能体现羊肉本身原有的鲜美之味。但要白煮，也不容易，只有新鲜的原料才可以这样制作，否则便会让人尝出异味来。羊汤饭店为了能做出美味的白煮羊肉与白煮杂碎及清炖羊汤，就特别注重原料直接取自屠宰坊，可以说是现杀现烹、注重食品卫生的。因此，俞老才会有"甚清洁"的感想，才能"顾客如云，高朋满座"。

　　此外，羊汤饭店最早是属回民办的，纯粹是伊斯兰教的清真之味。回民特别讲究个人、环境卫生，也特别注重食品卫生，这种优良的民族传统，便赋予了羊汤饭店特有的优点，使得它的产品具有"名、特、优"的特色。

　　时间过去了近百年，现在杭州的羊汤饭店，仍然继承并保存着俞平伯先生所说的那些优良的经营特色。每天早晨，许多上吴山晨练的市民，特别是一些老杭州人，都喜欢在羊汤饭店买羊肉烧卖吃，或者配上一碗浓酽如奶的羊汤，吃得全身热乎乎，然后再去锻炼。

　　蒜爆羊肉、羊肉烧卖、羊汤，是羊汤饭店的"三绝"，游览清河坊历史街区，不可不到羊汤饭店去品尝一下这些具有宋元风味的美食。

司徒雷登品味"皇饭儿"

杭城百年老店"皇饭儿",又名王润兴,始创于公元 1864 年(清道光二十四年)前后,至今已有 135 年历史,为杭帮菜的"龙头"菜馆。民间传说的乾隆皇帝品尝鱼头豆腐的故事,就发生在这家菜馆里。皇饭儿的名菜鱼头豆腐、咸件儿等,享誉杭城百年,素为中外食客所赞赏。

皇饭儿之所以名气震耳,一是其佳肴制作精细、味道鲜美;二是常有名人光顾,名人效应赛过广告宣传。

皇饭儿最令人津津乐道的是,出生于杭州耶苏堂弄三号的杭州历史文化名人司徒雷登,曾几顾皇饭儿,是皇饭儿的常客。

上世纪 30 年代中期,司徒雷登就读燕京大学,回杭探亲,邀请当时造访司徒家的报人(浙江新闻界元老、作家)黄萍荪一起去皇饭儿就餐。黄萍荪的父亲为司徒雷登同窗学友,故黄以父执称之。当时到场还有其他人,便一起登楼落座。司徒雷登点菜,皆以一口杭州话出之,点木郎豆腐(即今日之鱼头豆腐)、响铃儿(炸响铃)等如数家珍,对跑堂则有板有眼地说:"烦你关照:木郎豆腐(鱼头豆腐)要烧得入味,'马后'(慢一点)没有关系;炸响铃儿(炸响铃)要'毫烧'(杭州话说要炸得快一点),否则不脆;件儿(咸件儿,清蒸大块五花咸肉,切成长方块)要瘦(精),肥了倒胃。"要是用扇子遮住他的脸孔,谁都不会相信他是一个碧眼金发的美国人在点杭帮风味的杭帮菜。

后来,司徒雷登当了燕京大学校长,而皇饭儿的第三代老板是燕大高材生,他请回杭的校长吃饭,黄萍荪因是故友,亦陪坐在场。当时正是初冬,司徒雷登身着灰色丝锦长袍,头戴珊瑚顶瓜皮帽,手捧水烟袋,对在座诸人说:"我出生在天水桥耶苏堂,爸爸是牧师,三岁识方块字,五岁入私塾,读的是论语孟子,描朱红字。白天由母亲教授英语,晚由父亲教学'中国通'的基本功,因此我的杭州话你们、他们、我们,在做小伢儿时已经登堂入室了。再加受左邻右舍小朋友的耳濡目染,刨黄瓜儿、木佬佬、大青娘(杭州话即大姑娘)……也随而滚瓜烂熟了!"

王老板请司徒雷登点菜,司徒雷登说道:"醋鱼要带鬓(一鱼两吃,一部分做成醋鱼,一部分鱼肉切片拌以调料做生鱼片吃),件儿改刀(切小、切薄)烧菜心,木郎豆腐免辣(椒)重胡椒(多放胡椒粉)……"出口"夹格讨"(怎么样)、"什格讨"(就这样),一口地道的杭州话。

吃完饭,司徒雷登又说:"中华为余第二故乡,杭州是我血地(出生地),皇饭儿的杭菜使余难忘!"

皇饭儿因有司徒雷登这样的名人光顾,自然声名传遍杭城,致使登门之客如过江之鲫,名闻遐迩。

几经沧桑,现在皇饭儿又东山再起了。

胡雪岩请洋人吃王润兴

旧时杭州清河坊四拐角,有一家擅长制作杭帮菜的饭店,名叫王润兴。民间传说,乾隆皇帝曾经吃过这家店老板亲做的鱼头豆腐,故又名"皇饭儿"或"王饭儿"。王润兴饭店有两层,楼上是雅座,供应制作精巧的名菜,如木郎豆腐(鱼头豆腐)、咸件儿(清蒸五花儿咸肉)、醋溜鲩鱼(与西湖醋鱼相仿)、生爆鳝背、烩虾脑、清汤鱼圆等,楼下供应门板饭(以店门为桌,坐长条凳吃饭)。因为丰俭自选,精巧与大众化相结合,不论"红顶商人",还是引车买浆者流,皆光顾此店,因此长年车水马龙,把狭窄的小街挤得水泄不通。

创办胡庆余堂的胡雪岩曾与王润兴老板的先祖有过交往。当年胡雪岩还未发迹时,经常挤在贩夫走卒中到此吃大众化的门板饭,老板的先祖怜其境遇不佳,常关照柜上伙计,先让其吃饭而后记账。后来,胡雪岩得逢左宗棠信任,一时身价百倍,待胡庆余堂开张时,已是身穿黄马褂的红顶商人了。此人君子不忘其旧,一日来到王润兴饭店,命从人陪其吃门板饭,以重温旧时光景。是时观者如堵,围店几重,欲看新闻。至此,胡雪岩便邀请观看的市民一起登楼入座,叫店家每桌烧10大碗荤素佳肴予以招待。胡雪岩对众人说:"贫贱之交不可忘,贫贱之交不可忘啊!"胡雪岩是个精于做生意的商人,这举动无疑是为王润兴开了一次精彩的现场广告会。胡雪岩知恩图报,为了给王润兴饭店捧场,他还别出心裁地邀请了当时杭州两个有名的英国人梅藤更和赫德到王润兴吃饭。梅藤更是杭州英国传教士创办的教会医院——广济医院的院长（广济医院为如今浙江大学医学院第二附属医院的前身）；赫德是杭州总税务司（相当于杭州市税务局局长）。胡雪岩请了这样两个碧眼金发的"中国通"到王润兴吃饭，无疑是当时杭城一大新闻。梅藤更与赫德品尝了王润兴的拿手菜鱼头豆腐、咸件儿、醋溜鲩鱼、生爆鳝背等后，像杭州人一样伸出大拇指称赞，并用杭州话"顶刮刮"来夸奖。

浙江新闻界的元老、原《东南日报》名记者黄萍荪的往事回首，使我们得以了解了100年前红顶商人胡雪岩与百年老店王润兴饭店结缘的这段传奇性故事。

济公与无锡肉骨头

提起南宋名僧济公，在江南一带可谓家喻户晓。脍炙人口的济公故事，更是在民间代代相传，流传不绝。特别是喜剧演员游本昌以精湛的演艺与夸张的手法在电视连续剧《济公》中，重现了济公的形象，以及他唱的"鞋儿破，帽儿破，身上的袈裟破"的歌曲后，更是使这个群众喜闻乐见的神话人物不胫而走，名传海内外，并深入人心。

济公（1148—1209），本姓李，名心远，祖籍浙江天台县人，原出生富家，后遁入空门，法号道济，因疯疯颠颠，人称济颠和尚。据地方志记载，他在杭州灵隐寺出家，后居住净慈寺，死后葬于虎跑寺中，至今坟冢尚在。大多数人认为济公只是个吃狗肉、喝老酒的"酒肉和尚"。其实，现实生活中的济公有较高的文化修养和对美食的鉴别水准，而且人情味很重。相传，名闻海内外的"无锡肉骨头"，与济公有着一段不解之缘。

南宋时，无锡城里来了一位身穿袈裟、手持破蒲扇的游方和尚。他走到一家熟肉庄门口，向老板讨钱，老板说：刚开店门没有钱，给你一块肉吧！于是，便拿了一块熟肉递给这个和尚。原来，这和尚就是济公。吃完手中的肉后，济公又问老板要，老板又给了一块，济公吃了后又要，老板不高兴了，说："肉都给你吃完了，我明天卖什么呀！"济公接过话题答道："卖肉骨头嘛！"说着，就从破蒲扇上拉下几根蒲茎,交给老板:"把这几根蒲茎放在肉骨头锅里一起炖,我吃的肉,日后会加倍还给你的。"老板闻言,半信半疑。翌日,老板如法炮制,锅中肉骨头果然异香扑鼻,整个无锡古城都能闻到香气。因此,这家肉庄便开始经营起肉骨头生意来。

据地方志记载:清光绪二十二年(1897),无锡的肉骨头已经畅销于市,尤以无锡南门外的黄裕兴肉庄的肉骨头最为有名。该肉庄的肉骨头均用数十年前流存下来的原卤汁烧煮,风味独异。后来,无锡肉骨头又形成南北两种风味特色。1927年,无锡三凤桥附近,有一家慎余肉店,以高薪聘请了几位烧肉师傅,兼收南北两派烧肉的特色,改进选料、调味、操作方法,终于创制出今日无锡肉骨头最有代表性的名牌产品。

每当人们游览无锡,无不为"无锡肉骨头"的美味所吸引,纷纷争相购买,以携归馈赠亲友。

风味小吃　诱人涎下

夏日怀旧忆藕粥

日前，去农贸市场买菜，见一些农民在出售水灵灵的鲜藕，不禁眼睛一亮，我便俯下身，将手伸到众多的"手臂"中，挑了一株三节的嫩藕。捧着这鲜嫩的应时美味，不禁使我怀念起杭城绝响多年的藕粥。

记得上世纪50年代时，杭城夏日小吃如林：纽子汤团、藕粉汤团、豆腐脑、鸭血汤、甜酱豆腐干、薄荷石花羹……特别是应时的藕粥，最受人们青睐。常见的藕粥摊边，吃客围得最多，一大锅藕粥"咕嘟咕嘟"地滚着，粥中还不时地露出几段圆润的糯米酥藕来。藕粥锅旁，摊主往往用两只高脚凳搁上一块门板，四周放上条凳，供喝藕粥、吃糯米酥藕的顾客坐下来用瓢勺兜了吃、用筷子夹了吃。藕粥是前一天夜里就熬好的，因为求价廉物美及颜色好看，放的是赤砂糖，黄亮黄亮的、薄薄的，一口气可以喝完，那味儿真是又甜又香。至于糯米酥藕，那是我少年时代最羡慕的美食：肥嫩的藕，在藕孔中灌满了雪白的糯米，经过一夜的随粥滚动，早酥得筷子可以插得进，如果用快刀切成薄片，可以看到藕孔中如脂似膏的糯米胶成圆珠，再撒上绵白糖，又香又酥又糯，夏日里没有比这更诱人的佳点了。少年时代的我，手头的零钱只够喝6分钱一碗的藕粥，就是这粥，也香甜得够迷人了。如果大人多给了零用钱，又积蓄得可以，用两三角钱便能吃一盘糯米酥藕片，蘸着绵白糖，那简直是神仙食了。

从上世纪60年代起，莲藕越来越少，藕粉亦不断提价，藕粥及糯米酥藕便绝响了。50岁以下的杭州人，没有吃过藕粥，更不知是啥味道！

令人欣喜的是，在党的富民政策感召下，郊县农民又大种莲藕，使杭城市民在炎夏季节又能够品尝到水灵灵、脆生生的鲜藕。由此我不禁充满了奢望：绝响50年的藕粥是否会重新出现在杭州街头上，令人大快朵颐？

但愿我这老饕的愿望，能够早日实现！

民间刻骨恨　化作葱包桧

说起杭州的市井美食，不能不提起葱包桧儿；葱包桧儿这个叫法本身就很奇特，特别是"桧"字；"桧"是一种常绿乔木的名称，人以桧为名的，历史上有名的只有秦桧一人。自从秦桧害死民族英雄岳飞以后，很少有人再以"桧"字入名，故后人云"人自宋后少名桧"。因此，葱包桧儿这种大众化美食，可以说是与秦桧有关系的。由此可见，它已有比较悠久的历史。

葱包桧，杭人称之为"葱包桧儿"。它由春饼、甜酱、葱段、桧儿组成，其中"桧儿"是主料。所谓"桧儿"，全称为"油炸桧"，这里面有一个历代相传的有趣故事：南宋初期，岳飞被秦桧以"莫须有"的罪名害死后，古城百姓人人痛恨这个奸臣。在鼓楼望仙桥畔(也有说在众安桥)，有一家点心店，店里的伙计听说秦桧、王氏害死岳老爷后，气得不得了，其中一人马上用发酵面团做了两个人，一个像秦桧，另一个像王氏，因为他俩勾结一起，便将两个人形面团拉长扭在一起，然后摘了他们的头，入油锅猛炸，直炸得"秦桧"、"王氏"遍体焦黄。另一个伙计见状大叫："油炸桧！油炸桧！"一路人好奇，问之，得知炸的是用面团做成的秦桧夫妻，连声叫好，并马上买了一根，拼命咬嚼起来，以解心头之恨。周围路人见了，也纷纷买"油炸桧"大咬大嚼，于是，一夜之间，杭人皆称油条为"油炸桧"，以寄托他们对秦桧夫妇的刻骨仇恨。转眼八百多年过去了，至今一些上了年纪的老杭州人，还是将油条叫做"油炸桧"。由此可见，"油炸桧"这种小吃，寄托了南宋以来古城人民爱憎分明的思想情感：他们热爱"精忠报国"的民族英雄岳飞，痛恨出卖民族利益的奸臣秦桧夫妇！

葱包桧儿的含意又比"油炸桧"更进一步，它用春饼包油炸桧，加葱、甜酱后，经烤后食用，寓意是将油炸桧包起来再用油烤，使之永世不得"翻身"。

葱包桧儿的做法是：先将油炸桧在平底锅上撤扁，烤至略脆，另将葱段也烤扁至略黄，然后取春饼三张，边与边接叠成椭圆形，抹上甜面酱，放入烤好的葱段六七根和烤好的油炸桧(对折)，卷成筒状，再放在平锅内撤压，直烤至春饼呈金黄色即成。如喜欢吃辣的，还可以在饼外层涂上辣酱，则味道更好。

江南美食养生谭

葱包桧儿甜辣香脆，经济实惠，是深为群众喜爱的市井美食。它可以当早餐，也可以在两餐之间或晚间充当点心，可说是一种历史悠久、充满市井气息及文化色彩的杭城名小吃。

香甜的桂花鲜栗羹

桂花鲜栗羹是最具杭州地方特色的甜羹。此羹用西湖桂花、西湖桂花栗子、西湖藕粉三种杭州特产合三为一制成，其中桂花素有"独占三秋压众芳"之誉，又有"桂子月中落，天香云外飘"之美名。

桂花是杭州市花。说起桂花的历史，《西湖游览志余》一书记载"起自唐时"，白居易《忆江南》中就有"山寺月中寻桂子，郡亭枕上看潮头"的名句。北宋宋慈云的《月桂诗序》更是有声有色地介绍了北宋仁宗天圣年间一次天竺桂子飘落的轶事："天圣丁卯秋，八月十五夜，月有浓华，云无纤迹，灵隐寺殿堂左右，天降灵实，其繁如雨，其大如豆，其圆如珠，其色白者、黄者、黑者，壳如芡实，味辛，识者曰'此月中桂子也'，拾以封呈。好事者播种林下，越数月，移植白猿峰，凡二十五株，遂改回轩亭为月桂亭。"又："张君房为钱塘令，夜宿月轮山寺(即六和塔所在之寺)，僧报曰：'桂子下塔。'遽起望之，纷如烟雾，回旋成穗，散坠如牵牛子，黄白相间，咀之无味，则桂子之落，往往有之，但人不识耳……"其实，这不过是山野野桂树雌株之果实随风飘荡散落而已。到北宋仁宗景佑年间，柳永在《望海潮》一词中，写杭州"有三秋桂子，十里荷花"之后，杭州的桂花便大有名气了。

杭州人将桂花烧入甜粥之中，可能最早的为灵隐、天竺的僧人。至于桂花鲜栗羹这一款美味甜品，则就较迟了，约出现于民国后期，地点则为西湖南线的满觉陇。该处山野原生有大量桂树，而桂花林中长出一些栗树，年长月久，不知是长期熏陶，还是受环境影响变异，这里树上结的栗子均带有桂花香味。当地农民为使游客在饱赏桂花美景之余，满足口腹之需，便以自家渍制的糖桂花制成桂花栗子羹飨客，以在桂开季节赚取一点零花钱用。由于这种甜点做好后，栗片酥香，藕羹甜润，糖桂芬芳，因此很受游客与市民青睐，名气越来越大，遂成杭州名点。

　　这一杭城的民间小吃,后又经名师的精心加工,更具地方特色,到建国后便逐步名跃甜羹之首,成为杭州的第一甜羹。笔者曾几度品尝此一佳点,味美诱人的当数中华大酒家的出品。据说,该酒家有一位丁灶土师傅,擅长制作中点,多次获奖,故献馐食家的桂花鲜栗羹自是不同凡响。有幸的是,狗年中秋之日,笔者有缘得以品尝,一沾唇齿,甜酥滑润,余香满口,至今齿舌之间仿佛还弥散着此羹的迷人之味。

美国贵宾眼中的冰糖莲子

　　1972 年 2 月,美国已故前总统尼克松一行访华期间,曾来杭州游览,有关接待部门请来自太平洋彼岸的贵宾们品尝古都风味的名肴佳馔,其中点心有"冰糖莲子"一款。美国客人吃了此物,只觉香甜而酥烂,汤清而爽口,却不知碗中装的是何物,秉于礼节及自尊,又不便多问。随行记者回到美国,把尼克松一行在华的所见所闻,写成一本书问世,书名为《总统的中国之行》。其中的第七篇是"杭州",作者在文章中,对杭州其他菜点略而不提,只说到有冰糖莲子一款,说是"味如熟栗"。西方人将饮食归入科学范畴,而中国人却将饮食视作一种文化的体现。在不懂色香味形器的美国人中,这位记者算是佼佼者。熟栗与熟莲的滋味,确有一点相似之处。可是细细品来,莲子自有一股特有的清香,且肉质要细腻得多,哪是栗子比得上的。至于它的食补作用,《本草纲目》说有补中养神、止渴去热、厚肠胃、固精气、强筋骨、补虚损、利耳目、除寒湿等作用,也是栗子所无法与之相比的,且口感也要好得多。这恐怕是那些美国朋友听都没听过的。

　　美景须与美食相结合,来杭游客才会增添游兴。西湖风光名闻中外,但作为杭州传统名点的冰糖莲子,由于宣传不够,致使尼克松一行贵宾,将它视作"下里巴人"的栗子了,这实在是委曲了这高雅的名点。但从另一个角度说,具有悠久历史的我国,菜点之丰富多彩,可说是世上少有。不光是冰糖莲子不为美国人所知,还有数不清的佳肴美点,还等待我们向海外朋友们介绍呢!

杭州第一名点——吴山酥油饼

杭州最脍炙人口的名点,首推吴山酥油饼。它的历史可上溯到北宋时期,其之香酥可口,亦为古今文人墨客所赞叹不已,成为杭州最有魅力的名点。

相传,唐末五代十国时,后周赵匡胤因战事在南唐寿州(今之安徽寿县)被围粮尽,当地百姓以粟面油炸成酥饼相奉济饥,赵匡胤感动地说:"此真大救驾也!"故寿州人将此饼称之为"大救驾"。后金兵南下,宋室南渡,此一北方名点便被当地百姓带至杭城,融入江南面点之中。南宋《梦粱录》一书说:"南渡以来,凡二百年,则水土既惯,饮食混淆,无南北之分矣。"翻开此一古籍,还可在"荤素从食店"的"诸色点心事件附"一栏下,见到"千层儿"、"油酥饼儿"的款名记载。

至清代中期,酥油饼以"蓑衣饼"的名称,出现在杭州吴山上。之所以叫"蓑衣饼",一是因为其饼蓬松如农家之蓑衣,二是因为"蓑衣"与"酥油"谐音。清乾隆十三年(1748),《儒林外史》作者吴敬梓去探访时任浙江遂安知县的老朋友吴培源。途经杭州,游览了西湖,写了《西湖归舟有感》诗,并在吴山上品尝了蓑衣饼。后来吴敬梓把这段游览经历,假借马二先生之名,写入《儒林外史》之中。这是记载吴山酥油饼的最早文字记录。

到清乾隆五十七年(1792),著名文学家、烹饪理论专家袁枚又将吴山酥油饼以"蓑衣饼"的名称,正式写入《随园食单》这部经典性的食谱之中,并介绍了吴山酥油饼的具体做法:"干面用冷水调,不可多揉,擀薄后卷拢,再擀薄了,用猪油、白糖铺匀;再卷拢擀成薄饼,用猪油煎黄。如要咸的用葱、椒、盐亦可。"这制作方法已与现在吴山酥油饼的做法非常接近。由于酥油饼在吴山出售,而吴山又多茶室,酥油饼便又成了杭州传统的茶点,饮食文化与茶文化交织在一起。故清末时,诗人丁立诚写诗道:"吴山楼头江湖景,品茶更食酥油饼。酥油转音为蓑衣,如人雅号纷品题。"

时间又过了一百六十多年,浙江著名文学家郁达夫从富阳来到杭州求学,很爱去吴山游览,并常吃吴山酥油饼。后来他在自传中说:"酥油饼价格的贵,味道的好,和吃不饱的几种特性,也是尽人皆知的事实。"可见此饼之味美可口,曾深深地打动过郁达夫。

从吴山酥油饼近千年来源远流长的发展史,可以见到南北面点在杭州漫长的历史阶段里不断交汇演变的情况。

现在,吴山酥油饼这古老的名点,依然为追求美食的杭州民众所喜爱,并且百吃不厌,继续在吴山及市内各大饭店、宾馆里展现它们金丝盘绕、层多不碎、入口就酥、又香又甜的风采与特色。

2007 年 6 月,我曾应百年老店知味观总经理孟亚波先生之邀,前去品尝知味观名特菜点,其中丁灶土老师傅制作的吴山酥油饼精品,小巧玲珑,香酥味美,令人食后余香久久留在齿舌之间,不愧是一种顶级美食的享受。

中秋月圆有月饼

说起月饼的来历,文字记载中最早出现在北宋苏东坡的诗中:"小饼如嚼月,中有酥和饴",这样算来,亦已有千年历史。民间流传的故事,则说月饼是元末汉人反对元朝统治而产生的;智谋人物刘伯温放出一个空气,说今年有冬瘟,除非八月十五买月饼吃,才能消灾。人们一窝风抢购月饼,发现饼馅中有一个纸条,约定中秋节晚上大家一齐动手杀"鞑子"。起义终于成功,就形成了中秋节吃月饼的风俗,故江浙一带旧时还有"吃月饼,杀鞑子"之谚语流传。由此可见,月饼的产生,不仅源远流长,而且特别与中秋月圆月明有关。

旧时江南月饼以苏月为主,皮酥馅甜,花色则有豆沙、玫瑰、百果、枣泥、椒盐、水晶等 10 种,此外还有现做现卖的榨菜鲜肉月饼,口味咸鲜,较受人们欢迎。上海则还有一种虾肉月饼,以虾仁混和猪精肉制成,鲜香可口,也颇有特色。上世纪六七十年代后,广式月饼开始流行,它以个大皮薄馅香获得人们青睐。由于江南一带富庶,人们嗜好美食,近几年来各种新潮的软心广月亦源源进入市场。为投合消费者不同口味之需,这一二年来商家又推出各种水果、鲍鱼、鱼翅内馅的广月,更有"有利健康"的低糖月饼问世,可谓花色纷呈,美不胜收。

中秋月饼,包含着种种情感因素,昔日主要是买来赏月时供家人品尝,馈亲赠友则在其次。随着与时俱进,至今月饼的功用已与以前大相径庭,因其口味总不过如此,人们购买月饼主要是作为礼品馈赠亲友或让它肩负特殊使命进入"王谢堂前"。因而,目前商家开发的礼品月饼,花色之多,眩人眼目,不仅有各种纸盒、花篮、金属罐头、漆器盒子、多层食品包装的,还有与名酒、名笔、名表甚至金银首饰等配装的,价格有高达几百甚至几千的。这种高价月饼看来并不是供普通人家品尝之用,而是另有特殊用途。月饼的包装与功能变化到这种程序,恐怕是古人想都没想到的。

金玉辉映虾爆鳝

提起杭州名面,老杭州人便会如数家珍般报出一大串来,并说出它们各自的风味,让人听了口水直流。但要说最具特色、最为鲜美可口的,当首推虾爆鳝面。杭州制作虾爆鳝面最有名的,要数官巷口的奎元馆和位于清河坊的状元馆这两家宁式(宁波)老面店了。

一碗面何以名气这样大,以至于众口交赞,连海外赤子都寻踪前来品尝,其魅力何在呢?

杭州的虾爆鳝面,从其产生的历史渊源来说,应该说是受到传统影响的。南宋时,古都菜谱中,已有"虾玉鳝辣羹"这道名菜,可以说在七八百年前,杭州的名厨已开了虾和鳝一起烹制的先河。而宁式面点中,又恰巧多以水产品制作烩面,如"爆鳝面"、"鳝丝面"等。上世纪30年代时,杭州名厨已创制出虾爆鳝面,其中以解放路丰乐桥上的老聚胜和中山中路太平坊口的乐聚馆为最好。上世纪40年代,奎元馆陈家第六代店主陈桂芳掌管店务时,掌勺莫金生后来居上,擅烧此面,被同行誉为"虾爆鳝大王",一时名震杭城。

虾爆鳝面之所以脍炙人口,与讲究原料的上乘与制作的精美有关。黄鳝要挑不大不小的,500克,在三四条之间,先养在水缸里,让其吐尽泥土气,以求血液净化、肌肉收紧,到用时活杀拆骨现烹;虾仁要求是鲜活河虾,500克,在120只上下,挤壳后在清水中漂净,保持鲜嫩可口,而不用冰镇海虾仁;面粉用头号面粉,讲究用手工擀制,要求碱性适中,软硬合适,富有韧性。烹制时,鳝片用菜油或花生油爆,虾仁发过后用猪油爆炒,面条烧好后还要用小车麻油浇。火功、佐料、时间掌握都有严格规定。鳝片要爆得外脆内嫩、色呈金黄;虾仁要炒得洁白如玉,粒粒如饱满的珍珠,再用鳝片虾仁的鲜汁滚面,再加上蒜叶(或洋葱)等,并在烧好时加适量胡椒粉、味精起锅。此面烧好时,鳝片黄亮如金、香脆爽口;虾仁洁白如玉、清鲜柔嫩;面条滑韧透鲜、味浓宜人。而金黄的鳝片与玉白的虾仁相互辉映,色泽鲜明,使人食欲大开;菜油(或花生油)爆的鳝片,猪油炒的虾仁,麻油浇的面条,把鳝、虾、面的香鲜之味完全有机地融合在一起,使人吃在嘴里,鲜香脆嫩,四美兼之,令人叫绝。长长的金褐色的鳝背在面周排列有致,珠形的雪白的虾仁簇拥面顶中心,新鲜翠绿的蒜叶飘逸其上,再配以青花名瓷汤碗盛装,典雅隽永。目观、鼻闻、舌辨,都得到了舒心的享受与满足,哪能不吸引人呢?而且,还有一种浇头与面分开烧,称之为"过桥"的面式,可使酒客不必另行点菜,经济方便。故杭州人有俗语说:到杭州不吃虾爆鳝面,等于没有到过杭州。

旧时,许多国内的知名人士,如李济琛、蔡廷楷、陈叔通、马寅初、竺可桢、梅兰芳、盖叫天、周璇、石挥、蒋经国等都曾到奎元馆品尝过虾爆鳝面。蔡廷楷将军还于1945年在该店吃了虾黄鱼面后留下了"东南独创"四字。日本的同行品尝后,也赞美不已。

朋友,你若到杭州游览,千万别忘了品尝虾爆鳝面啊!

饮食奇葩——过桥

杭州清河坊是当年南宋御街的五花儿中心,诸行百业,都密集此地,历史文化色彩与地方特色特别浓厚。时间已推移七八百年,仍然留下一批独具杭州特色的老店:万隆、羊汤饭店、王润兴、方裕和,还有一家专卖宁式大面兼杭州风味的状元馆。

到城里办点小事,要进中餐。穷教书匠口袋瘪瘪还想吃美味,挨家挨个板了手指,最后还是进状元馆吃虾爆鳝面。用不了三张"大团结",即可大快朵颐。

同座的是一位老先生，他与我不同，要的是虾爆鳝"过桥"，外加一斤加饭。这"过桥"并非是吃了虾爆鳝面后去过中东河什么桥，而是一句饮食服务"行话"。客人如要饮酒，不必另外掏腰包炒菜，只要说"过桥"，厨师便会把鳝片和虾仁增加数量爆炒，另装一小盘，供吃客下酒；而另用鳝片和虾仁的汁水滚面，面条仍有虾爆鳝的风味。这所谓"过桥"，即是在面与酒之间搭了一座"桥"，一座便民的经济而又实惠的特殊服务方式的"桥"。据了解，我国各地并无此种特殊的饮食服务方式，仅仅吾杭独有，乃独步全国之"饮食奇葩"。翻阅地方志书可知，"过桥"由来已久，清末民初洪如嵩的《杭俗遗风辑补》一书，已有明确记载。历经数百年，状元馆、奎元馆一些百年老店还作为"保留节目"，继续为民众服务，可见饮食文化的源远流长。

看老先生有滋有味地咂喝一大碗黄酒，将那些金黄的鳝片、雪白的虾仁纷纷卷入"红城玉关"之中，又吮吸那些散发着鲜香之味的面条，不禁后悔自己没有去"过桥"，来个酒醉面饱。话又说回来，杭城两家宁式面店，至今也只有虾爆鳝面与片儿川面烧"过桥"。虾腰面、火腿虾仁面、三鲜面、小羊面等还没有看到"过桥"，各大小面店是否也可效仿呢？

我们知道，偌大的杭州城，腰缠万贯的个体户、珠光宝气的女歌星、开着"南风窗"的幸运儿毕竟是少数，最多的是芸芸众生。花最少的钞票，尝最可口的美食，是他（她）们所希冀和渴望的。相信，饮食的经营者们不会不考虑吧！？

阿牛哥砂锅面

杭城是南宋古都，自古以来餐饮业特别发达，尤其小吃品目繁多。最近吃到一种下里巴人美食的"阿牛哥砂锅面"，味道真的不错。

那天，拙荆去炒股，中午不回家，先生我提着一只菜篮子去逛翠苑农贸市场，走在翠苑四区的行人道上，晃悠悠的。突然从一家小店里传出叫声："老宋，哪里去？"扭头一看，是一位早年认识的姓石的朋友，便进去交谈。老石亦是一位好美食者,他笑眯眯地说:"这砂锅面5元一锅,确实味道不错呢!"一说味道不错,顿时勾起先生我"五脏庙"中的馋虫,口水随之而出,忍禁不住,看了一下挂的牌子,便对卖票的老板娘说:"来一锅牛肚面!"

面要自己取。我走到烧面的窗口,看一位大姐操作:她先在一只放了菠菜的小砂锅中,加了一勺半浮着黄色油珠的汤,放在灶上烧,然后将一把准备好的生面放入另一只滚水锅中去余,快要熟时,捞入砂锅中,再浇上一勺红烧的牛肚条一起煮……我端着冒着热气的砂锅放在桌上,用筷子拨拉面条,只见汤中除了面条、牛肚外,还有鹌鹑蛋、香菇片,色彩是蛮好看的:面、蛋是白色的,菜是绿的,牛肚是酱红的,汤汁是黄澄澄的。捞了一筷入口中,只觉得面条滑爽,有筋道;牛肚酥烂,香喷喷;菠菜鲜嫩而可口;啜了一口汤,淳香味美,微辣(只是稍咸一点)。便问老板娘:"你这砂锅面味道不错,汤是啥个汤啊!"

老板娘见我刨树掘根,笑着说:"这是牛骨汤……"

我一边吃面,一边与老板娘攀谈起来。

原来,这5元钱一碗的砂锅面还真考究呢! 汤是用新鲜牛腿骨、牛肋骨砸碎后,熬24小时制成。汤在熬到快好时,放咖喱粉、碘盐等调味品,怪不得淳香味美,要比牛肉汤浓醇。而面,是专门请人加工的,为使面条滑爽、有韧性,里面还加了鸡蛋。你看,不过5元钱,荤素俱全,品目丰富,而且是生面落锅,这样烧出来的面,怎么会不好吃呢?

我想老板一定是高级厨师,当我说起时,老板娘朱女士摇摇头笑着说:"我们两个人都不是厨师出身,不过我们那位呀! 他嘴馋、讲究吃,用新名词说,是个'美食家'……"

怪不得面这么好吃,原来当家的是一个名副其实的"好吃之徒",他自己好吃,也让顾客们吃得好!

临走前,朱女士还告诉我,现在生意不错,两家店(另一家在沈塘桥,都叫"阿牛哥面店"),每天光面条就要用掉150多公斤,另外还要消耗牛条(肋条)肉、牛肚、牛筋等50多公斤。

价廉物美,东西实惠,怪不得生意这么红火!

天德坊的特色馄饨

冬日的杭城,阳光暖洋洋,西湖薄雾如纱。久居城西的我,难得徜徉在湖滨的人行道上,感觉到一种难得的闲适。就是这样走着,好像渐渐觉得肚子已经"咕咕"唱起空城计来,而熟悉的一家卖湖州大馄饨的店家,早因拆迁而搬走了。就在这寻寻觅觅之时,已经走到解放路头上了。抬头一看,只见一家叫"天德坊特色馄饨店"的店家,出现在我的眼前。

这家店内匾上竟写着能做 108 种馄饨;水泊梁山 108 将各有一套本领,难道这里真有 108 种味道的馄饨? 又看到另一块大牌子:香菇榨菜鲜肉馄饨、香酥鸭鲜肉馄饨、蛏子蛋黄馄饨、田螺鲜肉馄饨、栗子鸡蛋馄饨……品种之多、花色之新,叫人惊奇而又疑惑,不禁上去点了一碗香菇榨菜鲜肉大馄饨。一会儿,一只只大馄饨微翘双翼,浮在一只雪白的白瓷汤盆上很快端了上来。吃了一只,感到咸淡适中,微辣而鲜美,咂得出有香菇的清香从中透出;而汤是清彻的、清鲜的,氤氲着香菜的气息……一种满足感油然而生。

我对店里一位中年"伙计"说:"你们的馄饨做得蛮好吃的!"

中年"伙计"走过来笑着说:"你来迟了,如果早一点来,尝尝香菇荠菜鲜肉馄饨,那味道还要好呢!"

这时,中年"伙计"才自我介绍,他就是墙上所贴"天德坊馄饨小史"的作者、店主屈晓群。

据他介绍,天德坊馄饨是馄饨世家的祖传秘方,是居住在杭州龙翔桥天德坊的屈、金两个馄饨爱好者家族,各献其长,合作创办的一种特色馄饨。它最早起源于清代末年,而重现于杭城之时,却是到了 2000 年的夏日。时日不长,故尚稀为人知。

屈老板告诉我,特色馄饨由楼上工场师傅配料制作、装入盒中后,由人送到楼下保鲜,又待顾客各据口味点食。108 种馄饨,按照季节而定馅料,四时轮换,不断更迭,做到口味常新、久吃不厌,而汤的配料除了香菜之外却是保密的。

终于带着口腹惬意离开了这家座无虚席的、不简单的"特色馄饨"店。店主送我到门口，知道我是爱好美食者，嘱我有空常来坐坐。我亦漫应之"好"！心里想，什么时候再来吃一顿香菇荠菜鲜肉馄饨。

奇巧味美的"猫耳朵"

杭州是南宋古都，自古以来，小吃众多，花色纷呈，但奇巧味美的当数百年老店知味观应市的猫耳朵。此猫耳朵并非家猫的耳朵，而是一种形状小巧，做得与猫耳相似的面食。这种奇特的面食，国内只有两处有，一处在山西省的太谷、平遥县一带，一处即是古城杭州。两种猫耳朵形态、大小相似，但做法不同：山西的猫耳朵是煮熟后用勺捞至碗中，浇以肉酱等作料食用的，颇似捞面（只是与面条形态不同）；而杭州的猫耳朵，则讲究得多了，除猫耳形状的小面片外，还要放入浆虾仁、熟火腿丁、熟鸡脯丁、熟干贝、嫩笋丁、水发香菇丁、姜片、葱段、黄酒、味精、精盐等，并以鸡汤打底，烩成一锅，吃时还要淋上熟鸡油数滴，其之味美，在国内小吃中实属罕见。

记得 50 年前，笔者在杭州一些工矿企业办的工会业余学校任教。一次回家时，已近夜半，不觉饥肠辘辘，便到知味观去吃点心，看到黑板上写有"猫耳朵"字样，便点了此物。那时年方二十，初出茅庐，并不知此物是何小吃，只觉得叫法别致，有一点好奇之心，便随便一点。等到端上来时一看，一个中碗的、指甲盖大的半圆形的面片，用许多火腿丁、鸡丁、嫩笋丁等烩成，挖了一勺，放至口中慢慢咀嚼，只觉得鲜美爽口之至，啜一口汤，亦是味美之极，一时惬意，很快就吃得碗底朝天，口腹都得到了极大的满足。我记得这碗猫耳朵当时的价格是 0.8 元，相当于我上两堂初中语文课的工钱，按当时的物价，大约相当于一天多中等伙食的费用，折合现在的实际价值，约 12 至 15 元钱。因为家庭贫寒，自小节俭，虽然此点味美之至，但一转眼 50 年过去，再未能去品尝一次。

走了大半个中国，上世纪 70 年代因病回归故里。到上世纪八九十年代几次去知味观看猫耳朵，不是没人吃，就是做得太一般。"曾经沧海难为水，除却巫山不是云。"心里总是有点不甘心，总想弄清楚现在的猫耳朵，有没有过去的好吃？

一次，又走入装修一新、富丽堂皇的知味观大厅，看到一位女士在吃猫耳朵，细细看了一会，好像小碗中只有面片与汤，便问："味道怎么样？"答曰："一般！"又问："有火腿丁吗？"答曰："有很少的一点点！"……

50 年前吃的那碗猫耳朵又清晰地浮现在我的面前：除了鸡汤中的面片外，还有浆虾仁、鸡脯丁、干贝、香菇丁、嫩笋丁……，鲜、香、爽、嫩的风味一下子从齿舌间泛起，不禁馋涎随之而出。

自然，5 元钱一碗的猫耳朵，不可能有如此之多的鲜物烧入，再说现在的用料大多人工栽培，不能与上世纪 60 年代初期野生的原料相比。2005 年初夏，我和上海美食家白忠懋去知味观精品屋品尝猫耳朵，终于吃到了一次比较精美的精品猫耳朵，可说是现今社会上第一流的了。

空心面"还乡"

那天，见邻居阿伦家吃番茄牛肉酱拌空心面，只见塑料管般的面条，透着玉白的颜色，而流进面管里的番茄卤，映出淡淡的红色。

"这种面条煮来不糊，当中空的。卤汁能流进去，味道比筒儿面好吃多了。人家意大利人就是聪明啊！"阿伦说。

其实，阿伦不知道，意大利人吃的面条，还是从中国学去的呢。公元 1275 年，意大利旅游家马可·波罗来到我国元上都（今内蒙多伦县西北），先后担任元代高级官吏达 17 年之久，游遍大半个中国。意大利最初食用的面条，相传就是马可·波罗从中国带去的。勤劳的意大利人民，在接受东方饮食文明的基础上，加以创造性的改进，发明出了比中国实心面更胜一筹的空心面。700 多年以后，中国的面条仅仅在粗细上变化，依然是它的老祖宗的实心模样。而空心面却风尘仆仆，远从欧洲来到它的故乡。制面业的师傅们，闻此恐怕要汗颜吧?!

阿伦听我介绍后，说：那是空心面"还乡"啰！

金玉满堂大碗面

　　正是"春眠不觉晓,处处闻啼鸟"的早春季节,苏州一位朋友携子来杭度春假。我们在"三潭印月"寻找春色,又到郭庄共摄美景,临走时在清河坊某名馆共餐了一顿。虽然价格合理,但菜肴殊无美味可言,于是想起了去年初夏在奎元馆的一顿聚餐,菜鲜面有味,动了十年来二进奎元馆的念头。

　　初春之时,饮食行业正是淡季。我们走进奎元馆,吃面的人还是不算少,更有三五人一桌点菜喝酒。不巧经理正好外出,接待我们的是厨师长。说起经理,厨师长赞叹不绝,他们都用时尚的说法叫他"老板",说"老板"虽然不善于言谈,却是一实干家,"新点子很多"。比如,杭州餐饮界的后起之秀南方大酒家推出迷踪菜与南方包子,太子楼以现代化管理与优良的服务声誉鹊起时,百年老店奎元馆也没有抱守残缺,躺在百年老店的老牌子上睡觉,"老板"一声不响创造出了国内罕见的"金玉满堂"大碗面。这大碗面可不是北京天桥那大碗茶,光盛面的碗就有 38 厘米直径大,25 厘米高,抵过一只大脸盆,上面龙飞凤舞的彩绘,叫人看了眼睛都为之一亮。这大碗中的面条用强筋粉压成,配料有甲鱼腿、基围虾、海参、鲍鱼、干贝、草菇、香菇、嫩笋、绿叶蔬菜,等等,浇头烧好后,用浇头的鲜汁混烧面条。这碗要用两个服务员抬的"金玉满堂"面,可供 10 个食客饱餐一顿。笔者不知世界吉尼斯纪录中,是否有这样供 10 个人美餐一顿的山珍海味大碗面的记载,但在神州大地,可说是"面食一绝"了。自从"金玉满堂"问世后,登门问津者源源不绝,尤其受到办生日寿宴者的欢迎。一些外地食客闻讯,为了给双亲做寿,也路远迢迢赶来。为了适应不同的需求,店里还烹制出规格稍低、价格则显得实惠一些的福禄寿大碗面。有时来了一二个食客,照样可以品尝 1/10 碗或 1/5 碗的金玉满堂面或者福禄寿面。笔者听到此处,不禁发呆想:介多料作加介多面条烧在一起,面条会不会糊掉?厨师长一笑,说,绝对不会糊,并告诉笔者,烧这碗面要预订的,以保证有充分的时间采购鲜活鲜嫩的材料落锅。烧的时候,两只锅同时烹制,自然还要技术好的师傅上炉掌勺。可惜笔者去的时候,未能碰到有人预约品尝"金玉满堂"大碗面,只能面对这只巨碗,拍了一张照片留念。

江南美食养生谭

烧卖·烧麦·梢梅

听说清和坊羊汤饭店的羊肉烧卖很有名气,便起了个早,去吃了一次。薄薄的面粉皮子,包着肥嫩的羊肉,外面还隐隐可见馅子的肉色,咬上一口,便有一股鲜美的汤汁顺嘴流出来,真够解馋,不愧是杭州的冬令美食。可惜偌大个杭州城,只有这么一家店卖羊肉烧卖,许多市民还不知道这种佳点呢!

为什么这种形如小笼包子、而比小笼包子大一点的小吃,叫作烧卖?后来去京华出差,友人陪伴去名店"都一处"品尝北京名吃烧麦,一经上口才知道,原来烧麦就是杭州的烧卖,不过是转音而已。那么,为什么这种薄皮的羊肉包子又叫做烧麦呢?

去年秋天,有幸去太原著名的清和元饭店品尝三晋名肴。车到饭店门口,见到一块招牌上写着:"本店供应梢梅",心想:梅花能做成什么点心呢?等到团团围席坐定,上点心时,服务员端来一大笼热气腾腾、透着羊肉香味的烧卖,而口称"梢梅"时,仍糊里糊涂,露出"阿乡"的未见世面的样子。主人见此情,便含笑介绍:"这是我们山西的名吃梢梅!你注意看,这包皮收口处,像不像一束盛开的梅花?"经主人指点,才恍然大悟:这包子收口处的薄面皮子,捏拢后高高地耸起一束,顶上"花芽"交错,真如盛开的白色梅花。

原来,这种名叫梢梅的小吃,在清以前起源于有"面食王国"之称的山西,因制作精巧,收口处面皮褶子多,宛若顶梢梅花盛开,故名。到清乾隆年间,一个姓王的山西人在北京前门一带,开了一家梢梅铺。恰好乾隆皇帝一天夜出巡视,路过此处,饥肠辘辘,便顺便吃了一客,食后赞叹不已。听说店铺尚无雅号,便亲笔题为"都一处",一时身价百倍,文武百官纷纷慕名而来,成为北京里一家名店。后来,北京人因转音之故,便称为烧麦,一直流传至今。至于杭州人叫"烧卖",更是烧麦的再次转音了。

骆驼担鸭血汤

　　病了很久，嘴里发苦，很想吃一点鲜美可口的东西。黄昏时，走进杭州城里一家颇有名气的风味特色小吃店，目光在点心牌子上盘旋了老半天，最后定格在"鸭血汤"上。儿时最喜爱吃此物，虽然时间过去了半个多世纪，许多事与物都已忘怀，但是它那清鲜滑嫩的感觉，似乎还停留在舌间的回味之中。但从服务员手中接过此点时，一瞧，却不禁愣了半天。一碗清汤之中，除了飘浮着一块块大小不匀的鸭血块时，只有星星点点一些葱花夹杂其中。除此之外，别无它物。吃着此汤，顿感索然无味，情不自禁问柜台内掌勺卖汤的师傅："这鸭血汤里怎么没有鸭肠子？"掌勺的师傅好像听到了"外星人"问话，说："啥个鸭肠子？"旁边一位中年的师傅笑着告诉她："原先的鸭血汤，是通行放剪碎的鸭肠子的！"于是，她俩都带着歉意，不好意思地笑了起来。年轻的师傅不知道鸭血汤要放鸭肠子，中年的师傅灵清此情，却对此只好无可奈何一笑了之。

　　自然，这使我想起了过去的邻居，一位靠卖鸭血汤维持生计的大伯阿七师傅。阿七者，不知其姓甚名谁，大约老家排名第七，故名。我知道他的时候，他已经年逾花甲，老得背弯腰躬。一张典型的、和善的农民脸孔，眼中永远布满劳累的血丝；一双粗大的手，关节特大，青筋外暴。也许是家中人口多，生活担子重，只好背井离乡到城里来谋生。每天天朦朦亮，他就挑着一副沉重的鸭血担出门做生意。这鸭血担，前头是一副炉灶，下面烧着柴火，上面滚着满满一锅鸭血汤；后头是一只多抽斗的柜子，上部是小抽斗，下部放着劈好了的柴火。拉开一只只小抽斗，你会发现，有的抽斗里放着剪碎的鸭肠、葱花、榨菜末、蛋丝，有的放着食盐、味精、胡椒粉、辣酱，有的放着备用的零钱……

　　阿七师傅做汤的鸭血，都是前一天从菜场里专门杀鸭的摊子里订购的，风味纯正，绝对不掺一点猪血、鸡血。第一天晚上买来，漂洗干净，切成均匀的小方块养在清水里。那汤是用鸡骨头熬的，清彻而鲜美。当阿七师傅的鸭血担从墙门里挑出来时，一股鲜香之气顿时弥散开来，氤氲在空气中，引得旁人口水直淌，特别是孩子们个个欢呼直蹦，拉来大人要吃。那时钞票确实值钱，五分钱一碗的鸭血汤里，阿七师傅要放进去剪碎的脆嫩的鸭肠、榨菜末、蛋丝、葱花、味精及少量盐，喜欢吃辣的，另加胡椒粉或辣酱，那是不用加钱的。那汤鲜美无比，鸭血柔嫩有味，鸭肠又脆又香有嚼头，吃了直要讨添头。有时阿七师傅见孩子们爱吃，等到他们快吃光时，常常又给他们添上半小勺，引得孩子们拉开嘴巴直笑，而这时，阿七师傅那双布满血丝的眼睛里，则充满了慈爱之情……自然，在这群孩子中，便有自小如馋猫似的，永远吃不厌的鄙人。

大约到了1957年，杭州刮了一场大台风，阿七师傅病倒了。连夜的咳嗽，隔着一条过道与板壁，一声声传进我家，撕裂着我们那一颗颗同情的心。没过多久，乡下的妻儿们便用板车把他接回去了。从此，便杳无音信。

后来，有机会去上海，吃了城隍庙的鸭血汤，但那味道若与阿七师傅的作品相比，简直是小巫见大巫了。而现在所吃的鸭血汤，则更是"曾经沧海难为水"了。

看来，阿七师傅的鸭血汤已经成了广陵绝响，而我这后半辈子怕是再也没有机会能吃到那无与伦比的鸭血汤了！

呜呼，我心中的鸭血汤！

市井美食油墩儿

在杭城的街头小巷，没有一种点心比油墩儿更让人熟悉的了。这种用一个铁皮兜子装着面糊糊，撒上咸菜、萝卜丝在沸油中氽熟的市井美食，是相当多的人吃过的。刚出锅的油墩儿，色泽金黄，形若寺庙中的"蒲墩"，而扑鼻的香气，一阵阵散发出来，更使人不禁垂涎。当你的牙咬着它时，它的表皮是香脆的，继而从里面散发出一股夹着萝卜丝和咸菜、面糊综合香味的热气。这时你就会感到，油墩儿的里面是香糯而柔软的。这种外脆内糯的风味，使它成了市民喜爱的民间美食。尤其是孩子们，最喜欢吃这种香美的小点心。

油墩儿的最大优点是，它完全是大众化的，只要有一个铁皮兜子，有一些面糊糊、咸菜、萝卜丝和一只油锅，就能制作。因为制作方便，取料容易，价廉物美是它的最大特点。记得上世纪50年代初期，我还在中学里读书，油墩儿是我傍晚放学时最爱吃的美食。只要花两分钱,就能在路旁小摊上买到一只。余油墩的大妈怕刚出锅的油墩烫着我,总是拿一张干净的白纸,垫在那火烫的油墩儿底下,才递给我。油墩儿初入口时,那香脆的金黄色的皮碰着口水时,还"丝丝"作响……

转眼50年过去了。油墩儿依然吸引着杭州人。虽然它的时价上升了25倍,每只油墩儿的价格涨到1元,但比起其他点心,它还是价廉物美的。别看它那么普通、那么平常,吃它的人还不少;小学生吃它,中学生吃它,连那些穿着入时的姑娘们,也翘起兰花指头,手里拿着一只油墩儿吃着,还边吃边说:"好烫! 好香! 真好吃……"

关于油墩儿的来历,没有典籍可以考查。但江浙一带有这样一个传说:说是清朝乾隆皇帝下江南,龙舟从苏州沿运河南下,偶遇大雾,迷途而误入与浙江毗邻的吴江县黎里镇契湖。契湖中有座古寺,侍臣带乾隆入寺憩歇。这时,乾隆已是饥肠辘辘。衰败了的寺庙里没有美食供奉,无奈之中,方丈用现成的糯米粉,包进赤豆馅,揉成扁圆形,油余后端了上去。乾隆食后大加赞赏,便问方丈,此为何名? 方丈无言以对。乾隆见此点心,色泽金黄,形呈扁圆,犹如大殿中的蒲墩,遂赐名"油墩"。从此,"油墩"便在江南地区流传开来。杭州的油墩,由于方言之故,加了个"儿"字,便成"油墩儿"。虽然外形与吴江黎里名点"油墩"相似,但做法已经大为不同。不知它与黎里的油墩有什么关联,是它的继承,还是它的发展? 已无从考查。但一年四季,除了夏日之外,油墩儿始终在杭城街头巷尾飘香,吸引着喜爱它的一代又一代的人们……

古都三秋炒栗香

"紫烂山梨红皱枣,总输易栗十分甜。"

过了重阳,古都杭城街头又到了处处炒栗飘香的时候。也许是山栗丰收,市区设锅炒栗、卖糖炒栗子的摊头,较往年大为增加。炒得火烫的栗子,裂开硬壳露出金黄色的肉质,散发出一阵阵甜美的香味,格外诱人。说起糖炒栗子,杭州人特别爱吃,买上一袋刚出锅的,边剥边食,又烫又香,吃在嘴里,甜在心头。

说起糖炒栗子，杭州人从南宋时吃起，至今已吃了七八百年。这种应时的大众化的美食，当时不仅老百姓吃，连朝廷里的官员们都常吃。曾经在南宋朝廷里任官的诗人陆游，就写下过这么一首名叫《夜食炒栗有感》的诗："齿根浮动叹吾衰，山栗炮燔疗夜饥。唤起少年京辇梦，和宁门外早朝来。"并自注道："漏舍待朝，朝士往往食此。"回忆起他当年在大内北门和宁门候早朝，以炒栗充饥之事。其实南宋杭城的炒栗，还是从北宋京都汴京（开封）传过来的，这也由陆游的《老学庵笔记》记载下来："故都李和炒栗名闻四方，使人百计效之终不可及……"说的是李和的炒栗名气很大，别人怎么仿制都赶不上他的味道好。这大概是他在选料、火候、加工技术方面都有一大套独特的方法。现在糖炒栗子的加工方法大约就是从他那里传下来的。清代爱好美食的皇帝乾隆，曾在一首《炒栗》诗中总结前人经验："小熟大者生，大熟小者焦。大小得均熟，所待火候调。"

栗子是一种极有益于人体的美食，古时与桃、李、杏、枣并称"五果"。清代食疗专家王士雄在《随息居饮食谱》一书中说，栗子"甘平、补肾益气、厚肠止泻，耐饥，最利腰脚"，又说"生熟皆佳，点肴并用"。可见，用它炒着吃，也风味极佳。

做糖炒栗子，旧时采用北京房山县良乡的名果，俗称"良乡栗子"。良乡栗，果实较小，每斤有100粒左右，果皮呈红褐色，果肉色泽淡黄而甜美，品质极佳。但现在杭州的糖炒栗子，一般采用的是本省湖州、长兴、诸暨、上虞、临安等地的产品。只要栗子质量好，小而均匀，加工得法，照样能制得甜香可口。

秋风烈，菊残橙黄，正是吃栗时。吃一口香糯的炒栗，甜在嘴里，金色的秋天便永远留驻在我们的心头上了。

古老的端午节及其食俗

农历五月初五，是我国传统的端午节。"端，始也。"每月有三个五日，第一个五日就是"端五"。因农历五月称为"午月"，故"端午"就专指五月初五。

关于端午节的来历，有多种说法。三国魏人邯郸淳在《曹娥碑》中说，是纪念伍子胥的：伍子胥劝吴王夫差不要接受越王勾践的求和书，夫差受奸臣伯嚭挑拨，赐剑令其自刎。伍子胥死前嘱言部下，死后将他的眼珠挖出挂在苏州东门城楼上，说是要看越国怎样灭掉吴国。夫差闻之大怒，将伍子胥尸体沉入江中，后伍子胥成为潮神，故有"五月五日，以迎伍君"之说。西汉《绝越书》持另一种说法，说越王勾践不忘灭国之仇，于五月五日操练水师，以报仇雪耻，后人为纪念此事，定为端午节。南梁吴均在《续齐谐记》中则说，是纪念屈原的，因屈原五月五日投汨罗江而死，人们为纪念他，都要用竹筒贮米，投入江中祭祀。其实，端午节的来历与伍子胥、勾践、屈原都无关。端午的一些活动，早在周代时就已经形成："五月五日，蓄兰为沐"；屈原的《楚辞》中也有"浴兰汤兮沐芳华"的诗句。可见在屈原生前，已经流行民间。据闻一多先生等学者考证：端午节原为古代的"龙子节"，发源于原始图腾社会的水乡部落，他们将"龙"尊奉为自己的祖先与保护神，并文身断发，于五月五日赛龙舟，投粽子，以示对龙的崇拜。可以说，端午节至今最少已有四五千年悠久历史了。

端午节的重要活动，除赛龙舟外，就是吃粽子。粽子被定为端午节专用节日食品，已是到了唐宋时期。目前我们见到的最早有关粽子的记载，是晋代周处的《风土记》，其中有"仲夏端午，烹鹜角黍"的句子。角黍即是粽子。当时的角黍，都用芦叶、菰叶（茭白叶）裹以粘黄米制成，直到明代才用糯米。至于角黍的来源，则可追溯到古代的祭祖用品。商周时祭祖用牛羊等，以牛首、羊首等上案代之，后来发展到以牛羊角代替牛首、羊首，到晋代则用芦、菰叶裹黍米代替牛羊角，故名角黍，于是产生了粽子的雏形。

端午节可说从周代起，就已带着浓厚的、讲究卫生的习惯。人们都要香汤沐浴、洒扫庭院，挂艾枝、悬菖蒲，将雄黄酒、雄黄水洒在庭院各个角落及涂在小孩额上，以避虫叮蚊咬，驱散瘟疫毒气。《白蛇传》故事中有白娘子饮了雄黄酒露出原形的情节，就是这种风俗的具体化。此外，挂香囊、香袋，有辟邪（杀毒健身）作用；给小孩子穿虎头鞋，以示勇猛健康。从食俗方面说，除了吃粽子外，还要喝菖蒲酒，菖蒲是一种名贵中药材，具有开窍、豁痰、理气、活血、散风和去湿的保健功效。

这样，古老的端午节便成了一个人们怀念爱国者或民族英雄、讲究锻炼身体、提倡卫生、促进健康的传统佳节。

江南美食养生谭

南宋都城重阳节食俗及重阳栗糕

我国民间传统,以九为阳数,盖农历九月初九,双九重叠,日月并应,故称之"重阳"。重阳是一年中的大节之一,南宋时,对重阳节十分重视。在吃的方面,有饮药酒、吃栗糕、食用蜜饯及银杏(百果)、梧桐子的习惯。

先说饮药酒。一般市民家都要自制用菊花、茱萸泡制的药酒。盖菊花有"延寿客"之美名,用以泡酒喝,有明目养肝健身益寿之功效;茱萸有"辟邪翁"之盛誉,有温中祛寒驱虫去邪之作用,故皆借此两物,以消阳九之厄。

这一天,繁华的临安(杭州)城市肆中,各种食品店,还都以糖面蒸糕,上面缀以猪羊鸭肉块、丝,插着小彩旗向市民供应,称之为"重阳糕"。都城服务行业中的"四司六局"的蜜煎局(蜜饯糕团厂),则生产一种制作极为精巧的"狮蛮栗糕"。此糕以糜栗为屑,和以蜂蜜,印花脱饼(以模子印花,犹如今日中秋广东月饼之做法),又在糕上用五色米粉捏塑蛮王骑狮子之形状,实为高档点心。又用中药苏子微渍梅囟,杂和蔗糖、梨子、橙子、玉榴小颗,称之为"春兰秋菊"。以上栗糕、蜜饯皆供应各界过节之用,连西湖四周众多的寺院庵堂,也按传统习俗,各由斋堂精制各种净素栗糕,供佛及供僧尼、香客食用。

由于此时已属新凉,市肆上还有小贩叫卖"炒银杏(即白果)"、"炒梧桐子",吸引过往市民及游人。

历经八百多年世事沧桑,时至今日,曾为南宋古都的杭州,饮药酒一俗已不流行了,吃栗糕却仍为今之杭州人所喜爱。是日,人皆以买栗糕食用为乐,特别是老人、小孩对新栗制成的甜糕尤为喜爱。只是店堂做栗糕之师傅,大多为年轻人,他们往往忽视做一些彩旗插在糕上,以致栗糕的风采,有所减色。这与其缺乏饮食文化知识有关。

至于食炒银杏,笔者还记忆犹新。上世纪50年代前期及中期,杭城金秋,重阳节前后,尚有带柴锅叫卖"现炒热白果"的,价格是两分钱八颗。那白果,大如小杏,色呈肉白,剥去硬壳,果肉呈淡绿色,软糯可口,是润肺养阴之佳果,但多食易中毒;一般店家做豆沙油包,非此果不可。"炒梧桐子"则绝迹较早,沧桑之变,可见一斑。

"岁岁重阳,今又重阳。"又到了品尝一年一度的"重阳糕"的时候了,读者诸君切不要错过佳节尝名糕的机会。

历史悠久的葱汤麦饭

朱熹是南宋时著名的儒家理学大师,一生从事教育事业,著有《四书章句集注》、《周易本义》、《诗集传》、《楚辞集注》等多种学术作品。他虽然是徽州婺源(今属江西)人,但在浙江许多地方留下了他的行踪与足迹。据清《坚瓠集》一书记载,他品尝了浙江民间小吃葱汤麦饭后,还留下了一首赞美的诗句。

朱熹的一个女儿嫁给浙江人蔡沈为妻,蔡沈是一个读书人,家境较为贫寒。一次,朱熹去女婿家,想和女婿谈谈他的读书之法,不料女婿恰巧外出。他知道女儿家生活很贫困,不愿增加他们的麻烦,便起身欲走。朱熹的女儿不忍眼见老父空腹离开,便婉言留父,立即在厨房里做了一碗香喷喷的"葱汤麦饭"给父亲充饥。这"葱汤麦饭",就是现在浙江民间常吃的、杭州人称之为"麦糊烧"的家常小吃。它的做法是:用面粉加盐汤(盐水)打成薄糊,撒上葱花,搅拌均匀后,在稍放油的锅中烫烤成一种不规则的薄饼。这种面饼,软香可口,制作简便,是贫困人家常吃的一种美食。朱熹的女儿因为拿不出更好的东西招待老父,只得怀着"简亵不安"的心情,用面粉与葱做了这样一份南宋民间的便饭。

朱熹丝毫不在意"葱汤麦饭"的简单,高高兴兴地吃完了热乎乎的饭,趁着女儿下厨洗碗时,他在女婿的书桌上拿起一支毛笔,拂纸留下了一首诗:"葱汤麦饭两相宜,葱补丹田麦疗饥。莫谓此中滋味薄,前村还有未炊时。"

朱熹的这首诗虽有安慰女儿的意思,但也很实际:在这兵荒马乱的南宋时期,还有人连这滋味薄的葱汤麦饭都吃不上呢!

由此可见,杭州的麦糊烧,即南宋时的葱汤麦饭,至今至少已有七八百年历史了。

唐代名将创制的金华酥饼

唐代福将程咬金,祖籍山东省东阿县(今东平县)斑鸠店,自幼靠编卖竹箅维持生计,平时爱舞刀弄斧,练就一身好本领。民间传说他是隋唐十八条好汉中的第六条,善耍大斧,力敌万夫,曾在瓦岗寨农民起义军中担任寨主,号称"混世魔王"。有趣的是,这位沙场名将还创制了浙江名点金华酥饼。

相传隋代末年,程咬金因犯重案,辗转逃往江南,居住在浙中要地金华。因生计无着,四处乞讨,后来一老妇见其气度不凡,并非下流之辈,便生怜悯之心,赠送烧饼给他充饥,又传授他制饼之法。程便在当地开了一家烧饼店,以卖饼度日。一天,程咬金烧饼做得太多,当天卖不完,担心饼坏,便把饼子摊放在红炭未灭的炉口过夜。谁知经过一夜烘烤,烧饼内的肉油外渗,竟使饼皮酥脆油润,成了别具风味的酥饼,受到吃客的赞赏。于是,他改进加工方法,精工制作,终于使金华酥饼脱颖而出,成为金华地区有名的点心。后人仿效制之,尊称程咬金为金华酥饼的祖师爷,源本出于此也。

今日之金华酥饼,系经历代糕点名师不断改进配方及制作工艺制成。做此酥饼,系采用上白面粉、优质雪里蕻、肥膘肉、芝麻、菜油等主、辅料,经过泡面、揉面、搓酥、摘胚、刷饴、撒麻、烤烘等十多道工序精工制成。酥饼出炉时,形如蟹壳,两面酥黄,芝麻透香,菜肉爽口,宜于旅途携带、馈客馈友。由于饼内水分大多蒸发,不易变质,利于保存,即使受潮,一经烘烤,仍如出炉时之香脆可口。

读者诸君若有机会去婺城一游,不妨尝尝唐代大将程咬金创制的金华酥饼,那会增添你的游兴及生活的情趣。

天台名食——饺饼筒

有幸游览天台山,在庄严肃穆的佛教天台宗发源地——国清寺及天下独绝的石梁飞瀑,留下了我流连忘返的足印。在临走之时,陪同游览的天台朋友,说是要为我饯别,请我品尝天台名食——饺饼筒。

此一名食,听所未听,闻所未闻,便问道:此为何种美食?

朋友莞尔一笑,说千言不如一观,请到舍下厨房一看。只见朋友在一只特制的平锅——"鏊"上涂上薄薄一层油,将调成糊状的面,用手在热锅上抹成一张张圆形的饼取下,然后分别裹上调好味烹熟的肉片、猪肝、蛋皮、鱼肉(去刺),并分别按顺序配入熟黄花菜(金针)、木耳、粉丝、笋丝等,卷成筒状,再用油烤至焦黄即成。此点制成,只闻香气阵阵,催人涎下。朋友顺手递给我一个,叫我品尝。送入口中一咬,只觉得味道鲜美、爽口之至,边吃边问,此美食可有出典?

朋友爽朗一笑,说:天台山是天下名山,"天台之奇",素与"黄山之秀"并称,这饺饼筒与天台高僧道济(济公和尚)有关系。相传,济公在国清寺当和尚时,见香积厨每餐剩下许多菜肴,便动脑筋,用面糊薄饼(天台人称"糊拉汰")卷入剩菜食用,便产生了这种吃法。后人在此基础上改进,久而久之,便成为天台名食了。

朋友又告诉我:饺饼筒可当点心,也可下酒,还可以和粥而食。

看来,天台饺饼筒与杭州春卷,可为伯仲,相互媲美。

浙南风味的豆腐圆

上世纪 50 年代中期,我在中学里读书时,常在杭州众安桥、浣纱路一带见到有人摆摊卖豆腐圆子。这是一种别具一格的豆腐风味小吃:雪白的嫩豆腐捣碎,嵌入鲜肉馅子,在面粉上滚成圆子,然后在沸水中汆熟后,连汤舀放到有猪油、葱花、味精、细盐的碗里,用瓢羹兜了吃,又烫又鲜又嫩。到上世纪 50 年代后期,这种豆腐圆子在杭州已作广陵散,至今未见踪影。

不久前去温州游览,客车路过台州(临海),在街头停半个小时让旅客吃饭,便到处寻饮食店。刚好路边有一个小摊子,走过去一看,哟!竟是久违了的豆腐圆子,不禁勾起我 50 年前留下的印象,便一下子要了三碗。圆子比宁波汤团稍大一些,两头窄中间粗,雪白粉嫩,配着嫩绿的葱花,一个个飘在汤面,煞是好看。吃在嘴里，又烫又嫩又鲜，别有一番滋味。

卖豆腐圆子的老乡，见我吃豆腐圆子的馋相，笑着搭讪说："我们台州的豆腐圆是有名的，味道不错吧？"我边吃边夸："唔！我上个世纪50年代吃过，已50年没有尝味道啦！还像以前那样鲜、那样好吃！"说着，舀了一只，放进嘴中慢慢品尝着味道，一边看着老乡做豆腐圆子。

原来，他是在一只小盆里，把加了味精和细盐的嫩豆腐捣碎，挖一瓢放在一只蓝边碗中的面粉上，再取一些调好味，配着葱花、香菇末、嫩笋末的肉馅，放在碎豆腐中间，用筷子将豆腐裹住馅子，然后晃动面粉碗，让豆腐外面沾上面粉，滚成一个腰圆形的圆子，圆子做好后，一一下到滚水锅中，等浮上水面，余一会，便连汤舀在放有葱花、猪油、榨菜末、味精、细盐的碗中，便可以吃了。

和摊主攀谈了一会，才知道过去到外地卖豆腐圆子的，大都是台州人。因此笔者想起，现在作为旅游胜地的杭州，已经有了天津狗不理包子、上海鸡粥、温州米粉干、西安饺子、仙居蟹壳黄等，可惜未见到来自济公故乡的台州豆腐圆子上市。如果这种鲜美可口、别具风味的豆腐小吃回到西子湖畔，一定会受到四海游客的欢迎。

温州"白蛇烧饼"

游温州，不可不去"东瓯蓬莱"——江心屿；尝名点，不可不吃"白蛇烧饼"。

相传清朝光绪末年，温州市区府头门钟楼右侧，有一家烧饼店，是一对姐妹所开。父母早亡，只留下一套祖传的烧饼制作手艺。姐妹俩接管后，精心操持，改进制作工艺，烧饼变得特别松脆爽口，一时生意兴隆，连其他地方的市民都慕名前来品尝。因姐姐待人和气可亲，平时又爱穿一身白衣，给人印象很深，引起了温州人对素来敬重的白娘子的联想，便开玩笑地叫她的烧饼为"白蛇烧饼"。久而久之，这种烧饼便远近闻名，成为温州传统的名点。

"白蛇烧饼"制作工艺精细，而且十分讲究用料：发酵面团与熟猪油和成的酥面糅合在一起，裹入咸味的肥肉丁、甜酱瓜丁、京冬菜末、酒发虾米末、葱花、麻油等多种配料制成的馅子，包成直径2寸、厚3分的生坯烧饼，并在饼面上刷上饴糖水、撒上芝麻后,贴在炭火烧的烧饼炉炉壁上,烘至淡黄色,再焖烧至熟即可。这样做出来的烧饼,自然会好吃得叫人馋涎欲滴。

别具风味的锅巴茶点

　　烧煮米饭时,火太大或者焖制的时间长了一些,便会在锅底上产生一层焦饭,俗称"锅巴"。锅巴本是做饭的副产品,是无意之中产生的,但是化腐朽为神奇的中国烹饪,却用这层锅底的焦饭,做出了鲜美爽口的锅巴菜、香美诱人的锅巴点心、香醇可口的锅巴茶。

　　说起食用锅巴,在我国已经有悠久历史。据《世说新语》一书记载,离现在一千五六百年前的晋代,国人已将锅巴当作美食。后人动脑筋以锅巴入菜,做出了"番茄虾仁锅巴"这只独具一格的江南名菜。此菜以糯米锅巴烘干用旺油锅炸脆,上菜时,浇以滚烫的、调好味的番茄虾仁薄羹,即成香、脆、鲜、酸、甜五美兼之的美肴,为江浙两省共有的名菜。也有在此菜中加入口蘑的,风味更加诱人。

　　进入上世纪 70 年代后,国内的食品专家开发新产品,以糯米饭压成薄片,配以牛肉、葱油及香辣调料,烘干油炸制成了牛肉锅巴,颇得食家欢迎。之后,又产生了其他风味的系列锅巴点心,成为独具中国特色的一种名点。这无疑是锅巴食品的又一种新的发展。

　　至于"锅巴茶",产生的时间则要比锅巴点心早得多,流行的时期大约是在清代。锅巴茶在江苏一带称为"铲刀汤",而在浙江杭嘉湖一带则称之为"锅巴汤"。锅巴茶的发明者既不是名厨,也不是食品专家,而是江南普通的农村妇女。起先是无意中制成的,后来则是精心制作了。特别是江苏昆山一带农村妇女制作的锅巴茶,尤为香醇可口。它的制法是:将米饭在农家灶上用稻草火精心烧制,火候要适中,锅底不能起焦黑,烧成功的锅巴应是色黄、质脆且极薄的一层。这时,在锅中加上适量清水,煮沸后再烧两三分钟停火,然后用竹箩滤清,取沉淀后的上层明净部分,加入上等白糖,即成色纯、气香、味甜的锅巴茶,便可飨客。在暑天饮用此茶,有生津、解渴、提神、助消化的作用。喝上一杯,齿颊留香,满口生津,"味道好极了",确是一种带着浓厚民族特色的饮料。

无论锅巴菜、锅巴点心,还是锅巴茶,它们都是我国饮食文化宝库中的一份独特的、宝贵的财富。

石塘鱼面香

温岭县位于浙江省东南沿海,南接玉环、西邻乐清、北界黄岩,是一个以平原为主而海岸线长达两百余公里的傍海之县。尤其是县的东部与东南部,面对辽阔的东海,岛屿星罗棋布,宛若一把珍珠撒落在东海大陆架上。得天独厚的条件,使温岭成为浙江省海产品及海涂养殖业的重要基地。

温岭县东南海隅的石塘镇,人口仅次于城关镇,是一个渔村集镇。它的街道筑在山沟里,石块砌成的房子,傍山而起,颇有岛镇特色。每当渔汛来临,万舸竞发;船群归时,常带着带鱼、鲳鱼、梭子蟹等海产品,回到这个半岛的渔村集镇上,给家家带来无比的欢欣与袅袅的炊烟……

石塘渔民会做各种美味的鱼肴、鱼点,不仅自飨,也用之招待远道而来的亲朋好友。要说岛镇风味之美,当首推鱼面。鱼面并非是以鱼肉作浇头做的面,而是以鱼肉同番薯粉混合做成的面条。它的具体做法是:将新鲜海鳗与马面鱼(最好黄鱼,因为资源枯竭,现难捕到)杀后洗净,去头尾、内脏、骨刺,切成蚕豆大小颗粒,配上约占总量 20％～30％ 的纯净的番薯粉,搅拌均匀,然后放在木墩上,用木棍敲成一张张圆形的鱼饼,在文火的锅中烤干,卷成筒子,然后用菜刀切成面条之形。之后,再放入竹匾中,在太阳下晒干,到色如玉片,便可保存。吃时,烧法和煮面条一样:先烧滚一锅配好调味品的汤(也可加菜心、香菇、肉丝、鸡丝等辅料,味道更好),然后下鱼面,熟后便可连汤一起兜入碗中食用。其味鲜香软滑,营养丰富,久吃不厌,特别适宜老人、妇女、儿童进食,不但风味独异、滋养身体,而且易于消化。

石塘鱼面,是温岭渔民的创造发明;石塘的渔女们,个个是做鱼面的能手,又个个是烧鱼面的良厨。

朋友,你若有机会去温岭石塘渔镇游览,切不可忘了品尝石塘渔家的美食——鱼面。独特的海岛风味,会使你终生难忘。

嘉兴五芳斋粽子

　　提起嘉兴,人们就马上会想到嘉兴特产"五芳斋粽子"。五芳斋粽子之所以出名,首先是选料讲究,调味独特,形状别具一格,口味适应性广。"五芳斋肉粽",选用上等白糯,后腿精肉,包制的箬叶一定要伏天从安徽黄山采集。制作前,米要淘得快,不让水进入米体,一刻钟后就晾干,用优质的红酱油、白糖和少量精盐、味精调拌,经反复揉搓后,用两块精肉、一块肥肉裹在粽内烧三小时捞出,这样的粽子,鲜味不失,油水不漏,又不烂糊。其特点是:肥肉入口即化;瘦肉鲜美油润;吃起来糯而不粘,油而不腻,香味扑鼻,咸中有甜,滑润爽口。

　　关于五芳斋粽子的来历,在嘉兴城里有这样一个传说:70年前,有一个以弹棉花为生的兰溪人,流落嘉兴。一天晚上,因付不出栈房钱,被店主赶出门外,只得踟蹰街头。不知不觉徘徊到张家弄,见到一家店门口的屋檐下,也有四个人抖索地挤在墙角落里。他不由自主地走了过去,紧挨着坐了下来。那兰溪人正犯愁,却听到他们四人的笑声和杂乱声,其中有一个人说:"真倒霉,肚子饿坏了,这里点心也没得买。"兰溪人忽地一想,忙推着另外四个人说:"我们总不能等着受饿挨冻呀,天下之大,总会有人给我们吃碗饭吧! 我不但能弹棉花,还裹着一手好粽子,我们不妨一起做粽子生意如何?"大家一听都说很好,翌日一早,五人分别典卖了各自的衣服,凑起一笔钱买了一只老母鸡和粽箬、糯米、酱油等物。将糯米浸以鸡汤,再连同母鸡肉裹出一篮粽子。果然,这篮粽子一拿出去就卖完。之后,他们的生意越来越兴隆,便增加了鲜肉粽子、豆沙粽子、火腿粽子、猪油夹沙粽子、牛肉粽子、八宝粽子、栗子粽子、香菇粽子、桃仁粽子等十几个粽子品种。因他们在张家弄做生意,嘉兴百姓就称为"张家弄粽子"。又因五人合伙,故称"五芳斋"。

　　今日的嘉兴五芳斋粽子更是规格齐全,有普通、礼品、速冻、筵席型的,可谓品类繁多,风味各异,深受人们的青睐。现在五芳斋日产各色粽子达五万只之多,并在江、浙、沪等地开设了分店,还是满足不了市场的需求。

五湖四海的朋友,游览嘉兴,别忘了品尝五芳斋粽子啊!

木渎枣泥麻饼

在我国江苏省南部的版图上,有一个美丽富饶的名镇——木渎镇。它位于苏州西部,距苏州市约五公里。"渎"即小河,地名源于木积于渎。相传吴王阖闾(公元前 514 年),在镇西灵岩山上为美女西施建"馆娃宫",从水路运来上万根越国进贡的神木,把山脚下的小河堵塞了整整三年,因而得名曰"木渎"。后来,当地百姓就用余下的木头造房,渐渐地形成了一个小镇,这就是木渎镇,至今已有 2500 余年的历史。

木渎是苏州城外的著名风景游览区,山清水秀,风光旖旎,有木渎十景、灵岩山十八景、天平山十八景、尧峰八景等。而且山势很高,古寺、名树、奇岩、甘泉遍布其间。历来前往游览的海内外人士很多,与木渎结下不解之缘的历史名人更是数不胜数。木渎的特产,有乾生元食品厂生产的松仁枣泥麻饼,以香而不烈、甜而不腻、油而不溢为特色,深受海内外游客的欢迎。

木渎枣泥麻饼已有两百多年的历史。清乾隆年间,木渎西街上有爿卖"串心饼"和"老爷饼"的糕食店,店主名叫费萃泰。从他那时开始,店里就制作枣泥玫瑰馅心麻饼,后因经营无方,费氏将店卖给了商人蒋富堂;蒋把店名更换为"乾生元",并以乾坤八卦为商标。"乾"即乾坤,指天下;"元"是第一,意即"乾生元生产的麻饼天下第一"。蒋又将店址移至街中心,且一直保持了前店后坊的传统经营方式。相传,乾隆皇帝下江南时,曾将行宫建在灵岩上,每天总是听到山寺里和尚一片念经声。一日,乾隆没有听到和尚的念经,便询问起来,原来是乾生元的枣泥麻饼出炉,甜香四溢,和尚们为香气所吸引,一个个趴在围墙上张望,没心思念经。乾隆很诧异,命人到镇上买来品尝,果然香味扑鼻,鲜香可口。自此,乾隆把木渎枣泥麻饼列为宫廷膳点,其名声更著。

乾生元的枣泥麻饼用料讲究,做工精致。具体制作方法是:用适量的饴糖、鸡蛋、生油、小苏打、糖粉一起搅和,再放入面粉,搓成面团,作为饼皮;另用黑枣蒸熟捣烂,与糖粉、熟猪油拌和成泥,再拌入玫瑰松子仁、瓜子仁、糖桂花与猪板油丁等,即成馅心。用饼皮包馅,揿扁成圆形,再滚压至薄而光滑为止,并在饼的两面撒上白芝麻,放在平铁板上投入烘炉烘焙即成。

木渎松仁枣泥麻饼,芝麻两面金黄,大小厚薄一致,四周均匀裂开,但不露馅,外形甚为美观,具有入口香甜、松脆爽口的独特风味,深受各地食客们的欢迎,并远销我国港、澳等地。

朋友,你若游至苏州,可别忘了尝尝这独具特色的乾生元枣泥麻饼。

蔡廷锴盛赞虾黄鱼面"东南独创"

杭城由于近海,市民常能吃到新鲜的海产品。旧时杭城面馆,有一款用时鲜制作的虾黄鱼面,鲜美异常,名闻遐迩。

1945 年,抗日战争胜利后的一天,一辆轿车在奎元馆面店的门口缓慢地停下,从司机座旁走下一个束皮带的军人,拉开了后面的车门。这时,从车中下来一老一壮两个人。老者个子较矮,五绺银须;壮者威武英俊,身材挺拔。两人并肩进入面店,说是要尝鲜。

店主见来者非同寻常,便热情接待。原来老者是国民党元老李济深先生(全国解放后任中央人民政府副主席);壮者是国民党十九路军副总指挥、抗日英雄蔡廷锴将军(全国解放后任国防委员会副主席)。敬慕之下,店主请两人入坐雅座,敬茶并递上热毛巾,又命厨房精制以时鲜烹制的虾黄鱼面。这虾黄鱼面,黄鱼肉采用冰鲜的大黄鱼中段,虾籽取自活虾,两鲜结合,经精心烹制并配以自制的、筋道的面条,色香味形一应俱全,再用越州青花瓷大碗盛装,美食美器,真格使人馋涎欲滴。蔡将军与李老品尝后赞不绝口。兴奋之下,蔡将军当场挥毫写下了"东南独创"四个苍健有力的大字。

奎元馆老板等两位名人走后,当即命伙计将蔡的题词送裱画店精裱,并配以高档的镜框,悬挂在大堂之上。消息不胫而走,食客慕名而来,店里生意骤然兴旺起来。

奎元馆老板发了大财,对此题词自然格外珍惜,视同传家之宝,并经常嘱咐子孙们要妥善保存。惜十年浩劫时,此一珍贵题词被毁,至为可惜。

梅兰芳"朵颐大快"乐(六)聚馆

说起吃虾爆鳝面,"老杭州"一定会如数家珍说起奎元馆与状元馆两家百年老店如何擅长制作此一名面,以致市井流传这样的话:没有吃过虾爆鳝面,等于没有到过杭州。可见美食与美景,相辅相成,游了美丽迷人的西湖,如果没有吃过鲜香可口的虾爆鳝面,便会成为一件遗憾之事。

但旧时杭城还有一家擅长制作虾爆鳝面的面馆,名叫乐(六)聚馆,此店位于中山中路历史街区的太平坊巷口。这是一爿不起眼的单开间门面的小面馆,但它的知名度在杭州城里,却与丰乐桥上的老聚胜、三元坊的奎元馆(当时店面还在三元坊)成鼎足之势。谁都知道面要好吃,料作与面要混烧,且要生面下锅,现烧现吃。而现今面馆,由于生意闹猛,"浇头"都预先烧好,客至,在烧好的面上浇上一勺,因面料分开烧,其味淡薄,只能称之为"盖交面",且虾仁不到10颗,鳝片亦仅六七条而已,真是"虾贵似珠、鳝稀若参"(新闻界前辈元老黄萍荪语)。而旧时的乐(六)聚馆,却为顾客料面单烧,一锅只烧一碗,烧面之汤系用火腿或笋熬成,特别鲜美,逢到老主顾特别优惠,堂倌会向堂口(通向厨房)高唤:"料儿混烧,重料轻面(料作与面条混和烧,多放虾仁、鳝片,少放面条)。"

1935 年秋,嘉兴、湖州一带闹水灾,陆地行舟,人居屋顶,杭州各界著名人士吁请梅兰芳剧团来杭州献艺,义演赈灾。梅兰芳得知后急公好义,便率名角金少山、王凤卿、姜妙香来杭演出。某日,义演主持人、杭州商会会长、杭州中国银行行长金润泉,请梅剧团主要演员到乐聚馆品尝王牌虾爆鳝。梅兰芳吃了这荤(猪)油炒、素油爆、麻油浇的重料面后,大加赞赏:"余走南闯北,食面多矣,大多大卤、炸酱等数味,厌之。今得此,足见西湖食府有此'明珠',不枉此行。"面店老板见梅兰芳欣喜之情溢于言表,当即奉上文房四宝,请其题词。梅略作谦让,即沾墨挥毫写了"朵颐大快"四个大字。店家将其裱挂在堂前,观者如堵,从此乐(六)聚馆声名鹊起,生意越做越好,天天有外地游客慕名前来品尝,以致"不吃虾爆鳝面,等于未到杭州"之语流传于世。

"料儿混烧,重料轻面",这种讲究制作工艺、讲究制作、旧时杭城名面馆的经营格言，是饮食行业一种优良的传统。笔者希望通过此文的介绍，能够引起有关部门重视与借鉴。

陈从周馈赠颐香斋食品单

上世纪80年代的一年春天，杭州百年老店颐香斋食品厂厂长收到上海同济大学寄来的一封厚信，感到十分意外，因为该厂与同济大学素无交往。打开一看，里面竟装着一份古色古香的册子，标题名叫《旧藏饼饵干鲜果品货单》。这份传统食品单24开，共8大张16页，所示的均系清末民初国内著名店铺所产的南北干果饼饵食品。内有天津北门外大马路"同发成"，北京前门大栅栏"聚顺和"等外地老字号名店的，也有杭州本地的百年老店如"颐香斋"、"陈元昌"、"景阳观"、"采芝斋"等八家的传统食品单所列的商品，其中有南北干果、山珍海味、各种糕点、蜜饯、糟货、露酒以及罐头等，尤以杭州生产的茶点糕饼等最具特色，且品类繁多，阅后令人叹为观止。比如，介绍颐香斋的，就有味梅、果脯、各种云片糕、月饼、糕点达两百余种，其中相当一部分已经失传，期待挖掘、恢复。

颐香斋食品厂厂长收到这样一份珍贵且不可多得的传统食品单后，兴奋不已，这里面有多少文章可以做啊！这对颐香斋这家百年老店的发展将起多么巨大的推动作用啊！

那么这份宝贵的传统食品单是谁寄来的呢？他为什么要寄给颐香斋的负责人呢？

原来，离此不久前，我国著名的园林专家、同济大学建筑系教授陈从周怀念起中学时代在杭州读书时吃过的颐香斋美味的糕饼，写信给杭州的亲属，托他们帮助买一些传统名特食品寄去，结果未能如愿，这些糕饼全部都停产了，使他深感遗憾。他在杭州的亲属出于无奈，也只好拍了一些该店的门面照片寄去，以慰陈教授之长思。

一天，陈从周教授的友人邓云乡先生登门造访，在他的书斋"梓室"里，见到一份传统食品单，如获至宝。原来是陈教授内侄蒋震一先祖蒋铿又先生所录之册,便建议陈将其公诸于世,以供食品商家开发之用。

陈从周教授有感于一些传统美食"其不传亦久矣",便将这份家藏食品单予以整理,并写了序言,邓云乡先生亦写了跋,对食品单作了高度的评价。陈教授寄给颐香斋食品厂厂长的,就是这样一份具有文物并又有开发价值的传统食品单。

自然,除了介绍了一些清末民初的颐香斋的食品外,该单还介绍了杭州另一家百年老店景阳观经营的酱品、腐乳、糟货等品种达二百三十余种,像鸡汁鱼翅、五香乳鸽、美味醉蟹、翠薇虾酱、火腿腐乳等,不少都已失传并停止了市场供应。

上所阐述,足以反映出近百年来杭州老字号饼饵干鲜果品及腌腊食品生产经营的盛况与特色,无疑是一份宝贵的商业文化遗产。客观而言,对今日的开发与发扬光大具有重要的意义。

旅游美食　各具特色

秋到南湖菱角香

"蟹舍渔村两岸平,菱花十里棹歌里。"这是清朝著名文学家、嘉兴人朱彝尊写南湖秋光的诗句。

每到中秋,南湖里外分外繁忙。湖面上,姑娘们、年轻媳妇们、孩子们,头戴草帽坐着腰圆形的木盆,一边用手划着,一边欢天喜地地采摘菱角;南湖周围集镇上,到处可见的是一堆堆水灵灵的鲜菱,大街小巷飘散着菱角的清香。

菱是一年生水生草本植物,属菱科。每年清明下种,端午移种,夏末秋初在碧莹莹的湖水中开出白色或淡红色的小花;花受精后,没入水中,到中秋结成果实,即为菱角。鲜菱汁多脆甜,鲜嫩爽口,生吃味如梨,熟食美如栗,是我国江南著名的地方特产。

菱有菱角、水栗、芰实、沙角等别名。"菱氏家族"成员众多,有四只角的、三只角的、两只角的,甚至无角的;有红色的、青色的、黑色的;有大如小元宝般肥嫩的,也有瘦小如拇指的。居菱族之王而以无角闻名于世的,当推浙江嘉兴所产之南湖无角菱。

南湖菱壳薄、果嫩、肉脆、汁甜,且不长刺嘴的菱角,特别惹人喜爱。南湖菱为什么没长刺角呢?当地一个民间故事说,乾隆皇帝下江南时,慕名来到嘉兴南湖,放眼望去,但见湖面烟波浩渺,水光潋滟;菱网交织,棹歌四起,不觉诗兴大发,在湖畔吟起诗来。消息传出,地方官员们一时趋之若鹜,并恭恭敬敬地奉上应市嫩菱,供乾隆品尝。不料,乾隆咬菱性急,菱角一下子刺痛嘴唇。他皱着眉头说:"这么好吃的菱,偏偏长着四只角,要是不长角多好呢!"皇帝金口玉言,这么一说,第二年南湖菱便不长角了。这当然仅仅是传说而已。其实,湖菱无角,是当地农民经过一千多年精心培育的结果。南湖处在肥沃的杭嘉湖平原中心地带,湖水集东、西天目群山之流,清澈如镜,活而不腐,特宜菱角之生长。1959 年,浙江文物部门在湖畔发掘出新石器时代马家浜文化遗址时,其中出土一只碳化菱角,其外形已接近现在之南湖菱。可见南湖菱产生的历史,可以追溯到四五千年以前。另据地方志记载:南湖菱前身为两角之小青菱,由于菱农们世世代代选择肉壮、角短之良种培育,年复一年,致使瘦小的野生小青菱变成今日鲜嫩爽口、质脆味甜的无角名菱。

南湖地区菱农对菱特别富有感情。菱农生女,常取名谓之"小菱"、"菱囡"、"阿菱"、"菱花"。《红楼梦》中描写了一个遭到薛霸王蹂躏的薄命的江南姑娘——香菱,可见曹雪芹对江南水乡的熟悉以及对菱花、菱角的深刻印象。在旧社会,菱角在菱区人民的生活中,起过重大的经济作用:鲜菱不但被当作水果出售,而且做成菱粉后,还可以当粮食度荒。甚至它的叶柄部分经盐渍后,还能当作咸菜下饭。

菱角有丰富的淀粉、葡萄糖、蛋白质,生吃、熟食都独具风味。它还是一味良药,《本草纲目》说它"解暑(及)伤寒积热,止消渴,解酒毒,射罔毒"。经科学家们研究,菱肉还含有麦角甾四稀——4、6、8(14)等多种稀有生物碱,有一定的抗癌作用。江南民间有以菱角、诃子、薏米、紫藤瘤各三钱用水煎服治食道癌、胃癌的单方。

菱角还可以做成可口的菜肴——菱肉烧豆腐。此菜烧成后,微呈淡黄色,菱肉爽脆,豆腐鲜嫩,且具有菱之清香,是自食及飨客的家常名菜,无论佐酒,还是下饭,风味独特,清雅宜人。此外,菱肉还可以炒肉片,与栗肉、白果、鸡汤煨食,与排骨同炖,皆为具有金秋特色的时令佳肴。

东游明州尝甬菜

秋高气爽,金风送香。京都两位朋友,玩了杭州西湖,游兴未尽,还想去浙东名城宁波一览。为尽主人的薄意,我陪他们作宁波三日之游。

宁波古称明州,奉化江、余姚江、甬江三江交汇,风光旖旎。唐时就与日本、东南亚频繁往来。鸦片战争后,成为"五口通商"口岸之一。作为浙东古城,可谓山川形胜,人文荟萃。我陪朋友游览了我国现存最古的藏书楼"天一阁",翻阅了各种海内珍本、孤本;又游了禅宗名刹阿育王寺,看了佛国珍宝——"释迦文佛真身舍利"塔。余兴未尽,又荡舟宁波东南的东钱湖,看了霞屿岛上的南宋石窟补陀洞天。车舟之余,朋友想爬山,在游览禅宗古刹天童寺后,又登临寺后的太白山,遥望东海万顷碧波。三日之内,马不停蹄地饱览了明州风光。

返程前,一位好食之友不无遗憾地说:"你陪我们游了三天宁波,已大饱眼福。还应让我们尝尝宁波的名菜名点,才不虚此行啊!"

我说:"不要急嘛!先满足精神上的需求,再满足口腹之欲。我早就安排好了,今晚进宁波名菜馆东福园品尝名菜,明晨吃宁波名点——宁波汤团,然后启程回杭,送两位返京。"两位友人抚掌大笑,无不道好。

东福园位于宁波市中心东门口,是宁波市最负盛名的大菜馆,素以制作甬菜而闻名遐迩。我们步入楼上雅室,坐下不久,一位身穿合体接待服的俏丽姑娘就翩然而至,对我说:"您订好的菜,餐厅已经准备好了。"说着,她笑着大方地向京都来客介绍:"我们宁波菜的特点是鲜咸合一,以蒸、烤、炖制海鲜见长,讲究鲜嫩软滑,注意保持原汁原味。这五菜一汤是:冰糖甲鱼、咸菜卤蒸蛏、宁波摇蚶、苔菜小方肉、三丝拌蜇皮、紫菜开洋汤。这位同志很会点菜,看来是吃的行家。你们一边吃,我们一面上好啦!"说着,含笑而退。

北方朋友感谢我预先作了安排,又素知我嘴谗好吃,要我对菜一一作介绍,以开阔"吃界"。

我点了点头,便和朋友边酌边谈:"这冰糖甲鱼,先炖后焖,以芡汁、热油裹紧甲鱼肉,色泽明亮,绵糯润口,香甜酸咸,富有高蛋白,滋阴补身,乃宁波菜之传统代表作;咸菜卤蒸蛏,是用宁波有名的雪里蕻咸菜卤和海鲜蛏子清蒸,此菜鲜咸合一,食时剥壳,蛏肉洁白鲜嫩,菜卤咸鲜清口,富有地方风味;宁波摇蚶,是用海鲜蚶子,用滚水略烫后,去半边壳,撒上姜末、葱末,淋上鲜汁酱油、黄酒、小车麻油制成,食时去另半边壳,蚶肉脆嫩润滑,清鲜味美,是宁波下酒名肴;苔菜小方肉,是用猪五花肋肉煮八成熟后,加红腐乳卤等多种调料,和微炸后的海产苔菜一起烧成,此菜红绿相映,色泽美观,猪肉酥糯不腻,苔菜清香带甜,是宁波传统名菜;三丝拌蜇皮,是用海蜇皮丝等,拌麻油制成,此菜制成后,红白青三色分明,松脆爽口,为下酒凉菜,具有宁式风味;紫菜开洋汤,集两海鲜于一汤之中,鲜美可口,是宁波汤菜中之佼佼者。"

友人们边吃边议,再三品评,赞不绝口,说是果有浙东风味,与京菜之味迥异,使人食欲为之大开。不一会儿,桌上之菜已为我们三个老饕一扫而光。

离开东福园,热闹的中山路上,已是华灯初上,仍然车如流水,人似潮涌。

次日清晨,我又偕友人去"江阿狗"宁波汤团店吃汤团。这家名店的店面并不大,陈设也极普通,然而汤团的糯米粉极为细腻,馅子采用去壳黑芝麻,再加重糖重猪油制成,香糯甜润,滑腻可口。每人各吃三碗,犹不满足,正如杭州人常说的"肚饱眼不饱"。友人说,如此佳点,从未吃过,如有机会,还要来吃,怕记不住店名。我笑着,指着店门上挂的匾额说:"你们只要记住上面画的三样东西,就不愁记不住店名,找不到店了。"友人乐了,哈哈大笑。原来匾额上画着缸、鸭、狗三物,暗谐"江阿狗"的名字及店名,真是妙极了。

离开古老的浙东名城宁波,友人拿出笔记本将宁波名菜、名点,一一记下,说是如此佳景,如此风味,真使人终身难忘,问我能不能在有关报纸杂志上,作一介绍,以飨好游的老饕们?

我漫应之曰:可也! 即为斯文。

注:宁波方言,缸与江同音,鸭与阿同音。

佛国胜地有海鲜

被世人称之为"海天佛国"的普陀山,以澎湃的潮汐、金色的沙滩、奇异的洞壑、瑰丽的古刹著称于世。然而,随着游客的纷至沓来,以海鲜见长的餐饮业,也正在这个海岛上日益显示出其独特的魅力。

在普济寺左侧,通向文物馆、法雨寺的石板路上,一条独具海岛特色的"海鲜食品街"已经形成。鳞次栉比的个体饮食店,各自播放着现代电子音乐、最新流行歌曲,以琳琅满目的海鲜,吸引着五湖四海的游客。在这里,每家小店门口的柜台上,都摆着一盘盘的海鲜,成为独特的实物广告,招揽着游客:有一只只煮成鲜红色的大钳尖角的梭子蟹;有用葱油煎成嫩黄色的大鲳鳊;有烹成松鼠形的大黄鱼;有用姜醋凉拌的、伸出玉色触角的新鲜蛏子;有又鲜又嫩的咸水海虾……尽管价格并不便宜,但南来北往的游客们,认为一生难得来"海天佛国"一趟,且这诱人的海鲜,也实在难以经常上口,所以各家小店里,都坐满了食客。桌上海鲜罗列,杯盘交错。南腔北调,谈笑风生。偶尔也可见到金发碧眼的外国朋友夹在游客中,三五成堆,男女挤坐在一桌中,拿着不听使唤的竹筷夹着海鲜吃着,用英语、日语和生硬的汉语交流着,传出一阵阵笑声。有的金发姑娘,肩上还背着一只黄色的烧香袋，上面印着"朝山进香"四字，脖子上挂着一串串念佛珠，大概准备把这海岛的纪念品，带回老家去吧！

入夜，普陀山沉入黑幕之中，海风习习，涛声如雷。"海鲜食品街"却灯火辉煌，乐声四起，各家小店里打开了各式彩电，让夜临的游客们慢酌细饮，品尝款款海味。

游普陀，海天胜迹固然迷人；海产鱼鲜，也实在诱人。有人说，到普陀不吃海鲜，等于没有到普陀，这话说得十分在理。

张一品酱羊肉

新春佳节，有朋自德清新市来，馈赠我一篓时令美食——张一品酱羊肉。打开竹箬叶包，一股肉香透鼻而来；切成薄片，作为下酒之物，只觉得酥而不烂、鲜嫩可口、色香味兼备，而且没有丝毫羊膻气。我问朋友，有何妙法，能使羊肉烧得如此之美，朋友为我娓娓而谈，并介绍了来龙去脉：

清末，有个名叫张和松的宁波人，来到新市开小饭店。他见当地盛产湖羊，便在继承传统羊肉烧法的基础上，刻意鼎新，不断摸索改进，终于烧出了独具一格的酱羊肉。后来，其子张永年继承父业，更讲究质量，做到精工精料。每锅羊肉烧好，必先亲口尝过，确实味美，才开锅销售，使得小店生意越来越好。不久，一间门面改为三间，并请当地一位秀才为之取名。秀才想到仕途做官有"一品当朝"者，美食也应有"一品"之佳名，便欣然为之取店名曰"张一品"，随后又精制成一块金字招牌挂上。自此，新市张一品酱牛肉，便蜚声海内外，为食客赞叹不已。

张一品酱羊肉在选料、调料、烹制三个方面，均特别考究。羊肉要选 2～4 年的肥嫩的健康湖羊活宰，只褪毛，不剥皮。调料则采用上好酱油、白糖、绍兴酒、小茴香、胡椒、桂皮、精盐。烹制时，以满锅水煮，水必须淹过羊肉。水沸后，撇去浮沫，舀出多余的汤，加入调料，并用羊的网油铺在羊肉上，不使肉露，上压蒸架，再用一只盛水钵头压牢，最后再盖上高锅盖，以旺火猛烧。待肉熟时，退去柴火，只留红炭再焖 2～3 小时，使肉酥烂。等羊肉烧出满意的风味，才出锅冷却销售,故其味与众不同,格外鲜香可口。为了满足外地游客的需求,张一品酱羊肉店又研究出了适合旅行携带的包装,一种是酱羊肉出骨后,用竹箬叶包好(取竹叶的清香),外裹以纸,再装上竹篓、商标;一种是罐头装制,可带往更远的地方。

德清新市酱羊肉,是浙江省杭嘉湖平原的名食,历时百余年,素来是馈赠亲友的礼品和佐餐下酒的美肴。所以,德清人年底前后探亲访友,常赠之以张一品酱羊肉。

北斗洞品雁山名茶

凡名山皆出名茶,但我喝过的名茶中,留给我印象最深的是浙南雁荡山北斗洞喝的雁山茶。

北斗洞位于雁荡山灵峰景区内,洞口宽阔,洞内建有著名的海会楼、集贤阁,柱上有南宋名儒朱熹及明代大书法家董其昌题写的对联。洞内建筑本系道观,洞名"北斗"亦与道家学说相关。走进洞里,清凉异常。底楼一旁山岩上有一深洞,洞上写有"石髓泉"三字,顺着洞里潮湿的石级下去,约至二三十米尽处,借微弱的天光,可见一泓清泉。此泉深居山岩深处,称之"石髓泉"确是名实相符。一老道告诉我,此泉之水与杭州虎跑泉水有异曲同工之妙,即在玻璃杯中盛满泉水,投入硬币数枚,泉水即高出杯面二三毫米也不外溢。最为难得的是,泉水含有丰富的矿物质,最宜泡茶,与雁荡山茶相配,茶香汤清,珠联璧合,堪称珍味。

早就听说雁山茶历史悠久,自古即为贡茶,便向老道索茶,老道笑着随即捧上现泡的雁山茶一杯,说:"你尝尝这石髓泉泡的雁山茶香味如何?"

我接过茶杯一看,只见茶叶色泽青翠,肥嫩质厚,汤色绿润清澈,一阵清香扑鼻而来;啜上一口,先是微带苦味,随即感到清香雅甜,沁人心脾,不禁赞道:"名不虚传,果然是好茶也!"又连泡两杯,滋味一点不减,仍是那么清翠透底,甘醇可口,可见此茶耐泡,亦知此泉质美。

老道见我称赞其茶其泉,便约我同坐一条长凳之上,为我细细说起雁山茶的来历与典章……

雁山茶，又名雁茗，自古为雁荡名产，与香鱼、观音竹、金星草、山乐官共称"雁山五珍"，已有千余年历史，1954 年被列为国家名产。雁山茶有个俗名，叫"猴茶"。清末民初杭州学者徐珂编撰的百科全书式的《清稗类钞》记载："温州雁崖有猴茶。有猴每至晚春，辄采高山叶，以遗山僧。盖僧常于冬时知猴之无所得食，以小米袋投之。猴之遗茶，所以为答也。"这是和尚利用猴子采茶。据说过去山农也养猴，以登绝壁，采撷新茶嫩叶，制作香茗。

雁山茶由于产于高山之上，终年为云雾滋润，故色绿味浓，质佳耐泡，其中尤以清明节前所产之"明前"为茶之上品，历史上曾列为贡茶。宋代著名诗人梅尧臣游了雁荡，在所写的《遣碧霄峰茗》一诗中说："到山春已晚，何更有新茶，峰顶应多雨，天寒始发芽。采时林狖静，蒸处石泉嘉。"明时，雁山茶已作贡品，明朱谏在《寄茶与万学使》诗中云："天造明茶出雁峰，贡余自合到王公。"可见产量已不低，除掉贡品外，多下来的还轮得上"王公"们品尝。清代浙江巡抚、学者阮元游雁荡，更备加称赞雁山茶，他风趣地写道："嫩晴时候碾茶天，细展青旗浸沸泉。十里午风添暖渴，一瓯春色斗清园。最宜蔬笋香厨后，况是松篁翠石前。寄语当年汤玉茗（指明代戏曲家汤显祖），我来也愿种茶田。"建国后，乐清县有关部门非常重视雁山茶的生产，早在 1958 年，就在雁湖岗上创办了茶场，现在雁山茶已经作为独有的特色名茶，进入海内外市场……

离开北斗洞归杭时，我怀着对雁山茶浓厚的兴趣，买了一袋，也让家人品尝一下这浙南名茶的风味。

忆温州，最忆是鱼羹

去浙南古城温州游览，温州朋友陪我游了"东瓯蓬莱"江心屿后，请我去他家做客。桌上罗列水陆八珍，除了当地的特产海蟹、海虾、海瓜子等外，主人特别劝我品尝一下当地风味的"三丝敲鱼"。

看着桌上的这一只羹菜，不仅它的叫法使人感到新鲜，吃来的味道，也与我以前吃过的各种汤羹风味迥异。羹中有火腿丝、鸡肉丝、精肉丝、香菇、菜心、黑木耳等,它们像众星拱月一样,以各自的鲜香之味,衬托着主料"敲鱼片"。这"敲鱼片",有鱼肉的味道,有芙蓉鸡片的柔嫩,又有虾仁的鲜气。我连连用汤勺兜了吃,边吃边赞美,问主人此汤怎么做?"敲鱼片"为何鱼所制?又怎样"敲"?

主人卖关子,久久含笑不答。看我问得急了,才娓娓道出羹的做法:敲鱼片是温州特有的吃法,它是用海产的新鲜鮸鱼(形状像黄鱼,但鱼身色泽为深灰色,亦属石首鱼),取其肉,剔除骨刺,切成薄片,扑上绿豆粉,用木棍在菜墩上轻轻敲成极薄之片而制成。做羹时,再配以火腿丝、鸡肉丝、精肉丝及其他配料勾以薄芡,加味精、精盐,淋上鸡汁,趁热享用,风味尤为迷人。听朋友这一番详细介绍后,不禁舌边生津,兴趣盎然,用筷子夹起一片鱼肉细观,只见肉色晶莹,呈现半透明的玉色;细细品味,有鱼的鲜美之味,也渗透了鸡、火腿、香菇的香气。和汤喝来,可口异常,堪称浙南名羹。能吃到风味独特的"三丝敲鱼",真可谓温州之游不虚此行啊!

温州美,古城景美菜也美;忆温州,梦里几回古城走,最美景色江心屿,最难忘味是鱼羹!

温州"馄饨王"

过去去过温州,发现温州的小吃做得特别精细,比如炒面和汤面,除了丰富多彩的浇头外,总掺一些绿豆芽在其中,吃来爽口鲜美。此外,白蛇烧饼、县前汤圆等,都是颇有特色的,只是行程匆忙,没有能品尝到当地有名的"长人馄饨",而知道温州馄饨味美,还是在几天以前的事情。

那天,我到市中心去看病,时近中午,来到杭州小吃一条街的吴山路,想吃点价廉物美的午点。走到一家菜馆,见店内橱窗玻璃上印着"温州馄饨王"五个红色大字。馄饨,乃老少喜爱之小吃,一般有杭州小馄饨、湖州大馄饨及新涌现的特色馄饨等,品种则有全肉的、菜肉的、虾肉的……而温州馄饨王则还未吃过。王者,头领也,它既然称王,一定鲜美得不得了。一股好奇心攫住了我:今天得尝尝温州馄饨王!

一问价钿,不贵,五元一碗,先吃一碗尝尝。走到取馄饨处,只见一位师傅正在撒料儿,仔细一看,每只大汤碗中都放了小开洋、紫菜、蛋丝、榨菜末、味精、精盐。啊!料儿真不少。师傅开始从沸腾的锅中捞出馄饨,放入加了汤的碗中,一只只馄饨个大、皮薄、肉红、形似花朵,浮到了汤面上,只见红、白、紫相映,色泽鲜明,诱人食欲。尝了一口,鲜美极了,片刻功夫就吃完了一大汤碗的馄饨王。

我看周围许多顾客,都是以一碗馄饨王配一只包子或一块糯米烧鹅当顿中餐的,可见它还是比较实惠的。特别引人注目的是,有好几个白发的高龄老人,或由子孙陪同,或单独一人在此吃馄饨王,并且吃得啧啧有味,看来味美、营养丰富、易于消化,是这种温州馄饨王的最大优点。可说传统的温州"长人馄饨"的特色,在这种温州馄饨王中已充分体现出来。

水乡绍兴的美味鱼肴

浙东水乡绍兴,有只家常好菜,叫清蒸桂鱼嵌肉饼。一条半斤重的新鲜桂鱼,洗净挖去内脏,嵌进斩细、调好味的肉馅,上撒姜丝、葱花、精盐,放一点熟猪油,蒸到眼睛暴出,就浇上少许黄酒。鱼的鲜味,渗透了肉馅;肉的油香,滋润着鱼肉,使这只味兼水陆的江南乡土菜,具有独特的风味。有一年我到绍兴去做客,当地远房亲戚就专门做了这只菜给我下饭。吃着、吃着,不知不觉这鱼被吃得只剩下一副骨头。

我姑且套了文豪曹雪芹的菜名,给它取了个"老蚌怀宝"的名字。

记得曹雪芹会做"老蚌怀珠"菜,他的好友敦敏写的传世之作《瓶湖懋斋记盛》一文中记载的方法是:用一条桂鱼,洗净去内脏,塞进煮熟去壳的鸟雀之蛋,放在汤碗中,上撒嫩笋片和盐,用碗盖好隔水蒸熟,以少许黄酒环浇之,则香气氤氲而出。鱼身在蒸前用刀划出痕纹,因头尾狭而腰身宽,形若老蚌;而鱼腹中的雀蛋,如一斛明珠,灿然在目,莹润光洁,故菜有此雅名。

曹雪芹生于金陵江宁织造府,直到清朝雍正六年(1728)曹家被抄后,全家才被迫迁至北京。他14岁离开南京,江南民间的桂鱼和鲫鱼之类,在腹中嵌进肉馅或其他什么佳料,清蒸着吃,一定是他经常能吃到的家常菜肴。所以,他晚年落魄京华，还能回忆得起并照着做，请北方好友们品尝。

姑妄言之，水乡绍兴流行的这款美味鱼肴，可说与曹公"老蚌怀珠"的做法大同小异，仅仅是鱼腹中的填料不同而已。看来，它像是"老蚌怀珠"在江南民间的姐妹菜。无论"老蚌怀宝"或"老蚌怀珠"，做来都不难，且口感鲜美，风味独异。若有朋自远方来，如果在家中自做此菜待客，定能让友人吃得大快朵颐，岂不美哉！

鲁迅故乡越菜美

古城绍兴由于三江水系与鉴湖水系交织成网，致使这古老的春秋越国之地成为水乡泽园，因而当地水产品极为丰富，一般菜肴大多以鱼虾为原料。要说起绍兴城里制作佳肴的名菜馆，莫过于兰香馆、荣碌春饭馆、绍兴饭店三家。

兰香馆位于繁华的解放路北端、大江桥之畔，从火车站下来，游览书圣王羲之故宅戒珠寺及王羲之为老妪题扇的题扇桥之后，就可以就近到兰香馆品尝古越名菜。兰香馆是一家临街的老店，古老的店容，浓厚的乡土味，是这家饭店的主要特色。该店楼下为小吃部，有快餐、面点、酒菜，可以堂吃，有下酒之菜卤猪头肉、脚爪、豆腐干、茴香豆等十多种地方小菜。楼上系点菜吃饭，常见的绍兴名菜有绍什景、绍式虾球、头肚醋鱼、清汤鱼丸等一二十种。鲁迅与他的文友们，曾在这里相聚就餐过。

荣碌春酒家在解放路中段、轩亭口秋瑾烈士纪念碑左侧，是一建筑新颖的饭店。游了鲁迅故居、三味书屋、百草园、秋瑾故居出来以后，就可以到此处吃饭。该店临街朝东，楼下为快餐小吃部，楼上为菜厅，供应各种绍兴名菜与筵席。

要说讲究菜肴的精美可口，当首推绍兴饭店。此饭店是绍兴有名的旅游饭店，位于市区府山北麓，环境清幽，可住可餐；民族风格的园林建筑，典雅隽秀；现代文明的设施，舒适方便；精美可口的菜肴，堪称古城第一。如果去绍兴浏览，不妨在此下榻，既舒适清静，可避闹市尘嚣，又可品尝到水乡最佳的菜肴。

绍兴饭店的大餐厅，位于庭园正中，厅前是小桥流水、奇花异卉；厅内古朴典雅、内设空调。走进重檐飞角的大厅，可见正中堂上挂着我国著名书法家费新我先生手书的、绍兴大诗人陆游的《游山西村》一诗。周围挂着名家书画，可谓布置高雅。清汤越鸡、炸熘鳜鱼、油爆大虾、干菜焖肉，有汤有菜，美器配以美食，一股股香味扑鼻而来。那清汤越鸡，是用越地未下过蛋的嫩母鸡，配以火腿片、笋片、香菇、绍酒等佐料清炖而成，鸡肉鲜嫩，鸡骨松脆，汤浓味美；炸熘鳜鱼，是经先炸后熘制成，色泽黄亮，外脆肉松，甜酸适口；红艳艳的油爆大虾，是用淡水河虾经急火爆成，玉白色的虾肉鲜甜兼之，难得的美味；干菜焖肉是最有地方特色的一款菜，选用绍兴特产霉干菜与猪五花肉，配以黄酒、白糖等作料，先焖后蒸而成，其肉松软糯，肥而不腻，干菜咸中带甜，油润适口。

古越菜肴鲜美可口，而鉴湖之水所酿的黄酒甘醇芬芳，会使你陶醉在这鲁迅故乡，乐而忘归。

陆游故里土菜香

"千金不须买画图，听我长歌歌镜湖。"这是南宋著名诗人陆游赞美鉴湖的诗句。初夏之际，我有幸和友人在绍兴名镇柯桥雇得乌篷船一只，得以放舟鉴湖，作水乡一日之游。

鉴湖，又名镜湖，《水经注》称之为长湖，在绍兴市偏门外。湖面周约百里，时宽时窄。舟行其中，但见远山重叠，湖水清碧，景色秀丽如画。三山，正是陆游的故里。我和友人在当地好客的农民带领下，缓步登上当年陆游故居所在之小山，凭吊遗迹，发思古之幽情，深深地怀念起这位"僵卧孤村不自哀，尚思为国戍轮台"的老诗人来……

游毕三山，复登船前行，顺着湖面，过了杏卖桥。此时已过中午，红日西倾，腹中感到一阵饿意。头戴毡帽、须眉皆白的老艄公笑着说："前面就到跨湖桥了，可以到小饭馆喝酒、吃饭。"

跨湖桥畔，餐馆林立。农民开的小菜馆，一家毗邻一家。我们找到一家整洁的小店，在临湖的小桌边坐了下来。店家笑嘻嘻地过来，用绍兴话问："客人用啥下饭？"友人便用当地话说："有啥好菜？"一会儿，店家手端两个盘子过来，指着盘中之鱼及配好的笋、姜片、葱花等介绍："这鳜鱼约两斤重,是早晨刚从鉴湖里捉起来的,新鲜得很,可以一鱼三吃,算 60 元钱!"又指着另一盘说:"这虾也是上午捉的,油爆爆,算 20 元钱吧!其他小菜,都在柜台上,自家挑⋯⋯"我拨开这巨口细鳞、黄绿黑三色相间的鱼腮盖,只见鱼腮红如血;又见盘中之大虾,须枪翕动。而柜台上,盐水豌豆,翠绿肥嫩;卤豆腐干,香气扑鼻⋯⋯便点了这鳜鱼三吃、油爆大虾、盐水豌豆、卤豆腐干,又要了一斤鉴湖水酿制的加饭酒。

不一会儿,菜就先后端上来了。这鳜鱼是陆游在故里时常吃的,《思故山》一诗中"新钓紫鳜鱼,旋洗白莲藕",便是见证。现做成头肚醋鱼、熘鱼片、清蒸鱼三款,用绍兴乡土方法烹制,有脍、有熘、有蒸,宜酒、宜饭、宜人,大有越州名肴之独特风味。这大虾,爆得红艳,外脆内嫩,味美可口。这盐水豌豆,是带壳煮熟后放盐制成的,咬一口,碧玉珠似的豆子,便滚入嘴中,鲜嫩异常。这卤豆腐干,更是绍兴自古以来的下酒之菜。更不用说那色泽橙红、醇厚甘甜的黄酒了。"汲取门前鉴湖水,酿得绍酒万里香。"

辞别友人回到杭州,心还留在绍兴水乡,念念不忘鉴湖之行。

咸亨酒店的乡土风味菜

正是金风送爽、菊黄蟹肥之时,我与几位朋友前往古越会稽城。当晚,绍兴朋友请我们到享誉国内外的咸亨酒店共进晚餐。

离鲁迅故居与三味书屋不远处的咸亨酒店,虽几经装修,依然是黑瓦粉墙、木桌条凳,传统的曲尺形的大柜台上,放着五香茴香豆、盐水花生和油氽臭豆腐等乡土小菜。靠墙的一边放着一行酒坛和打酒的的吊子等。

外来游客与本地吃客正三三两两坐在店堂里的长条凳上,用碗喝着烫热的黄酒,津津有味地剥食着孔乙己曾经下酒的茴香豆,空气中荡漾着一阵阵醉人的酒香和欢声笑语⋯⋯

当我们穿堂入内,跨进酒家新建的庭院,进入江南民居风格的包厢中时,我们才发现,主人为我们准备的菜肴,竟是与众不同的:这当中没有体现档次的鳖、螃蟹、河鳗;没有生猛海鲜的基围虾、青蟹、鲍鱼;没有工艺精巧的当地名菜绍式虾球、炸熘桂鱼、姑嫂八宝鸭……它们全由绍兴农村最普通、最平常的家常小菜的原料制成，如黄刺鱼(黄颡鱼)、河虾、鸡肫、豆腐皮、臭豆腐、猪肉、霉干菜做成，甚至还用了城里人不起眼的螺蛳、芋艿、霉千张(用豆腐百页霉化制成)、霉苋菜梗等不登"大雅之堂"的贱物做菜肴的料作，结果却产生了使人惊奇的美食效应：芋艿丁与螺蛳肉为主料，加豆腐干、火腿丁做成的芋艿螺蛳羹，鲜嫩软滑，味道全新，胜过山珍海味的羹汤；用芋艿泥油炸做成的冷盆花色菜，外酥内糯，产生一种从来没入过口的芋饼风味；霉苋菜梗蒸嫩豆腐，霉香扑鼻，而豆腐异常鲜嫩；清蒸霉千张，酥烂入味，散发出阵阵带有麻油味的奇香；黄刺(黄颡)鱼与干菜做汤，菜香与鱼鲜互相渗透，味美可口超过鱼翅干贝汤；还有入口就化的香喷喷的霉干菜焖菜、软滑如嫩豆腐的鲜美的稠鱼圆、透着大米饭清香的饭焐茄子……在座的朋友大多是久经世面的吃客，山珍海味吃得可谓多也，可是这一席用浙东水乡民间普通材料为主做成的饭局，却叫大家吃得食指大动，大快朵颐，筷勺叮当，笑语连声，一片赞美之声啧啧而起，宴席中出现前所未有的活跃气氛。一打听，这桌筵席不会超过 500 元，而它产生的美味之感却是两三千元的高档筵席所无法呈现的，真是奇迹！

　　雅主、嘉宾、良辰、美景，是日之晚四美并，加之鲜美可口而别具风味的乡土菜点和古越佳酿，使到席的朋友们都陶醉在鲁迅笔下的咸亨酒店的乡下风味里，也充满了对古越巧厨的别出心裁的钦佩与赞赏。

严州名肴干菜鸭

　　梅城古称严州，地处新安江、富春江、兰江汇合的三江口。一日，朋友邀我去玩，不觉时过中午，便到一家小店就餐，说是到了梅城，不可不尝严州民间佳肴干菜鸭。

　　干菜鸭上来时，只闻得浓香一阵阵扑鼻而来，又见鸭子酥烂出骨，铺着的干菜黑而闪着油光，不禁口中生津，食指大动，用筷子一夹，带着嫩皮的鸭肉便离骨入嘴，只觉得肉酥菜糯，齿舌生香，不禁赞叹起来。朋友见状，笑着说起这只严州名肴的来历：

相传，海瑞在淳安当知县时，有一年三春农忙季节，明皇太子坐龙船来新安江游春，下令征集壮丁为船只背纤。海瑞为不误农时，自带衙役们为之背纤。一会儿时间，纤绳便磨破了海瑞的肩膀。插秧的一对夫妻见了，感动得流下了眼泪，便回到家中，杀了仅有的一只鸭子，谁知鸭子刚换毛，细毛很难拔尽，机灵的农妇便抓了一把干菜与鸭子一起炖制，使人分不清鸭毛与干菜。当炖烂的干菜鸭送到海瑞手中时，海瑞再三道谢，与衙役们一起吃起来。那浓郁的香味飘到龙船上，馋得吃厌了山珍海味的皇太子口水直流，便派人来问，这是什么美肴佳馔？聪明的严州农妇，不等海瑞回答，就高声嚷道："这是严州名肴干菜鸭！"自此，严州干菜鸭就出名了。后来，当地人改炖制为蒸焖，使原汁原味不走，却越加美味可口，而且以肥嫩的洋鸭代替土鸭，干菜则选用较为香嫩的雪里蕻菜，再辅以各种去膻解腻的调料，风味更加诱人。

店主听到梅城同乡的介绍，不禁满心欢喜，在一旁插嘴道："这位同志讲得真好，梅城的干菜鸭是有名的。吃了包管你下次来梅城还想吃呢！"朋友听了，也忍俊不禁笑了起来。

桐庐吃"热狗"

热狗是西方著名的快餐，是用面包夹香肠做成的，也有夹西式火腿的、夹荷包蛋的、夹果酱的、夹蔬菜的……但我在桐庐吃过的一种当地风味的"热狗"，却充满了中国江南独特的风味特色。曾经品尝过这种地方名点的著名美食家聂凤乔教授曾称赞其是"奇妙的组合"。

那是在一个"五月江南樱笋残，疏花散尽绿漫漫"的季节里，我与几位文友去桐庐参加一次笔会，下榻在桐庐宾馆。桐庐宾馆傍江依街，风光旖旎，以其独特的地理位置与浓郁的地方风味菜肴，吸引了我们这批杭州客人。

我们在桐庐宾馆过了两夜，宾馆每天的菜点基本不重复。最令我们感到新奇的是第二天进早餐时，服务小姐端上了一盘独特的小吃，引起了我们浓厚的兴趣，原来这是一盘油炸馒头夹臭豆腐。服务小姐向我们介绍这种桐庐特色的"热狗"的做法是：馒头用甜酒酿发酵，在沸油中炸成金黄色，趁热时割开,中间抹上辣酱(不吃辣的可不抹),再夹入一块现炸的油氽臭豆腐。我们吃时,感到外脆内"香",香里带辣,连呼"好吃"！据说,著名画家叶浅予先生生前回故乡时,每次点吃的第一种故乡美食,就是这种油炸馒头夹臭豆腐,可见它的诱人风味。

香与臭本是一对矛盾,但在这种地方名点中,却达到了完美的对立统一,以致食者无不感到:它既平常又独特,既味美又别致,充分反映了当地劳动人民的一种平民化美食的创造力。

千古钓台,江南名鲥

"冷雨埋春四月初,归来饱食故乡鱼。"这是在富春江畔长大的、近代著名文学家郁达夫先生吟咏鲥鱼的名诗。

说起鲥鱼,再没有比富春江出产的鲥鱼更名贵珍奇的了。鲥鱼,古名鮊鱼,形秀而扁,似鲂而长,色白如银,味极腴美。因年年初夏时方出,余时不复见,故名鲥鱼。每年农历四至六月,鲥鱼结队从海上经钱塘江溯流而上,游百余里,到富春江七里垅一带回游产卵。七里泷,青山逶迤,江水清澈,尤其是临江富春山上,高耸的严子陵钓台,使得历史古迹与奇山异水珠联璧合,相映生辉。相传,东汉名士严子陵是汉光武帝刘秀的同窗好友,因鄙薄功名,曾弃官隐居于此。这位老先生,当年就是坐在这高耸的石台上,把竿钓鲥鱼的。严子陵去世后,此台便被后人命名为"严子陵钓台"。历来骚人墨客到此,题咏甚多。李白游钓台时,曾写有"昭昭严子陵,垂钓沧波间……长揖万乘君,还归富春山"的诗句。范仲淹凭吊钓台后,写了《严先生祠堂记》一文,其中的"云山苍苍,江水泱泱,先生之风,山高水长",被传为千古名句。自此,钓台之名,便不胫而走,名扬天下。而富春江鲥鱼,也就名闻海内。据当地渔民说,只有到过严子陵钓台的鲥鱼,嘴上才有红点,因为那是被严子陵的鱼钩扎过的缘故。这当然是传说而已。不过,鲥鱼要游到钓台所在的子陵滩一带发育成熟,嘴上才隐现出红点,开始产卵,这倒是真的。自从七里泷电站建成后,鲥鱼再不能上溯到子陵滩产卵了。

鲥鱼因肉质细嫩,是名贵之物,因而在明、清两代均被朝廷列为贡品。但它有一个不足之处,出水即死,最易馁败,使得朝贡的地方官员们为之伤透脑筋,不知累死多少驿役,累垮多少良马,才使江南名鲥及时送到北京紫禁城内的御厨之内。皇帝不仅自己吃,还赐给臣下尝鲜。而王公贵族、朝廷大臣们,又将吃到鲥鱼作为一种荣誉的标志,于是,鲥鱼也就越发身价百倍了。到清朝康熙年间,有个名叫余孔瑞的官吏,给康熙皇帝上了一道《代请停供鲥鱼疏》的奏章,列举运送鲥鱼的劳民伤财之弊及孔夫子的"神圣"格言,请求开恩批准"停供鲥鱼"。康熙也就同意了。自此,北京城里的皇帝、达官贵人们是不吃鲥鱼了,但杭州的官僚豪商仍然大吃鲥鱼。清朝陆以湉的《冷庐杂识》一书记载道:"杭州鲥鱼初出时,豪贵争以饷遗,价甚贵,寒窭不得食也。凡宾筵,鱼例处后,独鲥先登"。鲥鱼味美,贫苦的老百姓在旧社会是根本吃不起的,只有到了人民当家作主的今天,才能尝到此一美味。

鲥鱼不仅以味美著称于世,而且营养极其丰富,其肉每 100 克中,含蛋白质 16.9 克、脂肪 16.9 克、钙 33 毫克、磷 216 毫克、铁 2.1 毫克、核黄素 0.14 毫克、尼克酸 4 毫克,具有补虚劳、快胃气的强身功效。

鲥鱼怎样做味道才鲜美可口呢? 一般宜清蒸,如果红烧、醋溜、油炸,则风味全失。市上所售红烧鲥鱼,往往因不甚新鲜,才用各种香料压味红烧的。

过去鲥鱼旺发之时,在杭州也能吃上新鲜鲥鱼。杭州菜谱中就有"清蒸鲥鱼"一款。那是用新鲜鲥鱼、猪网油、火腿片、香菇、笋片及各种调料清蒸而成。此菜的特点是:鱼嫩味鲜、鳞白如银、汤清味浓、清口宜人,是江南夏令的珍肴佳馔。

自从富春江大坝建起后,富春江鲥鱼已经绝迹。现在杭州菜馆供应的鲥鱼,据说是用从美国进口的鲥鱼卵,在千岛湖孵化后育成的,不知滋味是否和富春江鲥鱼一样? 笔者因还未品尝过这种昂贵的洋鲥鱼,故不敢断言。

青山湖畔白果香

正是"离离暑云散,袅袅凉风起"的秋日,朋友们相聚在天目山下的青山湖畔开笔会,古城临安的东道主,热情地在五代吴越王钱镠的故里,摆下了具有浙西风味的盛宴，为我们洗尘。朋友们在丰盛的筵席上，突然发现一款罕见的佳肴——清炒白果。盘中那一颗颗翡翠似的果肉，在鲜红的辣椒丝衬托下，分外显得迷人，不由得使人食指大动，馋涎欲滴。自"文革"以来40年，此物已较为罕见，它的软糯、清香的风味，似乎已经从人们的味觉回忆中淡薄了。而今它在餐桌上再度出现，不禁引起人们对它遥远的、深情的回忆。

白果是银杏树的种子，盛产于江南。早在南宋时，每逢中秋之后，就有小贩上街炒卖此物，尤以重阳节时最为盛行。此风在古城杭州一传就是七八百年。记得笔者幼时，居住在中河附近的一条青石瓦房的古巷里，每逢秋风劲吹时，巷中便传来小贩叫卖白果的诱人的声音："现炒……热白果，香已……香来糯已……糯……"接着便是一阵阵炒白果的铲与锅撞击的声音。曾几何时，刮起一股割"资本主义尾巴"的风，山区的银杏树大量被砍伐，肉糯味美、食之清香的白果，随即从我们的生活中消失了，从小贩的炒锅中消失了，从百果油包里消失了，从百果月饼里消失了，从餐桌上消失了。现在，它又出现在人们面前，如何不令人兴奋呢？临安的朋友告诉我，白果不仅可以做点心的珍贵馅料，而且是菜肴的高档原料。临安民间，常以白果与五花夹心猪肉相配炖制红烧肉，其味香糯可口，有健身益肺作用。除此之外，白果还可以与鸡或鸭共炖，其风味诱人，补益人体更是显而易见。

白果含少量氰甙、赤霉素和动力精样物质，并含两种核糖核酸。一般营养成分的组成为：蛋白质占 6.4％、脂肪占 2.4％、碳水化合物占 36％，另含钙、磷、铁、胡萝卜素、核黄素等微量元素及维生素，并含多种氨基酸。中医学认为，它入肺肾两经，有敛肺气、定喘咳、止带浊等功能，能治疗哮喘、痰多、白带浑浊、遗精、小便频等疾病，是一种药食俱佳、品位较高的果品。

可以深信，随着山区经济发展及山区资源的不断开发，白果重新走向千家万户的餐桌，将不会是一件遥远的事。

也许有一天，我们又能听到"现炒热白果，香已……香来糯已……糯……"的诱人的叫卖声。

新安江畔虹鳟香

自从桐庐富春江大坝升起后,天下闻名的富春江鲥鱼再不能上溯到七里泷子陵滩回游产卵。从此绝迹于清流碧波之中,使慕名游富春江山水、严子陵钓鱼台、瞻仰文豪郁达夫故居的中外游客,再不能在桐庐、富阳、杭州一带品尝到丰腴鲜美的富春江鲥鱼,实在令人扼腕叹息不止。但现在可以告慰天下美食家的是,富春江上游的新安江,出现了另一种举世闻名的鱼鲜,它就是名闻遐迩的冷水鱼——虹鳟鱼。

虹鳟鱼是一种寒带冷水鱼,适宜在摄氏 20 度以下的清水碧流中生长,因其底色淡蓝,披一身黑花斑纹,两侧各有一道橘红色的彩带,故名。此鱼之肉,营养价值极高,富含完全蛋白质,可与鳖肉、鳗肉媲美,且肉质细腻、柔嫩,比做杭州西湖醋鱼的鲩鱼肉嫩,又比桂鱼肉质丰厚,被人们称之为水中的白斩鸡(江南夏令有名鸡肴)。在国外,被视为珍稀名菜,往往宴会上有此鱼肴上桌而席价倍升。但此鱼虽然性猛、食肉,本身却十分娇弱,必须淡水、清流、低温饲养,且水质要求甚高,如稍有污染,便会死亡。

虹鳟鱼原产北美阿拉斯加等地的山涧溪流冷水中,后来才被科学家们人工饲养成功。上世纪 50 年代末期,周恩来总理应邀访问朝鲜人民共和国时,金日成主席为发展两国人民的友谊,馈赠此鱼之种,后有关部门在山西省太原市著名的晋祠泉水中放养,获得成功,以它独特的风味,首先出现在并州古城的名贵筵席上。浙江省的引进,是在上世纪 80 年代初期。由于上世纪 50 年代后期兴建新安江水库,升起了高可百丈的大坝后,库底见不到阳光的冷水随闸排放,使得新安江江水温度骤降至摄氏 18 度以下,原先江中生长的各种淡水鱼类受不了过低的水温,逐渐消失,水面变得荒芜。新安江水质清澈,没有任何污染,又兼低温,正符合虹鳟鱼苛刻的生长条件。1981 年,新安江养殖场引进鱼卵三万颗,并学到了有关知识,终于孵化成功这种稀见的名贵鱼类,成为浙江省第一个虹鳟鱼养殖基地,也弥补了因鲥鱼消失而使筵席上缺少了的名贵鱼肴。

但这种在江南大地上从未有过的鱼鲜在市场上初次出现时,却意外地受到了人们的冷遇,原因有二:一是价格较高,每公斤要 16 元人民币;二是人们没有吃过这种鱼,不知如何烹制才味美可口。首先去闯虹鳟鱼烹调技术大关的是新安江望江餐馆的厨师许志生。他年纪不大,而对烹调技术却深有钻研精神。在国内找不到虹鳟鱼烹调菜谱的情况下,他便参照其他鱼肴的烧法去制作。但困难是很多的,虹鳟鱼肉特别细嫩,火候稍一不当,不是过嫩有生腥气就是过老失去美味。皇天不负有心人,碉堡的铁门总会朝勇士开放。许志生在多次实践后,终于烧出了整整一桌别具风味的虹鳟鱼席,其中有"葱油虹鳟鱼"、"淋汁虹鳟鱼"、"生切虹鳟鱼片"、"菊花虹鳟"、"松鼠虹鳟"、"菠萝虹鳟"、"瓦片虹鳟"……参照杭州百年老店天香楼名菜"天香全鱼"制作的"望江虹鳟鱼",风味迥异,口味鲜美,是望江菜馆的名菜。许厨师还独创了一只名叫"千湖游龙",具有千岛湖(新安江水库的美名)地方特色的花色名菜。它用新鲜蔬菜铺成绿色的湖面,将虹鳟鱼用急火旺油炸成游龙之形,而盘角上的湖上之月,淡黄而朦胧,是用蛋糕精雕而成。诗情画意,胜地风光,色味俱佳,堪称虹鳟鱼系列鱼肴中的上乘之作。

游杭州话"吃经"

黄昏时,同一位精通"吃经"的"老杭州"在西湖边散步,碰到一对外地小夫妻,正喋喋不休地在抱怨杭州菜馆里没有吃到好菜佳点,说是"上有天堂,下有苏杭",风景的确好,吃的东西可差劲,玩好而没有吃好,兴味减退了不少。

"老杭州"一听,便上去搭讪,问吃了点啥,花了多少钱?男的便说:刚才在湖滨一家菜馆里吃了油淋鸡、糖醋排骨、火蒙菜心、凤爪汤等,钞票花了一百多,一点不实惠。

"老杭州"听了,哈哈大笑,说是那怪你不懂"吃经",于是便娓娓而谈:到杭州,要吃杭州风味菜,你点的都不是杭州名菜;就是杭州名菜,还讲究时令节气。比如,你们春天到杭州游览,正是春笋、步鱼、金针菇、龙井茶上市之时,可吃春笋步鱼、油焖春笋、南肉春笋、金菇里脊、龙井虾仁;如果夏天来杭州,可品尝西湖醋鱼、荷叶粉蒸肉、火蒙鞭笋、火腿蚕豆、卤鸡、西湖莼菜汤;秋天的杭州名菜有栗子炒子鸡、油爆虾、蜜汁火方、生爆鳝片、八宝童鸡、干炸响铃；冬天游湖，最宜进食味浓汁香的热菜，比如鱼头豆腐、虾子冬笋、鱼头浓汤、东坡肉、笋干老鸭煲、番茄虾仁锅巴，等等。再进一步说，每家菜馆又各有自己传统的拿手好菜，比如游灵隐，到"天外天"吃饭，该店最有名的莫过于"龙井虾仁"，那是此菜的发源地，且以鲜茶入馔，风味特异；又如"桂子全鱼"，那是根据唐代诗人宋之问《灵隐寺》一诗中"桂子月中落，天香云外飘"的名句创制的，鱼肉似桂子，配以多种名贵辅料，鲜美宜人。又如游中山公园、西泠印社，不妨去"楼外楼"菜馆品尝西湖醋鱼，那是此菜最早创制之处，鱼嫩如蟹肉，甜酸之味又极清口。而在市区观光，需知"天香楼"的东坡肉、南乳肉都颇值一尝。如果注重身体保养的中老年，想吃味美又补人的佳肴，可去张生记大酒家品尝笋干老鸭煲，那是用老鸭辅以金华火腿、天目山笋干制成的，养阴开胃，是食补佳品，堪称杭帮菜一绝，食后会叫你难忘美味。另外，奎元馆、状元馆的虾爆鳝面、虾黄鱼面；知味观的猫耳朵、幸福双；吴山顶上的吴山酥油饼；颐香斋的四时糕点；红泥花园的龙井问茶、金丝海鲜卷、酒酿圆子羹、三丝面疙瘩，都是杭州的名吃名点，堪称古都之最。

那对外地小夫妻听得如迷似痴，目瞪口呆，转而满脸带笑，说是增加了不少点菜吃点心的"门槛"，从明天起就不再当"阿木林"（傻瓜）了。男的随手取出日记，问明菜点之名，一一记下，和妻子连声道谢而去。

我呢，听"老杭州"一席之谈，如胜读十年之书。归来夜深，以秃笔写下，供读者诸君有机会游览杭州时进餐作参考。

和西湖争妍的美食

西子湖的景色固然迷人，如在浏览之余，又能品尝到美肴佳馔，会使人兴味更浓。粗粗一匡算，至少可作南北两日美食游。

头天早晨，可在湖滨知味观品尝杭州名点"幸福双"。这是高级油包，以精白面粉做皮，用豆沙配百果蜜饯做馅心，上盖红印，象征吉祥幸福，吃来甜润可口；也可吃"皮薄、馅鲜、汁多"的小笼包。用罢早餐，可乘船游湖，船到三潭印月,缓步九曲小桥,留影于"我心相印亭",然后在此处品尝甜香滑润的西湖藕粉。游完湖心亭后,不妨去孤山楼外楼菜馆用中餐。

楼外楼最有名的为西湖醋鱼,是用活草鱼烧成的。色泽红亮,肉质鲜嫩,赛似蟹肉,据说烹饪方法传自南宋名厨宋五嫂遗制。其他如生爆鳝片、鱼头豆腐、炸响铃、栗子子鸡、叫化童鸡、西湖莼菜汤,都具正宗杭帮风味。

中饭后,不妨缓步徐行,经秋瑾墓、西泠桥、岳王庙,一路步移景换,兴味盎然。还可去玉泉观鱼,体会"鱼乐人亦乐,水清心共清"的自然之情。出玉泉登7路车,过九里云松,便来到"咫尺西天"的灵隐。在这里可游飞来峰、钻龙泓、玉乳、射旭三洞,望"一线天",坐冷泉亭品茗,漫步云林禅寺,仰望释迦牟尼丈二金身,欣赏海上仙山彩绘巨塑。游兴既尽,可在天外天菜馆进早夜餐。此乃杭州名菜"龙井虾仁"的发源地。该菜与众不同,是以新鲜龙井茶入馔,人誉为"翡翠白玉",全市仅此一家,不可不尝。其他名菜有松子桂鱼、蜜汁火方、兰花春笋、清汤鱼圆、青椒子鸡等。用罢晚饭,回到湖滨,当是万家灯火了。

次日一早,可登城中之吴山,即城隍山。此山襟湖带江游目骋怀宜于眺望。山上小卖部有吴山酥油饼,可作早点。此饼层多不碎,油而不腻,入口便酥,源于南唐寿州,名曰"大救驾",后随宋室南移流传至杭州,已有七八百年历史。游罢吴山,可从粮道山下,坐4路车至千年古刹净慈寺,探寻济公运木古井,去南屏山观赏莲花石林。再到杨公堤新西湖景浏览,在这里新开的知味观·味庄品尝油爆虾、蚝油牛柳、油淋子鸡、葱油鲈鱼、湖焖春笋、金牌银鳕鱼、糟鸡等。

中饭后,去观赏天下第三泉的虎跑泉,饮虎跑泉水冲泡的龙井名茶,可助精益神,清荡胃纳。再顺路去月轮山,登六和古塔,眺长虹大桥,望浩浩钱江。

连日来在西湖菜馆进餐,不妨趁此浏览机会亦到湖东的市区尝尝美食:红泥花园的龙井问茶,清鲜芳香,别具风味的还有金丝海鲜卷,外脆内嫩,均为新型杭帮菜;张生记的笋干老鸭煲,在传统的配方上革新,美味又补人,是新杭帮菜的经典之作,亦堪称杭菜一绝。

两天游览,西湖山水之精华,大都观赏了,而古都名肴佳点,也遍尝一过,可谓不虚"天堂"之行了。

美哉花港菜

花家山麓的花港饭店,是杭州一家著名的旅游宾馆,民族传统建筑物与现代化设施相结合,中外游客四时不绝。

该宾馆从 1981 年以来,共创制出中西菜点 200 多种,其中中西合璧、兼备东西方风味的"花港菜",尤受国外游客欢迎。这种中西合璧菜肴与众不同之处是:原料及辅料上常用胡萝卜、卷心菜、马铃薯、水果、葡萄酒、西式火腿(即方火腿)、奶油、牛奶入馔,制作时常采用包、嵌、裹等形式,外形上常呈筒、片、串、块状,口味上常重酒味、水果味、奶油味。一般鱼肴中,头尾不做主菜,烹制后放在盘中仅起装饰作用。烹调方法侧重煎、烤、凉菜。这样,再配合中菜的一部分原料及采用中菜制作的一些刀工、部分烹制方法,便成为融合中西、独具一格的"花港菜"。如用牙签将洋葱片、桂鱼肉片、荸荠片、里脊片、青椒片、方火腿依次串在一起制作的串炸桂鱼,形状美观,食用方便,味美爽口;又如用胡萝卜丝、麻菇丝、冬笋丝加调料爆炒后,用卷心菜叶包裹制成后切片的彩色素丝卷,具有色彩鲜艳、风味别致的特色。其他如果酒鸡翅,以葡萄酒与鸡翅等制成,具有汁浓香冽、风味迥异的特色;蛋煎鱼排,用黄鱼排骨烹制,具有色泽悦目、口感鲜美的特色。

清雅宜人的天鸿宾馆菜

正是炎夏三伏天,平时工作辛苦的女儿双休日想好好休息,便住进了杭州莫干路上小有名气的天鸿宾馆,晚饭自然在宾馆餐厅里吃。这使得平时难与宾馆菜相逢的我,有机会好好尝一尝了。

天鸿宾馆的餐厅在二楼,名叫春风得意楼。虽然一窗之外是摄氏 38 度的高温,但厅里凉风习习,仿佛正是"春风得意马蹄疾"的三月天。厅不是很大,但窗明几净,摆设雅致,服务小姐们一个个穿着整齐,含笑迎接着宾客。从大堂酒吧传来的钢琴声,一阵阵飘盈在这典雅的餐厅里。

按照惯例先上冷菜,话梅板栗与蜜汁罗汉果可说是其中的姣姣者。用话梅汁腌过的栗子肉,色泽金黄,酸甜清口,这款带有消闲口味的冷菜,很为女儿与外孙女所喜欢。说起罗汉果,一般人会以为是广西出的那种止咳化痰的、褐色的果子。其实不然,天鸿里的厨师是将糯米粉团,嵌进去核的熟红枣肉里,然后浇以蜜汁;那果子外形红白相间,仿佛大花脸"罗汉",吃时则香甜可口。

在西瓜汁、黄瓜汁、雪碧喝得差不多时,服务小组开始将热菜一一端上:虾仁炒雀脑,以水中精灵配以山野禽脏,又嫩又脆,别有风味;碧绿牛肝菌,以云南名菌与西芹组成一款佳肴,使人感兴趣的是,这种蘑菇色泽深褐,吃来丰厚脆美如同牛肝;而丁香烤鱼鳗,是以丁香汁腌过的河鳗,用烤法制成,因烤的过程油已经流出,吃来香美而无腻感;还有银杏百合、潮州鲜淋鱼、蒜蓉基围虾,都让我们吃得盆碟差不多朝天。最妙的是一道太极鸳鸯羹,当服务小姐端上来时,我们看见一只玻璃浅盆中的薄羹由一个绿白两色、界限分明的太极图案组成。我问服务小组:"这两种色彩不同的羹,用啥做的?"小姐莞尔一笑,说:"白的是豆腐末,绿的是菜叶与豆板末,羹是用高汤打底的。"奇的是两种颜色的羹互相并不混和,而吃来口味同样鲜美可口。自然,一桌的菜肴并非只只成功,太极鸳鸯羹造型奇特、口味鲜美,可打满分;话梅栗子、银杏百合,清雅、清口、清凉,堪称佳作;碧绿牛肝菌,亦有新意;但丁香烤鳗、潮州鲜淋鱼、蒜蓉基围虾等则较一般,有的咸味偏重,与当今的休闲口味有差距。而用哈密瓜雕成,内装各式烩料的龙舟御鲍,原先是当重头菜的,实际却口味平淡,并无特色,可谓是这篇餐饮文章中最平庸的一笔。

虽则一席之肴,差异较大,但总的风格清雅宜人,是其之最大特色。在淡薄肥甘、崇尚自然的今日,天鸿的宾馆菜还是值得一尝的。作为散客,来到常做会议菜、婚宴菜的天鸿宾馆享受凉爽、惬意的一席晚餐,亦是人生一大乐趣也。

观夜景　尝美食

正是野云四合、暮色苍茫之时，一位分别已久的朋友来访，说是久未相聚，难得一见，约我在这黄昏之时，去古都城东一游，以赏夜景，并一品杭城仲夏之夜的美食。

杭城的山光水色、亭台楼阁及诸多的名胜古迹，皆汇集于城西之西子湖畔。新近开发、建设的古城东部有何美景可言？有甚美食可品？不禁困惑。

朋友一笑，拉我出门登车，穿越市井街坊，径自向东。等驶过城东的艮山门立交桥时，骤然停下，见东茂大厦矗立面前。莫非城东夜游，就是登这大厦？

朋友点头之际，他所熟悉的大厦经理已迎出，相邀游楼观夜景。登上电梯，直升顶层。站立在高耸云天的楼顶，夜的杭城历历在目：在如织的灯的海洋里，东面的飞机场、南面的火车站、西北面如练似带的京杭大运河及钱塘江畔片片阡陌农田，都一一在脚下展开，仿佛举足可至，确有登高楼而小杭城之感。此时方感夜游大厦、瞭望古都亦别有一番情趣，并不逊于荡舟西子碧波、饱览烟波山色。

说笑之间，经理又邀我们品尝大厦独有的仲夏美食，说是希望听听"美食家"的意见。

转瞬之间，一批具有清鲜爽口的江南风味的菜点上了席面：花篮总盆，以荤素佳肴与新鲜果品拼成美丽的图案；金银鱼翅，以鸡丝烩以海珍鱼翅，高雅而鲜美；珍珠鲍鱼，以海鲜之王配以形如珍珠的淡水鱼丸，可谓湖海之鲜，珠联璧合；还有形若桃花，以水鲜与陆禽合一制成的桃花鸡。最可人的是以绝代佳人命名的西施鱼脑汤，豆腐洁白细嫩似美人雪肤，鱼脑透明如同水晶，一起化为自然的玻璃汤羹……

难得品尝杭城阳春白雪的夏令美食，不禁赞叹：杭城名菜，不同凡响。

城东夜游，夜不成寐，遂捉笔涂鸦以飨同好，也算是向读者诸君作一古都仲夏美食之介绍。

湖景名菜同生辉

正是春山含烟、碧波泛青的艳阳丽日，朋友伉俪双双来到西子湖畔访友踏青，我这当主人的自然少不了陪伴游览。

我们朝登葛岭，瞭望东海日出，转而泛舟湖心，走游三岛；在中山公园上岸，到玉泉观鱼，又游飞来峰三洞，进灵隐古刹仰望释迦牟尼丈二金身。

车回闹市，朋友欲尝杭城名菜，好在我已和一家菜馆的朋友预先订了数款杭城风味菜，就一同前往。菜馆同志已为我们准备了杭城时鲜春肴，我也就不客气摆出老饕的资格，边酌边谈："这油焖春笋，以三春嫩笋油煎焖成，清鲜爽口；火蒙豌豆，一盘'绿珠'缀以点点火腿精肉，色香上乘；龙井虾仁可称翡翠白玉；金菇里脊更是应时美肴……"说到这里，朋友打断我的话，笑说："这些我都有所闻知。只是这西湖莼菜汤，听说名属杭城汤菜第一品，而莼菜又是名冠天下的古老蔬菜，是不是给我们说说西湖莼菜的掌故？"

朋友点题考我，我对莼菜当然是不陌生的，便不慌不忙地说道："早在二三千年前的春秋时代，我国劳动人民就已发现莼菜是一味美肴，当时人们用它来下酒。唐代诗人杜甫非常爱吃莼菜，有诗云：'豉化莼丝熟，刀鸣鲙缕飞。'南宋诗人陆游更赞'出波莼菜滑，上市鲢鱼肥'。连《红楼梦》书中都有'椒油莼齑酱'这样的名菜记载。至于杭州所产之莼，原系野生，最早发现于苏堤第三桥之孔下及三潭印月，而现在主要引产在西湖区仁桥村铜鉴湖、转塘乡浮山'小西湖'，远销海内外。莼菜含有多种维生素与氨基酸，叶茎部的黏质体还带有多糖体抗癌物质。"

朋友伉俪听之，兴致顿生，连忙用勺兜了吃，说这汤莼菜碧绿、鸡丝雪白、火腿丝绯红，鲜美之至，说是要买几瓶回去做汤，让高堂双亲尝尝。朋友相约，来年还要来杭城作美食之游，重尝这杭州第一名汤。

西子湖畔品尝羊汤泡馍

羊汤泡馍是西北风味中有名的小吃,凡去西安、兰州旅游过的人,都知道它在当地颇受人们欢迎。顾名思义,羊肉泡馍好像只是用羊汤泡泡馍馍而已,其实,它的内涵要丰富得多,吃法也奇特:羊汤是用带骨羊肉加各种调料、辅料熬成,馍不是馒头,而是一种有筋道而富有韧性的饼子。厨师在碗中放入掰成小块的馍及已炖得烂熟而入味的羊肉厚片、粉丝、木耳、黄花菜,然后浇上一大勺用各种调料熬成的、滚烫的羊汤,一碗鲜美可口的羊汤泡馍便制成了。和其他南北有名的小吃做法不同,吃羊汤泡馍,顾客要配合厨师一起制作,也就是说,汤是厨师做的,而馍在吃前要顾客自己用手掰成小块,然后交给厨师煮。这并不是厨师偷懒,而是因为每个人追求的口感不同:年轻人喜欢馍吃时筋道一些,耐嚼,而中老年人喜欢馍软一些,不费咬嚼,因此让顾客自己根据需要掰馍的大小。南方人不明底细,又没人介绍吃法,往往吃不出羊汤泡馍的美妙之处。有一位杭州的女作家到西安去,她不懂得羊汤泡馍吃法的诀窍,掰馍时,把馍块掰得很小很小,结果厨师用滚烫的羊汤一泡,变成了一碗浆糊。这自然就不好吃了。她吃了这碗羊汤浆糊,回杭州后写了一篇文章,说这羊汤泡馍如何如何不好吃。其实,她完全是外行。掰馍时不能掰得太大,也不能太小;太大了羊汤泡不透馍,太小时羊汤泡烂了馍。内行的吃法是,馍要掰得不大不小,羊汤泡后,外软内韧,羊汤鲜味入内而又耐嚼,这时你会感到,这羊汤泡馍越吃越有味道。自然,羊汤和馍都要做得正宗。

杭州人吃过羊汤泡馍的人不多,因此对它不甚了解。以前想吃它,也难以如愿,现在好了,在延安南路与吴山路之间,就有一家名叫东伊顺的清真馆子,供应正宗的羊汤泡馍(或牛汤泡馍)。我已经去吃过两次了,味道鲜美,没有任何羊肉(或牛肉)的骚气,而且令人感兴趣的是,店家怕顾客掰不好馍,在羊汤(或牛汤)端上来时,已经将馍掰得像蚕豆大小,泡在汤中,省得没有经验的顾客自己动手,弄得不好还掰坏了。虽然年逾花甲,我的牙齿基本还好,嚼着东伊顺浸透鲜美羊汤的馍块,感到外软内韧味道很好,加之还有一小碟香菜、醋蒜和辣酱供给调味,花这 10 元钱还算值得。不知读者诸君可有兴趣去西湖边品尝一下这西北风味的羊汤泡馍?

掌勺迎远客 美食飨故人

每个人都有一批朋友,有幼时一起戏耍的同伴,有求学时期的同窗,有工作岗位的同事,有业余爱好的"发烧友"……而我的朋友,除了上面所讲的以外,50 多年来爬格子还结识了省内外不少编辑,并在笔会上结交了许多文友。于是鸿雁频传、电话常响,朋友们不断登门而来。

在我们这块古老的土地上,素来重视待客之道。朋友来访,照理是"客来茶当酒"。但现在人们讲究卫生,上茶似乎不一定受欢迎,因此我常准备点水果,四时更替,以鲜为珍,便于边谈边吃。熟友们说走就走,常常不肯留下共进午餐或晚餐,而远道来游的朋友就不同了,来一次不容易,一聊就是半天,这就得考虑安排其共进午(晚)餐了。因此,我常备一点南方常见而易做的美食菜料,以备不时之需。比如:新鲜的海带结,清水漂洗后胀发一小时,就可做凉拌海带,蒜香宜人,脆嫩可口,宜于下酒佐饭;又如瓶装金针菇,与绿豆粉丝用沸水焯后,拌以精盐、味精、麻油,就成了味鲜嫩美的"金丝玉条",吃口软嫩,营养丰富。至于荤菜,取出一条早已洗净、冷藏的斤把重的黑鱼,解冻之后,切下鱼片,可制清溜鱼片;剩料与雪里蕻共烩,则成雪菜黑鱼块;头尾同水发香菇烩汤,加以开洋、笋片,汁浓如奶,鲜美可口。一鱼三吃,连同凉菜,便可与朋友共享美餐。酒足饭饱之后,与友人促膝而谈、娓娓而言,良辰、美景、赏心、乐事,亦是人生一趣。

旧时,厨房主角必是蛾眉主妇;而今,上菜场的、下厨房的,大多是须眉丈夫。先生们嘴馋,而文化人又阮囊羞涩,难以一掷百金上餐馆,不如学些烹调技巧,掌勺自烧。一回生,二回熟,日久技成,则掌勺之技并不逊于名厨,而家宴的氛围、情调,又是熙熙攘攘的饭店所远不能及的。

掌勺迎远客,美食飨故人,亦是接客待友中的一大乐事也!不知朋友们以为如何?

城隍庙吃烤羊肉串

西北游牧民族古老的美食烤羊肉串，前不久我在上海繁华的城隍庙夜市中，竟然也吃了一回。

也许是我的嗅觉灵敏，刚走到上海豫园门口，一股烤肉的浓香，随风氤氲而来，让我闻到了。好香，这正是正宗的烤羊肉串香味。我向前走去，只见两个头戴小花帽、身穿褡裢(无领大衣)的维吾尔族"乌斯打"(师傅)，正在摊头上边烤羊肉串、边用不熟练的汉语叫卖："新疆烤羊肉串，一元钱一串，不香不要钱！"

"乌斯打"对顾客很殷勤，随手取过五串生羊肉现烤。只见他将串着肉的木把铁钎，移到炭火上，撒上细盐、孜然(小茴香)粉、辣椒粉，一边烤一边翻动。羊肉串冒着油，滴到炭火上发出"滋滋"的声音，肉色渐转金黄，透着肉香，一阵阵扑鼻而来。

我拿起一串就吃，只觉得浓香四溢，肉质鲜嫩，嚼在嘴里，香、鲜、热、辣、麻五味俱集，爽口开胃，不知不觉一口气吃了五串，这时，几个穿着时髦的上海摩登女郎，也围上来品尝烤羊肉串。

"你们不怕羊膻气？"我笑着问。

她们嫣然一笑："阿拉落了班，天天到这里来吃烤羊肉，好吃得很，哪有膻气！"说着翘起兰花指，拿着羊肉串，大吃起来。

丝绸之路传来的美食，迷住了她们。

品味苏州小吃

因为苏州有一个要好的朋友，在湖州开完会后便顺道南浔，前往东方威尼斯(马可·波罗语)探友寻胜。三天时间里马不停蹄，到寒山寺看古钟，到同里访退思园，临走前又到繁华的观前街太监弄寻找苏州美食。

小住苏州,自然吃在苏州。但苏州给我印象最深的是它的小吃。苏州的小吃,一言以蔽之,可以用精、巧、甜三个字概括。像普通的馄饨,到了"俫格苏州人手里",就格外显得鲜美。我从玄妙观出来,已近中午,抬头看到苏州百年老店松鹤楼,便走了进去,要了一碗馄饨,并看着师傅下。下馄饨的锅子旁,还有一口锅,一只淡黄色的童子母鸡与一绺绿带状的葱条,正在汤中微微滚着,透出一阵阵鸡香。师傅将煮熟的馄饨、紫菜、葱花放进碗中后,便用勺子兜了一勺滚烫的鸡汤浇在馄饨上,那皱纱似透着肉色的馄饨,顿时便一只只张开"羽翼"在碗中漂浮起来。吃着这制作精巧的鸡汤馄饨,真是鲜美极了,因为它的鲜味不是靠人工合成的味精,而是取自自然食物的鲜气。吃了馄饨出来,在柜台上看到金黄色的南瓜团子。杭州的南瓜团子常做成圆球状或饼子形,但这苏州的南瓜团子,却做成南瓜形状,一盘四只三元钱,只只像迷你型的小南瓜摆在你的面前,使你几乎将它当作工艺品看待。这样精致的团子,买去也是舍不得吃的。后来,又到五芳斋去吃鸭血汤,那做法也特别考究,与杭州的完全不同:师傅先将准备好的一碗料作倒在竹漏勺里,浸到滚水桶里去加热,约两分钟后,再倒到一个小砂锅里,然后兜一勺鸡汤浇在上面。我端到桌上一看,里面有鸭血、粉丝、菠菜,还有一些发(肉)皮,啜了一口,又烫又鲜,味道好极了。一碗三元钱的鸭血汤,竟也做得这样荤素相配、可口入味。

最叫人开眼界的还在后头。一天早晨,朋友请我吃早点,买了葱煎,还买了小笼、稀饭等几样。我夹了一个葱煎咬了一口,肉馅竟有甜味,别有一种爽口的鲜味。再看小笼,个个皮薄个大,用筷夹了一个,包子皮骤然下垂,不好,赶快放下,原来是灌汤小笼。吃这物事,不好对付,如果猛然一口,不仅肉汁会烫了嘴,而且飞到附近食客脸上还会出事。于是,先将包子轻轻夹到瓢羹里,先咬一个小口,放出里面的热气,轻轻吹一会,等吸尽肉汁后再吃。这灌汤小笼是用肉馅拌和较多的皮冻包成的,一旦蒸熟,皮冻便化为肉汁,鲜美且又别致。过去游大连时,曾经吃过此物,积累了一点吃的经验,想不到这次在苏州竟又吃到了它。不过有一点不同的是,苏州的灌汤小笼,除了鲜美外,还带着一丝甜味。

苏州人文荟萃,物华天宝,与杭州通称"苏杭",同有"天堂"之誉。勤劳而富有创造力的苏州人民,不仅创造了绚丽多彩的吴文化,而且在普通饮食上亦独具匠心、心灵手巧,我们从一些地道的小吃上,即可窥见其之一斑。

康熙初识"吓煞人香"

太湖号称三万六千顷,烟波浩森,有"包孕吴越"之说。它不仅盛产各种淡水鱼虾、各类江南新鲜水果,而且临近苏州的太湖东、西两山,盛产举世闻名的绿茶珍品——碧螺春。

碧螺春原是太湖东山的一种野生山茶,因得太湖天时地利之胜,色香迷人,是太湖农家发现并采摘自享的佳品。因其幽香独特,当地群众用吴侬软语喜称其为"吓煞人香"(苏州方言为:黑杀宁香)。

相传清代中期,康熙为了解江南民情,曾几下苏州探访。有一年谷雨前后,他在地方官簇拥之下,登太湖东山,游览了山上著名的茅峰禅院、楼云亭、法海寺和慈云庵。山路迂回,忽高忽低,半天下来,康熙感到身体疲乏,口干无力,正要赶回行宫休息时,在山腰上与十几个年轻的苏州农家姑娘迎面相遇,只闻得一股幽奇的异香从姑娘们身上扑来,康熙顿时精神为之一振,倦意顷刻而散,便问道:"好香啊!这是什么香味啊?"

苏州的地方官们一时答不上,个个心惊肉跳、呆如木鸡。这时,有个本地的乡绅斗胆出来介绍:"启奏皇上,这是东山所产野茶'吓煞人香'(苏州方言为:黑杀宁香)。刚才的香味,是从那些乡下姑娘身上散发出来的!"

康熙好奇地说道:"快传姑娘们来见我!"

这十几个世居东山的苏州姑娘从来没见过皇帝,一听说皇帝召见,个个脸红心跳、手足无措。当明白是皇帝要看她们采集的"吓煞人香"时,便个个从怀里掏出一把把带有奇香的山茶,捧给皇帝看。

康熙看了又看,闻了又闻,不禁开颜喜道:"此真奇茶也!"即命人炒制奉上。

地方官得旨,便组织东山姑娘上山崖采集"吓煞人香"。据民间说法,此茶必得带露摘取,且还得纳在怀中受热后才会发出异香。由于山茶细嫩,加工后叶片成条索卷曲状,并带有白色毫毛,是国内罕见的名茶异种。

康熙泡饮"吓煞人香"后,见茶叶卷曲如螺,色泽碧绿如水,汤液澄清透香,饮后有眼目清亮、生津开窍之功,喜不自禁,便封为"御茶",命苏州地方官每年进贡、岁岁来朝。又感"吓煞人香"之茶名欠雅，便亲笔改为"碧螺春"，盛名流传至今。

碧螺春原为太湖东山自生自灭的野茶，自清代为朝廷发现后，逐渐为人所看重。到新中围成立后，苏州地方政府非常重视"碧螺春"的种植与开发。它已经从皇帝的"御茶"走向寻常百姓家。虽然价格昂贵，但芸芸众生还是有机会能品尝到它的奇香。更有苏州名厨，将此茶入肴，制成"碧螺虾仁"与"碧螺鱼片"，使茶文化与饮食文化珠联璧合，更是一番苏州佳话。看官如有机会去苏州，游览后还可大开朵颐，品尝一番呢！

碧螺春香百里醉

"碧螺春"是我国绿茶中的佼佼者，素被奉为上乘佳品。碧螺春主要产于苏州西南太湖之滨的洞庭东、西两山一带。此茶发现于唐代，至今已有 1000 多年的历史。

"碧螺春"三字，各有来历。碧：形容其颜色，好似碧玉；螺：说其形状卷曲似螺；春：因采撷此茶系在清明前后的早春之时。名称如此清雅，又能概括出它的某些特征，使人叫绝。据《太湖备考》记载：早先东山人朱正元在洞庭碧螺峰石壁间采得几株野茶，发现香气惊人，名"吓煞人香"（吴语方言），后经世代培育，野茶发展成家茶，便成为"贡茶"。在清朝康熙皇帝南巡经过太湖时，江苏巡抚宋荦用"吓煞人香"进贡皇帝，康熙饮了此茶，赞不绝口，但嫌"吓煞人香"之茶名粗俗不雅，便据此茶产撷于碧螺峰，又值早春采撷，赐名"碧螺春"。又据《随见录》载：洞庭东山有茶，微似芥而细，味甚甘香，俗呼"吓煞人香"，产碧螺峰者尤佳，故名"碧螺春"也。以上说法，有一点则是公认的，即"碧螺春"实源于其产地碧螺峰之命名也。

苏州洞庭东山，是延伸在太湖中的半岛，有着茶树生长的良好条件。这里平均气温约摄氏 15 度左右；冬季温和，加上太湖水系的调节和碧螺春茶园里种植的柑橘、枇杷、杨梅等常绿果树的庇护，吞云吐翠，孕育出茶的天然品质。因此，茶叶中除含有茶多酚类物质和丰富的维生素外，还具有花果的天然香味。

碧螺春在清明前十日就开始采撷，是采撷最早因而也是最嫩的绿茶，其叶细嫩卷曲似螺，茸毛遍体，银绿阴翠，香气芬芳氤氲；采撷时要小心摘下一芽一叶，行话叫"一旗一枪"，焙制不用工具，全靠茶工，凭手的感觉，掌握其温度，适时地团、揉、搓、炒，制成极美之品。五百克碧螺春茶一般需要五万五千至六万个嫩芽才能制成，真是来之不易，所以称之为"功夫茶"、"工艺茶"。

品饮此茶亦颇有讲究：最好用透明的玻璃杯，沏茶时忌用滚水冲泡，宜先倒半杯80度的开水，再撮入三五克茶叶，不必加盖，茶叶即迅速下沉，在杯底中徐徐伸展翠叶。曾有一位日本诗人写道："在清香的碧螺春茶汤里，我看到了中国江南明媚的春色。"

碧螺春茶叶中，含有咖啡碱、茶多酚类，因而具有爽口、提神之功效。一般吃剩的残茶，还可用来炒鸡蛋做菜，黄绿相映，清香扑鼻，乃上乘美味。以碧螺春茶叶复制应时名菜"碧螺春虾仁"，成菜后，虾仁居盆中，绿茶绕四周，好似翡翠镶白玉，碧螺飘香，虾仁透鲜，别有风味。

1915年，碧螺春在巴拿马赛会上获得金质奖章。1954年，东山西坞村曾采制得碧螺春1公斤，送至北京后，由周总理带去参加日内瓦会议，供代表团及招待外宾之用。1972年，周总理曾以此茶作为国礼赠送给基辛格博士。1982年6月，碧螺春获商业部全国名茶称号。1983年10月获江苏省优质食品证书。

碧螺春，已经驰名中外，远销美、日、德、新加坡等国家及中国香港等地区。

苏锡名菜云林鹅

元代至正年间，江南名城无锡出了个大画家倪瓒，字元镇，号云林。他的画疏淡幽雅，山水画造诣尤深，与黄公望、吴镇、王蒙合称"元四家"。

1336年，苏州菩提正宗寺（即今苏州狮子林之前身）的当家和尚天如禅师，要修葺寺里的一座废园，慕名到无锡邀请大画家倪云林来寺设计。当时，年仅35岁的倪云林，在老禅师的陪同下，在寺里转游一圈，经过一番构思，整个建筑的构图腹稿便酝酿而成。很快，一幅体现倪云林艺术风格的寺庙园林设计图《狮子林图卷》，展现在众人的面前，观赏者无不为之折服。独具特色的狮子林园林,自此便出现在苏州城内。

为了答谢倪云林的精心设计,天如禅师专门请了当时苏州一家大饭店的名厨,烹制了一款苏州名菜"清蒸桂鱼",以飨倪云林。但他尝了一口后,再也没有动箸。饭店老板见状,忙召请其他名厨,说:"谁能烧出一道能叫倪先生称好的菜,一定重赏!"第二天,有位名厨动了脑筋,烹制出一款别有风味的"烧鹅",倪云林尝了一下,连声称好,旁边几位文人墨客随即举筷抢食。转眼之间,一盆"烧鹅"一扫而尽。消息传到苏州各大菜馆,名厨们一时纷纷仿制。苏州人民为了纪念这位杰出的元代无锡画家为苏州设计了尽善尽美的狮子林园林,就命名此菜为"云林鹅"。

倪云林不仅是一位杰出的画家,而且是一位美食家,并且还熟谙烹饪技艺,能下厨制作佳肴。他回到无锡后,时时不忘菩提正宗寺品尝的"烧鹅",还特意试做了一次品尝。后来,他又将此菜的做法,写入他的烹饪专著《云林堂饮食制度集》一书中。到清代中期,著名杭州诗人、美食家袁枚品尝了"云林鹅"后,对此菜的风味赞不绝口,极为推崇,并将此菜做法载入其在中国烹饪史上具有划时代地位的烹饪理论专著《随园食单》之中,并正式冠以"云林鹅"之雅名。书中介绍了其做法:"倪云林集中载制鹅法:整鹅一只,洗净后,用盐三钱擦其腹内,塞葱一把,填实其中,外将蜜拌酒通身满涂之;锅中一大碗酒、一大碗水蒸之……"此菜做好,"不但鹅烂如泥,汤亦鲜美"。

自此,云林鹅美名远播,为世人所熟知。之后,苏州无锡两地皆以此菜为地方名肴,使得中外游客趋之若鹜。

水乡甪直的"甫里鸭羹"

苏州吴县甪直镇,又名甫里,是苏州著名的小桥流水枕河人家的水乡。它位于苏州城东南25公里的地方,方圆一平方公里,曾是吴中一个大镇。历史上甫里是个文化发达的古镇,全国重点文物保护单位——唐代古刹保圣寺就在此处。因为它坐船可以通向六个地方,故古时又名"六直"。现在它是江苏省三资企业最多的乡镇。

据甫里地方志记载，新石器时代这里就已有人类居住。因为是鱼米之乡，经济繁荣。唐时，许多文人墨客隐居在这里，其中最著名的诗人要数陆龟蒙了。陆龟蒙自号"江湖散人"，又号"甫里先生"。相传，著名的吴中名菜"甫里鸭羹"就是这位著名的文学家所创制的。

陆龟蒙平时喜鸭成癖，在寓所附近专门建立了鸭池，饲养了一批鸭子。陆龟蒙养鸭，除了获得群鸭戏春波的诗情画意外，还有其他两个爱好：一是喜爱当时当地盛行的"斗鸭"游戏，专门在寓所附近建了一个 400 平方米的砌以青石的"斗鸭池"，池中筑有清风亭，并有砖砌小桥通东西两岸，名曰垂虹桥；二是为了品尝鸭子的鲜香美味。他鸭子吃得多，也就擅长制作鸭菜，特别是鸭肉鲜羹做得好。有一次，唐代著名诗人皮日休来访。他下厨亲自做鸭肉鲜羹款待，皮日休吃得津津有味，食欲大开，便问此羹之名，陆龟蒙随口戏说："此乃甫里鸭羹也。"自此，"甫里鸭羹"也就很快成为甪直镇上经久不衰的特色名菜，并且还传到苏州城里，成为各大菜馆的上档名菜。

历经 1000 余年，现在甪直镇还有陆龟蒙"斗鸭池"的遗迹可觅，而甫里鸭羹在历代名厨的锐意改进之中，日臻完美，已非当年甫里先生创制时之初貌。它以鲜香的鸭肉，配以火腿、蹄筋、干贝、开洋、笋干、香菇、鱼圆等多种高档辅料精制而成。此羹烩成，汤汁浓稠，酥烂味鲜，营养丰富，有开胃增食之功效，老弱妇幼，无不相宜，堪称吴中一款美食。

朋友，你若有机会去苏州或者甪直游览，千万不要忘记品尝唐代诗人陆龟蒙亲创的姑苏美羹——甫里鸭羹。

苏州美食街轶闻——乾隆大闹松鹤楼

在苏州闹市区的观前街和北局之间的太监弄，菜馆酒店鳞次栉比，形成了一条"美食街"。其中有一家驰名中外的百年老店——松鹤楼菜馆。该菜馆创建于清乾隆二年(1737)，迄今已有 270 多年的历史，是苏州菜馆中声誉最高的老字号之一，历来享有"姑苏菜馆第一楼"之誉。该菜馆原来却是一爿无名的小店，其之所以会出名，还得从当年乾隆皇帝下江南，曾在此小饭店里大闹一场说起。

　　有一年,乾隆皇帝初下江南,乔装成客商,来到苏州,带了两名随从在观前街上游玩。走到太监弄时,忽见前面一爿装潢简陋的小饭店内人头济济,生意兴隆,连乾隆也觉得稀奇。一时兴起,便带了随从挤进店里。谁知,挤来挤去就是挤不上桌,正在无奈之时,一随从发现墙上写着"雅座登楼"四字,于是三人直登楼上。楼上有四张小方桌,乾隆就在一张干净的桌旁坐了下来。店主见来了客商,有笔生意好做,高兴地拿着菜单让乾隆点菜。乾隆一下点了"白汁鼋菜"、"黄焖粉鳗"、"松鼠桂鱼"、"全家福"这四道菜。三人品尝后,连声称好。当他们品到最后一道"全家福"时,乾隆觉得味道不错,看看碗里浓油赤酱,色泽诱人,但弄不清里面到底是什么东西? 于是夹起一块黑鱼片问店主:"这是什么?"店主答道:"这是乌龙肉。"乾隆心里有些不悦,随手又夹起一只鸡爪子问:"这又是什么?"店主又回答道:"这是凤爪。"乾隆心里更是不悦。他想:天底下只有我能称"龙",我妻皇后才能称"凤"。小小饭店,竟敢如此大胆烧起"龙肉"和"凤爪"。乾隆越想越生气,丢掉筷子,定要店主给换菜。

　　客人无缘无故提出换菜,而且已动过筷子,店主说什么也不肯换。两人争吵不休。乾隆说的是北方口音,店主讲的是吴中方言,吵得楼下的客人统统上楼看相骂。一时间双方争得面红耳赤。两名随从一看皇上争不过店主,其中一名随从马上从腰间取出密藏的铁尺,吓唬店主以及众多的吃客。店主被吓得东躲西藏,"哇哇"乱叫,吃客也随之拥着下楼。乾隆的两名随从眼看事情闹大,不得不从人群中打开一条出路,挟着皇帝,扬长而去。

　　事后,不知是哪一位多嘴的随从走漏了风声,人们才知,那日大闹松鹤楼的就是当今皇上,于是,饭店名声顿时大振,人们纷纷到松鹤楼品尝那天皇帝品尝过的菜。一时间,生意更加兴隆。后来,店主扩建了菜馆,扩大了经营,又乘机打出"乾隆始创,苏菜独步"的招牌,使松鹤楼成为姑苏城内有名的菜馆。文人墨客浏览苏州,无一不到松鹤楼品尝佳肴美馔,大有"不到松鹤楼,枉游苏州城"之说。

苏州船菜

　　船菜,是水乡苏州特有的一种筵席餐。名曰"船菜",顾名思义是在船上制作,又在船上享用的。苏州船菜兼旅游与美食的双重特色,在苏州的烹饪史上独树一帜。

　　"吴中食单之美,船菜居胜",这是清西溪山人在《吴门画舫录》一书中所云。苏州船菜由来已久,据记载,早在2500年以前的春秋时期就出现了船菜。传说当年吴王阖闾船行江上,举行宴饮,将吃剩下的残余脍鱼,倾入江中,化成了今日的银鱼,这就是有关船菜的最早趣闻。古人沈朝初在《忆江南》中也留下了赞美船菜的诗句:"苏州好,载酒卷艄船。几上博山香橼细,筵前冰碗五侯鲜。稳坐到山前。"

　　明清时期,苏州的船菜比较盛行。古城苏州六门环水,大艑小舫,蚁集鱼贯。据顾禄的《桐桥倚棹录》记载:当时虎丘游船有市有会:清明、七月半、十月朝为三节会;春为牡丹市、秋为木樨桂花市、夏为乘凉市。人们追求旅游与美食两大乐趣。吴中名人唐伯虎和他的一些友人常去虎丘,又从七里山塘坐船,由虎丘直到阊门。顾禄在《桐桥倚棹录》一书中,还详细记载了当时船菜的情景:供宴饮游赏的船较宽,大的可容三席,小的可摆两桌;艄舱有灶,酒茗肴馔,任客选择,而且对顾客实行"先期折柬"的预约办法,服务十分周到。在不大的艄舱中,爆炒燎煮,炸熘烩焖,真难为那些多娇的船娘们。但船娘们也确会因地制宜,船菜不贵在多,而贵在精细。一般情况下,一席船菜要分三个时候吃,正合今日的一日三餐制,主宾们初到船上时,先馈以点心,午餐则馈以全餐的一小部分,而晚餐却馈以全餐的一大部分。船菜的品目有:蜜汁火方、五香乳鸽、翡翠蟹斗、田螺塞肉、苏扇核菜、和合二鲜等,及靠水吃水的鱼虾蟹鳗之类,而且在船上可以活捉活杀现烹。因而,船菜的味道更加鲜美。船菜的价格从来没有明码标价的,坐一天船、吃一席菜以及各种犒赏花费都包括在内,任凭宴饮者赏赐。吝者至少给上80元,豪者可给百余元,远远超过应得的钱,真乃"此时无价胜有价"。在长期的船菜发展中,苏州船菜已形成了以炖、焖、煨、焐这些火候著称的名菜,并且大部分以清淡为主,成为今日苏州菜系中主要的烹饪方法,有的成了姑苏的名菜佳肴。

集旅游、美食于一舟的苏州船菜,在我国的烹饪史上独树一帜。来水乡苏州旅游的人们,在观赏湖光山色之余,还可以在船上尽情享用那些当地名肴,给人们平添了极大乐趣。比如,南社 1909 年 11 月 13 日在苏州虎丘的第一次聚餐会,就是坐船前往,到目的地后由船娘供应酒菜的。时至今日,苏州仍有船菜供应游客,使人们在"舟行明镜中"时,能边游边品尝美味。而苏州城里的各大菜馆,亦已将富有吴文化色彩的船菜,引入了地方特色风味菜中,使得船菜不仅仅只是舟船所独有的了。至于那些苏州菜馆里的名菜,亦不断地被充实进了船菜之中,使得船菜的花色品种越来越丰富多彩。

淮扬风味的文思豆腐

以豆腐入馔,做成花色豆腐,在古籍中常能见到。在古城扬州,有一道传统名菜,名叫文思豆腐,亦称"文师豆腐",别名"清汤五丝豆腐"。此菜始创于清代乾隆年间,至今已有近三百年历史。

文思豆腐是乾隆时扬州高僧文思所创制,传说乾隆皇帝曾品尝过此菜,一时还成为宫庭菜。因该菜系文思和尚创制,故名"文思豆腐"。

清代李斗在《扬州画舫录》一书中记曰:"枝上村,天宁寺西园下院也……僧文思居之……善为豆腐羹,甜浆粥。至今效其法,谓之'文思豆腐'。"开始,文思豆腐纯属素菜,用蘑菇制汤,其味甚鲜,前往烧香拜佛的人都喜欢品尝此菜,故在扬州地区颇为有名。后来,扬州名厨以豆腐为主料,另配冬菇丝、冬笋丝、熟火腿丝、熟鸡肉丝等辅料,素菜荤烧,色香味更佳。

做文思豆腐的要领是:豆腐要削去硬皮,再切成丝,几经焯水,去掉豆腥气,保持细嫩的特色,鲜香相融,故能成为席上珍品。做得好的文思豆腐,吃时感到豆腐细嫩,配料鲜美,汤汁如乳,醇浓可口,为下饭之佳品。

凡游览历史名城扬州者,不可不尝独具淮扬风味的"文思豆腐"!

扬州美食"蛋炒饭"

三年来,四下扬州,重游历史名城,纵览水乡风景,再次品尝淮扬风味,自感收获不少。清代文学家、美食家袁枚曾经说过:"饭之味在百味之上,知味遇有好饭,不必有菜。"的确,好的米饭,其味甘美,但若老是只是吃饭,不加菜肴,久而久之必会生厌。如能好饭加以好菜,锦上添花,岂不更美。我有幸在扬州大酒店品尝到了好饭加上好菜、风味独特、驰名中外的扬州炒饭,那米饭粒粒松散,光泽油亮,如碎金闪烁,而且,软硬有度,配料丰富多彩,香润鲜爽,大饱了我的口福,真可谓不虚此行。

扬州炒饭又名扬州蛋炒饭,原流传于民间,相传隋朝越国公杨素爱吃的碎金饭,即蛋炒饭。隋炀帝巡视江都(今扬州)时,将蛋炒饭传入扬州,后经历代厨坛高手逐步改进,糅合进淮扬菜肴的"选料严谨,制作精细,加工讲究,注重配色,原汁原味"的特色,终于发展成为淮扬风味中有名的主食之一。欧美、日本、我国香港等地的扬州风味菜馆,也纷纷挂牌售此美食,颇受食家欢迎。

扬州的蛋炒饭,品种繁多,风味各异,计有"清蛋炒饭"(又称〈碎金饭〉、〈桂花蛋炒饭〉)、"金裹银蛋炒饭"、"月牙蛋炒饭"、"虾仁蛋炒饭"、"火腿蛋炒饭"、"三鱼蛋炒饭"、"什锦蛋炒饭",等等。

扬州蛋炒饭,从其选料上看,主料是用上等籼火或用新粳米代替;煮之前需用水淘洗干净,略浸后下锅煮至熟透,以无硬心、粒粒松散、松硬有度为宜。炒饭时要防止焦糊。烹制时,将辅料炒成带卤汁的浇头;卤汁中加些酱油的称之为牙色炒,不加酱油的称之为白炒,盛装上席时选用名瓷,讲究美食美器。

朋友,你若有缘"烟花三月下扬州",千万不要错过品尝扬州蛋炒饭的大好机会!

最佳旅游食品

外出旅游,需随身带一些食品、饮料与水果,有备无患,以供不时之需。带哪些东西最好呢?

食品方面:需以轻巧、耐饥、营养好、不易变质而又味美可口、富有水分的为好。以这样的标准来衡量,主食按优劣次序,计为:新鲜肉粽(包皮轻巧、卫生、耐饥、好吃而不燥),罐装黑米粥(营养丰富,含水分),罐装八宝粥(营养较全面,富含水分,唯甜了一些),新鲜蛋糕(营养好,唯干燥一点);副食按优劣次序,计为:熟咸鸭蛋(外有天然保护层、营养丰富、性凉清热),无铅皮蛋(外有天然保护层、清火、润肺),干菜焖肉(营养好,炎夏之日三四天不会变质,寒冬季节,可保存半月之久),火腿肠(携带方便,有一定营养,但含防腐剂,不宜多食),巧克力(解除疲劳、消除饥饿感,有兴奋神经作用,但多食伤齿败胃)等。

饮料方面:首选者为用少量盐与绿茶泡开水制成的咸茶,冷却后可装入旅行壶中,备用。另带一些盐与绿茶,供途中有开水时继续泡用。此咸茶水有清火、解毒、生津、止渴、助消化等功效,不仅可以作为饮料,而且饭后嗽口,可以清洁口腔。次选者为冷(淡)盐开水。再其次为罐装健力宝、罐装雪碧。

水果以梨(清火、解渴、生津、润肺),生荸荠(清热、解渴、生津),红萝卜(清火、生津、解渴、助消化),新鲜橄榄(清凉、生津),青皮甘蔗(生津、清热、利尿、解酒)等为最佳入选者。

药膳食疗　滋补强身

昆虫食品话蚂蚁

蚂蚁是常见的昆虫，属昆虫纲、膜翅目、蚁科，种类繁多。目前世界上有好多国家，如哥伦比亚、墨西哥等，都将蚂蚁制成美馔佳肴，供人们品尝。哥伦比亚桑坦德省的"烤蚂蚁"，尤其有名。烤蚂蚁采用的原料，是该地特产的大蚂蚁，每只略小于花生米。当地人烹制时，以平底铁锅或陶锅烘烤，吃时拌以佐料，其味香脆可口，风味宛若我国江南地区常吃的油炒蚕蛹；也有用煮熟的木薯糅合蚂蚁，做成饼子食用的。现在，哥伦比亚已把烤蚂蚁做成罐头，当作传统食品出口。

说起蚂蚁食品，我国至少也有3000多年的食用历史。早在春秋时的《周礼》一书中，就记载了蚂蚁食品。周天子食用的120种酱中，其中有一种名叫"蚳醢"(chi 迟 hǎi 海)的酱，就是用白色的蚁卵做成的。唐代段公路在《北户录》一书中记载："广人于山间掘大蚁卵为酱，名蚁子酱。"南宋大诗人陆游在杭州写的《老学庵笔记》一书中，也记载"大蚁卵为酱，名蚁子酱"之事，并追溯了我国食用蚂蚁的历史，说夏商周三个朝代以前，我国先民就已把蚂蚁卵当食品。据陆游的考证，我国食用蚂蚁的历史可推前到4000年前。到了明代，大药物学家李时珍在《本草纲目》一书中写道："蚁力最大，能举等身铁，吾人常食亦能益气力，泽颜色。古代酋长多以蚁卵为酱，云味酷似肉酱，非尊贵不可得也。"

直到近代，在科学家们的细微研究和分析下，才基本搞清楚蚂蚁的营养价值和食疗功效。原来蚂蚁体内，含有11种人体所需的营养价值物质。除相当齐全品种的氨基酸、碳水化合物、矿物质和维生素外，还含有一种叫草体蚁醛的特殊的化学物质及高能含磷化合物，能加强人体免疫功能，对肺结核、贫血、肺癌、淋巴腺癌，有一定的辅助治疗作用；对阳痿、早泄、遗精、女子阴冷等性功能障碍和类风湿性关节炎也有一定的疗效。

据报道，我国黑龙江省红星农场，有个名叫阎中山的老人，他85岁的时候，老牙完全掉光，满口长齐一副新牙。他并无其他滋补食品应用，只是从1964年起，每到夏天，捕捉蚂蚁洗净炒熟，研粉后，同鸡蛋拌制成丸焙干贮藏，而一到寒冬三九天，就以此进服。每日一丸，年年如此。他自己说，自从服用蚂蚁食品后，身体轻健，精力充沛，十多年没生过病，牙齿也是在食用蚂蚁后，才重新更换的。

蚂蚁有如此滋补健身的食疗养生功效，已经引起了国内外专家们的重视，更值得烹饪、食品界努力去开发、推广，以便更好地为丰富人民群众的食品结构和改善人们的健康水平作出贡献。但有一点需说明的是，过敏性体质的人，应慎用这种昆虫食品。此外，也不是每一种蚂蚁都能食用的，要在专家指导下，才能服用，以免发生意外。

餐饮五色使君健

世界上平均寿命最长的国家为日本，男性达 76 岁，女性 78 岁。日本的营养学家们认为：为了保证人体健康需要每人每天至少要吃 20 种不同的食品，以满足人体对淀粉、脂肪、蛋白质、维生素、微量元素等各种营养成分的需求。在这不同的 20 种食品中，又有优劣之分，还需筛选最佳的品种。比如蛋白质，含有人体必需的 8 种氨基酸，称之为"完全蛋白质"，具体的有鸡蛋、鱼肉、瘦肉、黄豆等；含人体必需氨基酸不足 8 种的，称之为"不完全蛋白质"，比如蹄筋、海参、熊掌、甲鱼的裙边等胶状物质。而鱼肉的蛋白质及脂肪在溶解胆固醇、软化动脉血管方面，又远优于猪肉、牛肉、羊肉。日本人吃鱼之量名列世界前茅。有一些日本长寿老人的养生经验中，主要的一条是，常吃海中的小杂鱼，将整条鱼油炸焖酥后，全部吃进肚里。这等于吃进了一个完整的生命，而这生命之躯中，正是含有人体所需要的基本的各种营养成分。

日本是一个发达的工业国家，而我国只是一个发展中的国家，大多数群众仍处于温饱阶段。因此，要保持身体健康，可先做到每日必须有五种颜色的主、副食品上餐桌：其中红色的代表是肉类，按对人体的健康而言，先后排列为鱼肉、鸡肉、牛肉、羊肉、猪肉，其中猪肉含动物脂肪，即饱和脂肪最多，质地最差。黄色的代表是豆制品，含丰富的植物蛋白，其中最易吸收消化的为嫩豆腐，最难消化的是油豆腐、油氽素鸡之类的豆制品。黑色的代表是食用菌及乌骨鸡、海带、黑芝麻、黑豆、黑米等，含维生素及微量元素最多。绿色的代表是新鲜蔬菜，其中最佳者为深绿色的叶菜,浅绿、淡绿、黄色、白色者次之,它们含有能维持人体新陈代谢、保护血管、脏器占重要地位的维生素 C 等,每天不能缺少,水果也无法替代。因为水果所含的维生素 C,绝大多数不能与深绿色叶菜相匹敌,而糖分含量又偏高。白色的代表是粮食,供人们饱腹及提供基本热量,即大米与面粉,糙米口感差,但含维生素及微量元素远比精白米多,普通面粉也比精白面有益身体,吃粥比吃干饭更易于消化吸收,故自古有"吃粥致神仙"之说。

"五色"上桌保平安,是属于现代营养文化与传统饮食文化结合的体现。

调味养生有良姜

说起姜,无人不知,煎鱼烧肉,不可缺此君。自古以来,它就与人们的日常生活发生密切的关系。早在春秋时代,孔子就知道吃姜有利身体,所以"每食不撤姜"。司马迁在《史记》中记道:"千畦姜韭,其人与千户侯等。"可见汉时,老百姓吃姜已很普遍,而且种姜的经济价值很高。北宋时,王安石称赞"姜能强御百邪",知道姜具有食疗保健作用,能治疗多种疾病。苏东坡在《东坡杂记》一书中记载:杭州净慈寺一位老和尚,八十多岁了,面色如童子,"自言服姜四十年,故不老云",说明生姜确实有利人体健康。大药物学家李时珍更是高度评价姜的食用价值,说:"可蔬、可和、可果、可药,其利博矣",其中"和"是调味,"药"是解毒。

姜是姜科植物姜的地下茎,原产东南亚。因其含有姜醇、姜烯、龙脑、枸橼醛、姜辣素等多种有利人体的成分,所以,祖国医学认为姜辛、温、无毒,入肺、胃、脾三经,具有解毒、散寒、发汗、暖胃、驱风等药理作用。其中味辛的姜辣素能刺激味觉神经、促进消化、加强肠道吸收;芬芳性的姜醇等挥发油,能解腥去膻,增加菜肴香味,故常用之烧菜调味,使菜肴更具美味。

姜还有一个特性,就是能解中药南星、半夏之毒及杀鱼腥肉类毒。据南宋洪迈《夷坚三志》一书记载,南宋老中医杨吉老,曾用生姜救过一个食物中毒的地方官员的性命:有一个名叫杨立三的人,在楚州当通判,喉间生痈,肿溃而浓血流注,昼夜不停,以致寝食皆废,病甚危急。医生见了,都为之束手无策。正好杨吉老去郡中看杨立三。他熟视良久,说:"我已经知道了,此病甚异,需吃生姜一斤,方可后投药。"杨立三的儿子听了,面有难色,说:"喉中红肿溃浓,那能咽得下生姜呢?"杨立三说:"先让我吃一二片试试,如果吃不进,再说。"于是,就拿了点生姜片,嚼了起来,初吃时,感到又甜又香,越吃越有味,吃到半斤时,喉咙已松动得多,吃到一斤时,才觉得姜味辛辣,这时,脓血都已收尽,吃粥下菜,已毫无滞碍。事后,他把杨吉老请来,谢而问之。杨吉老才笑着说出原因:"君在南方为官,南方以鹧鸪为美食,故必多食鹧鸪肉。此禽在山中好食半夏之嫩头,积毒其肉,而好食吃半夏之鹧鸪者,久而便会毒发,故今以姜制之。今足下病已愈,无须再服他药也!"

以姜制半夏,用生姜克半夏之毒,治人疾病,乃祖国医学的经验之谈。现在市上中药房,专有"姜半夏"一款中药,就是取半夏以姜汁制过,用以治疗咳嗽多痰,并止呕的。姜在此药中,就是起解毒作用的,使半夏扬利去弊,成为一味良药,可见姜确有调味、生香、解毒三大功能。

钟情于"下里巴人"

猴脑熊掌、鱼翅海参,可说是菜肴中之"阳春白雪",能问津者毕竟是少数,一是不少山珍系国家稀有动物,属于保护之列;二是工薪阶层收入有限,上有老下有小,哪里吃得起这些高档筵席中的珍品?像吾等穷教书匠,阮囊羞涩,对那些流光溢彩的菜馆酒楼望都不敢望一下,何敢登堂入室,享以口福?而鱼头、鸡骨架、肉骨头、螺蛳、泥鳅……理属菜中之"下里巴人",人人吃得起,那便是我菜篮中的常品。说起营养,熊掌、燕窝、海参、鱼翅等,主要营养成分是蛋白质,而且是胶原蛋白,虽然对人体健康有益,但不含人体所必需的八种氨基酸,属于不完全蛋白质,它的营养价值与鱼头中的胶状肉、肉骨头、鸡骨架中的筋络结缔组织相近,而价格却差一百倍以上;至于泥鳅、螺蛳,倒是含有人体所需八种氨基酸的完全蛋白质,营养价值超过熊掌、燕窝、鱼翅、海参。特别是泥鳅,十来元钱一斤,却有"水中人参"之称,在我们中国人眼中,它是不上台面、等而下之的贱物,而东邻的日本人却视其为佳肴美食。花少量钱,吃到高档营养品,这是我这个下里巴人一往情深,钟情于菜中之"下里巴人"的原因。

买一只包头鱼鱼头烧豆腐,鱼肉滑润、豆腐鲜嫩,荤素相辅相成,味道好吃得叫人拍案叫绝,连当年乾隆皇帝下杭州都吃得舌头舔鼻头,何不为之,大快朵颐一番?鸡骨架熬汤,色如奶汁,加入粉条、胶菜,色、香、味并不亚于鸡汤燕窝。螺蛳有"小小罐头,小小肉,小小肉上有小小盖"之称,将葱花、姜末加酱油、黄酒调入油炒螺蛳之中,没有比这更香美的下酒菜。"螺蛳索索,老酒过过",这句绍兴民间的俗语,把那种品尝甘醇的黄酒,口吮香美的螺蛳的惬意之状,都一言而道之得活龙活现。而泥鳅,清水养上一天,油煎后红焖,肉嫩而酥香,味同黄鳝,价格只有黄鳝的二分之一,营养却有过之而无不及。肉骨头炖黄豆,更是优质的植物完全蛋白质加上荤味的胶原蛋白,脂肪及丰富的钙、磷、铁等微量元素,是大补人体之品。

有些人能吃却不懂得吃,认为价格高的就营养好,那主要是缺少营养方面的知识。花最少的钱,烧最美的味,尝最可口的菜,懂得此中奥妙者,才够得上称做高明的吃家,当然,离美食家的要求还有一段距离。

欲当"美食家",则要如陆文夫在中篇小说《美食家》中所描写的那位朱先生一样,在吃的方面能说得出名堂,道得出一番色香味形器的理论,能把做菜的要领说出来让名厨听得心服口服,更进一步,达到精通菜点营养成分及食疗食补的程度,那才够称得上是"美食家"。

我这里所谓的"下里巴人"并非是真正的下里巴人。愿读者诸君个个成为懂得吃的吃家,懂得饮食文化大千世界里种种知识的美食家。那么,社会上那种以吃山珍海味为荣的暴殄天物的奢华之风便会如同江河日下,而勤俭养廉之美德,则可以普天之下得到发扬,华夏神州的优良传统,又将重新成为社会风气的准绳,国家兴旺指日可待也!

满山红翠鱼腥草

南方山野沟壑,常见一种叶片呈心形,叶面翠绿,叶背红紫,高 15 至 50 厘米而茎下部伏地的野菜,名叫蕺菜。蕺菜在历史上非常有名,据古籍《吴越春秋》记载,它与春秋末期越国国王勾践有一段不解之缘:越王勾践被吴国俘虏以后,曾听取范蠡之计,为表忠心,亲口尝试吴王粪便,以诊其之病。自此以后,勾践便得了一种口臭之病,终日感到嘴中有一股臭气透出,使人难忍。回到越国后,范蠡派人在会稽城旁山上采到一种药食兼备有腥臭之味的野菜,让越王和周围的侍卫们一起煮食,这便是蕺菜。蕺菜除有一股野菜的清香外,还发出一种鱼腥臭味,故又有臭牡丹、臭灵丹、臭蕺等叫法,但最为人知的叫法是鱼腥草。鱼腥草有杀菌、抗病毒等药理作用,故医家常用它来治疗多种疾病,特别在治疗肺炎、肺浓疡、气管炎方面,应用得很广,中西医都采用。越王勾践当年用蕺菜治口臭之病,不光是"以乱其气",也有用它来消炎杀菌的意思,而让侍卫们都吃的目的是,让所有人的嘴中都有一股臭气,越王勾践的口臭之病就不突出了。这真是范蠡当年用心之良苦。因越王勾践采食蕺菜而闻名于世的这座小山,便是现在浙东历史文化名城绍兴东北角的名山——蕺山。

蕺菜不仅是一味良药,而且还可以入肴,做成菜后,上口脆鲜,齿颊生香,在云贵川一带,是有名的盛宴上的清品。用它的地下嫩茎与叶可做多种佳肴,如蕺菜炒肉、蕺菜烘蛋、蕺菜炒粉丝腊肉、蕺菜三鲜汤,等等。最为有名的菜叫"满山红翠",是以它的色彩命名的,那是用它的地下嫩茎去须根,洗净切断,盐腌之后去汁,淋以麻油,撒上辣椒末而制成的,俗称"凉拌折百根"。而筵席上则称之为"满山红翠",吃来特别爽脆开胃。逢年过节,云贵川的人家招待亲友,如不上"满山红翠"等野菜,客人们便会认为失去情趣。贵州人还喜欢将蕺菜用调料处理后,夹入烤馒头享用,美其名曰"黔式汉堡包"。自然,这些菜点除了味美外,还有治疗、防病的作用。

现代著名作家胡风及其夫人梅志幽居四川时,经常在住处附近采摘蕺菜食用。胡风去世后,梅志在回忆录中,曾追忆他们在四川时的那一段漫长的幽居生活,并讲到采摘蕺菜并食用时的情景,字里行间可以看出他们对这满山红翠的野蔬的深情。无独有偶,一位在南疆自卫反击战中身负重伤的战士,在与部队失去联系,无食物、无水源、无医药的情况下,靠拔身旁的蕺菜充饥,正是这天然的良药、遍地的野蔬,救了这位战士。当他几天后与部队会合时,不仅伤口没有感染,而且身体康复得很快,创造了生命的奇迹。这些恐怕是当年越王连想都没有想到的。

满山红翠鱼腥草,它是一种生命的色彩与良药、名食共有的美名。如果从越王勾践吃它算起。国人至少已经吃了2500年的蕺菜,这个历史可不短啊!

滋补美食乌骨鸡

浙江省江山县是我国著名的药用珍禽——白毛乌骨鸡的产地之一。白毛乌骨鸡，全身除羽毛白色外，皮、肉、骨，甚至内脏都呈黑色。前人有诗称赞道："头戴紫缨帽，黑体披白袍。腮挂绿耳环，裤长身不高。"可说传神地写出了它的外形。

白毛乌骨鸡是我国禽类中的珍品之一，据出土文物《天鸡壶》考证，远在东晋年代，这种名鸡就有养殖，至今已有 1600 多年的饲养历史，弥足珍贵。由于白毛乌骨鸡与常见之鸡不同，它先后被人们赋予许多不同的美名：乌鸡、药鸡、武山鸡、羊毛鸡、绒毛鸡、松毛鸡、黑脚鸡、竹丝鸡，等等。明代大药物学家李时珍对乌骨鸡评价很高，说它能"补虚劳羸瘦，治消渴（糖尿病——笔者注）中恶，益产妇，治女人崩中带下，一切虚损诸病，大人小儿下痢噤口"，并指出："鸡舌黑者，则骨肉俱乌，入药更良。"清代乾隆年间，乌骨鸡被朝廷列为地方贡品，必须年年奉献入宫。1915 年，乌骨鸡在巴拿马万国博览会展出时，曾引起各国重视，被评为名贵的"观赏鸡"。其实，乌骨鸡的主要价值不在于观赏，而在于它丰富的营养价值。据中国农科院测定，它的每 100 克干燥的肉中，含有 17 种氨基酸的数量为 96.31 克，远远超过其他鸡种，其中 8 种人体必需的氨基酸，含量特别高。最可贵的是，它含有丰富的紫色素和黑胶体，对人体增加血球和血色素起着重大作用，特别适宜妇女食用。能治疗妇女体弱、月经不调、赤白带、产后虚弱，以及还可作为肺结核、神经衰弱患者的辅助治疗的营养品。以此鸡作原料的中成药"乌鸡白凤丸"，在我国作为成药生产，已有 300 多年历史。它具有清虚热、补气血的功能，主治妇女月经不调、崩漏带下、虚汗内热，是一种传统名药，畅销中外，被誉为"妇科圣药"。

虽然乌骨鸡的经济价值很高，但此鸡体质娇弱，雏鸡不易成活，往往饲养一年后才能达到两斤左右。

现在浙江省江山县的有关部门重视乌骨鸡的饲养，已用乌骨鸡酿制出口味香醇而有滋补作用的乌骨鸡补酒，行销海内外。

有关乌骨鸡的药膳食疗方法,我国民间久有流传,有些足有成效,并为医家所肯定。现在这里介绍几则:

怀胎乌鸡:用白果、莲肉、糯米各15克,胡椒3克,装入宰杀洗净的乌鸡腹内,用线缝好煮熟,空腹吃肉喝汤,可治肾虚带下、遗精、白浊。

虫草乌鸡:乌鸡一只,去头、爪、内脏,用10克冬虫夏草共炖至烂,吃肉喝汤,可用于补虚健身,治疗体弱或虚弱之症。

乌鸡补血汤:乌鸡一只,去头、爪、内脏,用当归、熟地、白芍、知母、地骨皮各10克,放入鸡腹内,用线缝好,煮熟后去药,吃肉喝汤,可治气血不足、月经不调、潮热盗汗。

清热解毒的空心菜

夏秋时期的农贸市场,人们常看见一种深绿色的、根茎空的蔬菜。这就是蕹菜,民间俗称空心菜。它不但鲜嫩可口,而且营养十分丰富,有一定的食疗功用。

蕹菜含丰富的维生素与微量元素,它所具有的钙、钾、维生素C、胡萝卜素、核黄素的含量,均比一般蔬菜高一至数倍。祖国医学认为,蕹菜性味甘咸、寒滑,具有清热、解毒、凉血、利尿作用,对热痢、痔疮、便秘、便血、鼻衄、虫咬皮炎及湿疹,都有一定的食疗作用。其中紫色的蕹菜还含有胰岛素样成分,有利于糖尿病患者。

空心菜吃的方法有多种多样,其中以素炒、凉拌为佳,也可做汤。素炒仅用空心菜去老叶老茎,切成段用油清炒,熟时放盐,出锅时加鸡精,即可下饭,其味柔嫩滑爽,别具风味;凉拌则以去老叶老茎的空心菜,在滚水中烫熟,捞出沥干,拌以盐花、鸡精、麻油(爱吃辣的可放少许辣油),即可上桌,菜软而清口。

吃厌了南瓜、青菜、茄子,朋友,你不妨尝尝蕹菜(空心菜)的味道,换换口味。

芦笋——抗癌的"碧玉簪"

芦笋这东西,许多人对它较生疏,而在西方,它被誉为"蔬菜之王"。因为它除含有丰富的维生素之外,还含有天冬酰胺酶、芦丁素、甘露聚糖、胆碱及精氨酸、硒元素。天冬酰胺酶有抗癌作用,硒是抗癌元素。已经有确切资料表明,长期食用芦笋的肿瘤患者,症状有减轻的表现。

当前农贸市场的芦笋,色泽有绿与白两种。笔者认为应买绿色的(维生素含量高)、细而价格便宜的那种,因为老头少。芦笋的平常吃法是用之炒鸡蛋、肉丝、虾仁、香菇、火腿肠,鲜嫩而可口。要想做点花色菜,也不难:

茄汁芦笋:鲜芦笋 500 克,削去老茎,切成 4 厘米左右小段,在沸水中氽熟捞出。另起小油锅,热后加入糖、酱油、番茄酱、醋及适量水,用水淀粉勾成薄芡,并倒入芦笋段,稍炒(有手腕本领的,可颠锅),再淋以麻油,即可出锅。此菜色泽红艳,酸甜适口。

芦笋蛋饼:鲜芦笋 350 克,去老茎,切成 10 厘米长,在沸水中氽熟,晾干。另起小油锅,用猪油,将打好的 4 只鸡蛋下入油锅,待下面部分凝固时,将熟芦笋排列在蛋液之中。到蛋液全部凝固并包住芦笋时,在四周淋以猪油,防止结焦,翻过蛋饼煎黄,即可出锅。等凉透,逆着芦笋的排列(成 90 度)将蛋饼切成一指宽的长条。此菜外香内嫩,清口宜人。

珊瑚扒芦笋:买有蟹黄的枪蟹(河蟹更佳)两只。煮熟,拆出蟹黄、蟹肉,备用。另取 500 克芦笋去老根,沸水氽熟,整齐地排列在盘中。另起小油锅,将蟹黄、蟹肉用姜末煸炒一下,放少许酒、醋和盐调好味,勾以薄芡,浇在芦笋上,即成。此为广东风味的芦笋菜。家宴上,上此菜必使人食指大动,赞声鹊起。

这"龙虾"不是那龙虾

到农贸市场去买菜,常见有些小贩在卖"龙虾"。这种"龙虾"头、胸部较长,呈长卵圆形。前三对步足都有螯,第一对特别发达,同蟹的螯一样。它的价格比河虾便宜得多,常常 500 克只要 10 元钱,因此买者众多。有的居民因其价格便宜,而味道还鲜,便经常购买。

其实,这"龙虾"不是那龙虾。它属甲壳纲河虾科,真名叫"蝲蛄"。而真正的龙虾,体长 30 厘米以上,栖息在海底礁石缝隙之中,大型的个体可达数斤重,属甲壳纲龙虾科。两者同纲而不同科,且居河海有别。

被居民们称之为"龙虾"的蝲蛄,其实是一种不太适宜食用的河虾,因为它常是"肺吸血虫的中间宿主"。肺吸血虫的微小的幼虫一般寄生在蝲蛄与石蟹体内,如果烧煮不透,此虫活着进入胃后,能钻过胃壁及其他脏器进入人的肺脏内,并靠吸取血液中的营养长大,在肺中形成一个以虫为中心的圆形的水泡,压迫肺部动脉血管,严重时可致人大量咯血。若人病至此时,除切除部分肺叶作彻底根治外,别无他法可治。

不过,话说转来,如果一定要去吃这种"龙虾",一定要煮三分钟以上,以杀灭肺吸血虫的幼虫。不过,这样吃,肉质已老,干枯如滓,鲜味亦全没有了! 你看,是吃还是不吃呢?

味鲜开胃数鲫鱼

在我们日常所食用的淡水鱼中,以鲫鱼最为鲜美,唯刺多,北人畏之,称之为"针线包"。但自幼爱食鱼的江南人,却是极爱此鱼的,一是味美,二是有些补性。餐桌上此鱼,档次比鲢、鳙、鲩、鳊等鱼为高,是自食与飨客的美食。

鲫鱼古称鲋鱼,因其美在脊(边两块背肉),故名。此鱼不仅以鲜美著称于古今，而且营养十分丰富：其可食部分，每 100 克含蛋白质 13 克，脂肪 1.1 克，磷 203 毫克，铁 2.5 毫克，尼克酸 2.4 毫克，维 A 50 国际单位，其他还含有硫胺素、核黄素、B₁₂等多种维生素。祖国医学认为，鲫鱼性味甘平（多种疾病皆可食用），入脾、胃、大肠经，具有健脾利湿功效，对脾胃虚弱、食少无力、痢疾、便血、水肿、淋病、痈肿、溃疡等病都具有辅助治疗作用。因其味美且有补性，古今美食家都重视以鲫鱼制作美味佳肴。下面向读者诸君介绍几味鲫鱼珍肴：

首先要向大家推荐的是，清代著名诗人、嘉兴美食家朱彝尊在他所著的烹饪名著《食宪鸿秘》中所介绍的"鲫鱼羹"。此菜的做法是：取鲜活大鲫鱼一条（400 克左右），去鳞、鳃、内脏，治净，入适量滚水余热，去骨刺，得净鱼肉待用。另在余鱼汤中，加入水发香菇丝、嫩笋丝适量，稍滚，并加入鱼肉与少许花椒（生香解鱼腥毒）、黄酒、精盐调味，等汤再滚，即可起锅。此羹味美宜人，是开胃名肴，尤宜老弱妇幼者享用（感冒者勿食，因其有补性，食之则"关门留贼"也）。

推荐的第二只鲫鱼菜，是具有绍兴乡土风味的酿鲫鱼。此菜的做法与曹雪芹"老蚌怀珠"的做法有异曲同工之妙。具体做法是：取鲜活大鲫鱼一条（300 克左右），去鳞、鳃、内脏，治净，在两边鱼肉上各剞上几刀，用少许精盐稍擦一下，渍 10 分钟，沥去血水，放入一只浅盆中。另取适量五花精肉（七成精三成肥）剁成肉馅；加入姜末、葱花、黄酒、精盐等调好味，嵌入鲫鱼肚内，再在鱼上辅些水发香菇片、嫩笋干片（先用温水发一下，一是胀发开，二是减少盐分）、生姜片、葱花，稍浇些黄酒，即可隔水用沸水蒸制。蒸 10 分钟看一下，如鱼眼曝出，即表明鱼肉已熟，因内酿肉馅，可适当再蒸些时间，即可起锅。此菜鱼肉之鲜香相互渗透，口感鲜美，制作方便，是便于家制的美肴。

第三只是鲫鱼萝卜丝汤。取鲜活大鲫鱼一条（400 克左右），去鳞、鳃、内脏，治净，在鱼的两边肉上各剞数刀，然后沥干水，在猪油小油锅里两边都煎一下，放入适当姜片、葱结（用葱打成结子）、黄酒及滚水约 1000 克左右，在旺火上滚 4 至 5 分钟，待鱼眼曝出，用筷拨肉显得松嫩，即可捞出，放入一浅盆之中。另在鱼汤中放入白萝卜丝 200 克，煮透至酥，放入精盐与味精适量调味。先用筷子夹出萝卜丝，辅在鲫鱼上，然后将汤汁从头至尾浇上去。此菜鱼肉鲜嫩，萝卜丝酥糯，汤汁浓如奶液，味极可口，有开胃消食之功，是老幼皆宜的美味佳肴。

鲫鱼还可制作葱焖鲫鱼、荷包鲫鱼、酥鲫鱼、酸辣鲫鱼，但最补人且无火气的是制羹及清蒸、清余食用，这是古今医家之金玉良言。

老鸭煲的养生功效

老鸭煲是杭州新名菜之一。此菜自问世以来,以其特有的鲜香之味,饮誉大江南北。许多人仅知此菜味美可口,殊不知它还是一款具有滋补养生功效的佳肴呢。

老鸭煲主要由老鸭、金华火腿、天目山笋干三主料组成。先说老鸭。生于清代嘉庆年间的医学家王士雄,在其总结了前人医药经验的食疗名著《随息居饮食谱》一书中说:"鸭,甘、凉,滋五脏之阴,清虚劳之热;补血行水,养胃生津,止嗽息惊,消螺蛳积。雄而肥大极老者良,同火腿、海参煨食,补力尤胜。"用现代话来说,鸭子是凉性的,有滋阴、清内热的功效,并且还能开胃助消化、去痰止咳。王士雄特别指出,雄性而肥大的老鸭,补性要强一些,如果同火腿、海参共同煨食,滋补的力量更加强。令人惊讶的是,在 148 年前(清咸丰十一年,1861)出版的此一食疗名著中,这位医学家已经提出老鸭与火腿共煨(即共炖),"补力尤胜",即补性更强,可说今日之老鸭煲的滋补作用,早在 148 年前,已经为清代医学名家王士雄所论证。

其次说一下火腿。清代医学家王士雄还在此书中说:"兰熏(一名火腿)甘、咸、温、补脾开胃,滋肾生津,益气力,充精髓,治虚劳怔忡,止虚痢泄泻;健腰脚,愈漏疮。以金华之东阳冬月造者为胜。……陈腿,味甚香美,甲于珍馐,养老补虚,洵为极品。"用今日的话说,火腿是温性的,有开胃、滋肾(此肾为中医术语,并非单指腰子)、健腰、治痔、止泻、补虚等功效,其中陈年的金华火腿,味道特别香美,比什么山珍海味都好吃,是老年人补虚健身的极品。老鸭与陈年火腿炖在一起,自然"补力尤胜"。

老鸭煲的另一重要配料是天目山笋干。它是用野生石笋加工制成,味道之鲜美,胜过其他种种竹笋,为笋中之极品。对于笋,王士雄在同一食疗书中亦有评论,他说:"笋(竹萌也),甘凉,舒郁,降浊升滑,开隔消痰,味冠素食……可入荤肴,亦可盐煮,烘干为腊,久藏致远。出处甚繁,以天目早笋为胜。"上述记载的意思是,笋是竹的嫩芽,是凉性的,有化痰作用,在素菜中味道最为鲜美,可以同荤味一起做菜（例如鸭、火腿），如做成笋干，可以贮藏并能带到较远的地方。笋的品种很多，以天目山生的早笋（自然也包括野生的石笋）的质量为最好。在书里，这位清代的医学家，已经指出天目山的笋为最好；天目山出的笋干，自然亦是最佳。

老鸭加金华火腿已经"补力尤胜"，再加上"味冠素食"的、富含维生素与植物纤维的天目山笋干，增加鲜味，促进食欲，自然能使老鸭与金华火腿的营养物质，更好地为人体吸收并补益身体。

从现代科学的观点分析，老鸭、火腿、笋干合炖做菜，荤素合一，富含蛋白质、磷、钙、铁等多种微量元素及多种维生素与纤维素；其中还含有味觉上感到鲜美的多种氨基酸，可以说是一道营养丰富的佳肴。而张生记酒店在制作此一名菜时，常常在顾客下酒即将告一段落时，征得顾客同意后，在煲内浓汤中下黄金面（即玉米面），并放入青菜做配料，使老鸭煲延伸成主食，这对丰富菜肴内涵、增加菜肴营养素，起到了锦上添花的作用。

综观老鸭煲，无论从祖国医药或者从现代营养学的角度来看，它都是一款补益身体、有利养生的不可多得的佳肴，尤其适宜妇幼老弱者享用。

滋阴养身银耳美

四时进补，味美而益人者，不可不说银耳，即俗称之白木耳。此物旧时，依赖于自然接种，自然生长，野外采集，产量很低，价格甚为昂贵。新中国成立后，银耳发展到人工栽培，作为滋补之品进入了寻常百姓家。

银耳同其他山珍一样，不仅是宴席的珍品，也是养身的滋补之物。"此物有麦冬之润而无其寒，有玉竹之甘而无其腻"，具有"滋阴、润肺、养胃、生津，治虚劳咳嗽、痰中带血、虚热口渴"等功效。从营养价值上讲，干银耳含蛋白质约10％，碳水化合物约65％，硫、磷、铁、钙、钾、钠等无机盐约4％，其中人体必需的氨基酸有8种，对人体健康非常有益。能提高人体的免疫力，起到扶正固体的作用，特别对老年性慢性支气管炎及肺原性心脏病有较好的辅助治疗作用。同时，能提高肝脏解毒作用，提高机体对原子能辐射的防护作用和对癌细胞的抑制作用。

银耳一般有两种吃法：以料入菜，可作多种菜肴的辅料。其中冷开水发透后沥干，以麻油、辣油、香醋、酱油、味精拌之食用，有海蜇皮味道，为家常珍肴。至于熬食进补，夏日食用有清火败毒之功效；冬令饮服，有滋阴养生之奇功。

这里，介绍一则作进补用的冰糖银耳制法：取干银耳 20 克浸发漂净，剪去蒂头及发黄的部分，在净水中养发至纯白半透明色，放入适量清水共炖。至银耳汤变稠后，按各人口味放入冰糖用文火继续炖至羹状，即可在早晚空腹时食用。养生兼口福，两者并享。唯外感、外邪入侵者（即患感冒），不宜服用。

营养美蔬玉米笋

江南一带的菜馆与饭店、宾馆，从上世纪 80 年代末期起，先后在餐桌上出现了一种前所未见的营养美蔬——玉米笋。它只有小指头般长短、粗细，上面排着密密麻麻、整整齐齐的小米粒大小的玉米籽儿，色泽淡黄，逗人喜爱。你说它是玉米吧，它可是连棒子一起做菜吃的，而且吃口脆嫩而带有香甜味儿；你说它是笋吧，它又形态全似玉米，不过呈现微型状态。可说它既兼有嫩玉米的甜美风味，又有嫩笋的脆嫩清口，是一种人们前所未见的新型美蔬。

国内以嫩而细小的玉米入肴在清代早已有了。清光绪年间，满族人富察敦崇所撰《燕京岁时记》一书，已记载"五月玉米初结子时……嫩者曰珍珠笋。食之之法，与豌豆同"。相传，慈禧太后极爱食此物。山东"孔府菜"中，亦有传自前代的"海米珍珠笋"一味。但作为国外新品种进入我国的玉米笋，已不同于我国自然生产的珍珠笋，它是改革开放以后才出现的。

玉米笋在国外，特别在美国、日本和东南亚地区，是作为一种高档蔬菜上席的，其价格甚至要高于西方人爱吃的、具有抗癌作用的芦笋。原因是多方面的：一是玉米本身含有亚油酸、多种维生素与纤维素，可防心血管系统病症、可抗癌、可抗衰老；另又含有一种谷胱甘肽物质，苏联科学家认为它具有恢复青春的功效；二是口味脆嫩甜美，另有风味；三是形态独特，惹人喜爱。现国内有关部门正在研究分析它含有的详细成分。

据最新消息,我国玉米笋的主要产地为山东烟台及浙江瑞安,另河北保定亦有部分种植、生产。中国粮油进出口公司已组织有关厂家以罐头的形式远销海外,亦有部分供应国内大型饭店、菜馆、宾馆。

玉米笋口味清爽,故制作菜肴亦以清鲜为主。一般适宜炒、熘、烩、炸、腌等。它有个非同寻常的优点,即怎么加工都能保持柔脆的特色,当然加热时间不能太久。一般可以油盐清炒,或沸水焯后,以麻油、精盐、味精凉拌食用,亦可炒开洋(需经温水胀发后方可)。另以多种不同的辅料清烩,亦风味诱人。

吃出美丽 吃出健康

人的健康与美丽,除了先天遗传外,环境、食物、运动、生活方式都与之有关,其中食物的因素非常重要。饮食不但能提供热能,供人体活动消耗,而且可起到滋养身体的作用。合理的饮食结构,可使人健康而美丽(肢体匀称、四肢强健、肌肤充盈、毛发黑而有光泽、五官敏锐而灵活)。所谓合理的饮食,早在两千年前,古籍《黄帝内经》中就有了论述,即"五谷为养、五果为助、五畜为益、五菜为充",粮食、水果、肉类、蔬菜只有有机地结合,才能构成全面的营养结构。

以现代营养学的角度分析,食物含有淀粉、蛋白质、脂肪、维生素、纤维素、水等物质。从总的概念上说,有荤素两类,动物性食物为荤菜,植物性食物为素菜。从它们的属性来说,进入人体后,肉类、鱼类、粮食、蛋类、糖类、酒类等一般都为酸性物质,而蔬菜、海藻(草)、瓜果、牛奶、咖啡、茶等都为碱性物质。如果每天多吃酸性食物,血液便呈酸性,时间长了,到年老时便会引起动脉硬化、高血压、心脑血管疾病等。因此,每天饮食均应荤素搭配,尤其要多吃蔬菜、水果,以达到体内酸碱平衡,保持身体健康。以大米为例,吃 100 克大米,要中和它的酸性,茄子、黄瓜等要吃 200 克;芹菜、胡萝卜、土豆、萝卜、苹果、梨等,只要吃 100 克;栗子、香蕉、大豆只要吃 50 克;菠菜、香菜只要吃 30 克;海带只要吃 10 克;而碱性最强的裙带菜只要吃 2 克就完全中和了 100 克大米的酸性。食物的酸碱平衡关系着人们的健康,决不可等闲视之。

在食用油方面,人们往往有一个错误的认识,认为动物脂肪会造成血管硬化,引发心脑血管疾病,而植物脂肪(素油)多吃点没有关系,其实多吃植物油也会引起体内结石(如胆结石、肾结石、膀胱结石等)。科学的吃法应是7:3,即七成植物油加三成动物油。脂肪对人体健康亦很重要,它能提供丰富的热能,能使人产生饱感,能成为脂溶性维生素的载体,能给人体提供必需的脂肪酸,能产生食物的香气和味道,能使年轻人皮肤光洁、头发有光泽。但关键在于吃得适量、吃得合理。

合理的饮食是:荤素菜有比例地搭配、荤素油有比例地摄人;多吃新鲜蔬菜、新鲜瓜果;多吃鱼类;食物品种要多,花色要丰富。像肉类,民间有四只脚的(猪羊牛)不如两只脚的(鸡鸭鹅);两只脚的不如没有脚的(鱼类)说法,这是有道理的。因为鱼类蛋白质所含人体需要的氨基酸种类和含量,要比鸡鸭鹅多,更比猪羊牛肉多。此外,鱼类含有预防动脉硬化的二十碳五烯酸(EPA),也是其最大的优点,且鱼肉细嫩,营养易于被消化吸收。青年学生在长身体、长知识的阶段,尤其要注意饮食的合理与科学。

要使自己保持青春美丽,保持身体健康,除了改善生存环境,加强体育锻炼,注意合理的生活方式外,还要讲究科学而合理的饮食结构。如果从少年时就注意这点,那么一生便会得益匪浅。但古人也有"亡羊补牢"之说,即以前若是没有注意到这一方面,那么,请君从现在起,要注意科学而合理的饮食了,那也不算晚。

让我们吃出美丽、吃出健康、吃出快乐幸福的人生!

"非典"袭来,可用药膳强身

"非典"使人们措手不及,不敢上街、不敢去超市、不敢下馆子。其实有关方面已加强了管理与消毒,作为个人,除了讲究个人卫生、保持居室通风外,有良好的心态是有利于提高自身免疫作用的。此外,合理地吃些增强免疫功能及滋阴补肺的菜肴及药膳也很有好处。现笔者根据我国有关药膳学方面的记载,特推荐以下食疗食补菜肴汤点,供食家参考:

参麦甲鱼:活甲鱼一只(约500—1000克)、火腿100克、人参5克、浮小麦20克、茯苓10克、鸡汤黄酒姜片盐味精适量。甲鱼治净,火腿、生姜切片盖在上面,浇上鸡汤。另将浮小麦、茯苓用纱布包好,放入甲鱼碗汤中;人参打成末,撒在上面。在蒸笼中蒸 2—3 小时后,倒出汤调味,再浇在甲鱼上即成。此菜有滋阴、益气、补虚作用。

虫草全鸭:老雄鸭一只,冬虫夏草 10 克,黄酒、生姜、葱白、胡椒粉、食盐适量。鸭治净,头劈开,放虫草 5—8 枚,用线扎紧,余下虫草及调料放入鸭腹内,置于容器中,再注入清汤(火腿及鸡汤均可),调好味,密封,加热至熟透,吃鸭及虫草,喝汤。此菜有平补肺肾和止喘咳之功效。

百合党参猪肺汤:净猪肺 250 克、党参 15 克、百合 30 克。一起炖熟后放少许盐调味,饮汤食肺,可治反复难愈的肺虚咳嗽。

鳗鱼山药汤:河鳗 500 克、山药 30 克(新鲜的可放 100～150 克),共煮汤食(可放适量调味品)。对一切虚劳症有益。

蜜蒸百合:这是一道甜点,以百合加蜂蜜蒸熟食之,对肺阴不足之久咳、口干、痰少及肺热胸烦有益。

双仁蜜饯:这是一道甜点,以杏仁(炒过)与核桃仁以一比一的比例,加蜂蜜制成。先将炒过的杏仁加适量水煮一小时,再加放核桃仁同煮,待汁将干时,加较多的蜂蜜,拌匀至沸即可。本点补肾益肺、止咳平喘润嗓。

以上共为两菜两汤两点。"非典"流传期间,宜分餐制食之为妥,或用公勺、公筷亦可。

平时还可多吃些富含营养的蔬菜与水果,如西红柿、胡萝卜、芦笋、莴笋、银杏、百合、柑橘、猕猴桃等。以上果蔬分别含有丰富的维生素 C、茄红素及微量元素、抗癌物质,有增强身体抵抗力及润肺、抗癌等功效。

吃肥肉得法能长寿

不少人害怕吃肥肉,认为吃肥肉会引起动脉硬化,导致高血压、冠心病,其实,这是缺乏科学根据的片面认识。日本医学专家在全国调查中发现,冲绳岛居民的平均寿命为全国最高,原因之一是该县居民特别是老年人爱吃肥肉,其喜爱程度达到几乎每天都吃,只是烹调方法与众不同,即炖肉常常要达到四个小时左右。经研究表明,肥猪肉经长时间炖煮后,有害人体的饱和脂肪能转化为有益健康的不饱和脂肪,胆固醇含量也可以降低一半,这就是冲绳岛居民长期吃肥肉而能享有高寿的原因之一。另据《扬子晚报》报道,苏州市沧浪区有一位 115 岁的李阿大老太太,她的"长寿秘方",就是三餐都要吃红烧肉。

此外,肥肉中还含有花生四烯酸,它能降低人体血脂,并能与亚油酸、亚麻酸合成前列腺素,起到多种调节生理的功能。肥肉中还含有脂蛋白 a,可以预防冠心病等心血管疾病,而植物油中则未有上述两种物质。

单纯吃植物油容易体内结石及易患肠癌和乳腺癌,因此,荤素脂肪都吃一些反而有利健康。平时适当吃些炖煮时间较长的海带烧肉、胡萝卜炖肉、霉干菜焐肉及东坡肉等,可以说是有利于强身健体的。

南瓜有多种保健功能

南瓜在蔬菜中属于"下里巴人"一族,杭州人对它从不重视,喜欢吃它的人也不太多。直到一种日本品种的南瓜出现在农贸市场上,以青、嫩、糯的风味博得人们青睐,才开始令人刮目相看。特别是近几年来,杭州厨师烧出一种咸蛋黄炒(日本)南瓜的创新菜,使人感到口味一新,吃它的人便多了。

现在,又从东邻日本传来南瓜能治糖尿病的消息,吃它的人便更多了。日本医学博士明和维治发现,日本北海道一村庄的人素以南瓜为主食,该村竟无一人患糖尿病。于是他用真空干燥法将南瓜制成粉剂,给糖尿病患者试用,结果发现,嫩南瓜粉对轻度糖尿病有明显疗效;南瓜有促进胰岛素分泌的作用,可降低血糖。

此外,南瓜中的果胶,有较强的吸附作用,能粘结血液中的胆固醇、铅、汞和放射性元素及细菌分泌的毒素;果胶和其他物质,还能消除食品中的农药及亚硝酸盐等的毒性,并能增强肝、肾细胞的再生能力。还有报道说,南瓜有防癌、降高血压、治肥胖症及缓解肝炎的作用。这好像有点叫人匪夷所思。

其实,南瓜有这样出人意料的保健作用,并不奇怪,它虽貌不惊人,但所含的营养素却是异常丰富的。据科学测定,它含有胡萝卜素、叶绿素、叶黄素、果胶、戌聚糖、葡萄糖、淀粉、瓜氨酸、精氨酸、天门冬酸、南瓜子碱、葫芦碱、胨化酶、嘌呤腺、甘露醇、纤维素、维生素 ABC 及钙磷铁钾等微量元素,可说是一种极为有利人体的蔬菜。

南瓜其实可做成多种菜肴点心,除上面所说的用咸蛋黄炒食外,还可做风味独特的蚝油南瓜片、香炸瓜饼、南瓜蒸饺、南瓜鸡、南瓜烧猪肉、南瓜烧鱼、乌豇豆煮南瓜、绿豆南瓜汤等。

多吃南瓜,既当菜肴又能保健,可谓一举两得,何乐而不为?

冬食羊肉 功抵参芪

人们习惯在冬日进服补药,以起到强身健体作用,其实吃营养丰富的食品要比吃补药更有利于健康。民间常说的"药补不如食补",便是这方面的经验之谈。提起冬日"食补",不能不说起羊肉。早在汉代时,医圣张仲景就以"当归生姜羊肉汤"作为补血调经、温中散寒、补虚止痛的食补方子;到明代,药圣李时珍在《本草纲目》一书中说:羊肉"甘、大热",并引用前人经验,谓之"人参补气,羊肉补形",将补有形之体的羊肉与补无形之气的人参相提并论,可见羊肉之补性。此后,清代医学家王士雄也在《随息居饮食谱》一书中,评价羊肉"暖中补气,生肌健力……秋冬尤美,与海参、萝卜、笋、栗同煨(文火炖),皆益人"。羊肉有这样补人的长处,经现代科学研究验证,是因为它含有高蛋白,丰富的铁质、磷质及维生素 B_{12}、生物素、尼克酸、泛酸和硫胺素等物质;丰富的铁质,有利于造血及促进血液循环,故有利于冬日增温御寒。此外,羊肉肉质细嫩,容易消化,含胆固醇又低,这些都是有利人体健康的。近几年来,营养学家们还对羊肉所含有的左旋肉碱有了新的认识,认为它是一种新的营养添加剂,能提高人的体力、耐力和抗疲劳能力,还能增加酶和激素的活力,尤其对心脏的营养起到重要作用。羊肉有这么多长处,故古今专家们都肯定它是一种强壮人体,尤其适宜在冬令食用的一种补食。

羊肉的吃法多种多样,炖、炒、涮、酱、炸、烩、煮等无不相宜,以致古时有所谓"全羊席",整个筵席中的菜肴都是用羊身上不同部位的肉烹成。用羊肉做的名菜,更是不胜枚举,如陕西的猎羊肉,北京的烤羊肉、涮羊肉、酱羊肉,新疆的烤全羊、烤羊肉串,海南的红烧东山羊,杭嘉湖平原的白切羊肉及张一品酱羊肉,等等。家庭烹制,则以红烧羊肉与清炖羊肉为多见。如在清炖羊肉中放以适量当归、山药、党参、枸杞子,则能起到加强滋补性的作用。

但羊肉性热而助阳,一次不宜吃得太多,凡热象偏重、心肺火盛以及时疫(急性传染病)初愈者,皆不宜食此肉。

北风烈,天地寒,以羊肉进补,将使你在津津有味品尝美味之同时,又能强身健体,可谓一举两得,君何乐而不为!

消暑清热有“五瓜”

烈日临空,流火烁金,人人都感到酷热难挡。如果你能在这炎热的日子里吃点消暑清热的瓜果,便会感到清凉满口、烦渴渐消。这里向你推荐暑日“五瓜”。

名列首位的,要数西瓜。西瓜性寒味甘,有清肺胃、解暑热的功用;祖国医药称它为“天生白虎汤”,对烦热口渴、喉肿尿黄及肾炎等症,食之皆甚有益。据现代科学分析,西瓜瓤汁中含有丰富的果糖、氨基酸、多种维生素及钙磷铁等微量元素与果胶、纤维素等物质,对人体健康十分有益,但寒体、腹泻及肠胃功能欠佳者,不宜多食。

名列其次的是苦瓜。苦瓜性寒味苦,明代药物学家李时珍对它评价很高,说它有“除邪热,解劳乏,清心明目,益气壮阳”之功效。据现代科学分析,苦瓜含有丰富的蛋白质、脂肪、碳水化合物、维生素等,特别是维生素 C,每 100 克可食部中达到 84 毫克,约为黄瓜的 14 倍、丝瓜的 10 倍、南瓜的 21 倍,为瓜类蔬菜中最高。用苦瓜炒其他菜,自苦而它菜不苦,故苦瓜又有“君子菜”之称。苦瓜吃法很多,炒、煎、煸、拌、烧、炖都可以,素食荤吃皆佳。要减少苦味,做菜时可酌放少量糖。

第三位要数冬瓜。冬瓜性平味甘,有养胃生津、涤秽除烦、消痈行水之功效,对肠胃胀满、泻痢、霍乱等症有辅助治疗作用。此外,还能解鱼、酒等物中的毒素,并有减肥作用。清代医学家王士雄在著名的《随息居饮食谱》一书中说它"诸病不忌,荤素咸宜",什么病都能吃,荤烧素炒都很适宜。暑热之日,以冬瓜火腿汤下饭,不仅味道鲜美,有开胃作用,而且滋补利尿,能使肠胃为之一清。

第四位要数丝瓜。丝瓜性凉味甘,入药有除热利肠、祛风化痰、凉血解毒等功效,作为家常蔬食入肴,无论炒食及做汤,味道都比较纯正,既细嫩又鲜滑,较受人们青睐。它的营养成分也很丰富,含有淀粉、蛋白质、脂肪、钙、磷、铁、胡萝卜素、核黄素、尼克酸、抗坏血酸等,比较全面。暑热之时,有一碗丝瓜笋干蛋花汤下饭,不仅那碧绿的颜色使人有清爽之感,而且它的清凉功能亦能使肠胃有舒适之感。

五瓜中排列老五的是黄瓜。黄瓜性味甘凉,质地脆嫩,有一种独特的清香味。其生吃有生津解渴之效,热炒则有软嫩滑爽之感;用之凉拌,酸辣皆宜,爽口之至;如果腌成酱菜,喝粥下酒,无不相宜。据现代科学测定:黄瓜含有多种维生素、多糖类,多种游离氨基酸与钙、磷、铁、钾等微量元素,特别含有抑制糖类转化为脂肪的丙醇二酸,故已成为女士们垂青的、美容减肥的名瓜佳蔬。暑天吃黄瓜,清爽又宜人。

消暑清热有五瓜,愿君暑日品尝它。

抗病健身的马齿苋

夏秋之际,我们如到郊区去走走,常会在田野、菜园、路边等湿润而又向阳的地方,随时随地见到一种叶片肥厚、形如马的牙齿的野菜,这就是自古以来就有名的"马齿苋"。四百多年前,李时珍就已在《本草纲目》里介绍过这种野蔬,他说"其叶比并如马齿,而性滑似苋,故名"。因此民间还有"马齿菜"的叫法。

由于马齿苋叶青、梗赤、花黄、根白、子黑,前人据此叫它为"五行草";又由于它可以炒食、凉拌、烫后切碎晒干贮作冬菜,作菜作粮都行,而且有一定保健作用,故民间又叫它为"长寿菜"、"长命菜"。清代咸丰年间医学家王士雄在他的食疗名著《随息居饮食谱》中,说它性味"甘凉、补气清热,明目……利大小肠"，并引用清代著名医学家徐大椿著作中记载的一个故事：说是有一人"头风痛甚，两目皆盲，遍求良医不效。有乡人教用十字路口及人家屋脚边野苋菜煎汤，注壶内塞住壶咀，以双目就壶熏之，遂日渐见光，竟得复明。愚按'本草'，苋通九窍，其实主清盲、明目，而苋字从见，益叹古圣取义之精"。这是说它有较强的明目作用。据现代科学验证，马齿苋含有丰富的维生素 A 样物质，能维持眼角膜的正常机能，参与视紫质的合成，增强视网膜感光性能，故能"明目"。多食此野蔬，能起到保护眼睛的作用。

马齿苋本身营养丰富，并含有抗菌物质。据现代科学测定，马齿苋含有大量去甲基肾上腺素和多量钾盐，还含有二羟乙胺、苹果酸、葡萄糖、钙、磷、铁以及胡萝卜素、维生素 BC 等营养物质。经常食用马齿苋，不仅可以补充身体所需之营养，而且有保健作用。经药理试验证实，它对痢疾杆菌、大肠杆菌和金黄色葡萄球菌等多种细菌都有强力抑制作用，故有"天然抗生素"之美称。如肠炎、痢疾，可用其茎叶挤汁，加蜂蜜，用开水冲服或与米共煮为粥，早晚食用；如尿血、尿道炎，可用鲜品煮水饮服，还可用其所煮之汁治疗乳痈、痔疮出血、毒蛇咬伤以及肺结核等，故马齿苋确为天然之良药。

马齿苋入肴，不仅味美而且健身强体，愿读者诸君，闲暇之时去郊区时，不妨多多采摘之，为餐桌增添一味既是可口美食又是防病良药的佳肴。

吃蜂蛹　抗衰老

青年时代客居新疆边域阿克苏时，曾见一奇事：某年夏天与单位职工下乡帮农民割麦子，在休息时，广东籍同事刘君从树上摘下一个野蜂的蜂房，从中倒出许多蜂蛹。当这些蜂蛹还在刘君的手掌上扭动时，刘君突然手一抬全部倒入口中，活吞而下，使得在场的人们目瞪口呆。刘君看到大家对他的举动表示惊讶时，便笑着说："这是很补、很补的！"

蜂蛹是否补人，在场的人都不清楚，只有一点是明白的：据说，广东人天上飞的、水中游的、地下钻的什么都吃；四只脚的只有板凳不吃。

当时笔者只有二十几岁，亦缺乏食疗知识，难以判断此物是否补人。曾几何时,光阴荏苒,"小宋"已变成了"老宋"。进入"花甲"之年后,有幸购得明代大药物学家李时珍金陵版的《本草纲目》一套。闲暇之时,偶尔翻翻,发现在被列入"上品"的蜜蜂《本经》中,有"蜂子"的介绍,其中说到:蜂子(即蜂蛹)"甘,平,微寒,无毒","……补虚赢伤中,久服令人光泽,好颜色,不老","轻身益气"等。如此看来,广东籍同事刘君说它"很补、很补",确实非妄言也。更叫人惊讶的是,药圣李时珍还说,"蜂子,古人以充馔品",也就是说蜂蛹可以当食品食用。由此看来,广东人吃蜂蛹的来历有本可寻,且有悠久的历史,连明代权威的药典《本草纲目》都有记载。

蜂蛹的功用,根据李时珍的研究记载,归纳成一句,可说就是具有抗衰老作用。寻求延年益寿的抗衰老食品,是许多老年朋友梦寐以求的愿望。但蜂蛹虽补,茫茫人世间,到哪里去寻找呢?

一个偶然的机会,笔者看到杭州蜂之语健康食品公司出版的内刊《蜂之语保健》,其中一则消息说,该公司以蜂王幼虫、雄蜂蛹、花粉精等为原料研究成功一种"蜂之语阳光胶囊",对中老年前列腺增生、慢性前列腺患者有着独到的保健功效;前列腺增生是男性中老年人常见的疾病,其实也是人体衰老的一种体现。用具有抗衰老功效的蜂蛹等来治疗这种老年病,在我国有着悠久的历史,明代李时珍的《本草纲目》就权威地证实了这点。

解乏清心数苦瓜

每当暑期来临、大考将至时,炎热及复习功课,往往使学生们身心疲备不堪,以致难以应付。如果在这时,每天午餐中有一味苦瓜菜,便能使人心清目明、劳乏消除,这便是这道佳肴独有的贡献。

苦瓜原产印度尼西亚,大约宋元时期传入我国粤、闽一带。一般入夏时结瓜供食。其果实长约12~20厘米,色青或白,外皮有瘤状突起,故又名癞瓜。此外,还有锦荔枝、凉瓜、红姑娘之称。

苦瓜含有丰富的蛋白质、脂肪、碳水化合物、维生素等,在瓜类蔬菜中含量都是比较高的。特别是维生素C,每100克可食部中达到84毫克,约为黄瓜的

14 倍、丝瓜的 10 倍、南瓜的 21 倍,为瓜类蔬菜中最高。此外,苦瓜还含有抗糖尿病的胰岛素类似物,抗疟疾、解热的金鸡纳霜,抗癌的葫芦素三萜类物质苦瓜素,抗爱滋病的苦瓜糖蛋白等,可说是一味药食俱佳的美肴。明代大药物学家李时珍更是高度评价它的食疗作用,说它有"除邪热,解劳乏,清心明目,益气壮阳"的功效。

　　苦瓜的吃法很多,炒、煎、煸、拌、烧、炖都可以,素食荤吃皆佳。有人怕吃苦味,也有办法:可在食用前,先将苦瓜切开,用适量盐腌制片刻,去掉苦水,然后再烹制;还可在炒肉时,加一些白糖及蒜末调味,削减苦感。自然,苦瓜的苦味是生物碱,是食疗必需的,如果丝毫不苦,也就不能健身祛病了。用苦瓜炒菜还有一个特点,就是苦瓜再苦而同炒的菜不苦,故苦瓜还有"君子菜"之美称。

　　苦瓜有两种吃法,可消除暑热及疲劳综合症:

　　一是苦瓜粉冲剂:取苦瓜 1000 克,去蒂、柄,洗净,晒干或烘干,研成细粉,装入密封瓶中(亦可 10 克一袋包装,密封保存),每日三次,每次 10 克,用沸水冲泡饮用。可去暑热、疲劳综合症等。

　　二是青椒炒苦瓜:取苦瓜 300 克,洗净,劈成对半,去籽瓤,切成厚片,用盐稍腌,去掉苦水;另将 100 克青椒,去蒂、籽,洗净,切成细丝。然后,在锅中放少许色拉油,下苦瓜煸炒后,起锅待用。另用麻油适量,待锅热时,放入葱花、姜丝稍炝,再下苦瓜片、青椒丝煸炒,并以白糖、精盐、味精调味,即成。此菜能开胃提神、去暑热及疲劳综合症等。

　　入夏吃苦瓜,健体又养生,可不要忘掉哟!

寒山寺毒菇杀群僧

　　清代道光年间,苏州古刹寒山寺香火兴旺,僧侣众多,寺内和尚加上外来"挂单"者,共有一百四十余人。

　　一天,全寺老小和尚,上至主持,下至小沙弥,忽然尽死于寺院之中。当地乡保闻此噩耗,立即报告了吴县县令,县令不敢误事,急急忙忙坐轿前去察看。

　　来到寒山寺,只见大殿、庭院、僧房中横七竖八躺满了和尚们的尸体。至厨

江南美食养生谭

房一看，只有一个做饭的伙夫，死而复苏过来。县令感到奇怪，问伙夫给和尚们做了什么饭菜？伙夫说："面条！"又详问了烧面时下了什么佐料？伙夫说道："今天住持过生日，特做素面以供诸僧。我到后院菜地里割菜，适见两个紫色的大蘑菇从地中长出，有小脸盆大小，非常可爱，便采了回去烧汤下面，只觉得锅中香气一阵阵透来，没有亲尝一口，就将面条盛碗后端了出去。不久，感到头昏而立脚不住，就昏到在地，不省人事了。"

县令带人到后院长蘑菇处去察看，只见原先采蘑菇处，又长出两朵硕大如扇、鲜艳夺目的紫色大蘑菇，便命人采下，带回县衙去端详。谁知蘑菇一采下，蒂下露出两个深不见底的泥洞。县令感到奇怪，就命下人拿了锹镢顺穴挖掘，至丈余深之下，见洞中豁然开阔，密密麻麻盘有各种蛇数百尾，有头大如碗者，有身长至数丈者，都吐着鲜红的长舌，发出"嘶嘶"的声音，而且有一股潮湿发霉的雾气从里面散发、升腾出来。众人见之吓得心惊肉跳，都纷纷后退数步。

原来，这两个深穴，是毒蛇藏身之窝，而颜色鲜艳的毒蘑，正是蛇窝中之雾气熏发而长出的，带有毒素。故诸僧吃了用毒蘑烧的寿面，都丧身毙命，只有那烧面的伙夫，因仅闻"香气"，昏倒后才能苏醒过来。县令至此大悟，便命衙役们取来火种、鸟枪，边烧边打，才将两穴的毒蛇全部杀尽烧成灰尘，并用石灰深埋。伙夫无知，采毒蘑杀群僧，并非有意，判以枷禁三月，诸僧烧埋了事。另又请得道的老僧来主持寺事，重兴寒山古刹。一件寒山寺毒菇杀群僧的奇事至此方算了结。

清末杭州籍的学者徐珂了解此事，记入野史笔记之中，才使得后人得以了解寒山寺发生过的这一惨案。

花菜味美且益人

在蔬菜中，以花蕾入肴的，最常见的有花菜。它虽与卷心菜同属甘蓝家族，但却来自西方。1886年（清光绪丙戌年）成书的《闽产异录》说，"近有市番芥蓝者，其花如白鸡冠"，可见百余年前，它才传入我国，在福建一带以"异"物的面貌出现。而江南一带，直到20世纪五六十年代才作为一种新型蔬菜出现在市场上。自然,它那脆嫩鲜美的口味,立即受到了人们的欢迎。

花菜含有多种维生素、微量元素及纤维素等,以上海地区出产的花菜为例,每 100 克食部含有磷 82 毫克、钙 15 毫克、铁 1.2 毫克、钾 425 毫克、镁 37.5 毫克、蛋白质 3.3 克、碳水化合物 3.5 克。此外,含有的维生素 U 能抗御胃溃疡;维生素 E 能延缓机体衰老;维生素 A、B、C、D 能增强机体免疫功能,促进健康。上世纪 90 年代,发现它又含有钼、吲哚等物质,既能抗癌,又可预防心血管系统多种疾病;而丰富的纤维素,则能促进肠道蠕动,排出体内有害物质。花菜有如此之多的营养、健体功能,故可说是一种对人体发育、健康非常有利的蔬菜。

烹制花菜菜肴宜以清爽为主,可分别配以肉片、笋片、开洋、香干片、水发黑木耳等辅料制作,其味鲜美可口。烹时宜旺火急炒,以保持脆嫩爽口的风味。最好的办法是先在沸水中稍焯,一来可缩短炒的时间,二可去掉含有的草酸,以利于钙质的吸收。

说到花菜,不能不提起西兰花。西兰花常称绿花菜,可与花菜互称姐妹,但它比一般花菜更脆嫩,而且维生素 C 的含量要高 1.5 倍,胡萝卜素则要高 95 倍之多,可说更富有营养价值。其烹制方法及辅料与花菜相同,但其质地更嫩,炒的时间更应缩短一些才好。

田螺救名医

江南水乡,盛产田螺。螺肉味美,可与海珍鲍鱼媲美。一陆一海,实为同一软体动物门的腹足纲动物。特别是每年到中秋之时,田螺肥美无籽,以油炒之,再配以姜末、蒜粒、酱油、料酒等调料,其肉鲜嫩爽脆,实在是味美可口,令人食欲大开。

田螺营养十分丰富,除饱含蛋白质外,还含有脂肪、糖分、钙、磷、铁及维生素 A。此外,田螺还是一味良药,可治目赤、暴热、小便不利等多种热性疾病。据《夷坚三志辛》一书记载,有人曾以一颗田螺,救了一个名医的命。

南宋时,杭州名医熊彦诚大小便闭结,五天不通,其腹胀隆如鼓,同行见了,都束手无策,深为不安。熊彦诚与西湖妙果寺高僧慧月是莫逆之交,病危之时,

江南美食养生谭

便命家人通知慧月诀别。慧月惊悉,急忙奔向熊府,在钓桥边逢一他乡异客。客问:"方外高士,为何如此急忙奔走?"慧月叹息道:"我有一好友,大小便闭结,已五天矣! 命在旦夕。急欲探望!"客笑道:"此事容易,我马上可以送你一药,包管药到病除!"说罢,脱靴下水,在西湖岸边摸了一个大田螺说:"你将此物带去。以盐半小勺连壳捣碎拌和,敷在病人脐下一寸三分处,用宽布带扎紧,备好便器,以待其通!"慧月半信半疑带了田螺来到熊府,只见熊彦诚昏迷不醒,妻与子女会聚床边相对落泪。其他医生见无良策,便劝家人姑且一试。敷螺未久,只闻熊腹"咕咕"作响,轰然暴下,诸医深愧而退。慧月再去寻找他乡异客,已不复见。熊彦诚后来又活了16年,直到71岁才去世,这是后话。

田螺大寒无毒,入脾、肾、大肠三经,具有解湿解毒、清热利水的药理作用,故民间确有以田螺共食盐捣烂,敷脐下或丹田穴,治大小便不通的验方济世。他乡异客提供的,正是此一验方。

俗话说:"单方一贴,气死名医。"其实,草头单方是符合祖国医学的阴阳五行理论根据的。千百年来,在治疗劳动人民的各种疾病方面,起过很大作用,也是祖国宝贵的医药遗产。

灵隐毒菇惊帝庭

南宋孝宗乾道年间,位于杭州西湖西部山区的古刹灵隐寺,因山高林密,野兽出没,除了朝山进香的善男信女外,一般行人罕至。

一天,两个和尚奉方丈之命去寺后山上砍柴,突然发现一棵古树根旁生长着一朵巨大的蘑菇,色泽红润、鲜丽,直径达两尺,似一红漆大盘,实为世上少见。两个和尚便高高兴兴采了回来。因为是稀罕之物,回寺后便向方丈汇报了。方丈见到这朵巨大的蘑菇,惊喜异常,以为是人世珍品,不敢擅自食用,便派人献给灵隐寺的大施主——郡王杨沂中。杨郡王虽然久历沙场,辗转大江南北,也从来未见过如此巨大且色泽鲜红可爱的大蘑菇。他以为灵隐山上出此红菇,乃是吉祥之物,不敢私自享用,便趁次晨上朝时,以绫罗托之,奉进孝宗。

宋孝宗虽然贵为天子,可他的御膳中也从未有过如此巨菇入馔。他认为这是南宋中兴、朝廷清明的祥兆，便兴奋地命翰林起草诏书一道，说是灵隐出此美物，乃天下之大幸，如此美味，宜于敬佛，以表佛子寸心。派人以羊脂玉盘盛装，一路吹打，复赐灵隐寺。方丈接旨后，不敢怠慢，便毕恭毕敬供在佛前香案上，又令众和尚身穿袈裟，点燃巨烛，齐奏钟磬礼赞，以表示敬佛的虔诚之心。不料，此菇放了一天多，色泽逐渐转暗，而且有液汁渗出盘中。到了后半夜，和尚们因做了一天功课，都已疲惫不堪，先后休息了，只留下一个小和尚守殿值日。不多时，那小和尚因瞌睡，也睡熟了。这时，来了两只寺外饿狗，钻入大殿觅食，见香案上供着食品，便爬上去争相舐食。谁知一会儿时间，两只狗便抽筋狂叫，顿时死在香案之下。小和尚惊醒了，见此状忙从蒲团上爬起，赶忙去方丈楼汇报。一时震动全寺，和尚们纷纷起床观看。方丈见两狗惨死之状，惊道："阿弥陀佛！罪过！罪过！幸而皇上及郡王都未食用，否则灵隐寺全体僧人大劫难逃！此真我佛慈悲，阿弥陀佛！"说罢双手合十，率领全寺大小和尚，一起拜伏在佛像前，连连磕头。

消息传达到朝廷，无不震惊。宋孝宗与杨郡王又惊又喜，道是幸而不曾品尝，否则吃下这巨型蘑菇，定会死于非命。

灵隐红蘑菇震惊朝廷之事，一时传为南宋趣谈，留给后人以无限的深思：颜色鲜艳的蘑菇，不可轻尝，可能含有剧毒之物。

食苑的"黑色龙卷风"

人们对食物的要求，已经开始从果腹逐渐发展到保健养颜、延年益寿。不知不觉，一股"黑色食品"的龙卷风，刮进了中外食苑。

黑芝麻、黑米、黑豆、海带、乌骨鸡、甲鱼、鳗鱼、泥鳅、黑木耳……这些黑色食品越来越得到人们的青睐。人们认识到食品的色彩与营养的密切关系，食品的色素越深，所含营养成分越多。黑胜于紫，紫优绿，绿超过红，红强于黄，白色的食品相对而言，营养素的含量要低一些。黑色食品的再加工产品亦不断地涌现在市场上，这是商家从饮食文化领域里获得的新知识。你看，食品商店里有黑米酒、黑米粥、黑芝麻糕、黑芝麻糊、乌骨鸡酒、黑面包；餐馆里有清蒸河鳗、霸王别姬(甲鱼炖乌鸡)、凉拌海带结、海带烩肉、雪菜黑鱼片;粮店里有黑米、黑豆、黑芝麻……

在国外,黑色食品的龙卷风亦早就刮起。欧美、日本大小餐馆均有"黑色食谱",诸如黑面包、黑米饭、黑紫菜、黑橄榄、黑啤酒,听凭食客挑选。而德国的黑啤酒,更是洋人历来向往的最佳饮料。华盛顿的餐馆别出心裁,制作供应黑面条,竟然食客盈门。日本的黑豆豉汤和黑紫菜寿司,是日本人世世代代常食的益寿佳品。

其实,"黑色食品"强身健体的食疗、食补功效,我们华夏的祖先早在两三千年前就已认识到了。战国时期已流传的《黄帝内经》一书中,已经将食物的颜色与所补的身体部门相结合:"肾色黑,宜食辛……"中国传统医学的阴阳五行理论认为"肾为先天之本"、"生命之源固于肾"、"黑色属水,水走肾"。这里所说的"肾",并非仅指人的泌尿系统的肾脏,而是指生命之源、之本的中枢部分。一个人生病看中医,中医往往说是"肾虚";"肾虚"可使人体患 80 种以上疾病,因此,补"肾"便能强身健体,而黑色食品正是补肾之精品。

黑色食品已成为第三代功能食品,将带给人类一次饮食的新的变革,促进人类体质的进一步改善及延年益寿。

清心润肺话百合

百合为多年生草本植物,花单生或簇生于茎端,呈钟形或漏斗形,有白、橘红等多色,其根部为鳞茎,形如大蒜,由多瓣抱合而成,故名百合。

百合花具有观赏价值,又因花名含有"百事合心"、"百年好合"之意,因此民间视其为吉祥之花。而百合鳞茎,则可食用,其性平味甘,有润肺补胃、清心涤热、止嗽利便等多种功效。用它入药,可制著名的百合固金口服液等,而用之制作菜点,则具有营养丰富、芳香微苦的特色,是一种高雅的滋补美食。

百合有两类,即甜百合与苦百合。甜百合主要分布在江西的万载、上高县,湖南邵阳地区以及甘肃的兰州一带,特点是鳞茎较大,色白味甜,但药用价值次于苦百合,宜于做菜,目前市井饭馆流行的素肴"西芹百合"就是用兰州产的百合配以西芹制成；苦百合主要产于江、浙两省的太湖沿岸，尤以湖州所产的最为著名，已有四五百年的栽培历史。

百合除含有淀粉、蛋白质、脂肪及钙、磷、铁、维生素 B_1 与 B_2、维生素 C、胡萝卜素等营养物质外，还含有一些特殊的生物碱，如秋水仙碱等。这些成分综合作用于人体，不仅具有营养滋补功能，而且对于病后虚弱、肺结核咯血、神经官能症等有一定治疗作用。此外，以百合作甜羹或煮粥，加入银耳，有滋阴润肺之功效；加入莲子，则有养阴清心之效果；加入绿豆，则有清心解毒之收效。在肿瘤防治方面，百合可用于肺癌等多种癌症疾病，特别是对放射治疗后出现的各种症状。以鲜百合与粳米一起熬粥，并调入适量冰糖或蜂蜜食用，这对增强体质、抑制癌细胞、缓解症状具有一定作用。

下面介绍百合的三则药膳食疗吃法：

一、百合粥：百合 20 克(鲜百克可用 100 克)加大米 30 克，煮粥常吃，可治干咳、咯血、心中烦热。

二、蜜蒸百合：百合 30 克加蜂蜜调拌蒸熟，细嚼缓咽，治肺阴不足所致久咳、口干、痰少及肺热而引起的胸中烦闷。

三、百合党参猪肺汤：百合 40 克、党参 20 克、猪肺 1 个，一起炖熟，用少许食盐调味，饮汤吃猪肺，可治肺虚咳嗽、病久反复难愈。

每年 8～10 月是新鲜百合上市之时，用它炖烂做羹、熬粥、入肴，营养丰富，风味独特，有利消暑清热、滋养身体，何不一尝佳味呢？

食虫趣话

21 世纪末，全球人口将突破 70 亿大关，人类将面临食物匮乏的窘境。除了可食用的植物外，在已知的 200 万种动物中，一部分已被人类灭绝，另一部分因生存环境恶劣而消亡，剩下的不得不加以保护，只有其中 100 万余种昆虫，尚存在着巨大的、潜在的开发量，可作为人类未来新食物的重要来源。

目前，世界各国都在从事这方面的开发与研究，并已取得了可喜的成果。营养学家们在研究中发现，昆虫用于食用，有许多可取之处：它们具有高蛋白、低脂肪、低胆固醇的优点，且肉质细嫩、纤维少，易于消化吸收，而且昆虫所含的蛋白质，属于完全蛋白质，富含人体健康所需要的多种氨基酸，特别含有人体自身不能合成的赖氨酸、苏氨酸、蛋氨酸等，其健体养身作用，显而易见。从含量上说，一般昆虫由于杂食及活动量大，虫体蛋白质比例高，甚至超过一般家禽、家畜及鱼类，且香脆鲜嫩，口味颇佳。世界各国已经问世的昆虫食品，有日本的蚂蚁巧克力、美国的蚯蚓饼干、非洲苏丹的油炸白蚁、墨西哥的红烩龙舌兰蚜虫及苍蝇卵鱼子酱、英国的烤土蜂和蚂蚱、法国的蜗牛菜、中美洲的蛾子饼、印度尼西亚巴厘岛的油炸蝴蝶等。此外，泰国人将油炸蝗虫叫做"飞虾"，其味如同大虾；坦桑尼亚等西非国家，将蟋蟀和蝉视作珍馐；新加坡人嗜好热带蜘蛛；印度人喜吃活蜈蚣；澳洲人及巴基斯坦人喜吃飞蛾；埃及人爱吃一种带花纹的甲虫……

在我国，自古以来就有吃昆虫的习俗：山东人爱吃烤蝗虫与油炸蝎子；江浙两省人爱吃炒蚕蛹；广东人爱吃桂花蝉、龙虱、蜂蛹；西双版纳傣族人爱吃"萨里木松"（傣语黄蚂蚁卵）、"达贡"（大蛐蛐）、"萨虾"（蝉）、"蔑"（竹虫）、"缅秧叶"（大蜘蛛）……出生广东的许广平曾向鲁迅先生介绍蝉与龙虱的吃法是："先去甲翅，次拔出头，则肠、脏部随出，再去足，食其软部（虫体）……觉得别有风味。"山东人吃蝎子时，先将活蝎放在盐水中，让其吐尽毒液及脏物，然后用鸡蛋、淀粉、盐、味精打成的糊上浆，两次油炸成肴。据吃过的人说，此菜香酥可口，食时欲罢不能，且具有抗风湿、去风疮、治疝气及中风半身不遂等疾病的食疗作用；吃蝗虫，则用铁签一只只串起来烤，食时去头（连内脏）、翅、足，肉香味美，有暖胃健脾等食疗作用。

笔者儿时患疳积（即消化不良）时，曾据民间单方吃过烤蟑螂，其法与许广平所述吃蝉与龙虱的方法相同。烤好的蟑螂软部（虫体），其肉腴白，浓香扑鼻，至今仍难忘半个世纪前吃此虫时的香味。经翻《中药大辞典》，蟑螂富含蛋白质、各种消化酶，确有助消化、治小儿疳积的食疗功能。青年时代，笔者在大西北工作，吃过缫丝厂副产品蚕蛹，那是用油与葱花、辣椒粉炒成，风味显胜油氽花生及油炒螺蛳，香美不可言传。据营养学家分析，蚕蛹含的蛋白质超过鸡蛋、猪肉；五六颗蚕蛹的营养价值相当于一个鸡蛋，并含有抗癌的免疫物质与不饱和脂肪，对心血管疾病、动脉硬化有一定的辅助治疗功效。笔者还根据青岛有关医疗部门的介绍，将蜈蚣（烤脆、碾末、成粉）装入（打孔）鸡蛋蒸熟后吃，一天一个蜈蚣鸡蛋，其味亦香美，对治疗气管炎及开胃，起了明显的作用。

开发昆虫,事半功倍,有利创造新的营养食品,开拓出一个全新的、绿色的昆虫食品新时代,既可解决人类的食物问题,又可提高人类的健康水平。

香美的蜈蚣蒸蛋

提起蜈蚣,人们就会有惊恐之感,那黄褐色的、扁长的虫体,长约 10～15 厘米,两侧长着无数对对称的细脚,其中靠近头部的第一对脚较粗,顶端呈钩状,内有毒腺。它经常在潮湿、阴暗的角落里爬动,若是不小心让它螫一下,皮肉马上会红肿起来,且痛楚异常。这对于领教过它的人来说,是深有体会的。一般人只知道它烘干后可做中药,却不知它还是可口的药膳原料。用它焙干研末蒸鸡蛋吃,不但香美可口,远胜茶叶蛋,而且还能强身治病,对治疗慢性气管炎具有一定的疗效。

蜈蚣是一种节肢动物,自古就为我国劳动人民所熟知,并载人各种古籍之中:《庄子》称之为蝍蛆;《广雅》名谓吴公;《本草纲目》曰天龙;《药材学》称之为百脚。蜈蚣本身所含的人体必需之氨基酸极为丰富,计有精氨酸、丝氨酸、鸟氨酸等 11 种,有些氨基酸为一般食物所缺乏,而其却具备。尤其是第一对钩状足内毒腺中,含有两种蜂毒的成分,即组胺样物质及溶血性蛋白质,具有抗肿瘤、抗真菌、止痉挛、解药毒的药理作用,同时对结核杆菌亦有一定的抑制作用。上世纪 70 年代,山东省崂山县卫生局发掘民间药膳、食疗验方,用蜈蚣蒸鸡蛋的药膳方法治疗观察 115 例气管炎,取得显数 60%,总有效率为 92%。笔者曾经依方吃过 50 个蜈蚣蛋,食欲增强,感觉良好,特推荐给各位有心以药膳、食疗配合药物治疗慢性气管炎的朋友,不妨一试。

蜈蚣蒸鸡蛋的方法很简单:从中药房买来干蜈蚣若干条,每次用一条,用瓦片焙干(不可烤焦,以免失去药性)研末;另用新鲜鸡蛋一只,头上凿一小孔,倒出少许蛋青,将蜈蚣粉末小心地倒入孔中,用一干净的小棒搅匀,然后用药水棉球或软纸塞住小孔,朝上固定在碗中,蒸熟冷却,即可剥壳食之,香美可口,并无异味,食之使人胃口大开,为茶叶蛋所不及。一般老病幼弱者,每天早晨饭前半小时空腹吃一只,年富力壮者每天可吃两只。倘无其他不适,可连吃五天为一疗程。间隔一二日,再继续吃,可连用五个或更长的疗程。有气管炎者治病,无病者强身,味道鲜美,香气扑鼻,可称药膳食疗中之姣姣者。久食能使人食欲增加,面色红润。

莴苣的食疗价值

炎炎夏日,正是佳蔬莴苣上市之时,那肥嫩的粗茎,去皮之后,便露出绿玉般的肉质,其气味清爽、脆嫩可口,是一种富含多种维生素及微量元素的佳蔬。它的钾、磷、镁、钙的含量特别丰富,适宜制作多种菜肴,无论生吃还是熟食均相适宜,尤其是切丝加盐稍腌后去汁,加糖、醋、麻油、味精适量拌匀,是一种清口、鲜嫩的凉菜,宜于佐酒下饭吃粥,别具风味。

莴苣性凉,味甘苦,具有通小便、解酒醉、助消化、开乳腺等多种食疗功能。特别是生食时,各种维生素及所含的生物碱保存得较为具全,对人体较为有益。

民间用莴苣治病的单方也很多,为历代医家验证,具有一定功效的则有下列一些:

莴苣捣成泥,捏成饼状贴脐中,用纱布包好,可治小便不下(《海上方》);

莴苣捣敷脐上,用纱布包好,可治小便尿血(《本草纲目》);

莴苣三枚,研作泥,以好酒调开服用,可治产后无乳(《海上方》);

莴苣捣汁,滴入耳中,可治百虫钻入耳中(《圣济总录》)。

莴苣味美,常作菜肴,有益健康;但历代医家认为,有眼疾者不宜多食,或恐有妨,其内在之理,尚待科学家们进一步研究。笔者不敢挂万漏一,特作此一说明。

秋菇鲜美赛嫩鸡

菊瘦蟹肥,金风飒爽,正是蘑菇上市之际。蘑菇原是野生食用菌,最早由素爱美食的法国人研制出人工栽培技术,使这一美味上了千家万户的餐桌,后又传入英、荷兰、德、美等国。1935年前后,我国北京、上海、杭州、福州等地开始出现个体种菇业。时至今日,我省已经成为大宗蘑菇的产地。

蘑菇色白肉厚,鲜美异常,富含蛋白质,碳水化合物及钙、磷、铁等多种微量元素与硫胺素、核黄素、尼克酸、维C等多种维生素,又因含有谷氨酸、精氨酸、赖氨酸、高丝氨酸、高胱氨酸等18种以上游离氨基酸,故鲜味远胜味精(仅谷氨酸一种),是自然界天生的味素之王。国外科技界发现,蘑菇的核糖核酸有刺激机体产生干扰素抑制病毒增殖的作用及调节新陈代谢、降低体内胆固醇含量的功能,故蘑菇可说是一种味美而营养丰富、可口而补益身体的天然营养食品。祖国医学认为,蘑菇性味甘凉,具有悦神、开胃、止泻、止吐、化痰、理气功效,是一种具有食疗功能的美食。

家庭烹制蘑菇菜肴,制作方便,口味鲜美诱人。为丰富读者诸君秋令餐桌,特介绍数款,制法如下:

蘑菇炒里脊:鲜蘑菇250克切成薄片;里脊(亦可以精肉代替)100克切成薄片,用湿淀粉及盐少许上浆后,在油锅中划熟取出。另用一汤碗鲜汤(笋干、开洋、鸡、肉之汤均可),加入蘑菇片、精盐,煮沸,再投入肉片,放少许味精勾薄芡即可出锅,其味鲜美滑润。

软炸鲜蘑:鲜蘑菇24个入沸水焯透,用清水漂洗晾干后,放入鸡汤中加黄酒、精盐烧至汤汁浓稠后取出,沾上用干淀粉和鸡蛋蛋清调和的浓浆,先后两次入油锅炸透。吃时,蘸番茄酱食用,其味香美可口。

鲜蘑摊蛋:鲜蘑菇200克,洗净切片,加盐用油煎后,放入打匀放盐的一只鸡蛋蛋液中,在油锅中摊煎成薄饼状,撒上香菜末即可食用,其味鲜香宜人。

补脑益智的美食——核桃仁

核桃原产中亚,西汉时张骞通西域,从新疆带回种仁在关内栽种,故名胡桃或羌桃。新鲜的核桃,外形如青梨,去掉软部,砸去核壳,挑去桃膈后,才是可供食用的核桃仁。一般常见的核桃仁,色呈深褐,那是取自干燥的核桃,新鲜的核桃仁则呈微带淡紫的白色。核桃仁营养丰富,是四季皆宜的滋补品,不仅可入肴做菜、制作糕点、榨油，而且是药膳食疗的珍品。中医药理论有"以形补形"之说，核桃仁形如大脑，故云补脑。

我国栽培的核桃品种约有 40 余种，其中优良品种不少。如山西汾阳出产的光皮绵核桃，果呈圆形或长圆形，颗大壳薄，仁肥片大；新疆库车出产的克克考（维语薄壳）核桃，用手一捏就可裂壳取仁，食用方便；河北昌黎出产的露仁核桃更具特色，不仅壳薄仁丰，而且仁肉微露，取食便利，品质特佳……但是，核桃生长的周期较长，民间有俗语云："桃三李四杏五年，要吃核桃十五年"。不过，这也没有难到以农耕传世的神州果农。在核桃原产地新疆的阿克苏，有一个被称为"核桃之乡"的浑巴什区，那里的果农有丰富的选种及栽培经验。早在多年以前，他们就已经栽培出"隔年核桃"，即头一年种下的核桃种，到第三年即可采获核桃。虽然数量较少，但只要勤管理、勤施肥，核桃会一年比一年长得多。

核桃仁营养丰富，滋补身体，祖国医药认为它有强肾填精、补脑益智、延年益寿之功效。李时珍在《本草纲目》中记载说，食用核桃仁能"令人肥健、润肌、黑须发、利小便、去五痔，有通润血脉、补气养血、润燥化痰、益命脉、利三焦、温肺润肠、治虚寒、喘咳、腰脚疼痛"之功效。现代科学研究证明，每 100 克核桃仁含脂肪 69 克、蛋白质 19.6 克、碳水化合物 5.4 克、无机盐 1.9 克、钙 43 毫克、磷 328 克、铁 3.9 毫克、胡萝卜素 0.16 毫克、维生素 B_1 0.30 毫克、维生素 B_2 0.16 毫克、维生素 PP 1.7 毫克等。此外，还含有丰富的氨基酸，特别是含有对人体健康有重要作用而自身不能合成的赖氨酸（有增智作用）及维生素 E，微量元素锌、铬、锰等。核桃仁的营养价值，突出地表现在对大脑的滋补作用，有明显的健脑益智功效。如它含有的脂肪成分主要是亚油酸甘油脂及亚麻酸、油酸甘油脂，进入人体后，可变为脑细胞需要的组成物质，而蛋白质、钙元素及胡萝卜素等，可促进大脑充分发育，增强智力及记忆能力；所含有的锌、锰、铬等微量元素能延缓脑功能衰退，增强脑细胞活动；所含的维生素 E，可防止大脑及身体活力衰减；所含的磷质，有补脑作用，是脑细胞新陈代谢所需要的基本物质。

核桃仁除作菜肴、蜜饯外，还可生食及作为高档糕点及糖果的配料。如在冬日作为补脑益智食品，可用核桃仁加等量（炒熟的）黑芝麻及白糖（或蜂蜜）一起磨成粉，早晚取两三汤匙，用开水或豆浆及黄酒搅调后食用即可。

核桃仁也可熬粥、做羹，制成糕点及泡茶喝，这些营养吃法，可使人久食不厌。今介绍几则如下：

核桃仁粥：取核桃仁 50 克，捣碎与 50 克粳米熬成粥喝，食时可加白糖或蜂蜜。此粥常吃有补肾健脑功效。

核桃红枣羹：取核桃仁 100 克，磨成浆状；150 克粳米水浸涨后，也磨成浆；50 克红枣用温水泡涨后，去核捣成浆。然后将上述三浆加适量清水煮成羹状，食时可加白糖或蜂蜜。此羹常吃有补脑养血功效。

核桃牛奶茶：取核桃 25 克，黑芝麻 20 克，用适量牛奶、豆浆作水，磨成浆液蒸熟，食时加糖或蜂蜜用沸水冲饮。此茶常吃有补脑益智功效。

核桃芝麻糕：取核桃肉 30 克，黑芝麻 15 克，熟马铃薯汤 500 克，赤豆沙 80 克，加适量发酵粉、白糖拌匀蒸熟，切为糕状，即可食用。此糕常吃有补肾益智功效。

延年益寿的松子

松仁，人们常称松子，但并非是一切松树的种子，而是红松所结的果仁，又名海松子、新罗松子。自唐代以来，松子就是我国人们所爱嗑的消闲食品，因为味美，又有食疗及养生作用，故素为医家所推崇。清代著名医学家王士雄在食疗专著《随息居饮食谱》一书中，高度评价它的补身健体作用："润燥、补气充饥，养液息风，耐肌温胃，通肠辟浊，下气香身，最益老人；果中仙品，宜肴宜馅，服食所珍。"

说它是"果中仙品"，自然是溢美之词，但它的营养价值，确实是名列果仁之首的：每 100 克可食部，含有蛋白质 15.3 克、脂肪 63.3 克、粗纤维 2.8 克、碳水化合物 12.4、磷 234 毫克、钙 77 毫克、铁 6.6 毫克，还含有其他多种矿物质及维生素。特别是它含有的脂肪，大部分为油酸、亚麻酸等不饱和脂肪酸，能预防心血管疾病，促进脑功能和神经系统功能；含有丰富的磷质，能健脑补脑；经常食用松仁，还能提高智力，增强记忆能力。此外，在嗑食、咀嚼松仁时，由于口腔活动及香味的刺激，消化系统还能增强各种消化液的分泌，促进肠胃道的蠕动，有利食物的消化吸收。

松仁一般以炒食为常品，现在市售的开口松子，不仅味道香美，而且嗑食方便，无疑是休闲的最佳食品之一。除了当零食品用外，正如清代医学家王士雄所归纳的,它还"宜肴宜馅":苏州名菜松鼠鳜鱼、松子鲈鱼及杭州名菜八宝豆腐都是有名的松子菜;松子还是广式月饼与苏式月饼中不可缺少的果仁;杭州著名的南方大包(甜包)中,亦裹有松仁。

闲时嗑嗑松子,不仅是一种时尚的消闲,而且补心、益寿、健脑、益智,可谓一举几得。自然,吃松子也有一个度,不是吃得越多越好,物极必反,读者当需懂得这个道理。

树上苹果不如地下土豆

马铃薯又名土豆、洋芋、山药蛋、洋番薯、洋山芋,原产南美洲安第斯高原,早在 6000 年前,秘鲁的印第安人就已将它用来当作粮食和蔬菜食用。16 世纪土豆开始传入北美,17 世纪初期进入我国。

马铃薯刚传入欧洲时,它的食用价值不被欧洲人所认识,有人认为吃马铃薯会得麻风病、肺结核、软骨病等,但随着时间的推移,它终于获得了人们的认可与赞赏,被认为是一种营养丰富的食品,无论当主食还是作蔬菜,它都得到人们的好评,以致爱尔兰民间有俚语云:"婚姻与土豆至高无上"。现在,不论是欧美的肯德基、麦当劳,还是意大利的匹萨饼,都离不开马铃薯。在法兰西,学习烹调技术的青年,要学会做 200 道土豆菜,才能拿到厨师证书;在英国的家庭中,饭桌上可以没有面包,但不能缺少土豆;在西班牙农村的小饭馆里,顾客上门,面包免费供应,但土豆菜肴价钱很贵;在中国,马铃薯亦已普遍栽培,应用于各大菜系,炒、炖、煮、炸、红烧、白煮、做汤,都已广泛地进入餐馆与家庭厨房。

说来也叫人感到惊奇,长在土中、其貌不扬的马铃薯,竟然比苹果更有营养。试以江苏产的马铃薯与当地所产的苹果相比:每 100 克可食部分中,马铃薯含蛋白质 1.8 克,而苹果只含 0.3 克;马铃薯含碳水化合物 16.8 克,而苹果只含 11.5 克;马铃薯含维生素 C 27 毫克,而苹果只含 6 毫克;马铃薯含核黄素(即 B_2)0.05 毫克,而苹果只含 0.04 毫克;马铃薯含磷 57 毫克,而苹果只含 7 毫克;马铃薯含铁 1.3 克,而苹果只含 1 毫克;马铃薯含热量 76 千卡,而苹果只含 49 千卡。苹果营养成分与马铃薯相同的,只有脂肪一种,都为 0.2

克。苹果比马铃薯含量高的有钙,苹果为 22 毫克,马铃薯只含 13 毫克;还有胡萝卜素,苹果为 0.32 毫克,马铃薯为 0.08 毫克;粗纤维也是苹果高一些。两者总的比较,大多数营养成分,都是马铃薯的含量高于苹果。由此看来,经常食用马铃薯的人,不会缺乏各种营养素,身体亦能保持健康的水平。

马铃薯的吃法很多。无论中餐还是西餐,都能做出许多花色,比较有名的西菜有土豆泥、炸薯条、法式煎薯条、土豆炖牛肉、煎马铃薯片,而中菜中则有红烧土豆、香辣土豆丝、青椒(丝)炒土豆丝、土豆炖肉、土豆蒸咸肉(或火腿),等等。总之,只要多动脑筋,马铃薯还可以做出更多的菜肴。

祖国医学对马铃薯的评价也很高,认为它性平味甘,有补气、健脾、消炎等功用,是素食中的佳品。

淡水鱼"脑黄金"及其科学吃法

"脑黄金"自从被人们奉为激活大脑、提高智力的灵丹妙药后,蒙上了一层神秘的色彩,其实它很普通,也容易得到。除了海洋鱼类,特别是深海鱼类含有此物外,淡水鱼类中也大多含有。所谓"脑黄金",其实是不饱和脂肪酸中的二十碳五烯酸(即 EPA)和二十二碳六烯酸(即 DHA),特别是 DHA,是大脑细胞及脑神经形成、发育及运作的物质基础,经常补充适量的 DHA,可提高记忆力、判断力、想象力,充分激活大脑的"记忆仓库",使思维活跃起来。据同济医科大学基础医学院科研人员提供的淡水鱼 EPA 和 DHA 含量表(见表 1)可知:

表 1　淡水鱼 EPA 和 DHA 含量

鱼类及鱼名	EPA 和 DHA 总量(克)	
淡水鱼	从鱼头、皮、内脏提取的鱼油(1 升)中	
白　鲢	0.44	128
花　鲢(包头鱼)	0.58	99
鲶　鱼	0.55	87
鲫　鱼	338(主要为 EPA)	

江南美食养生谭

上表告诉我们,白鲢等四种淡水鱼的鱼油中都含有丰富的"脑黄金"物质,其他水产如虾、蚌等亦都含有。"脑黄金"含量的高低,一般取决于自然界的食物链,以浮游生物为食物的鱼类,无论海水中的或者淡水中的,鱼体中"脑黄金"的含量都比较高。此外,鱼体的大小与"脑黄金"的多少也成正比,1公斤以上的鱼所含的"脑黄金"比1公斤以下的鱼为多;寒冷地区的鱼所含的脑黄金比温暖地区鱼的脑黄金多;冬春季节鱼所含的"脑黄金"比夏秋季节的鱼多。据此可以说,冬春时节千岛湖所产的大白鲢、大花鲢(包头鱼)的鱼头,是含"脑黄金"最丰富的营养美食。但"脑黄金"本身有一个很大的缺陷,即经不起光的照射与热的蒸腾,故保持鱼的鲜活是保留"脑黄金"的关键。要让鱼的"脑黄金"在食用时减少流失,除保持鱼的鲜活外,还要注意合理的烹饪方法。

以杭州名菜鱼头豆腐的做法为例:将新鲜花鲢(包头鱼)鱼头洗净(去腮)后沥干水分,在油锅中放少量油,将鱼头两面稍煎即放入适量滚水、姜片、老酒、精盐煮沸,加入豆腐,用旺火急烧,至鱼眼曝出,即可加葱花、味精起锅。此时鱼肉鲜嫩,豆腐滑嫩,味美而营养丰富,"脑黄金"损失较少。

清蒸鱼亦是保留"脑黄金"的最佳吃法,以清蒸鲶鱼为例:将鲶鱼洗净后沥干水分,放入鱼盘中,上撒适量豆豉或优质霉干菜、精盐、姜粒,浇以料酒,用旺火沸水速蒸,在鱼眼曝出后,再撒以葱花、味精。加盖稍焖即可出锅。此时鱼肉鲜嫩且入味,"脑黄金"保留亦多。

鱼圆的吃法亦是比较科学的,因鱼肉是经调、搅好后,沸水一煮而成的,营养成分保留较全。

用新颖的微波炉蒸鱼,时间短,营养成分流失少,也是一种比较科学的吃法。

淡水鱼做佳肴,花费少,口味佳,在品尝色香味形一应俱全的可口美食中,得到"脑黄金"的补益,可谓是获得"聪明"的最经济的吃法。

科学进餐,补脑增智

人的聪明,与健全的大脑有关。一个聪明而又充满智慧的大脑,除了先天的遗传(父母与家族的赐予外),还要靠后天的呵护。所谓后天的呵护,除了科学用脑,不使大脑过分疲劳外,经常吃些补脑食品非常重要。

人的大脑,由水分、无机物、有机物三大类物质组成,水分占主要成分;无机物主要有钠、钾、锌、锰等微量元素;有机物则多数为脂肪类及蛋白质类,其中脂肪类含量又相对高一些。脂肪类中的不饱和脂肪,尤其是二十碳五烯酸(EPA)和二十二碳六烯酸(DHA)及亚麻酸、磷脂等,就是我们通常所称的"脑黄金"。

先让我们说说"脑黄金"的主要成分DHA和EPA。据国外科学家研究表明:它们能改善血液循环,使大脑得到充分的氧与营养物质、增进记忆能力、提高思维能力;此外,它还有增强人体免疫功能、降低胆固醇、抑制恶性肿瘤、抗支气管哮喘、降低血压等抗病健身功效。"脑黄金"在海洋鱼类和贝类中含量比较高,如沙丁鱼、虹鳟鱼、鳕鱼等,现在市场上销售的"深海鱼油"、"脑黄金"等保健品,就是用上述一些海洋鱼类制成。但海洋鱼类的制品,价格比较昂贵,"脑黄金"也并非只有海洋鱼类和贝类才含有。在我们平时食用的淡水鱼、虾、蚌中,也大都含有"脑黄金"EPA和DHA。例如鲢鱼、鳙鱼(俗称花鲢、包头鱼)、鲶鱼等含量都比较高,鲫鱼中则主要含EPA,这些鱼的补脑作用并不亚于海洋鱼类,而价格则要低廉得多,更适合平民百姓之家。

美食家们历来认为,鱼身最美之处为其头。这是因为鱼头肉、鱼眼、鱼唇等处为"鲜活之肉",且含胶质(胶元蛋白),味道最为鲜美可口。特别是鱼脑、鱼眼含DHA特别丰富,故制作鱼头汤、鱼头豆腐最能健脑增智。但"脑黄金"DHA中含有较多的双键,是一种不稳定结构,在高热过程中,双键会发生断裂,致使结构改变而导致功能失去。故吃鲢鱼、鳙鱼、鲶鱼、鲫鱼时,不宜用油炸和较长时间的油煎等法,最好清蒸和稍加滑油后制成鱼头汤与鱼头豆腐食用。此外,用上述淡水鱼制成清汤鱼丸食用,也能摄取较多的"脑黄金"。这里要加以说明的是,所谓"滑油",即是将鱼头或鱼肉,在少量油的锅中,滑煎一下。稍黄即加佐料、水和豆腐,以旺火急烧至熟,而不是长时间炖焖,以致将"脑黄金"破坏殆尽。

除"脑黄金"中的DHA与EPA外,补脑食品中的微量元素、维生素,还可以从绿叶蔬菜、豆类及其制品、柑橘、胡萝卜、黑木耳、芝麻、海洋食品中获得。

蛋白质是构成大脑组织的基本材料之一,而其中所含的谷胱甘肽,有提高脑细胞活力、预防神经细胞老化的作用,这可以从精肉、动物肝脏、鱼类等食物中获取。

此外,大脑还"喜食"卵磷脂,卵磷脂在人体内能转化产生乙酰胆碱这一重要的生化物质;乙酰胆碱是大脑细胞传递信息的媒介物。在我们日常食用的物品之中,蛋黄、大豆、核桃,都是含卵磷脂和磷化合物较多的美食。

脑形食物亦有补脑作用,如大核桃肉与山核桃肉(此两物中均含有补脑的磷化合物)都有补脑益智作用;家畜、家禽及所有鱼类的脑子,也有补脑的作用(因含有相同或相似的、组成脑子的化学物质)。

凡发育成长中的青少年与脑力劳动者,都应多多食用补脑食品。

清热润肺秋柿美

金风飒爽,又到了一年一度的佳果柿子上市的时候,鲜柿的香甜脆爽和红柿的绵糯如蜜,都是令人馋涎欲滴的。

柿子原产我国,至今已有两千多年的历史。在长沙马王堆汉墓出土的文物中,已有柿饼和柿的种子,可见早在汉代时,我国南方已经广泛栽种柿树。在北魏贾思勰的《齐民要术》一书中,亦已有柿树嫁接技术和加工方法的记载。柿子的品种很多,最有名的有产于华北、西北的磨盘柿,清甜爽口、无核,每个有200至500克重,最宜生吃;产于杭州一带的扁花柿,肉黄汁甜,也有250克重一个;产于青岛的金瓶柿,上大下小,形如花瓶;产于宜兴的桐盆柿,形扁色黄,宛如小铜盆……还有产于广东番禺的牛心柿、江西雩都的合柿、陕西富平的鸡心柿、山东荷泽的镜面柿……品种花色之丰富,令人眼花缭乱。

柿子营养丰富,含糖分15%、蛋白质1.36%,还含有无机盐、胡萝卜素、维生素C和碘质等,祖国医药认为它具有清热、润肺、补虚、健胃、止渴、止咳、止血等食疗功能,而且患甲状腺肿大的病人食之极为有益。柿子的浸出液,还可作穴位注射治疗慢性气管炎。柿子做成柿饼后,能耐久藏,既可作为干粮,亦可作为出血病人辅助治疗的佳品。

柿树的其他部分,也有非凡的医药功效,如柿蒂可治呃逆、夜尿;柿霜可治喉痛、咽干、口疮;柿叶含芦丁、胆碱、微量元素和多种维生素,可制茶,具有软化血管防治动脉硬化的作用。

柿子在历史上有"凌霜侯"之美名。那是因为在兵荒马乱的时代,曾经它以鲜红如火的果实救过明太祖朱元璋一命,朱后来脱下身上赤袍披在老柿树上,封其为"凌霜侯",以表救命之恩,故有此说。

柿树有益于人,不仅于此,它本身共有十二绝:一、树多寿;二、叶多荫;三、无鸟巢;四、少虫蠹;五、柿叶可玩;六、佳实可啖;七、落叶肥大,可临书;八、树叶可制茶;九、柿花可制蜜源;十、树能净化空气;十一、柿可制漆;十二、柿子出口可换外汇。由此可见,柿树实在是一种有益人类的果树。

蔬菜中的"鱼肝油"——胡萝卜

以色彩而言,胡萝卜可以说在蔬菜中是最鲜艳悦目的。它有黄、红、紫、白、橘红、粉红等多种颜色。但由于它有一股类似野蒿的药性气味,所以不太受人们的欢迎。在我国各个民族中,只有维吾尔族人,把它当作上等蔬菜食用;在制作飨客的最高级的食品——抓饭时,它是必不可少的,能同羊肉、素油、米饭气味相融,一起发出甜美、诱人的风味。而汉族人一般只是把它当作腌菜、酱菜食用,很少有炒或炖食的。其实胡萝卜具有多种保健功能,是大有益于人类的佳蔬。

胡萝卜原产于中亚地区,人类至少已有 4000 年食用历史。公元前 119 年,汉武帝派张骞出使西域,把它带到了内地,从此,它就在我国内地扎根繁衍子孙,现在我国大多数地区都有出产。胡萝卜的味道虽然并不可口,但它的营养价值却是十分高的,每 100 克胡萝卜,含有 17 毫克胡萝卜素,占蔬菜的第一位。还含有维生素 C、蛋白质、脂肪、甘露糖等多种糖分、多种矿物质、多种酶;人体必需的 8 种氨基酸,它占了五种,尤其以赖氨酸含量为最高。特别值得一提的是,它所含的胡萝卜素(即维生素 A 原),在进入人体小肠黏膜后,能在酶的作用下,转化成维生素 A,具有调节人体新陈代谢、促进人体生长发育及增强人体免疫能力等作用,对夜盲症、软骨病、眼角膜软化、呼吸道感染等,具有一定的食疗作用。因此,食用胡萝卜对人体是很有好处的,尤其是青少年。

近来,西方国家对胡萝卜进行了深入的研究,发现它还具有更进一步的食疗作用。胡萝卜所含的胡萝卜素(即维生素 A 原)及木质素,有提高人体免疫能力和间接消灭癌细胞的作用。不久前,美国国立癌症研究所的科学家,对芝加哥近郊工业区工人进行长期观察发现,经常吃胡萝卜和深绿色叶菜的人,比不吃这类蔬菜的人,得肺癌的机会少 40％。而且还发现,胡萝卜所含的果胶物质进入人体后,能与体内游离的汞离子结合,加速汞的排出;换句话说,具有排汞作用。

　　胡萝卜有这么多有益人体的好处,可说是蔬菜中的佼佼者。但吃胡萝卜,还得讲究方法,因为胡萝卜素是一种脂溶性物质,不能溶解于水,故吃胡萝卜最好与富含油脂的食物一起烹制。例如同猪肉、牛肉或羊肉一起炖,或者同猪油或素油一起炒,那么,它所含的丰富的胡萝卜素,就易为人体所吸收,而起到补益身体的作用。

味美养人数番茄

　　西红柿又名番茄,原产南美安第斯山山区。16 世纪中叶,成为英国伊丽莎白女王宫中的观赏植物。1820 年,一个名叫罗伯特·吉本·约翰逊的美国人,冒着生命危险品尝了这种色彩鲜艳的红果,才知道它酸甜适口,味道很好。自此,便受到了中外吃客的欢迎。但后来国内汉墓中也出土了西红柿籽,因此,它祖籍何处,便引得各界议论纷纷。

　　不管它来自何方,它的风味确实迷到了中外所有的吃客。它可中可西,热炒、凉拌、做汤、制酱,无所不宜。西餐用它做"色拉"冷盘。中餐则奉为佳肴美料,热菜以与鸡蛋共炒,为最佳搭配,鲜美可口,生津开胃;凉拌以与白糖相结合为最好,甜酸合度,大量的维 C 得以进入五脏之庙,补益之至;做汤则可与鸡蛋、开洋或嫩笋干配伍,鲜美开胃,为夏令佳汤。凡疰夏胃口不开,西红柿做汤最为相宜。具体做法是,先将少许嫩笋干洗去部分盐分,用大半碗滚水浸发一刻钟,入锅煮开,加入切成块状(去蒂)的西红柿,稍滚片刻,然后浇上打好的蛋液,等锅边起滚,蛋花凝结,撒以味精即可装入汤碗。如用开洋,亦需滚水浸发,其他做法相同,唯用笋干可不加盐,而用开洋则需加适量之盐调味。家庭制酱,工艺较繁,不如买现成的。西红柿酱可以拌凉面,当炒菜的调味品(如煎鱼、炒茄子),也可凉拌冷菜(如凉拌芦笋等),亦可蘸食,如吃炸响铃等。

西红柿含有胡萝卜素、维生素 A、糖分及多种微量元素,尤以维生素 C 之含量最为丰富,要高于苹果等水果。此外,它还含有苹果酸、柠檬酸、番茄素等酸味物质,有助消化及利尿作用,对肾脏有病的人最为相宜。祖国医学认为:西红柿具有"生津止渴,健胃消食"作用,能"治口渴及食欲不振",故特别适宜夏日飨用。

野蔬之珍——马兰头

春雨潇潇,又是一年一度的野蔬珍品——马兰头上市之际。经冬入春,人们在换季之时,常常会感到机体不适应气候的变化,导致火重喉咙痛、外感风热、小便黄赤等。如果在农贸市场买到马兰头入馔,则餐桌添一佳肴,味美又兼良药,是一举两得的了。

马兰头,是菊科植物马兰的全草及根,生长于江南四郊路边、田野、山坡上,每年逢春发出新的枝叶,性味辛、凉,具有凉血、清热、利湿、解毒等功效,对咽痛、吐血、肝炎、疮毒等,都有一定的辅助治疗作用。它的 500 克鲜品中,计含有 29.5 克碳水化合物、19.5 克蛋白质、725 毫克钙、345 毫克磷、31 毫克铁及能提供 235 千卡热量,是一种价廉物美的野蔬珍品。清代医学家王士雄在《随息居饮食谱中》中说它是"蔬中佳品,诸病可餐"。

马兰头一般的吃法是凉拌或做包子、饺子的馅子:

先将买来的马兰头挑去其中的杂草及摘去老根,洗净,在沸水锅中焯热,捞出沥干,细切成末,放在搅拌碗中;然后取香干两至三块,切成米粒,用开水烫去豆腥气,与马兰头末混合,再放入适量精盐、味精、麻油拌匀,即可食用。其味鲜美清口,味胜荤肴,久吃不厌,多种疾病均不用忌口,是春令时鲜之一。

爱吃包子、饺子的,则可将拌好的马兰头直接裹入制作即可。一年一度的马兰头鲜嫩之时,读者诸君不可错过时机,坐失美味。

炊金爨玉伤身体

金子这个东西,因为光泽迷人、产量又稀,自古以来是财富的象征。帝王头上冠,佳人身上饰,都以它作为制作的珍料。一根金光闪闪的项链,挂在美人凝脂般的玉颈上,或者打成一只嵌着宝石的戒指,戴在少女尖尖如春笋的嫩指上,自然是美不可言。但我们一衣带水的东邻扶桑,却首先将这珍贵的金属,用到饮食上。他们用现代的科学手段,将一克黄金打成0.55平方米的一大片金箔,又制成一微米大小的微型金属片,放入名酒及名菜之中,行销于世。金子能不能吃? 一般人只知道它的比重为19.32(20℃),是重金属,不能食用。旧时有人吞食金戒指以达到自杀目的,即是利用其比重,坠肠而死。日本毕竟是一个发达的工业化国家,能将黄金制成如此微型之小片,又有一大批汉学家,精通中国中药学巨著《本草纲目》。该书中曾提到:黄金有安神、镇惊、养颜等药理作用,于是,便制造出了黄金酒及黄金菜,以满足那些摆阔、讨吉利的款爷们的心理要求。

现在,由日本IPP株式会社与河北某集团某酿酒厂合作生产的黄金酒已在广州、上海应市。那些腰缠万贯的新婚夫妇,便在喜庆筵席上,每席摆一瓶,以此招待亲友,显示自己的阔绰,亦祈望借此获得吉祥如意,未来的日子能过得辉煌如金。

人体确实需要各种金属(除去汞、铅、铝等)元素,以供身体各部门正常运转的需要。但其需之量,微乎其微。缺少时,虽然会生病,但多食时,却会中毒。人体对金元素的摄求量,对健康人来说,平时所吃的各种食物中已足够新陈代谢之需要,何必要另以酒与菜的形式大量(对人身来说,已是过大之量)摄入呢? 古时炼丹家曾言"金性不败朽,故为百物宝",有一位西汉王爷刘胜就是根据这种理论,穿了一件金缕玉衣下葬的,以期肉身不朽,结果两千年后出土,金缕确实不朽,而刘胜肉体却早已灰沉泥消了。而服"金丹"以求长生不老的唐宪宗、唐武宗、唐宣宗及明成祖、明世宗、明光宗等六位万乘之主、人间帝王,都是服金过度而亡。史料俱在,岂是笔者所能虚妄言之的?

实践是检验真理的标准,谁也没有从金丹仙丸里觅得永久的"安神"——长生不老。一代圣主汉武帝直到临死前方才醒悟:"向时愚惑,为方士所欺,尽妖妄耳。"现在黄金又从金丹化成另一种形式——黄金酒、黄金菜出现,岂非害人不浅乎?

当你在品尝这种黄金酒或黄金菜时,还该好好地想一想,我们国家还是一个发展中的国家,许多地区的人民群众还相当贫困,几十万贫困地区儿童还得不到读书的机会,你喝得下这种飘悬着灿烂的、微型金箔的黄金酒或吃得下闪闪发光的黄金箔片配制的佳肴吗?

笔者认为,炊金爨玉摆阔,满足自己的心理欲壑,既伤自己的万灵之躯,又败坏我们华夏民族传统的节俭美德,此风断不可长!

保健佳蔬——黄瓜

我国大部分地区盛产黄瓜。因其一身兼瓜果、蔬菜两者之优点,因而博得众人之爱。黄瓜含有钙、磷、铁、钾等微量元素,维生素,多糖类,多种游离氨基酸,特别是含有抗癌的葫芦素 C 及抑制糖类转化为脂肪的丙醇二酸,故已成为声誉日隆的健身、减肥、美容的名瓜佳蔬。

黄瓜质地脆嫩,味甘多汁,生吃有生津解渴之利,热炒则有软嫩滑爽之感;用于凉拌入肴,则酸辣皆宜;如果腌制酱菜,四季可上餐桌。不仅国人喜爱食之,异邦他国也视为美食:古罗马帝国皇帝提庇留,每餐进食不能缺少黄瓜;俄国人以酸黄瓜为上等佳肴;欧美西餐中的色拉,更是离不开黄瓜作为配料……

黄瓜是一种古老的蔬食,原产印度,已有六千多年历史;非洲也产得很早,基督教的《旧约》一书中,就已记载了古埃及产黄瓜之事。到了西汉,张骞奉汉武帝之命通西域,把它从新疆带入内地,当时称之为胡瓜。在历史上,黄瓜曾是昂贵之物,尤其是早春温室所产的,珍贵异常。唐人王建诗云:"内园分得温汤水(温泉水),二月中旬已进瓜。"这瓜就是黄瓜,温室产后用来进奉帝后。南宋诗人陆游诗云:"白苣黄瓜上市稀,盘中顿觉有光辉。"明代《帝京景物略》一书说:"元旦进椿芽、黄瓜……一芽一瓜,几半千钱。"明清之际的史学家谈迁在《北

江南美食养生谭

游录》一书中说:"三月末,以王瓜不到二寸辄千钱。"新中国成立前,北京老百姓冬天吃一根温室产的黄瓜,要花费一个银元,可见价格之高。

随着社会的发展,时至今日,菜农采用先进的农技手段,人们一年四季都可以吃到可口的黄瓜了,它已经成为人们日常享用的瓜果蔬菜。而且食用范围亦越来越广,并进入食疗药膳:它含有的苦味葫芦素 C,有明显的抗肿瘤作用;它含有的维生素 E,有抗衰老作用;它含有的丙醇二酸,具有减肥瘦身作用;它含有的纤维素,具有治疗便秘及降低体内胆固醇的作用;它的汁水,有清洁皮肤和美容作用。此外,它的藤、叶亦有清热、利水等作用,都可以入药;用黄瓜制成的黄瓜霜,还能治疗咽喉肿痛等疾病。黄瓜真是名副其实的保健佳蔬。

龙茶虎水利养生

杭州西湖宛如一颗璀璨的明珠,镶嵌在祖国锦绣山河的东南隅。说起西湖的美,不仅在于它峰奇山幽碧波粼粼,山光水色,相映如画,而且还有"龙井茶叶虎跑水"这闻名遐迩的西湖两绝。

龙井茶是我国绿茶中的珍品,以色绿、香郁、味甘、形美而著称于世。龙井茶产于西湖的西部,这里山坡平缓,阳光充足,雨水均匀,气候湿润,土壤以酸性红土为主。这些自然条件都十分适宜茶树生长,因而造就了龙井茶优良的质地。另外,龙井茶还有一套完整的加工技艺,对提高茶叶质量也有极大的关系。每年初春,特别是在清明节前后,茶农们采下嫩芽,经过抖、带、挤、甩、挺、拓、抓、压、磨等十道工序的精心制作,才制成了那扁平挺秀、翠绿隐黄的成品。龙井茶不但清香可口、风味隽永,而且还含有多种对人体有益的化合物。据分析,其中含有多酚类、咖啡碱、氨基酸、醣类、果胶、芳香物质以及多种维生素,具有益神、生津、解毒、去暑、祛痰、利尿、去腻等作用,所以在名茶的行列中,龙井茶堪称上品。

虎跑泉是唐代"茶圣"陆羽称之为"天下第三泉"的名泉,在西湖西南大慈山麓定慧寺内。虎跑泉水水质清冽醇厚,无菌,含有放射性气体元素——氡,是优质的矿泉水。虎跑泉水质之所以好,也是与它所处的地理位置分不开的。它处于大慈山与白鹤峰之间岩层断裂结构的沟谷中,其后面的山岩为透水性能良好的石英砂岩。当地面渗透的雨水沿着岩石节理裂隙下流时,由于受到透水性能较差的铁红色粉砂岩和红土的阻隔,地下水只能沿着断裂进入贮水层,直到遇到裂隙的地表出口处才外溢形成山泉。因此,下渗、过滤、汇合、外溢四个过程减少了水中可溶性矿物质,而增加了岩层给予的氡气。饮用此一泉水,氡气进入人体后,与体内物质发生微妙的生化作用,能促进肝、胃、肠消化液的分泌,增进造血机能和体内新陈代谢,还能缓解风湿性关节炎的末梢神经痛,并有利尿和刺激腺体等作用。因此,常饮虎跑泉水可以健体强身。

用清冽的虎跑水冲泡香馥的龙井茶,堪称珠联璧合、相得益彰,所以它已成为西湖游客所热望的一种享受。

鸡舌香趣谈

丁香是桃金娘科植物丁香的干燥花蕾,是名贵的香料,可以入药,也可以作为高档调味品用于菜肴。因其花蕾由花托合抱而成,宛若鸡舌,故古时名曰"鸡舌香"。

丁香原产印尼马鲁古群岛,目前世界上产量最高的地方则是非洲坦桑尼亚的桑给巴尔,故桑给巴尔又有"丁香之岛"的美称。

西汉时期,爪哇国使臣来华。其人口含丁香,吐气芬芳,国人很感新奇。汉桓帝时期,侍中乃存德高望重,长于谋略,得宠于皇帝。但他年老有口臭之病,汉桓帝和他说话时,常感到他嘴里散发出一股异味,很难闻,便赐他海外进贡的鸡舌香一颗,叫他含在嘴中。乃存感到有一股辛辣之味,很不好受,以为有什么过失,皇帝赐毒药让他自尽。他诚惶诚恐,不敢问也不敢吐掉,惴惴不安地等到下朝。回到家中,他哭丧着脸和家人诀别,一家大小哭哭啼啼。后来,家里人见乃存这么久也没有死掉,都想用舌头舔一舔这颗奇怪的东西。乃存一吐出鸡舌香,顿时齿舌生香,满口馥郁,才知道这是名贵的香料,家里人也都破涕为笑。原来鸡舌香含在嘴里,浓度太高,变得辛辣,反而不芬芳了。

古代珍贵的丁香还显示主人的身份。东汉末年,曹操曾派人致信诸葛亮:

"今奉鸡舌香五斤，以表微意。"曹操送此重礼，内含深意。据《汉宫仪》记载："尚书郎含鸡舌香，伏其下奏事。"尚书郎才有含鸡舌香的资格，曹操贵为汉帝丞相，控制朝政，故才能拥有如此之多的海外来贡的鸡舌香，暗示诸葛亮要识时务，或许还有离间刘备与诸葛亮的用意。鸡舌香还有醒酒作用。《云仙杂记》云："饮酒者嚼鸡舌香则量广。浸半天则不醉。"曹操好酒，也可能以为诸葛亮也爱酒，赠鸡舌香以示敬意。

丁香别名有丁子香、支解香、瘦香娇、百里馨等，是一种珍贵的调味品，又是常用的中药材，在我国广东、海南、广西、云南等地均有栽培。通常在每年 9 月至次年 3 月间，花蕾由青转为鲜红色时采收，采下后除去花梗晒干。祖国医学认为它有温中、暖肾、降逆之功用，可治呃逆、呕吐、反胃、泻痢、心腹冷痛、疝气、癣疾等。但因其为辛温之品，故热病及阴虚为热者忌服。内服时剂量也不能过大，一般 2～5 克。

丁香花蕾中含丁香油，油中含丁香油酚、乙酰丁香油酚、没食子鞣酸等多种芳香物质。现代药理研究显示，丁香有明显的抗菌作用。它的乙醚浸出液或水溶液对多种致病真菌、结核杆菌、伤寒杆菌、痢疾杆菌等有明显的抑制作用，能治疗多种疾病。丁香可促进胃液分泌，对胃黏膜的损伤有保护作用，还有止泻、利胆作用，可缓解腹部胀气，增强消化能力，减轻恶心呕吐。用少量丁香油滴入龋齿腔，可以减轻牙痛。另外，丁香的酒精浸出液对体癣及足癣有较为确切的疗效。

由于丁香香味高雅、浓郁，国内许多传统名菜，如符离集烧鸡、德州扒鸡等，都用它作为调味香料。加入丁香烧的鸡，香味浓郁，让人胃口大开，垂涎欲滴，称得上是调料中之珍品，可谓药食俱佳。

吃虫小记

大自然对人类的恩赐真是无穷无尽，不仅有飞禽走兽供人们飨用，就连那数以万计的昆虫之中，亦有不少品种可供人们品尝，有的甚至是珍肴美馔。

回忆自己吃过的虫子（包括中药中的虫药），实在难以计数，唯有蟑螂、蚕蛹、蜈蚣三虫,给我留下了深刻的印象。

小时候,得疳积(现代医学则称之为消化不良),母亲根据民间单方,给我吃过烧蟑螂。方法是:捉取大蟑螂数只,用粗草纸包上,在灶火中烤出香气即可。一般,外面的粗草纸焦了,里面的蟑螂也就烤熟了,吃法与出生广东的许广平给鲁迅介绍吃桂花蝉与龙虱一样:"先去甲翅,次拔去头,则肠、脏部随出,再去足,食其软部……觉得别有风味。"烧熟的蟑螂腹部其肉肥白,浓香扑鼻,时间过去六十多年,至今想来,似觉香气还在鼻端飘荡。当然,现在是再也没有勇气去品尝烤蟑螂了。有些人(特别是年轻人)会认为,民间单方不科学,其实这是误会了源远流长的祖国医学和与之同时产生的中草药。我当初患小儿消化不良症,就是吃这烤蟑螂治好的。步入中年以后杂病缠身,买了一套《中药大辞典》研究食疗药膳,为自己找"出路",发觉蟑螂竟是一味良药。它含有丰富的蛋白质、各种消化酶,确有助消化、治小儿疳积的食疗功能,我不禁深深地敬佩起这些总结了前人经验、流传于民间的草头单方来。这些不登大雅之堂的单方,其实是非常之"科学"的。

青年时代戍边,生活在离中苏边境只有几小时车程的西陲重镇阿克苏。三年自然灾害时,每天吃"五马什"(维语,即六谷糊)、清水面条,很多人浮肿,得了营养不良症。我谋事的皮毛肠衣厂隔壁,是同一外贸系统的缫丝厂,工人们都将蚕茧缫丝后抛弃的蚕蛹拿回去当菜吃。南方人都知蚕蛹好吃,并不畏其是"虫"。我托人要了一些,挑去那些身长带籽而肉瘦的雌蚕蛹,剩下一大碗个小结实的雄性蚕蛹,用少量油、盐、葱花炒了吃。炒好的蚕蛹,金黄喷香,但吃时不能看,一看是虫就会难以下咽。我将炒熟的蚕蛹装在一个饼干盒里,平时吃时就抓一把直接塞进嘴里嚼,那味道胜过油氽花生,只是没有花生米脆。后来得知,蚕蛹含的蛋白质高于鸡蛋、猪肉;脂肪含量又低于鸡蛋、猪肉,而且还含有其他营养物质。由于吃蚕蛹,我曾经患过的肺病居然在那困难的时期没有复发。

20世纪70年代中期,游子终于回到故土。先前的肺病治好后,却又并发了支气管炎。我看到一份材料,介绍"蜈蚣蒸鸡蛋"可以治疗气管炎,于是依法炮制。我从中草药店买来一支支竹片插着的干蜈蚣(那酱赤的、多脚的长身,依然栩栩如生,使人敬畏之至),在瓦片上烘干研成粉末;另取一个鸡蛋,顶上穿一个小孔,倒出少许蛋白,然后灌入一条蜈蚣的干粉,用筷伸入搅匀,再用纸塞住小孔蒸熟,每天早晨吃一只。吃蜈蚣蛋时,壳一剥开,便透出一股浓烈的香气,那味道香美得不得了。我连吃了 50 个鸡蛋，也就是吞了 50 条又粗又长的蜈蚣，自己感到抵抗力强了不少，病也发得少了。

这三种虫子，蚕蛹是当菜点吃的，蟑螂、蜈蚣是当药膳吃的，不管怎样说，它们都是一些含蛋白质丰富且有益人体的昆虫食品。由此看来，开发昆虫食品的前途是十分光明的。山东人爱吃烤蝗虫、油炸全蝎；广东人爱吃蝉、龙虱、蜂蛹；江浙两省有的地方爱吃蚕蛹；西双版纳傣族人爱吃"萨里木松"（黄蚂蚁卵）、"达贡"（大蛐蛐）、"萨虾"（蝉）、"蔑"（竹虫）、"缅达"（田鳖）、"缅秧叶"（大蜘蛛）……昆虫中的美食是不少的。

289

鱼头味美藏隐患

社会上流行吃鱼头，特别是吃鳙鱼头（即包头鱼头），不仅肉质柔嫩鲜美，口感较好，而且营养丰富，含有多种强身健脑物质。因此以鳙鱼头制作的名菜颇多，像千岛湖鱼头王、天目湖砂锅鱼头、（川味的）谭鱼头……都是脍炙人口的名菜。但鱼头虽然好吃，有的却藏有隐患。这并不是鱼头本身的问题，而是因为时下周围环境污染所造成的。由于农田用水、河水、地下水、雨水中都携带了田地中的残留农药，先后流入众多鱼塘、养鱼基地，被浮游生物吞食，而浮游生物又被鱼所食之，通过食物链，残留农药进入鱼体，故而有时鱼体内含残留农药的浓度较高。而鱼头在鱼体中，又素以血管丰富，特别是毛细血管丰富著称，因此鱼头含有的残留农药比例常要比鱼身高 5～10 倍。由于我国是个发展中的国家，许多农药属于污染性农药，内中含有一定的铅、汞及其他有毒物质，因此随着食物链，这些有毒物质便会进入人体内，毒害人们健全的肌体。

为了保护你的身体健康，因此吃鱼头时，你首先要了解这些鱼头的来源、外形及色彩有否奇特之处？肉中是否有异味？鱼头有否烹熟、烹透？

自然，一些没有受到污染的水库、大湖中所产的鳙鱼鱼头，读者诸君还是可以放心吃的，比如浙江千岛湖与江苏溧阳天目湖所产的鱼头，不妨开颐品尝好了！

补身精品话淡菜

淡菜是用我国东南沿海所产的贻贝煮熟后干制而成,因加工时不放盐,故名淡菜。它是我国传统的名贵海味食品,至宋代已有"味甘美,南人好食之"的记载。淡菜用温水发后做菜,味道非常鲜美,又极补养人体。各大菜系中都有用淡菜制作的佳肴:浙菜中有贡淡嵌肉、子淡烧豆腐,富有沿海渔村风味;闽菜中有淡菜烩蹄筋,集海陆风味于一肴之中;淮扬菜中有淡菜甲鱼汤,别具一格;沪菜中有淡菜大白蹄、川菜中有淡菜豆瓣,都带有浓厚的地方色彩。此外,常见的做法,还有淡菜炖猪肉、淡菜冬瓜汤、淡菜丝瓜汤、淡菜烧葫芦,等等。

淡菜的食疗和营养价值在海味中属于上品,且价格要比干贝便宜得多。它的原物,为贻贝科动物厚壳贻贝和其他贻贝的贝肉,系生活于浅海岩石间的一种贝类,含有高蛋白和多种微量元素。它性味咸温,历代医家认为它具有"补肝肾、益精血、消瘿瘤"的功能,能辅助治疗虚痨赢瘦(结核病)、眩晕、盗汗、阳痿、腰痛、疝瘕等病,对男女身体虚弱、男子性功能低下、妇科病、吐血、疝气、甲状腺体肿大等多种慢性病有食疗、食补作用。美国科学家们研究发现,食用淡菜对怀孕妇女和胃溃疡患者都极有好处。

家庭烹调淡菜,可与蹄膀或带皮的夹心精肉合烧(全精肉不够油润,烧来风味略逊)。做法是:取淡菜150克,用清水洗去表面尘土和砂粒,用温水浸泡半天,胀发后,去腔内杂质、毛丝及碗底泥沙,连汁水待用。另取蹄膀一只(约1500克,或带皮夹心精肉1250克),切块,在沸水中焯去血污,用少量色拉油旺火翻炒,外加适量酱油、黄酒、姜块、干辣椒(或辣油)、醋、白糖煮5分钟,入味后,再加适量水,放入淡菜(连浸泡之鲜汁)一起炖。如用煤气炉炖制,汤汁滚后再用文火炖40～60分钟。倘用高压锅炖制,在放气装置鸣叫后约15分钟左右即熟透。过烂或过生,都会影响其口感。另外,还可酌放油豆腐或千张结同炖,荤素合璧,风味更佳。菜吃完后,其汤下面条,亦鲜美之至,堪称营养与美味兼而有之的美食。

爽脆清鲜裙带菜

许多人吃过海带、淡菜等营养丰富的海中"蔬菜",如今一种别具海味的裙带菜已悄悄登上品目繁多的美食舞台。它色泽深绿,形如古代淑女的衣裙飘带,故名裙带菜。不少人不知它的芳名(包括商家),故又常称它为"海白菜",其实它与白菜无论在形态、营养、风味上都不能同日而语,它要清秀、清雅、清爽、清口得多。

裙带菜是一种海藻,与海带是同族的堂兄弟,但口味要胜过海带,营养也要略胜一筹。据有关资料介绍,裙带菜主要产在黄海、日本海等北方无污染的海域中。因其含有藻聚糖、褐藻酸及钙、碘等营养物质,对维护血管健康、排出体内毒素有积极作用,因此特别适宜患有心脑血管疾病及高血压、糖尿病的人食用。在东邻日本,裙带菜被认为是营养美食,消费量达到惊人程度。而在我国,尚是初为人识。

裙带菜可以炖肉炖鸡,也可切丝做汤,但最简便也最可口的吃法是凉拌。凉拌裙带菜的做法是:取切成细短条的半鲜品裙带菜 200 克,用水漂去盐分,然后用清水浸泡 3 个小时以待胀发。之后,取出,在沸水中焯一回,沥干水分,即撒以精盐、味精、蒜末,浇以麻油(喜欢吃辣的可加点辣油),拌匀即可食用。无论吃粥、下酒,还是过饭,无不为营养丰富、别有风味的美食佳品。

润肺清痰宜食梨

甘美多汁的梨子,素有"百果之宗"的美称。凭借现代的贮藏方法,人们一年四季都能吃到这种脆嫩爽口的水果。梨子不仅是一种珍贵的鲜果,而且具有一定的食疗作用,历代医学家对它的评价都很高。

梨是原产我国的蔷薇科温带果树,两千五百年前的《诗经》就已记载"山有苞棣"，苞棣就是梨的别名，可见我国栽培梨树之早。梨因其肉脆嫩汁多，味道甘美，所以古人又誉它为"蜜父"、"玉乳"，历代诗人更是以璀灿的诗句，来赞美它的风味。宋代梅尧臣诗曰："老嫌水熨齿，渴爱蜜过喉。色向瑶盘发，甘应蚁酒投。"曾巩诗曰："初尝蜜经齿，久嚼泉垂口。"徐铉诗曰："冷浸肺腑醒偏早，香惹衣襟歇倍迟。"

梨的营养十分丰富，每 100 克果肉中，含有水分 88.1 克、碳水化合物 10.6 克、钙 10 毫克、磷 7 毫克、铁 0.7 毫克，还含有胡萝卜、硫胺素、核黄素、尼克酸、抗坏血酸等多种维生素，性味甘、酸、平，入肺胃两经，具有生津、润燥、清热、化痰功效。明代大药物学家李时珍说它能"治风热、润肺、凉心、清痰、降火、解毒"，"梨之有益，盖不为少"。他还在《本草纲目》一书中，引证了古籍《类编》中的一个以梨治病的故事，说明梨能治病：

说是宋时，有一位书生重病在身，精神萎靡不振，去向名医杨吉老求治。杨对他说，你患的是极热之症，气血消损，病已很重，最多只能活 3 年了。书生闻此，心中非常不高兴。后来听说茅山有一道士，医术通神，便登门求诊。道士看后，笑着告诉他："你回家去好了，每天吃一个鲜梨，鲜梨尽时，可将干梨煮熟吃肉喝汤，毛病自然会好起来！"书生依道士所嘱去做，病果然好了。一年后，他遇到杨吉老，杨见他满面红光，气色很好，吃了一惊，说："你遇到仙人了吧？要不，病怎么能好？"书生如实告诉杨吉老。杨整理一下衣冠，便朝茅山方面叩拜，自惭医学水平尚未到家。此事生动地说出了梨子的食疗功效。讲述到此，李时珍慨叹道："梨之功岂小补哉！"

我国盛产梨子，因疆土幅员辽阔，梨子的品种尤为丰富多彩。比较有名的有形如鸭蛋、皮薄肉白的天津鸭梨；形如纺锤、脆嫩浓甜的莱阳梨；形如圆柱、酥脆爽口的砀山酥梨；皮薄肉细、香味浓郁的新疆库尔勒香水梨；皮白个大、肉嫩汁多的徽州雪梨，等等，都各具特色，各有风味。

目前，我国大宗梨的产区，主要是河北、山东、辽宁等地，除了供出口、食用外，相当一部分入药制作秋梨膏、雪梨膏、梨膏糖等。可说梨对人民生活，作出了很大的贡献，称它为"百果之宗"，一点也不过分。

名医巧解野味中毒

在源远流长的历史中,我国人民不但创造了独特的烹饪方法,而且总结出一套食疗经验,充分说明"药食同源"。

据记载,1000多年前的南唐时,我国就出现了研究食疗的专家。一次,宰相冯延已头痛不已,不能自控,以致脸色苍白,冷汗直淌,便命家人速去请太医令吴廷绍来诊治。吴到相府内,摸了冯延已的脉搏,又看了他的舌苔,便去厨房问冯的厨师:宰相平时爱吃什么菜?厨师告诉他,宰相最爱吃山鸡、鹧鸪肉;山鸡、鹧鸪是名贵野味,味极鲜美,宰相爱吃,也不足为奇。吴廷绍回到冯延已卧室里,便胸有成竹地开了一剂甘豆汤,叫家人马上煎了给宰相吃下去,不到一个时辰,冯延已出了一身热汗,头痛就立即止住了。有人问吴太医,为何甘豆汤能治好宰相的头痛病?吴廷绍说:山鸡、鹧鸪平时在山上,都爱吃野生的乌头和半夏,这些未经加工的中草药,进入鸟体内,积毒其中。鸟类有自己的防疫功能未得病,而人食其肉就中毒,引起神经性头痛,所以用甘豆汤解其毒,头痛即愈。

食品美容最时尚

许多人爱用化妆品来美容,却不知不少化妆品除了价格昂贵外,有的还含有铅、汞等有害身体的微量元素,这方面新闻媒体已经有所揭露。其实,祖国医药对食品美容,早有精辟的论述与经验积累,这方面是值得我们借鉴的。现介绍几种:

乌米饭:即是传统的青精饭,系用南烛叶(即乌饭树叶子)捣汁与糯米一起煮成。唐代大诗人杜甫有"岂无青精饭,令我好颜色"之名句,明代药圣李时珍说它有"固精驻颜"作用,"驻颜"即是"好颜色",也就是现代所说的美容作用。

枸杞子：除了药用外，民间常用它炖鸡、炖甲鱼，以起滋补作用。其实它有较强的美容功能，《神农本草经》谓其"久服坚筋骨，轻身不老"。《药性本草》评价它"补精气诸不足，易颜色，变白，明目安神，令人长寿"，都从增强人们体质的基础上，说它具有使人变得年轻、美丽的效果。枸杞子可以泡酒，也可泡茶喝。

白萝卜：是最平常的蔬菜，却有较好的美容作用。《食疗本草》说它"利五脏，轻身益气，令人白净肌理"。现代营养学研究证明，白萝卜含有的维生素 C 比梨子和苹果高 6～10 倍。而维生素 C 是抗氧化剂，能抑制黑色素形成，防止脂褐质的沉积，从而减少面部黑斑、酒刺、粉刺的产生，使肌肤白净细腻。

松子仁：吃来不仅香脆味美，也有较好的美容作用。东晋葛洪的《抱朴子》说松子能使人"颜色丰悦，肌肤润泽"。现代科学研究发现，松子仁含有油酸、亚油酸等不饱和脂肪酸，它们都是美容物质。

蜂蜜：含多种活性酶、维生素、微量元素，《神农本草经》说"蜂蜜久服，强志轻身，不饥不老"；"食疗本草"说"长服之，面如花色"。由于营养全面、丰富，常食可使肌肤细嫩、光滑、红润。

其他美容食品还有樱桃、豌豆、丝瓜、黄瓜、牡蛎、大枣、龙眼、荔枝、冬瓜等。

旅游食品有利健康

旅游是人生的一种享受。旅游中不仅赏心悦目，开阔眼界，增长知识，锻炼身体，而且到异地游览还能从风味食品中吸取人体所必需的微量元素，达到增进健康、延年益寿的目的。

因为每一个地区土壤中所含的微量元素都是不全面的，它所生产的粮食、瓜果、蔬菜等也仅只含部分微量元素，因此，应该多吃外地食品。例如，北方的苹果含锌量高，而锌对智力及性腺的发育相当重要；北方的大枣等含钙量高，而钙对骨骼的生长、发育、保健是必不可少的……南方人到北方旅游进食，就能弥补南方人常有的缺钙及缺其他微量元素的现象。至于南方常见的水果荔枝、桂园、枇杷、柑橘、香蕉等含铜量比较丰富，北方人到南方旅游，在游览时常买点新鲜水果吃吃,则能使体内锌、铜的比值合理,减少肝脏疾病与冠心病等症的发生。

内陆高山地区的居民容易缺碘,易患甲状腺肥大症及甲亢。到海边城市去旅游,多吃一些海产品,比如紫菜、海带、淡菜、开洋、虾皮,并买些回去让家人品尝,可使家人增加碘的摄入。而克山病流行地区的居民,到外地旅游、居住,常吃外地食品,可补充体内缺乏的硒元素,减少克山病的发作。

同样的粮食、水果、蔬菜、瓜类在不同的地区生长,含有的微量元素都不同。喜欢旅游的人,不仅在主食、副食上能摄入更丰富的微量元素,而且还能从酒、茶等土特产副食品中补充到人体在本地所缺的微量元素。

所以,可以这样说,旅游不仅从精神上调节身心健康,而且从食物上补益肌体,是一种有益身心健康的活动。

合理饮食"吃"掉青春痘

青少年进入青春发育期时,不少人会在面部、胸、背、肩等部位,长出一些圆锥形的小红疙瘩,有的尖端还长有一个黑头。这就是痤疮,俗称青春痘,通称粉刺;长在男生脸上的,也有叫酒刺的。原本光洁的脸上,突然出现这许许多多的小红疙瘩,叫人很难接受,特别是爱美的女生,别说有多难为情。

其实,青春痘的出现,从内因上讲,是青少年到了身体发育期,内分泌旺盛,加之消化不良、便秘等原因而引起;从外因上讲,与不合理的饮食习惯有关,例如有些青少年,平时喜食油炸食物与奶油制品,又喜欢香辣、富有刺激性的菜肴及酒等,刺激皮脂腺分泌,使皮脂排泄不畅,阻塞毛孔,便形成了青春痘。

除上述因素以外,甜食亦易引起青春痘。有些青少年特别爱吃巧克力、冰淇淋、果汁、含糖分高的水果如香蕉等;还有的人喜欢以可乐等饮料解渴,摄入较多的糖分,而糖分是高热量的,容易引起"内热"。

按照祖国传统医学的观点,青春痘患者大多是由内热湿邪引起,故饮食宜选择具有清热润燥、健脾利湿作用的食品,如鲫鱼、黑鱼、鸭肉、泥鳅、冬瓜、瓠子、丝瓜、马兰头、金针菜、米仁、赤豆、白扁豆、山药、黄瓜、荸荠,等等。关于它

们的食疗作用,择其一部分介绍如下:

鲫鱼:有健脾利湿功效,青春痘患者宜常食。《本草经疏》认为鲫鱼能"主诸疮久不瘥",并说"鲫鱼调胃实肠,与病无碍,诸鱼中惟此可常食"。

泥鳅:性平,味甘,既能补中气,又可祛湿邪,急慢性皮肤湿疹(包括青春痘)者食之最宜。《四川中药志》载:"利小便,治皮肤瘙痒,疥疮发痒。"

绿豆:性凉,味甘,有清热、祛暑、利水、解毒的作用。古代医家认为它可以"治痘毒"、"疗痈肿痘烂"等皮肤疾患。

丝瓜:性凉,味甘,皮肤湿疹(包括青春痘)者宜常食之,可以起到清热、凉血、解毒的效果。《医学入门》中介绍:"治男妇一切恶疮,小儿痘疹余毒,并乳痛,疔疮。"上述皮肤病,多因湿热为患,同皮肤湿疹一样,食用丝瓜,均能起到去湿热、解湿毒的作用。

马兰头:性凉,味甘,有凉血、清热、利湿、解毒的作用。《本草正义》认为,马兰头"最解热毒,能专入血分,止血凉血,尤其特长"。所以湿疹(包括青春痘)患者食之最宜。

按照祖国传统医学的观点,青春痘患者不宜食用下列食物:

糯米(滋腻黏滞,生湿热)、羊肉(性热)、鸡肉鸡蛋(多食生热动风)、螃蟹(此物极动风,会加重瘙痒,现代医学谓之'过敏')、虾(发风动疾,现代医学谓之'过敏')、带鱼(发疥,动风,现代医学谓之'过敏')、鲳鱼(同前)、黄鳝(同前)、茄子('发物'食品)、雪里蕻菜(同前)、葱(同前)、香菜(同前)等。

此外,青春痘患者还应忌洋葱、胡椒、辣椒、茴香、花椒、桂皮、韭菜、竹笋、蘑菇、包头鱼、海带、淡菜、紫菜、大枣、桂圆、荔枝、蜂蜜、蜂王浆、猪头肉、肥猪肉、公鸡、白酒、人参、黄芪、银耳,等等。

祖国传统医药,总结了国人五千年以上的防病治病经验,当可作为我们防治一切疾病(包括防治青春痘)的借鉴。

按照现代医学观点,青春痘患者应多吃富含维生素的低糖水果、新鲜的多纤维蔬菜,少吃高脂肪(油炸或含奶油)的食品,少吃含有刺激性的食物和饮料,生活起居要有规律。

如果将上述两种观点加以比较,我们便会发现:现代医学和祖国传统医学的观点和主张几乎完全是相吻并一致的,可谓殊途同归。

合理饮食配合治疗,才是治愈青春痘的正确途径。

江南美食养生谭

世上真有人参果

　　吴承恩在《西游记》一书中,写了猪八戒偷吃人参果的一段趣事,人们都把这当神话看。其实,世上确有人参果。在宋代学者洪迈所著的《夷坚志》一书中,有一篇名叫"青城老泽"的文章说,四川青城县(今灌县东南)外 80 里,南宋时有一个老人村,关寿卿与朋友七八人往游,在一老翁家求食宿。老翁"设麦饭一钵,菜羹一盆",一会儿"蒸一物如小儿状,置于前,众莫敢下箸,独寿卿擘食少许"。老翁说,我储藏这一味东西,已经 60 年,打算年老力衰时吃,今天遇到你们这些贵客,不敢藏私自爱,所以贡献出来,可是大家却不敢吃,这是为什么?说罢,便拿起来全部吃光,并说"此松根下人参也"。从医药的角度看,这应该是属于人形茯苓,茯苓是一种带补性的中药材,常长在松树根下,生长期可达几十年。洪迈的《夷坚志》,成书比《西游记》早三百多年,可能吴承恩是受此启发而在《西游记》一书中写下人参果一段吧。

　　其实,真正的人参果学名叫艳果,又称金参果,是茄科多年生半木质草本植物。其果色泽金黄或白色,形呈椭圆形或陀螺形,单果最大的达半公斤左右,是一种高蛋白、低脂肪的浆果。其果肉味香汁甜,爽口之至,可以生食,也可炒、拌、做汤及制作饮料和罐头。此果原产南美洲,我国于 20 世纪 80 年代从新西兰引入,而浙江省永嘉县又于 1998 年从云南省农科院思茅分院引进种苗,现已喜结硕果,开始上市,杭州的一些超市及水果店亦偶能见到。

　　吴承恩在《西游记》一书中所写的人参果,是乔木,倒是像原产非洲、现在两广地区与云南等地栽培的一种人心果。人心果树为常绿乔木,树高荫密,果实呈纺锤形,富含糖分和各种维生素。它的形态远看似"小儿"挂树上,符合猪八戒上树偷吃及孙悟空用棍敲打的铺张情节,而真正的人参果如前所述却是草本植物,高度只有 50 厘米左右。

　　不论《夷坚志》与《西游记》如何记载人参果,又在此物上增添多少奇异、瑰丽的色彩,但世间有人参果却是事实,只是吃了不能长生不老而已。

"小白菜"吃豆腐得长寿

以清末四大奇案之一的杨乃武与"小白菜"冤案为素材的《杨乃武与小白菜》电视剧放映以来,迷住了千千万万个观众。陶慧敏主演的"小白菜",更是活脱脱重现了秀丽、温柔、具有江南市井美女特色的毕秀姑的形象。虽然历史的长河已经悄然远去,但在我的故乡余杭镇上,"小白菜"还活在街头巷尾的言谈之中。我那去世的老祖母,在我童年的时候,就曾给我讲过她所见到的、出家后的"小白菜"的模样。至今,"小白菜"的爱情悲剧、刑讯逼供的遭遇及她出家后在准提庵的生活及迁到安乐山上的墓冢,依然是古镇人们谈论的永不厌倦的话题。

"小白菜"命苦如黄连,清咸丰四年(1854),她出生在余杭县仓前镇毕家塘的一个农民家中。不幸的是,她童年丧父,被卖身为媳,豆蔻年华又惨遭余杭知县刘锡彤之子刘子翰强奸,继而卷入横祸,遍受酷刑,于垂暮之年死于准提庵青灯古佛之前。一个人的命运,可说没有比这更悲苦凄惨的了。但令人惊诧的是,这样一个倍受苦难的女子,竟也活到了76岁高龄,才撒手西去,其中奥秘何在呢?

前不久,笔者应杭州天风旅行总社之邀,随车前往古镇考察杨乃武与"小白菜"的遗迹,走访了当地的父老乡亲,才使我解开了"小白菜"长寿之谜。

"小白菜"的真名叫毕秀姑,出生农家,自幼热爱劳动,有个健康的身材。18岁时,养母贪图150元银洋的彩礼,将她卖给豆腐店帮工葛品连为妻。不久,葛品连在杨乃武故居附近的澄清巷14号,开了一家豆腐店。因毕秀姑常穿白衣绿裙,当时人们就给她取了"小白菜"、"豆腐西施"等绰号。"小白菜"夫家很穷,其他好东西没得吃,豆腐却是她多年以来常吃的菜。她的肤色细白洁嫩,久经磨难却依然长寿,是与她多年以来进食营养丰富的豆腐有关。

据营养学家分析,每500克黄豆中,蛋白质含量相当于1000克瘦猪肉或1500克鸡蛋。大豆蛋白,又属于优质的完全蛋白质,其中含有人体健康所必需的8种氨基酸及多种微量元素、糖分、脂肪与维生素。由黄豆制成的豆腐,不但营养丰富,而且易于吸收,能保证人体的健康需要。又由于豆腐所含的植物脂肪及酶等有滋润皮肤、消除雀斑等美容功效,故民间有"豆腐店里出西施"之说,这是完全有科学道理的。营养学家杨文琪先生曾在他编著的《中国饮食民俗学》专著中说:"豆腐嫩,色白,多吃会使人皮肤又白又嫩。豆腐店里的女儿多吃豆腐,所以长得很漂亮。"

余杭一带,历来出产优质黄豆,又有集天目万山之水的苕溪,浩浩荡荡穿过古镇中心地带,向东北方向奔去。用清澈澄碧的苕溪山水配合当地沃土所产的黄豆制成豆腐,这豆腐自然是格外的水灵灵和白嫩嫩细腻的了。"小白菜"生活在古镇豆腐店里长年累月吃这样的清水豆腐,自然也就长得雪肤花容、洁白如玉,也为她的身体素质打下了坚实的基础,以致她能承受得起超人的磨难。

这也就是"小白菜"苦难一生仍然年逾古稀之谜底。

春日养生话饮食

我国是一个有着七千年文明史的古老的国家,劳动人民在漫长的生活实践中逐步认识到人与自然存在着密切的关系。自然界一年四季的变化,亦直接影响着人的生理功能,这就是古代医学家归结的"天人相应"的理论。根据传统医学祖典《黄帝内经》记载,"春属木,其气温",春天来到,气温转暖,处处生机蓬勃,春意盎然,作为万物之灵的人,也和自然界生物一样充满生机。这时,走出居室适当的运动实属非常必要,此外,人体各组织器官功能活跃,亦需要进摄大量各种营养物质,以供给机体活动及生长运行需要。

从气候上说,春回大地,草长莺飞,大自然的空气因万木争春而格外清新,去青山秀水的名胜古迹处游览,是极为有利身心健康,并符合传统养生法则的。古人把这种调节身心的旅游活动称之为"踏春"。凡有体力可以参加这种游目骋怀、健身强体运动的各种年龄阶层的人,都可量力而行。总之,春天是人们最宜与大自然亲密接触的最美好的时光。

在饮食方面,春季气候开始转暖,经过一冬的肥甘之物摄取与避寒,大多数人风动物燥，内热积蓄，常有口舌干燥、喉咽疼痛、小便黄赤、大便干燥等症状，故最宜多吃新鲜蔬菜、多汁水果及饮料、开水等。由于春天为万物生发之始，阳气发越，所以油腻辛辣爆炒之物要少吃，以免助阳外溢。唐代养生学家、药王孙思邈在《千金方》中说："春七十二日（大约是当时的历法计算），省酸增甘，以养脾气。"明代养生学家、杭州文化名人高濂也认为，春季的饮食应少吃酸味，多吃甜味，以养育脾脏之气。

春季除了适宜服食常年可吃的、清淡滋补之食外，最宜食用以下食物：

蔬菜方面名列首位的，当数春韭。自古以来它就受到我国人民的喜爱与重视，杜甫有"夜雨剪春韭，新坎间黄粱"之佳句。清代食疗专家王孟英在《随息居饮食谱》中说："韭以肥嫩为胜，春初早韭尤佳。"韭菜含有各种营养素及纤维素，最有价值的是含有丰富的胡萝卜素与维生素C，在蔬菜中占有领先地位。它含有的挥发性精油及含硫化合物，具有降血脂作用，对高血压及冠心病患者颇有好处。此外，它的温补肝肾、助阳固精作用也很突出，有利于治疗阳痿。它的辛辣之味，则有助于杀菌消病。故春日食用早韭，有很好的增加营养、食补食疗作用。最佳的吃法为韭菜炒鸡蛋、韭菜炒肉丝、韭菜炒蚬肉。

荠菜与马兰头，是春日食补食疗价值最高的姐妹野菜，它们都含有丰富而全面的营养物质。荠菜的蛋白质含量在叶菜、瓜果类蔬菜中数一数二，胡萝卜素含量与胡萝卜不相上下，维生素C比西红柿还高。炒一盘荠菜可兼多种蔬菜营养之长。它具有止血、降压、健胃消食、治疗夜盲目赤及泌尿系统水肿结石等疾病的多种食补食疗作用。马兰头功效亦相近，《随息居饮食谱》说它"甘、辛、凉，嫩者可茹、可菹、可馅，蔬中佳品，诸病可餐"。不同的是，荠菜以鲜为长，马兰头以香取胜。马兰头拌香干为春日的最佳绿色食品之一。

此外，还可食用香椿头，医家认为它具有清热解毒、健胃理气之功，民间常用作凉拌菜或炒鸡蛋。其他适宜春日食用的蔬菜还有大蒜（蒜头及蒜叶），对预防呼吸道与肠胃传染病有益；茼蒿，具有特殊的芬芳气味，含有挥发性精油，能令头脑清醒，兼有降压补脑作用，常吃茼蒿对记忆力减退、血压偏高、贫血、骨折、便秘者尤宜；荸荠，能生津养阴、清热除烦、止渴润燥，除可当菜吃外，亦可当水果生食。

其他宜于春日食用的蔬果与食品有春笋、山药、藕、金针菜、萝卜、百合、平菇、黑木耳、银耳、水煮花生、芋头以及甘蔗、大枣、胡桃、苹果、梨、橘子、山楂、白菊花、首乌粉等。

适宜春日养生的荤腥，则有鲚鱼，亦称凤尾鱼、鲚鱼，清代食疗专家王士雄认为"鲚鱼甘温，补气，肥大者佳，味美而腴……与病无忌"。螺丝亦是春日美食，有清热、利水、明目作用，民间有"清明螺，壮如鹅"之说。春日鳜鱼有"桃花流水鳜鱼肥"之说，其有补气血，益脾胃功效，"诸无所忌"。

春日还宜饮茶。新茶有养肝清头目、化痰除烦渴功效。春意融融使人困顿，饮用清明茶有醒脑提神之功。杭州所产之虎跑水冲龙井茶为珠联璧合之西湖两绝，系养生精品。

总之，春日养生亦有所选择与侧重，对此，前人经验与近代科学发现可谓不谋而合，殊途同归，足见传统医学在养生方面有其独特的见解，值得我们借鉴。

名特餐饮　多姿多彩

餐饮园地奇葩　湖畔红泥花园

——红泥花园大酒店掠影

　　无论是三伏炎夏，或者是数九寒冬，每到金鸟西落、玉兔东升之时，被北宋词人柳永称之为"东南形胜，三吴都会"的杭城，顿时百万人家华灯初上，形成一片灯的海洋。

　　如果你偕好友两三人徜徉在古城南北走向的通衢大道——延安路上，你就会发现这条彩灯串成的"杭州的长安街"，菜馆酒楼，鳞次栉比，灯火辉煌，生意兴隆，但见车水马龙，宾客满座。"钱塘自古繁华"。繁荣的经济，爱好美食的风尚，使得这座南宋古都、吴越首府的古城，餐饮业特别的兴旺。南来北往的游客与富裕了的市民，都爱携朋带友、陪妻（夫）牵子（女），来到这里寻找理想的美食。如果你从南往北走去，你会发现这里名气较大的菜馆酒楼有中华饭店、太子楼、知味观、天香楼、浙江大酒店、杭州大酒店、国际大厦与雷迪森广场（原来还有便宜坊烤鸭店、素春斋、南方大酒店、海丰西餐社、延安饭店等），而一般菜馆与洋餐厅更是数不胜数。

　　在延安路中段的龙翔桥地区，路西靠西子湖的一边，你会发现一座四层楼的大酒店，层层灯火通明，熠熠生辉，宛若人间仙宫，这便是杭州餐饮界的新秀、历经十余年艰苦奋斗崛起的"中华餐饮名店"、"国际餐饮名店"、"全国餐饮百强企业"之一的红泥餐饮娱乐公司的重点店——红泥花园大酒店。

　　红泥花园大酒店曾被浙江省、杭州市有关部门评为"杭州市文明单位"、"杭州知名酒店"、"杭州市质量、服务双满意单位"、"杭州市大众满意的特色酒店"、"杭州市物价信得过酒店"，在杭州市同等规模的酒店中及在红泥公司内部，它完成的利税，都是名列前茅的。

　　一年四季，无论春夏秋冬，你如果经常去红泥花园大酒店进餐，你便会发现有三个方面是始终不变的：那就是服务人员满脸含笑、热情待客的态度是不会变的；总经理刘小英手持对讲机、含笑迎客、给人以如沐春风的感觉是不会变的；每晚包厢、大厅宾客满座的盛况是不会变的。这种恒久不变的魅力、这种成功的经营、这种敬业的精神,并不是因为酒店地处闹市及西子湖畔的黄金地段,也不是靠铺天盖地的广告引来的。它靠的是精美的菜肴、纯正的风味;精良的服务,合理的价位;诚信的敬业,文化的品味。

红泥花园大酒店有今日之辉煌,与三个人有关,他们是创业者张杭生、公司总裁原酒店总经理张坚及酒店现总经理刘小英。张杭生,是一个精干的、看似平凡的中年人,如果他走在杭城大街的行人道上,你决不会认为这个沉稳内敛、穿着一般的中年人会是一个创建 2002 年"全国餐饮百强企业"中第 29 位、名列全国民营餐饮业(风味餐馆)第六位及居浙江省榜首的杭城餐饮界大腕。1991 年,35 岁自称"不太安分"的张杭生,抛弃了金融系统工作的"金饭碗","下海"投入了餐饮业。三年后,他创办了红泥公司的前身——新世界大酒店。1998 年 12 月,他在杭州闹市区的龙翔桥地段开出了红泥公司在杭的第二家大酒店——红泥花园大酒店。他从红泥公司一成立起,就开始注重创新文化品牌,公司名称之所以叫"红泥",即是取自 1000 年前杭州"市长"、唐代大诗人白居易的诗句:"绿蚁新醅酒,红泥小火炉。晚来天欲雪,能饮一杯无?"他提出红泥的经营理念是:"让价格回归合理,请百姓走进红泥。"遵循正确的经营理念,红泥公司日渐壮大,亦使红泥花园大酒店生意日益兴旺。张坚,是一个曾经长期从事经济管理教育工作的教师。担任了红泥花园大酒店的首任总经理后,她依据张董的经营理念及经营定位,组建了管理方面的一支很好的团队;她提倡"以人为本,人格平等"的人文精神,为后继的刘小英总经理开展业务,打下了坚实的人才与制度的基础。自此,红泥花园大酒店便进入了它的兴旺时代。

刘小英,是一位资深的酒店管理干部。她 20 岁进杭州百年老店天香楼当服务员,从一名服务员走上副总的岗位,并被有关部门评为特一级宴会设计师。她开过饭店,当过老板,还在其他酒店当过餐饮部经理。1999 年 8 月,她进入红泥公司,先后在红泥砂锅、红泥花园当前厅经理。2001 年 6 月,升任红泥花园总经理。在 2003 年第三届中国杭州西湖博览会上,她被中国饭店协会评定为国家级服务大师。她自奉的座右铭是"敬业"两字。她奉行做诚信人、创诚信业。为此,公司前总裁张坚对刘总有三个"高"的评价:"高度的忠诚度、高度的敬业精神、高水平的经营能力。"许多酒店以更高的薪金想把她从红泥挖走,都不曾动摇过她一丝一毫。她是优秀的酒店老总、"上城区优秀共产党员",也是孝媳、贤妻、良母。

　　走进红泥花园大酒店，训练有素的大堂副理与迎宾小姐，便会款款引你进大厅入座或进入包厢。有时，你会见到刘总站在大厅或走廊上，年逾不惑但仍显年轻的她，手持对讲机，带着轻盈的微笑，安排顾客就位，或轻声地与顾客交谈，问有什么需要？同她说话交流，在她那永远不变的微笑中，你能体会到如沐春风的感觉，深深感到她不愧是一位国家级的服务大师。

　　红泥花园的菜肴，集西湖山水之灵气，扬浙江物产之丰美。它既传承杭帮菜之主脉，亦吸收其他地方菜的精华，即以杭帮菜为主，兼取甬菜（宁波菜）的特点，独创红泥特色菜肴。

　　红泥菜肴分别有红泥基础菜、河海鲜、鱼翅鲍燕、其他类（包括当地的地方菜、土家菜、畅销的特色菜）四大类。曾被评为杭州市"最佳厨师长"的杭州烹饪大师王国祥向笔者介绍：红泥花园共有菜点 300 余款左右，其中有热菜 150 款、冷菜 100 款、点心 20 道……比较受欢迎的有 50 种左右。酒店的特色菜有龙井问茶、深海冰鲍、蟹黄鱼肚羹、火把肥牛、金丝海鲜卷、番茄鲍鱼盅、雪蛤木瓜盅、剁椒奇鲜、红泥小炒皇……精美点心则有榴莲酥、绿玉凉果、三丝面疙瘩、水果泡芙等。其中龙井问茶一菜，是在原杭州 36 只名菜之一龙井虾仁的基础上，加以变化创新的。此菜上桌时，服务员先将浆后滑炒的虾仁逐勺放入鸡汤罐中，在放入龙井茶叶后，加盖稍焖，连汤盛入每位客人的小碗中，分而食之。此菜虾仁洁白如玉，茶叶绿若翡翠，鲜香滑嫩，汤汁甘醇，风味独特而典雅，具有浓厚的新杭帮菜特色。又如深海冰鲍，以特大鲜鲍经烧、煮、浸等多道工序后制成，此菜做好后，可以看到，在一个大玻璃盘中，雪白的冰屑上，平卧着一只切成片状又拼接在一起的、巨大的、淡褐色的鲜鲍。在它的身后，一丛雪白的珊瑚与牡蛎壳及鲜鲍下的一片冰屑，组成了深海迷人的景观。而在珊瑚上盛开的满天星及珊瑚旁点缀的紫红色的玫瑰花，又告诉人们，春天来到了美丽的深海。鲜鲍之侧后，还有排列整齐的橘红色的三文鱼鱼片；鲜鲍之两旁，点缀着黄与绿两种芥末。用刀叉着鲜鲍片蘸着芥末品尝，淡淡的醇和酒香，在齿舌间浮动，而鲍肉细嫩的组织肌理，又给人以耐嚼出味的感觉。鲍鱼是珍贵的海鲜，富含钙、磷、铁、维生素等多种营养物质，具有润肺、益胃、滋肾、补虚之食疗功效。深海冰鲍是红泥花园参与制作的红泥"唐诗宴"的主打菜之一，曾荣获第三届中国美食节国家最高奖——"金鼎奖"。它集观赏、品味、食补三大特色于一菜，是红泥花园大酒店大厨们的精作之一。其他如蟹黄鱼肚羹，口感鲜醇，盛器高雅，亦是红泥"唐诗宴"主打菜之一。又如金丝海鲜卷，金丝盘绕，造型美观，外脆内嫩，香美之至。此外，雪蛤木瓜盅，琼浆玉液，轻盈如云，为食补佳品；剁椒奇鲜，鲜辣结合，食之令人大开胃纳；红泥小炒皇，清鲜清雅，系肴中"君子"；火把肥牛，香辣迷人，最诱少男少女；番茄鲍鱼盅，酸中透爽，嚼之有味……红泥花园的点心，精巧细致，味美可口。一个年轻的川籍点心师将他的智慧和匠心融入了制作的点心之中，让顾客尝到了与《红楼梦》中记载的点心可相媲美的绿玉凉果、榴莲酥、水果泡芙、三丝面疙瘩……红泥花园的美味，举不胜举，其中"红泥手撕鸡"继荣获新杭州名菜后，又与"红泥酱鸭"被第二届中国美食节评为金奖菜肴。此外，又在杭州首家推出48只"新杭州名菜"的同时，制作及推出171只红泥基础菜肴。

如今，红泥花园大酒店生意兴隆，宾客多如过江之鲫。它的秘招，便是"诚信"两字。

诚信体现在价格上，即"让价格回归合理，请百姓走进红泥"；诚信体现在服务上，即要求服务员满足客人正常的需求、爱好，并建立老客户档案，随时保持联系。此外，酒店免费代驾，也是红泥花园服务方面的一个绝招。

刘小英总经理在解决客源方面，更是别有一番用心良苦：对内，抓好内部管理，提高服务质量，练好内功，留住客人；对外，加强促销，不同季节策划不同的营销方案。如：1～2月，团拜会高峰时期，主动联系、回访客户；4～5月，喜宴高峰，策划喜宴单子，根据客人要求，满10桌送婚庆布置，满20桌供给免费场地及婚车布置，满30桌增加摄像，请专业摄影师为之服务，亦是免费；6～8月，为订货会高潮，主动促销；9～10月，为旅游旺季，开办金秋螃蟹宴；10～12月，是婚宴、庆功会、团拜会集中的时间，促销并加强联系老客户。经此努力，客源自然源源不断，加之散客，宾客自然天天满座。

一位李姓宾客曾在红泥花园大酒店留言簿上写道："你们的菜肴和服务特别好，我会把你们的真诚服务告诉我老家的每一位好友。我用真诚的心感谢你们，我会永远记住——红泥。"

红泥花园大酒店，杭城新兴杭帮菜菜馆中的佼佼者，古都餐饮园地中的一朵奇葩。

楼倚山水间　菜鲜鱼飘香

——庭园菜馆山外山

西湖北线的玉泉景区,是杭城著名的风景游览区,这里不仅有西湖三大名泉之一的玉泉,而且有中华老字号的山外山菜馆。

山外山菜馆,背靠苍翠的青龙山,右依湛湛的玉泉池,面对旖旎的山水园,安静的天然氧吧,深深的庭园酒家;馆周绿树环抱,无限诗情画意,引得海内外宾客接踵而来。

庭园酒家"山外山"之名,系来自南宋诗人林升"山外青山楼外楼"之名句。如果从它的前身"鼎园处"菜馆算起,至今断断续续已有百余年历史。1903年,有倪鼎园其人在杭州灵隐合涧桥旁,创办了"鼎园处"菜馆,位置就在灵隐寺出口处,当年它曾与"天外天"前身"雅园"等,合称为"灵隐三大酒家"。民国初年,倪鼎园三子倪永康继承父业,增设冷饮和简易西菜,以供海外宾客之需,并根据老顾客建议,经数年推敲,易名为"山外山"。建国后,公私合营,"山外山"与"天外天"合并,因就近灵隐,便沿用"天外天"之名号,"山外山"一度销声匿迹。直到1978年,有关领导部门感到传统品牌创立不易,以及"山外山"品牌本身所具有的经济和文化价值,便将开张不久的玉泉"满园春"酒家改名为"山外山",自此"山外山"落脚玉泉风景区。

当年的鼎园处,位处灵隐大山门口,所用的烹饪原料,像野味、竹笋、河虾、马兰头、荠菜等均系就地出产与采办,故烹制的菜肴自然带着山水的鲜灵之气,很受香客和一些文人雅士的喜爱。鼎园处大门上,曾有一副楹联这样写道:"座上客常满,樽中酒不空",而堂口的对联则是:"鼎鼐调和常满座,园林风味娱佳宾",可见当时菜馆生意之兴隆,无怪乎宾客常满。

鼎园处供应的菜肴,皆是杭帮菜中的传统名菜,其中擅长制作的有:番茄虾仁锅巴、松子桂鱼、芙蓉鸡片、栗子炒子鸡、炒虾腰、春笋炒鱼、咸笃鲜、雪中得宝、醉虾、炒虾仁,等等。当时的文化名人如马寅初、盖叫天、六龄童等都经常光顾菜馆,品尝各种时鲜佳肴。据说,当年万隆火腿行的老板与杭州火腿同业公会的管理人员,也时常自带金华火腿到店里进餐,请菜馆的大厨加工制作各种火腿佳肴。

1988年,为扩大经营,吸引游客,玉泉山外山菜馆重新进行了装修,别出心裁地将室内装饰同室外自然环境融为一体,菜馆显得特别新奇别致,富有野趣,食客进入餐厅犹如进入一座园林绿荫之中,美景美食,使人陶醉其中。不仅如此,山外山年轻的厨师们在烹制出一大批具有传统风味的杭州名菜外,还独创了以山(及'山'音)为特色的佳肴,如山外全鱼、三凉甲鱼、鱼香三菇等。又根据菜馆独特的地理环境,创制出了花好月圆、八仙过海、玉泉鹿鸣、鹤鹿同春等与山水意境相关的美肴佳馔,使菜馆特色更为突出。

1992年,山外山菜馆因业绩突出,被杭州市委、市政府授予"杭州市文明单位"称号,这在当时杭城餐饮界中,尚居独家。

2001年,山外山菜馆改制,曾在山外山任总经理17年、出自名厨世家的浙江省劳动模范徐丽华女士与当时担任工会主席的王国庆,千方百计筹集资金并与一位有经济实力的朋友携手合作,最终在拍卖中中标,成为"山外山"三个股东之一,同时菜馆更名为"杭州山外山菜馆有限公司",徐丽华继续担任总经理。

徐总是山外山、天外天名厨徐子川之女,徐老曾两度出国,在我国驻墨西哥、埃及等大使馆内供职,擅烹杭帮菜肴,尤长素肴制作,有"素菜妙手"之称。他制作的高级素宴,曾得到海外侨胞和外宾的称赞。徐总受到其父影响,自幼即习烹饪,转眼几十年过去,她积极工作、热情服务,在杭州市园文系统享有较好的声誉。她是杭州市第七次党代会的代表、浙江省人大第八届会议代表、浙江省人大第九届会议代表。

山外山菜馆转制不久,为了将业务做强做大,作为名厨后裔的徐丽华又带领店里的伙伴,与千岛湖发展有限公司签订协议共同打造千岛湖有机鱼品牌,独创"精品鱼头皇"和"极品鱼头皇"等鱼肴系列,成为杭城第一家引进千岛湖绿色有机鱼的菜馆。与此同时,还开发出利用鱼身各档材料制成灌汤鱼球、沸腾鱼片、脆皮鱼尾、蒜子鱼泡、三鲜鱼肚等十余个品种的鱼菜。其中八宝鱼头王又称精品鱼头王,说来也叫人惊奇,光一个鱼头就有四五斤重。因为包头鱼运到山外山后,还要在玉泉的珍珠泉泉水中再放养几天,因此到烹饪时,已没有一点泥土腥味。这道菜烧好后,放在一个比普通脸盆还大一号的青花瓷盆里,不仅浓香扑鼻,光看看就叫人馋涎欲滴。除了一只硕大的、酥烂的鱼头外,汤汁浓酽如奶,汤里还有鲜红的河虾、碧绿的菜心、火红的火腿、黝黑的海参及竹荪、香菇、鱼圆等配料。鱼头富含胶质,软糯适口;鱼汤甘醇鲜美,如同琼浆玉液。品尝此一珍肴,不啻是人生一大享受。明代大药物学李时珍在《本草纲目》中云:"鳙之美在头",又说此鱼具有"暖胃益人"功效。可见山外山菜馆此一独创佳肴,不仅以味美取胜,而且有食补作用。

但菜馆并不满足已有的成绩,继续开拓创新,将硕大无比的包头鱼鱼头拆开来做菜,成功地推出了名贵高档的葱油鱼唇、龙虾戏鱼脑、香煎鱼脸等独特的鱼头菜,将淡水鱼的制作技巧发挥得尽善尽美。除了鱼头皇及其系列鱼菜外,山外山菜馆创新菜中点击率高的还有绿蛋珍珠鸡、山外神仙鸡、辣子羊腿等佳肴。另外,山外山菜馆根据不同时令季节,春日推出"梅花宴"(馆后青龙山之背面,即杭州观梅胜地"灵峰探梅");秋时则推出"桂花宴"(玉泉旁的杭州植物园为赏桂胜地)。这些特色盛宴不仅色香味形器一应俱全,而且菜名亦富有诗情画意,如灵峰探梅鸭、春梅醉腰花、幽香飘裙边,让你在一饱眼福与口欲的同时,也领略华夏饮食文化的博大精深。

尽管山外山菜馆在徐总领导下,年年有创新,年年涌现大批创新菜,但他们仍然不满足已有的成绩。2007年4月,山外山的传统茶宴获得了金奖。2008年,他们又研究开发出了一批色香味形俱全、得到广大顾客好评的佳肴美馔,如鲍鱼鸡,以海鲜绝品鲍鱼与猪爪、鸡肉、香菇共烹,此菜烹好后,鲍鱼鲜嫩,猪爪酥烂,鸡肉鲜香,香菇爽口;又如金瓜鱼肚,以金瓜酿制鱼肚,造型奇特,鱼肚虾仁酥烂滑嫩,汤汁鲜美。此外,干贝冬瓜盅,干贝酥烂鲜美,冬瓜入口便化,独具干贝鲜美之味;香橙雪蛤,酥皮金黄,雪蛤似云,椰奶香甜,橙香盈喉。还有以钱塘江源头开化的清水鱼制作的醋熘鱼段、清蒸全鱼、干烧鱼段、红烧鱼段、鱼头氽汤,以无污染的绿色食品献飨顾客,颇受消费者欢迎。在点心方面,除了新做的猫耳朵这款杭州名点外,还推出了冰镇桃浆。此点用桂圆、红枣、莲子、桃浆制成,加以冰镇,吃来甜美爽口,是夏日消暑佳品。另有新研制的黑米汁,甜润可口,亦是食补珍品。

还是2003年,山外山菜馆投资300多万元,再次对餐厅设施和整体环境作了新的装修,使得今日之"山外山"在原有基础上扩大了近400平方米,新增了一个豪华大厅,可同时容纳150人就餐。此外,还新添了名叫"金桂"、"玉兰"、"杜鹃"、"牡丹"等美名的6个包厢,西面均背靠青龙山,以大片玻璃为幕墙,让就餐的宾客与青山亲密接触，与大自然融为一体。在这里进餐，犹如进入蓬莱仙境。这样的就餐环境，在杭州亦屈指可数。

今日之山外山菜馆，总面积已达2500平方米，拥有上下三个风格迥异的大厅和各具特色的近二十个大小包厢，餐馆的营业额也从1984年的两万多元增加到2005年的2062万元，每年递增率保持在10%以上。员工人数也从1978年的17人增加到现在的120多人。山外山菜馆本着"以质量促品牌，以品牌求发展"的经营理念，注重菜肴质量和服务质量，因此连续数年获得"市文明单位"、"市物价信得过单位"、"市商品质量、标准质量信得过单位"、省、市"食品卫生A级单位"、省、市"消费者信得过单位"、"全国绿色餐饮企业"、"浙江省公众满意单位"等荣誉称号。

我国知名人士王光英先生品尝了"山外山"的鱼肴等当家菜后，曾赞不绝口地对徐丽华总经理说："如果'山外山'到北京来开分店，开张的那一天，我一定是第一个光顾者。"中国作家协会会员、著名作家张重天在品尝了山外山菜馆的佳肴后，曾题诗云："昔闻楼外楼，今慕山外山。盛名八十载，欣见换新颜。山迎天下客，酒醉四海仙。聚来逢胜会，惊疑上九天！"

古城点心美　要数知味观

少年时代一直居住在湖滨地区，一住就是二三十年，因此对湖滨一带的名店都很熟悉，像天香楼、素春斋、知味观、新会、海丰等，都耳熟能详。但我家素来贫寒，除了邻居嫁女，曾到天香楼去吃过一次喜酒外，已记不起还曾到过其他店家。直到1959年，我19岁时，蒙同学介绍，在杭州一些工矿企业办的工会业余学校任教，才开始接触菜馆酒楼。

五十年的猫耳朵情结

一次落课回家时，已近夜半，不觉饥肠辘辘，便到知味观去吃点心，看到店堂一块黑板上写有"猫耳朵"字样，便点了此物。那时年方十九，初出茅庐，并不知此物是何小吃,只觉得叫法别致,有一点好奇之心,便随便点了。等到端上来时,一看,一个中碗的、指甲盖大的半圆形的面片,用许多火腿丁、鸡丁、干贝、香菇丁、嫩笋丁等烩成,挖了一勺,放至嘴中慢慢咀嚼,只觉得鲜美爽口之至,啜一口汤,亦是味美之极,一时惬意,很快就吃得碗底朝天,口腹都得到了极大的满足。我记得当年这碗猫耳朵的价格是 0.8 元,相当于我上两堂初中语文课的工钱,按当时物价,大约相当于一天多中等伙食的费用,折合现在的实际价值,约15~20 元钱。后来,去新疆参加工作,转了大半个中国,直到上世纪 70 年代因病回归故里。虽然曾经到知味观去吃过小笼包子、吃过幸福双、吃过馄饨,但一直没有去吃猫耳朵。因为曾经吃过的那碗猫耳朵,是那样鲜美、那样精致、那样完美、那样深深留在记忆之中,生怕"曾经沧海难为水",影响我对猫耳朵的印象,所以再没有去品尝。再说时过境迁,现在的许多用料都没有上世纪 50 年代时来得天然及优良,故还是让它那美好的印象继续留在深深的记忆之中吧!

转眼 50 年过去了。现在才知,这种奇特的面食,国内只有两处有,一处在山西省的太谷、平遥一带,一处即在杭州。两种猫耳朵,形态、大小相似,但做法不同:山西的猫耳朵是煮熟后用勺捞至碗中,浇以肉酱等作料食用的,颇似捞面(只是与面条形态不同);而杭州知味观的猫耳朵则讲究多了,除了有猫耳朵形状的小面片外,还要放入浆虾仁、熟火腿丁、熟鸡脯丁、熟干贝、嫩笋丁、水发香菇丁、姜片、葱段、黄酒、味精、精盐等,并以鸡汤打底,烩成一小锅,吃时还要淋上熟鸡油数滴,其之味美,在国内小吃中实属罕见。

猫耳朵,我心中的美食,过了半个世纪,我仍难忘它当年特有的珍味!

采访老字号加深认识

2005 年 10 月,我卧病杭州市第一人民医院呼吸内科,有"杭州老字号"协会的工作人员来电称,曾看到过我撰写的《杭州奎元馆面馆》一文,希望我参加杭州老字号丛书的编写工作,我不好意思拒绝,便答应了。2006 年 4 月,"杭州老字号丛书"副主编路峰先生要求我负责《杭州老字号丛书·美食篇》的写作,我也同意了。

杭州著名的老字号餐饮及食品店共有二十多家,我逐一进行了采访与写作。2007 年 4 月及 6 月,我和杭州老字号丛书编委会的徐敏先生两次去知味观,请孟亚波总经理与李建中书记审查我的初稿。两位领导提了一些宝贵的意见,还向我们提供了单位的有关资料,以便我们对初稿进行补充与完善。

在写《知味观》一文时,我阅读了此前社会上出版的有关老字号的书籍,使我对知味观的创业及发展有了一定的了解。但知味观发展最快的时期,是在孟亚波先生任知味观总经理时。知味观不仅增加了小吃的花色品种,扩大了经营范围,盖起了新的总店大楼,而且开设了50家连锁店。杨公堤的"知味观·味庄",以精美的菜点名闻杭城;高银街的"知味观·味宅",吸引着众多的白领阶层与小资们。知味观还建立起了食品加工基地,源源不断生产市民们喜爱的各种卤味和时令糕团点心。知味观不再是单一的只供菜点的餐馆,它已成为一个拥有众多连锁店及食品加工基地的大公司。一个全新的知味观巍然屹立在新世纪的杭州市民面前。

孟总与李书记还两次在百忙之中接待我和徐敏先生,为了让我们了解知味观菜点的创新及它们的风味,安排总店厨房为我们精心烹制了金牌银鳕鱼、金牌扣肉、雪梨火方、蟹酿橙、椒麻藕夹等创新菜肴及木瓜猕猴桃酥、蚕蛹酥、龙井问茶等创新美点,使我对知味观菜点的创新与发展,有了进一步的感性认识,并顺理成章地将它们的风味特色写进了文稿,以让社会各界与消费者对知味观的发展有更新更全面的了解。

申报"非遗"爱上名特面点

2008年4月初,上城区非物质文化遗产保护办公室工作的,原杭州老字号协会的徐敏先生来找我,希望在饮食文化方面能够继续进行合作。这时候我已经应聘担任上城区政协文史专家组成员5个月了,协助搞好非遗的申报工作,也是我责无旁贷的。经过编写《杭州老字号丛书·美食篇》一书,我对杭州餐饮业中的老字号情况已了如指掌,我当即提出:知味观的杭式中点,无论从口味、品种,还是花色上说,没有一家店能够与其媲美。且该店还有一位名叫丁灶土的点心制作大师,不但擅长制作传统的杭式中点,如猫耳朵、小笼包子、幸福双、桂花鲜栗羹、吴山酥油饼、各色馄饨等,而且近几年来还创新制作了猕猴桃酥、三叶蟹黄饺、香芒糍果、鲜鱼包、带子凤眼饺、南瓜海棠果、龙井问茶等色香味形及营养皆为上乘的美点,申报非遗非知味观莫属。徐敏先生完全同意我的观

江南美食养生谭

点,决定择日前去调查及现场拍摄杭式中点传承人丁灶土师傅的制作技艺。

4月23日与5月9日,我与上城区政协文史研究会副会长瞿旭平女士及徐敏先生两次去知味观调研与拍摄丁灶土制作杭式中点的技艺。孟总与李书记接待了我们,并派总经理办公室主任杨德清与总经理秘书甘涛具体协助调研与现场录像。

经过约七八个小时的采访与录像,使我们对知味观杭式中点的概况及其传承人丁灶土师傅的技艺,有了详细的了解。

丁灶土师傅是安徽绩溪人,13岁时就在南星桥第一码头父亲开的大兴新饭店里学厨。8年后的1964年在望海楼拜大厨李桐生学做点心,开头做的是烧饼、油条、洋糖糕一类大众化的点心,到1984年,他的人生道路有了转折,他进了老字号点心店知味观,被领导派到北京知味观做精细的筵席点心。他文化不高,但喜欢做点心,又有悟性,便继童水林、李桐生之后,又拜同店的陈善昌、陈钖林、陈阿大为师,学做猫耳朵、小笼包子、馄饨等杭式传统点心。1986年,他被派到西安知味观酒家工作,有机会学习北京的仿膳点心与西北特色的手拉面。1987年,他被派到开封学做北宋点心及灌汤包子、四样酥等,后来被带到了杭州梦梁楼饭店。1990年,被派到捷克斯洛伐克首都布拉格杭州饭店工作……他从祖国各地的古今名点中吸取"营养"、开阔眼界、提高手艺,转眼45年过去,在组织的关怀、培养与自己的勤奋钻研下,他终于成为杭城屈指可数的点心制作大师之一。以其制作点心的手艺及创新精神来说,可说整个杭城餐饮界无人出其之右。毫无疑问,丁灶土的杭式中点制作技艺,的确属于一种非物质文化遗产。

知味观点心共有油酥面、水面、糯米粉团、发酵米团、澄面、杂粮面团六大类,丁灶土师傅能制作的传统点心如吴山酥油饼、知味小笼、幸福双、桂花鲜栗羹等,有四五十种,而创新的品种如木瓜猕猴桃酥、南瓜海棠果、香橙蟹黄酥、翡翠龙须面等,也有二三十种。他能根据日常生活的观察,用面点材料做出花鸟虫鱼、蔬菜水果的造型,而且色彩全是采用蔬菜、水果的自然色素,完全不用人工合成的化学色素,可说他制作的点心造型逼真、色彩鲜丽、滋味多样、营养丰富、绿色环保,如我们在品尝知味观创新名点龙井问茶时,发现一盘"绿茶",雀舌形的茶叶都是丁师傅用面粉捏成,而其翠绿的颜色,则是用新鲜的菠菜榨汁染成,无论从形态,还是色彩上来说,都已达到乱真的程度,且营养价值特高。又如木瓜猕猴桃酥,外形酷如木瓜,色呈淡黄,咬开一口,里面是翠绿色的,用蚕豆泥以菠菜汁调和拌上猕猴桃果浆制成,外脆内甜、味美可口。

问及丁师傅,这些创新的点心是如何想到并做出来的?丁师傅回答称:经常考察各个地方的菜场、商场;经常考虑调整传统点心;经常受到实物启发;经常动脑筋考虑将米面糕团类改用杂粮制作。

丁灶土从事点心制作已整整45个年头,对于创新依然孜孜不倦地追求,以致他做出的虫鸟花鱼型点心,都是活龙活现,赋于灵性的。他之所以能不断超越、不断升华,按他的话来说,是因为"喜欢"。

丁灶土是胡忠英、叶杭生、陆魁德的师兄,胡忠英已是我国十大中华名厨之一,叶杭生也是国家级烹饪大师,但丁灶土至今仍是特三级厨师,按照他现有的实际能力与水平,其实在制作点心方面,完完全全已达到国家级翘楚的水平。

知味观从一个单一的前店后场的餐馆,发展成为一个拥有众多产业的大公司,是因为它海纳百川、以人为本,重视各种人才;从孟亚波总经理到丁灶土大师,人才济济,才能创造出这餐饮业中的辉煌。

这就是我——一个普通杭州市民50年的耳闻目睹,并以此献给知味观百岁华诞。

灵峰山庄肴馔奇　难忘西迁特色菜

正是橙黄橘绿之时,浙江大学人文学院教授、民俗学家吕洪年先生邀我到灵峰山庄作一日之游。

灵峰山庄位于西湖三大名泉之一的玉泉附近,浙江大学玉泉校区的右侧;观梅胜地灵峰在其西南,老和山在其西北,栖霞岭在其之东,山水相映,环境清雅,是会议、游览、访亲小住的绝佳去处。

灵峰山庄是一座现代化建筑物,坐东面西,共有三层,建筑面积达一万二千平方米。走进大门,为明亮的"大堂吧",北墙上可见一幅壮观的、铜雕的《浙江大学西迁路线图》,有关浙江大学抗日战争中西迁的路线,历历在目;南墙上,有四块铜雕,分别是民国致府给竺可桢的委任状、竺可桢的就职誓词、浙大校歌校训。北口的"求是书苑",则陈列着有关浙大的图书、画册以及浙大名人的名著。

江南美食养生谭

环视四周,处处闪烁着浙大历史文化的光斑。顺楼梯而上,无论楼道、走廊、客房,亦都让人感受到强烈的浙大西迁文化气息,它们分别以历史照片、名人诗词书法及其他形式,充分表现了这个文化主题的各个方面,体现了灵峰山庄的策划人、总经理楼可程先生独具一格的创意与设想。

特别在三楼"浙大西迁主题餐厅",更能让人具体地体验到这个主题的迷人魅力,它不仅以图片、文字、书法、诗词、篆刻等形式体现,而且以餐饮的方式,别具一格反映浙大西迁路上的乡土风味,这种方式国内外亦极其罕见。顺着楼总的引导与指点,我们在餐厅过道上,看到了出自《中庸》的古训"博学"、"审问"、"慎思"、"明辨"、"笃行"的篆书浮雕,这是当年竺可桢校长在广西宜山对新生讲的求是路径。继而,我们又看到了以浙大西迁所经历的地名来命名的11个包厢,它们分别是"天目苑"、"建德坊"、"吉安轩"、"泰和院"、"宣山居"、"遵义堂"、"湄潭阁"、"永兴楼"、"龙泉宫"、"松溪园"、"藕舫厅"。最后一个包厢"藕舫"之名,为竺可桢校长的字,"藕舫厅"三字匾额,系出自刘海粟大师之手迹。

不一会,参观告一段落,楼总陪我们到遵义堂进餐,品尝西迁特色菜点。所谓"西迁特色菜",即是一道道西迁各站点的地方风味菜点,其中包括25只特色菜、三种主食及点心、一种茶、一种酒。我们坐定不久,服务员就开始上菜点,先是冷菜,继而热菜、点心,香茶美酒各呈芬芳。清鲜素净的是禅源豆腐羹,此菜传自佛门,以笋干丁、香菇丁及嫩豆腐制成,反映1937年11月浙大西迁至临安西天目禅源寺时的生活。那时师生常食豆腐,而笋干、香菇则为西天目的特产,三料合烹成羹,独具禅源特色。鲜辣味美的当数梅城鱼头王,此菜以三江汇合处盛产的包头鱼鱼头为主料,辅以红、青辣椒,黄豆等,先煎后煮,鲜香味浓,是一款富有梅城地方特色的佳肴,反映1937年11月浙大西迁至建德梅城的生活。因该城地处富春江、新安江、兰江三江汇合处,盛产淡水鱼,尤以鱼头肥大、滋味鲜美的包头鱼最为有名,是浙大师生们喜爱的菜肴。独具广西宜山地方特色的,要算软嫩可口的宜山豆腐圆。1938年,浙大西迁至广西宜山,宜山豆腐圆为当地名食,深得美术教授、书画艺术家丰子恺先生等师生的喜爱,据说丰先生曾错将豆腐渣当豆腐买回家,一时传为笑谈。鲜嫩可口、令人难忘的是湄江鱼花,此菜以贵州湄江盛产的鲈鱼切成鱼片,配以泡红椒而制成,是当年浙大教授难得的美餐,反映浙大师生1940年1月到达贵州,在湄潭等地坚持办学7年直到抗战胜利时的生活。因湄潭青山绿水，一湾江流绕城，盛产鲈鱼，故湄江鱼花是当地百姓的佳肴，当年郑晓沧教授有诗云："鱼美聊堪供酪酊"；钱宝琮教授有诗云："东海何年洗兵甲，鲈鱼风起返乡闾"，写的就是当时的生活情景。此外，以天目笋干、山核桃仁、白果、西芹烹成的"天目三宝"；以京葱、牛肉末、粉丝烹成的"吉安粉丝"；以乌骨鸡烹成的"泰和黑凤凰"；以鲈鱼、酸菜烹成的"遵义酸汤活鱼"；以栗子、冬菇烹成的栗子冬菇烩；以五花猪肉烹成的竹筏大肉排；以干木槿花、笋干、火腿烹成的"龙泉木槿花"等美食，都是以西迁站点地方风味制成的菜肴，具有浓厚的乡土风味和返璞归真的特色。在主食和点心方面，也同样充满西迁特色，如"苏家杂粮"，以毛芋艿、玉米、荞麦窝窝头等汇集而成，反映1940年5月，浙大数学教授苏步青在贵州湄潭一家九口以番薯蘸盐巴等杂粮度日的艰难生活；如"湄潭南瓜扣碗"，以南瓜配米饭制成，反映1940年5月，浙大师生在湄潭以南瓜扣碗为美馔的生活情景。

灵峰山庄的浙大西迁特色肴馔中，还有湄潭龙井和湄潭窖酒，一茶一酒，也充满西迁特色和西迁乡土风味。湄潭、永兴原产茶叶，当年浙大农学院老师不仅教会当地茶农科学种茶，还传授了西湖龙井的炒制方法，致使湄潭龙井，酷似龙井而胜似龙井，其香如兰，其味干醇，其形扁平，为湄潭经济发展，作出了极大的贡献。而湄潭窖酒，为当地美酒，窖香浓郁，回味悠久，具有彼地浓厚乡土特色，目前灵峰山庄已与湄窖酒厂开发了浙江大学西迁纪念酒——"东方剑桥酒"。

这一桌西迁特色菜点，虽然未能所有品种全上，但我们从这些不同地方色彩的乡土风味菜肴与杂粮中，已经感触到当年浙大"文军长征"的艰辛与坚韧，也看到浙大"求是创新"精神的熠熠闪光及灵峰山庄的独特创意。

开办文化主题饭店，在杭州早就有之，如体育场路的知青饭店、八卦楼的南宋风味厅、梦粱楼的仿宋菜等，但如灵峰山庄这样用多种文化形式综合体现浙大西迁特色菜点的，还是首次见闻与领略。这是一种深度的饮食文化风格，它把浙大"求是创新"精神与餐饮密切地结合了起来，殊为难得。

钱学森教授曾在《中国烹饪》上发表的一篇"美学、社会主义文化建设"的文章中说：烹饪应和小说、杂文、诗词歌赋、建筑、园林、美术绘画、音乐、戏剧电影、服饰美容等一起，列为文学艺术的十大部门，他把烹饪当作一种艺术。而孙中山先生在《建国方略》一书说："夫悦目之画、悦耳之声，皆为美术，而悦口之味，何独不然？是烹调者亦美术之一道也!"他则把烹调视作一种美术。无论烹饪或烹调，作为一种艺术，或者说作为一种美术，两位前辈长者都将餐饮的文化特色和艺术要求，提到了一个令人深思的高度。应该说灵峰山庄的西迁特色菜点，已达到一种较高的文化境界，是相当成功的，但如果我们以艺术和美术的标准来要求来衡量，还希望灵峰山庄的西迁特色菜点能够精益求精，还应做得更加精细可口一些。因为艺术或者美术，都要求源于生活而高于生活。

后 记

　　这是继《名人美食记趣》、《杭州老字号丛书·美食篇》出版后我的第三本美食随笔集。这三本书内的文章,其实是同一个时期内写成的,并非是写了一本后再续写第二本、第三本。作为一个以文史教学谋生的文学爱好者,怎么会连写三本谈美食的随笔集呢? 这得从 1983 年 9 月说起。那时,浙江日报社有一位傅伯星先生,写了一篇名曰《南宋时期的西湖一日游》的旅游随笔,颇得上海文化出版社《旅游天地》杂志编辑的好评。我从中受到启发,亦陆续写了一组有关南宋风情的旅游随笔,投寄这家杂志,不料先后竟刊出六篇之多。其中有一篇叫《南宋时期的钱江观潮》的旅游随笔,引起了杭州八卦楼菜馆经理的注意。他感兴趣的,并非是南宋时的钱江潮及观潮的盛况,而是我在文中顺便提到的观潮时"从庙子头到六和塔这十多里江边"的摊贩及酒肆所卖的南宋小吃及荤素菜肴。因为这家位于钱塘江边、又与南宋八卦田靠近的小菜馆,生意并不十分好,正想在餐饮上做点新名堂,看到我这篇文章,正中下怀,便动起了开发仿南宋菜的念头。后来,他通过熟人聘我为顾问,请我为该菜馆研制仿南宋菜。半年后,八卦楼的仿南宋菜上了浙江电视台,并由中央电视台作了转播,一时名闻海内外。当时,各地报刊见我考证、研制(与名厨叶杭生合作)出仿南宋菜,以为我精通饮食文化,纷纷向我约稿。我无法招架,只好一边学习研究,一边写作,从此把平时写作的重点从旅游散文、特写方面转向美食随笔。

　　我生在杭州,长在杭州。白居易有词曰:"江南忆,最忆是杭州。"江南丰富的人文历史、发达的经济,造就了江南精巧的美食及无数供养生之用的食疗方法及药膳。半个多世纪的耳濡目染中,自然就留下了种种深刻的印象。付诸笔墨,日长月久,也就成了这一篇又一篇的美食随笔。

　　弹指流光,斗转星移,转眼二十多年过去。我先后共撰写了近百万字,约千余篇美食随笔。其中,一部分谈名人美食的随笔(21.6 万字),已经由上海第二军医大学出版社于 2004 年 6 月出版。另一部分谈餐饮界老字号的美食随笔

江南美食养生谭

（约35万字）也由浙江大学出版社于2008年7月出版。再一部分谈江南各地各种美食的随笔遂编成了这本书。

集在这本书的文章，时间跨度先后达二十多年，大多发表在《武汉晚报》、《经济生活报》、《新民晚报》、《姑苏晚报》、《钱江晚报》、《杭州日报》(下午版)、《烹调知识》杂志、《服务经济》杂志、《上海调味品》杂志、《美食》杂志、《科学24小时》杂志、《中国烹饪》杂志、《中国食品》杂志、《中华老字号》杂志等报刊上，并由此而结识了许多志同道合的编辑朋友和文友。特别要提到的是苏州忘年之交的文友周龙兴，二十多年来与我过往甚密，其中写到江苏的一些篇章，大多是与他合作而写成的，可说这里面也渗透了他点点滴滴的心血。更要提到的是，此书出版得到了浙江大学出版社黄宝忠副总编及李晶编辑的大力支持，还得到了杭州餐饮界事业有成的著名人士刘小英、徐丽华、孟亚波等朋友的热情帮助。尤其是我从事教学工作的浙江商业职业技术学院，对本书问世给予了鼎力支持，并推动了本书的顺序出版。

我三十多年前的老师——浙江大学博士生导师、古汉语研究专家黄金贵教授专门为本书撰写了亲切感人的"写在前面的话"；我的知音朋友、浙江日报报业集团资深编辑陈幸德先生以独特的文采为本书写了序言；中国美术学院著名山水画家、硕士研究生导师林海钟教授为本书题写了书名；前杭州市文化局局长、九四老人孙晓泉老先生为本书作了题词；西泠书画院特聘画师孙霖先生为本书作了精美的插图，在此一并表示衷心感谢！

由于水平有限，这本书中可能会有一些偏差、疏漏和不妥之处，祈望有关专家和读者朋友们多多批评指正。

宋宪章

2008年7月

图书在版编目(CIP)数据

江南美食养生谭/ 宋宪章著. —杭州：浙江大学出版社，
2010.1(2012.5 重印)
ISBN 978-7-308-07264-9

Ⅰ.江… Ⅱ.宋… Ⅲ.①饮食－文化－华东地区②食
物养生 Ⅳ.TS971 R247.1

中国版本图书馆 CIP 数据核字（2009）第 242525 号

江南美食养生谭

宋宪章 著

责任编辑	王 萍	
出版发行	浙江大学出版社	
	（杭州天目山路 148 号 邮政编码 310028）	
	（网址：http://www.zjupress.com）	
排 版	杭州大漠照排印刷有限公司	
印 刷	杭州富春印务有限公司	
开 本	710mm×1000mm 1/16	
印 张	20.75	
字 数	322 千	
版 印 次	2010 年 1 月第 1 版 2012 年 5 月第 2 次印刷	
书 号	ISBN 978-7-308-07264-9	
定 价	35.00 元	